《火灾自动报警系统施工及验收标准》GB 50166—2019 实施指南

«HUOZAI ZIDONG BAOJING XITONG
SHIGONG JI YANSHOU BIAOZHUN»
GB 50166—2019
SHISHI ZHINAN

刘 凯 主编

中国计划出版社
北 京

图书在版编目（CIP）数据

《火灾自动报警系统施工及验收标准》GB 50166—2019实施指南 / 刘凯主编. -- 北京 : 中国计划出版社, 2022.6
ISBN 978-7-5182-1489-1

Ⅰ. ①火… Ⅱ. ①刘… Ⅲ. ①火灾自动报警－自动报警系统－国家标准－中国－指南 Ⅳ. ①TU998.13-65

中国版本图书馆CIP数据核字(2022)第166806号

责任编辑：陈　飞　刘　原　　封面设计：韩可斌
责任校对：王　巍　　　　　　责任印制：李　晨　王亚军

中国计划出版社出版发行
网址：www.jhpress.com
地址：北京市西城区木樨地北里甲 11 号国宏大厦 C 座 3 层
邮政编码：100038　电话：（010）63906433（发行部）
北京市科星印刷有限责任公司印刷

787mm×1092mm　1/16　22.25 印张　546 千字
2022 年 6 月第 1 版　2022 年 6 月第 1 次印刷

定价：78.00 元

编写委员会

主　　编： 刘　凯

副 主 编： 陈宇宏　郑春华

编写人员： 宋　飞　张　军　田智佳　刘晓峰

吕　远　程波涛　王婷婷

前　言

火灾自动报警系统是火灾探测报警与消防联动控制系统的简称，火灾自动报警系统与自动灭火系统、消防应急照明和疏散指示系统、防烟排烟系统以及防火分隔系统等其他消防系统设施一起构成完整的建筑消防系统。近年来，随着建筑火灾防控设施的不断完善以及消防技术的飞速发展，火灾自动报警系统作为建筑消防系统控制与监管核心的作用在不断加强，业已成为建筑消防设施实现智能化管理的重要基础设施。火灾自动报警系统运行的稳定性和可靠性直接影响建筑消防设施预设消防功能的有效发挥，在很大程度上决定了建筑的消防安全水平。

《火灾自动报警系统设计规范》GB 50116—2013 于 2014 年 5 月 1 日正式颁布实施，有效地指导了火灾自动报警系统的工程设计。作为《火灾自动报警系统设计规范》GB 50116—2013 配套标准《火灾自动报警系统施工及验收标准》GB 50166—2019 于 2020 年 3 月 1 日正式颁布实施，《火灾自动报警系统施工及验收标准》GB 50166—2019 是对《火灾自动报警系统施工及验收规范》GB 50166—2007 的全面修订，增加了系统兼容性的检验报告要求，完善了系统的调试要求，并调整了系统检测和验收的相关要求。为了帮助从业人员深入掌握火灾自动报警系统施工、调试、检测及验收的各项技术要求，有效提升系统的工程质量，本书以图文并茂的方式，系统地阐述了火灾自动报警系统的基本原理、系统各组成部件的基本功能，并对《火灾自动报警系统施工及验收标准》GB 50166—2019 进行了逐条解读，依据标准编制的基本思路、结合系统的工程实践阐述了各个条款的实施要点。

本书编写过程中，得到了深圳市泰和安科技有限公司和深圳市赋安安全系统有限公司技术人员的鼎力支持，并提出了宝贵的意见，使本书得以顺利完成，在此，向两家企业和相关人员表示衷心的感谢。

希望本书的出版能够有效指导火灾自动报警系统的施工和验收，能够有效提高火灾自动报警系统的工程质量。由于时间短促，本书的编写难免有不妥之处，欢迎广大读者批评指正。

编写委员会

2022. 7

目　录

第一篇　火灾自动报警系统概述

第二篇　《火灾自动报警系统施工及验收标准》条文解读、实施要点及工程示例

第一篇　火灾自动报警系统概述

火灾自动报警系统是火灾探测报警与消防联动控制系统的简称，是以实现火灾早期探测和报警、向各类消防设备发出控制信号并接收设备反馈信号，进而实现预定消防功能为基本任务的一种自动消防设施。现今的火灾自动报警系统不仅是一种先进的火灾探测报警与消防联动控制设备，且已成为建筑消防安全系统的核心组成部分，是建筑消防设施实现现代化管理的重要基础设施。火灾自动报警系统除担负火灾探测报警和消防联动控制的基本任务外，还具有对相关消防设备实时状态监测、管理和控制的功能。

1 系统简介

火灾自动报警系统由火灾探测报警系统、消防联动控制系统、可燃气体探测报警系统、电气火灾监控系统及消防电源监控系统组成。火灾自动报警系统的组成框图如图1-1-1所示。

1. 火灾探测报警系统的组成和工作原理

火灾探测报警系统是实现火灾早期探测并发出火灾报警信号的系统。

（1）火灾探测报警系统的组成。

火灾探测报警系统一般由火灾触发器件、火灾报警装置和火灾警报装置等组成。火灾探测报警系统的组成如图 1-1-2 所示。

1）触发器件。在火灾自动报警系统中，自动或手动产生火灾报警信号的器件称为触发器件，主要包括火灾探测器和手动火灾报警按钮。火灾探测器是能对火灾参数（如烟雾、温度、火焰辐射、气体等）响应，并自动产生火灾报警信号的器件。手动火灾报警按钮是通过手动方式产生火灾报警信号、启动火灾自动报警系统的器件。触发器件产品实物照片如图 1-1-3 所示。

2）火灾报警装置。在火灾自动报警系统中，用以接收、显示和传递火灾报警信号，并能发出控制信号和具有其他辅助功能的控制指示设备称为火灾报警装置，火灾报警控制器就是其中最基本的一种。火灾报警控制器担负着为火灾探测器提供稳定的工作电源，监视探测器及系统自身的工作状态，接收、转换、处理火灾探测器输出的报警信号，进行声光报警，指示报警的具体部位及时间，同时执行相应辅助控制等诸多任务。火灾报警装置产品实物照片如图 1-1-4 所示。

3）火灾警报装置。在火灾自动报警系统中，用以发出区别于环境声、光的火灾警报信号的装置称为火灾警报装置，主要包括火灾声和/或光警报器、火灾警铃，以声、光和音响等方式向报警区域发出火灾警报信号，以警示人们迅速进行安全疏散，并采取相应的处置措施。火灾警报装置产品实物照片如图 1-1-5 所示。

4）区域显示器。区域显示器也称楼层显示器或火灾显示盘，目前市场及工程应用中习惯称为区域显示器，但是产品的国家标准称为火灾显示盘。宾馆、饭店等场所中，每个防火分区或楼层需设置区域显示器，用来直观显示发出火灾报警信号的火灾探测器的设置部位编号及其具体位置信息，同时发出声光报警信号，以便于人员对火灾发生部位的迅速识别，并采取相应的处置措施。区域显示器产品实物照片如图 1-1-6 所示。

（2）火灾探测报警系统的工作原理。

火灾发生时，安装在保护区域现场的火灾探测器，将火灾产生的烟雾、热量和光辐射等火灾特征参数转变为电信号，经数据处理后，将火灾特征参数信息传输至火灾报警控制器，或直接由火灾探测器做出火灾报警判断，将报警信息传输至火灾报警控制器。火灾报警控制器在接收到探测器的火灾特征参数信息或火灾报警信息后，经报警确认判断，显示发出火灾报警的探测器的设置部位，记录探测器的火灾报警时间。处于火灾现场的人员，在发现火灾后可立即触动现场的手动火灾报警按钮，报警按钮将火灾报警信息传输至火灾

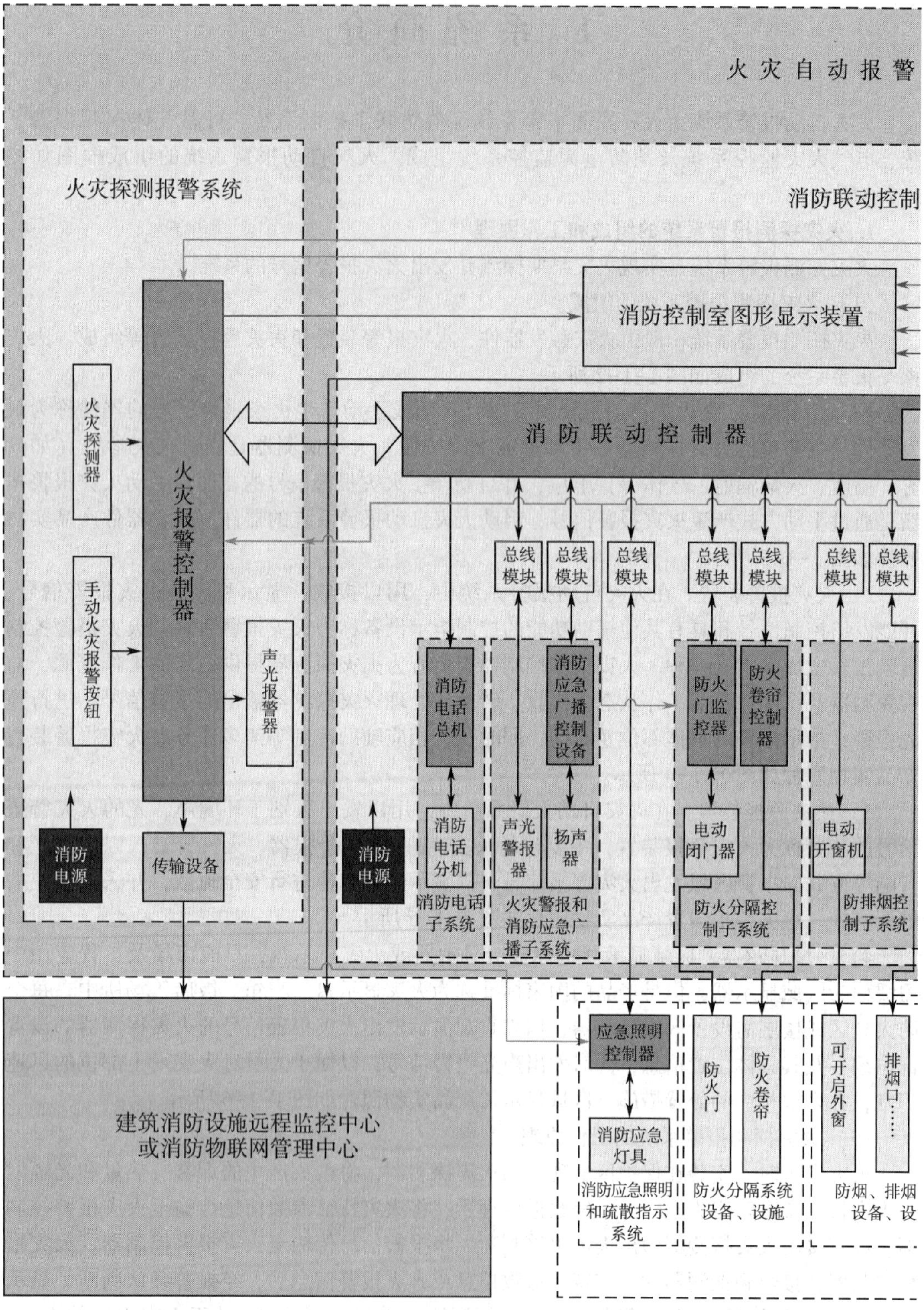
火灾自动报警
火灾探测报警系统
消防联动控制
消防控制室图形显示装置
消防联动控制器
火灾报警控制器
火灾探测器
手动火灾报警按钮
声光报警器
消防电源
传输设备
消防电源
总线模块
总线模块
总线模块
总线模块
总线模块
总线模块
总线模块
消防电话总机
消防电话分机
消防电话子系统
消防应急广播控制设备
声光警报器
扬声器
火灾警报和消防应急广播子系统
防火门监控器
防火卷帘控制器
电动闭门器
防火分隔控制子系统
电动开窗机
防排烟控制子系统
建筑消防设施远程监控中心或消防物联网管理中心
应急照明控制器
消防应急灯具
消防应急照明和疏散指示系统
防火门
防火卷帘
防火分隔系统设备、设施
可开启外窗
排烟口……
防烟、排烟设备、设

图 1-1-1 火灾自动报警

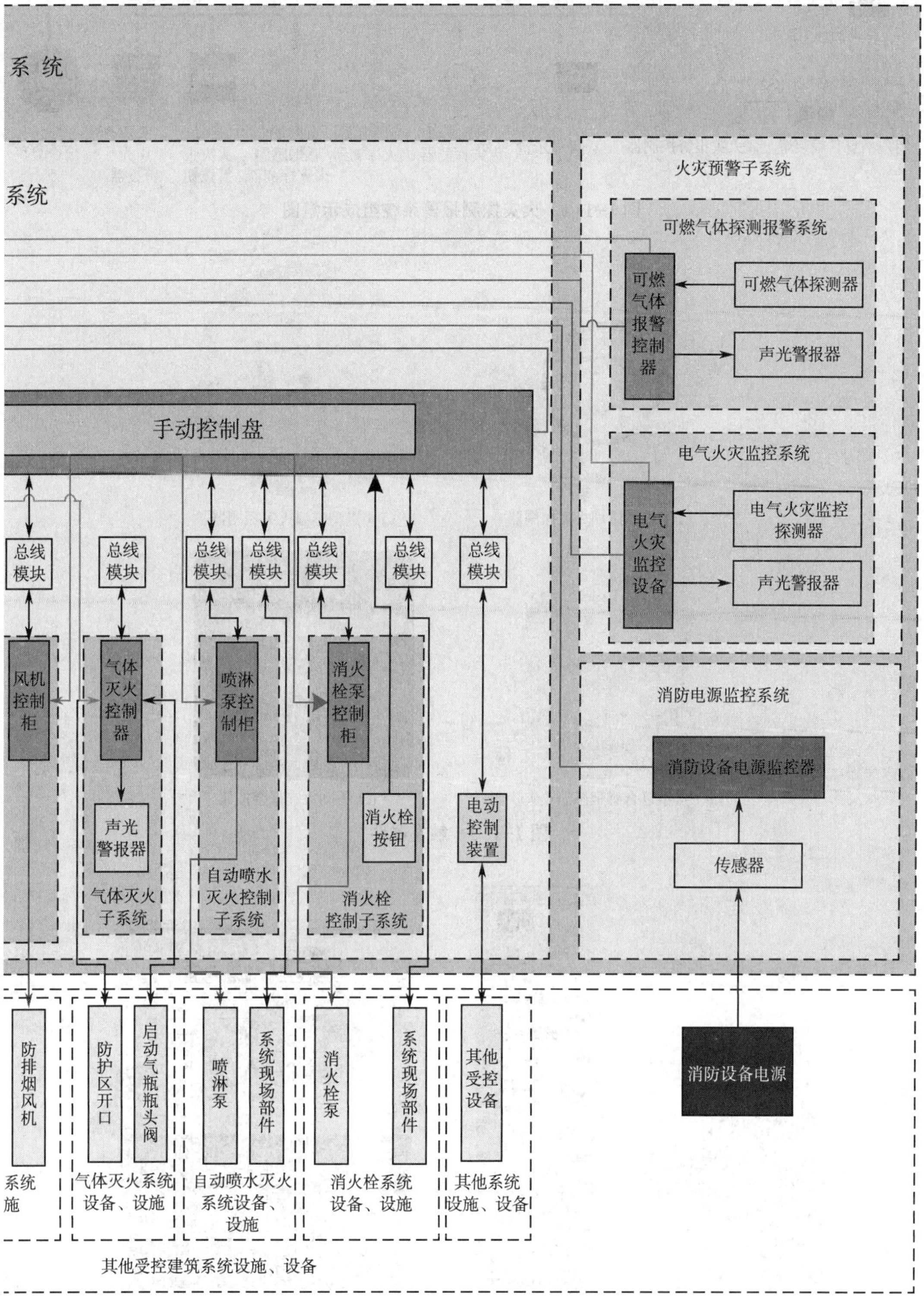
系 统
系统
火灾预警子系统
可燃气体探测报警系统
可燃气体报警控制器
可燃气体探测器
声光警报器
手动控制盘
电气火灾监控系统
电气火灾监控设备
电气火灾监控探测器
声光警报器
总线模块
风机控制柜
气体灭火控制器
声光警报器
气体灭火子系统
喷淋泵控制柜
自动喷水灭火控制子系统
消火栓泵控制柜
消火栓按钮
消火栓控制子系统
电动控制装置
消防电源监控系统
消防设备电源监控器
传感器
消防设备电源
防排烟风机
系统施
防护区开口
启动气瓶瓶头阀
气体灭火系统设备、设施
喷淋泵
系统现场部件
自动喷水灭火系统设备、设施
消火栓泵
消火栓系统设备、设施
其他受控设备
其他系统设施、设备
其他受控建筑系统设施、设备

系统组成框图

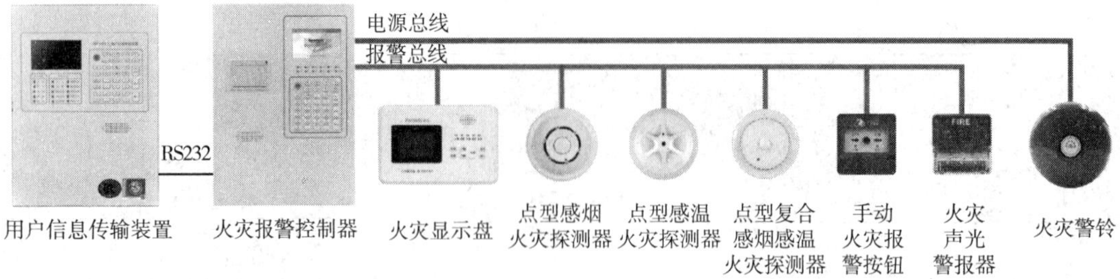

图 1-1-2　火灾探测报警系统组成示意图

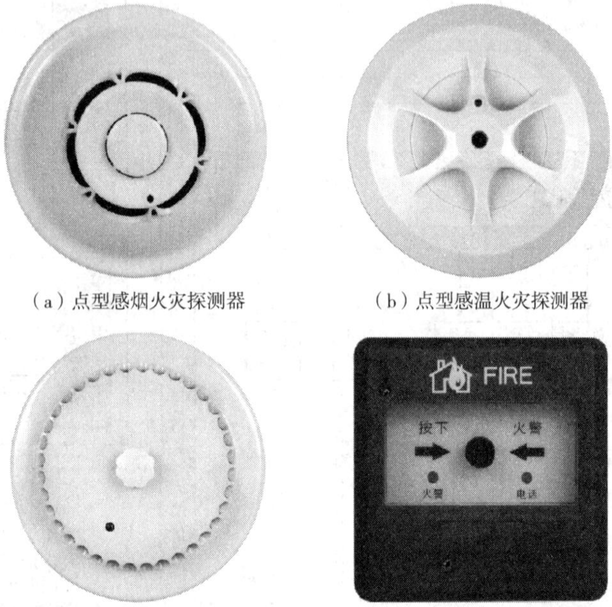

（a）点型感烟火灾探测器　（b）点型感温火灾探测器

（c）点型复合感烟感温火灾探测器　（d）手动火灾报警按钮

图 1-1-3　触发器件

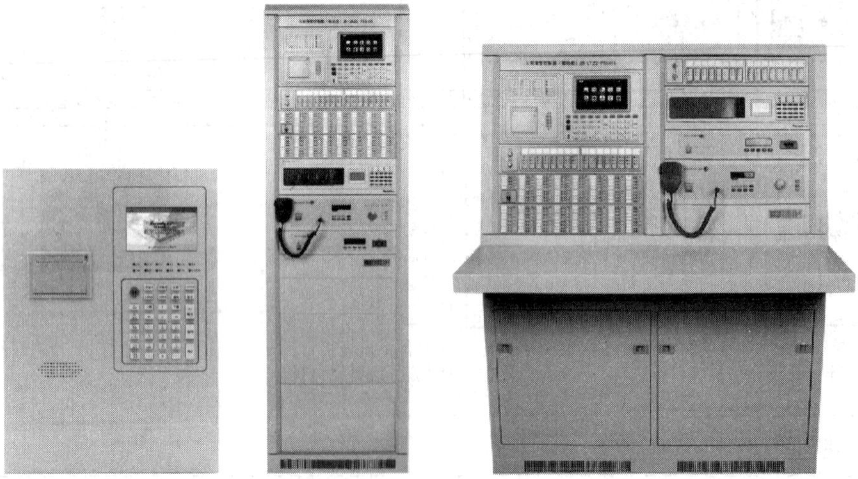

（a）壁挂式　（b）柜式　（c）琴台式

图 1-1-4　火灾报警装置

（a）火灾声光警报器　　（b）火灾警铃

图 1-1-5　火灾警报装置

报警控制器，火灾报警控制器在接收到手动火灾报警按钮的报警信息后，经报警确认判断，显示发出报警的手动报警按钮的设置部位，记录手动火灾报警按钮的报警时间。火灾报警控制器在确认火灾探测器和手动火灾报警按钮的报警信息后，驱动安装在保护区域现场的火灾警报装置，发出火灾警报，警示处于保护区域内人员火灾的发生。

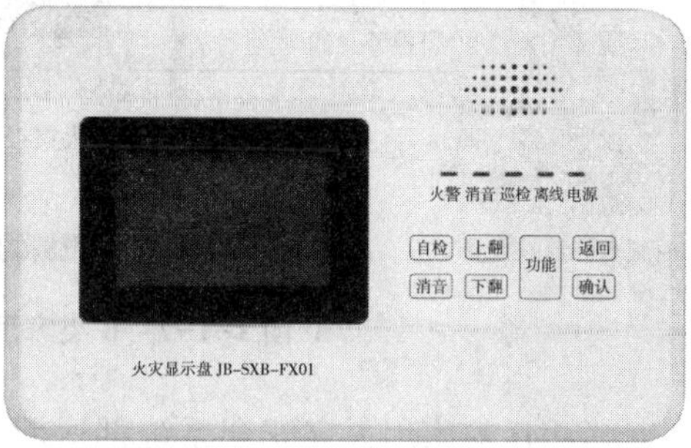

图 1-1-6　区域显示器

2. 家用火灾安全系统的组成和工作原理

家用火灾安全系统是一种仅适用于住宅建筑的特殊型式的火灾探测报警系统。

（1）家用火灾安全系统的组成。

根据系统保护对象的具体情况，家用火灾安全系统分为 A、B、C、D 四种类型。

1）A 类家用火灾安全系统。A 类家用火灾安全系统是一种具有集中控制和集中管理功能的家用火灾安全系统。系统由火灾自动报警系统的火灾报警控制器、火灾探测器、手动报警开关和火灾声警报器组成。A 类家用火灾安全系统适用于有集中物业管理的住宅小区。

2）B 类家用火灾安全系统。B 类家用火灾安全系统是一种具有集中监管功能的家用火灾安全系统，系统由控制中心监控设备、家用火灾报警控制器、家用火灾探测器、手动报警开关组成，一般还包括监管报警器、遥控开关等设备。B 类家用火灾安全系统适用于有集中物业管理的住宅小区，是目前应用最为普遍的家用火灾安全系统。B 类家用火灾安全系统的组成如图 1-1-7 所示。

3）C 类家用火灾安全系统。C 类家用火灾安全系统是一种没有集中监管功能的家用火灾安全系统，由家用火灾报警控制器、家用火灾探测器、手动报警开关组成，一般还包括监管报警器、遥控开关等设备。

4）D 类家用火灾安全系统。D 类家用火灾安全系统是一种没有集中监管功能的家用火灾安全系统，由独立式感烟火灾探测报警器、独立式可燃气体探测器等设备组成。

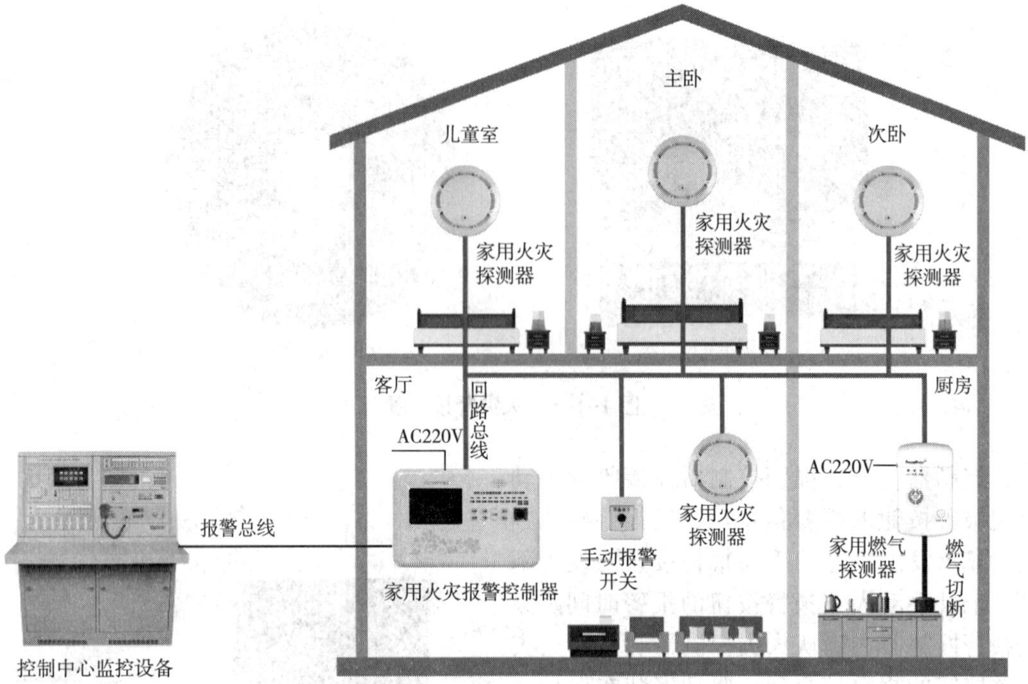

图 1-1-7　B 类家用火灾安全系统组成示意图

C 类、D 类家用火灾安全系统都适用于没有集中物业管理的住宅或已经投入使用的住宅。

（2）家用火灾安全系统的工作原理。

A 类家用火灾安全系统的组成、设置及工作原理与常规火灾探测报警系统基本一致。根据住宅建筑火灾预警及早期火灾探测的实际需求，B 类和 C 类家用火灾安全系统的火灾探测器包括感烟火灾探测器、感温火灾探测器、可燃气体探测器、剩余电流式电气火灾监控探测器等。

住宅建筑发生火灾时，家用感烟火灾探测器、感温火灾探测器采集的火灾特征参数达到其设定的报警阈值后，探测器向家用火灾报警控制器发送火灾报警信号。与常规火灾探测器不同，家用火灾探测器同时发出火灾声报警信号，声报警信号的声压级在 45dB～75dB（A 计权）范围内，并应采用逐渐增大方式，初始声压级不大于 45dB，家用火灾探测器的声报警信号主要用于警醒熟睡中的人员，并采取相应的处置措施。

厨房内发生燃气泄漏时，厨房内设置的家用可燃气体探测器采集的可燃气体浓度达到其设定的报警阈值后，向家用火灾报警控制器发送燃气泄漏报警信号，并控制燃气管道上设置的电动阀关断燃气供给。

B 类家用火灾安全系统中，家用火灾报警控制器还需将接收到的火灾报警信号、燃气泄漏报警信号等发送给控制中心监控设备，警示物业管理人员采取相应的处置措施。

3. 消防联动控制系统的组成和工作原理

消防联动控制系统是接收火灾报警控制器发出的火灾报警信号，按预设逻辑完成各项消防功能、接收并显示受控设备动作及反馈信号的控制系统。

（1）消防联动控制系统的组成。

消防联动控制系统由消防联动控制器、消防控制室图形显示装置、消防电气控制装置（防火卷帘控制器、气体灭火控制器等）、消防电动装置、消防联动模块、消火栓按钮、消防应急广播设备、消防电话等设备和组件组成。消防联动控制系统的组成如图 1-1-8 所示。

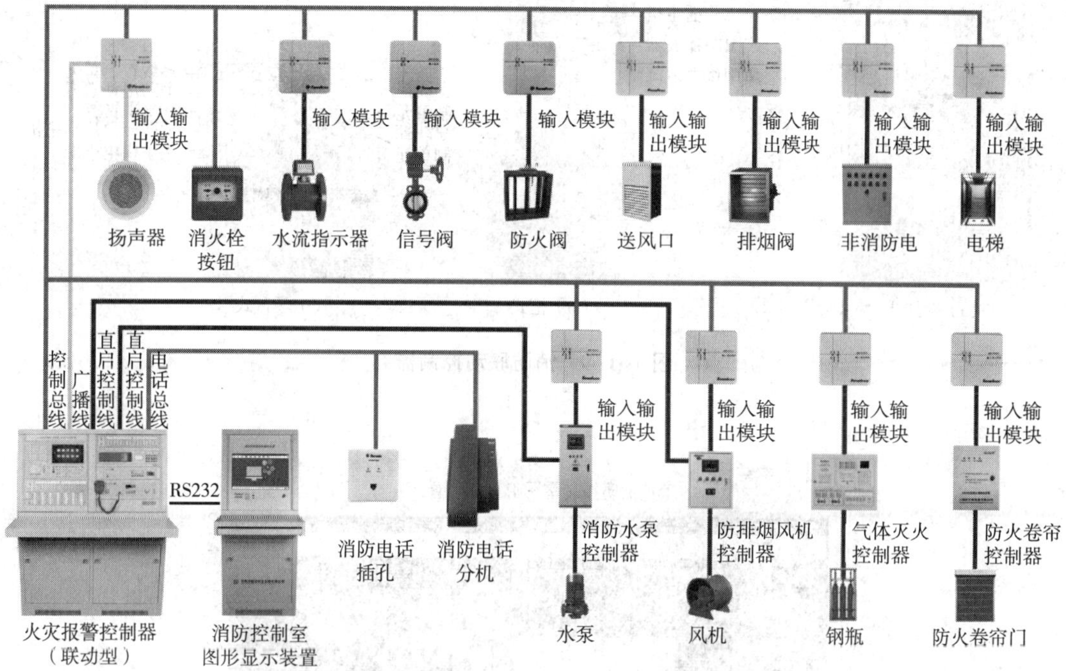

图 1-1-8　消防联动控制系统组成示意图

1）消防联动控制器。消防联动控制器是消防联动控制系统的核心组件。它通过接收火灾报警控制器发出的火灾报警信息，按预设逻辑对建筑中设置的自动消防系统（设施）进行联动控制。消防联动控制器可直接发出控制信号，通过驱动装置控制现场的受控设备。对于控制逻辑复杂且在消防联动控制器上不便实现直接控制的情况，可通过消防电气控制装置（如防火卷帘控制器、气体灭火控制器等）间接控制受控设备，同时接收自动消防系统（设施）动作的反馈信号。消防联动控制器产品实物照片如图 1-1-9 所示。

2）消防控制室图形显示装置。消防控制室图形显示装置用于接收并显示保护区域内的火灾探测报警及联动控制系统、消火栓系统、自动灭火系统、防烟排烟系统、防火门及卷帘系统、电梯、消防电源、消防应急照明和疏散指示系统、消防通信等各类消防系统及系统中的各类消防设备（设施）运行的动态信息和消防管理信息，同时还具有信息传输和记录功能。消防控制室图形显示装置产品实物照片如图 1-1-10 所示。

3）消防电气控制装置。消防电气控制装置的功能是用于控制各类消防电气设备，它一般通过手动或自动的工作方式来控制各类消防泵、防烟排烟风机、电动防火门、电动防火窗、防火卷帘、电动阀等各类电动消防设施的控制装置及双电源互换装置，并将相应设

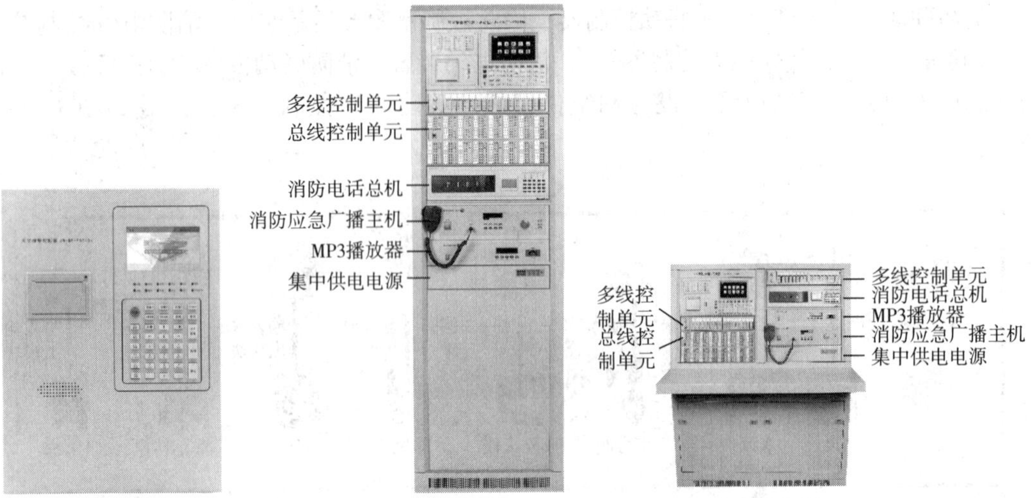

（a）壁挂式　（b）柜式　（c）琴台式

图 1-1-9　消防联动控制器

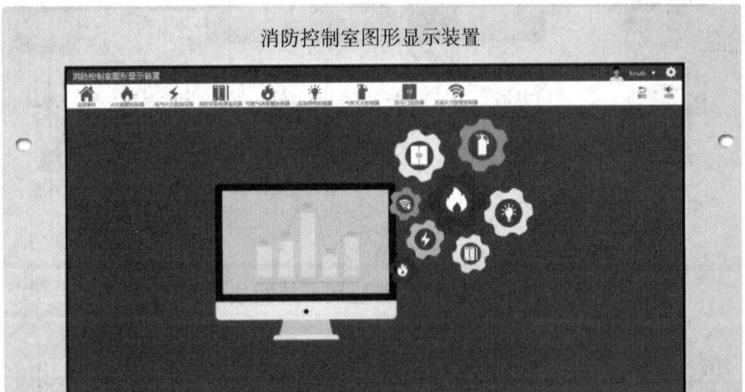

图 1-1-10　消防控制室图形显示装置

备的工作状态反馈至消防联动控制器。消防电气控制装置产品实物照片如图 1-1-11 所示。

4）消防电动装置。消防电动装置的功能是电动消防设施的电气驱动或释放，它是包括电动防火门窗、电动防火阀、电动防烟排烟阀、气体驱动器等电动消防设施的电气驱动或释放装置。消防电动装置产品实物照片如图 1-1-12 所示。

5）消防联动模块。消防联动模块是用于消防联动控制器和其所连接的受控设备或部件之间信号传输的设备，包括输入模块、输出模块和输入输出模块。输入模块的功能是接收受控设备或部件的反馈信号，并将信号输送至消防联动控制器；输出模块的功能是接收

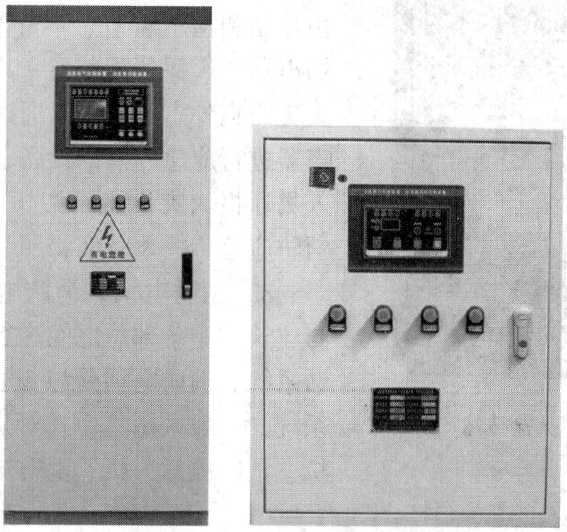

（a）消防水泵控制柜　　（b）防排烟风机控制箱

图 1-1-11　消防电气控制装置

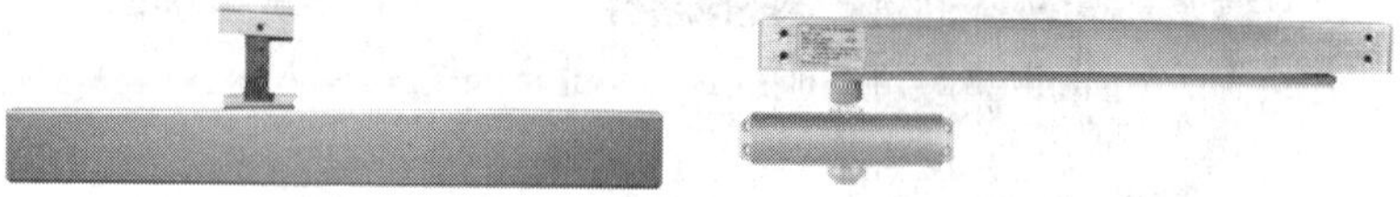

（a）电动开窗器　　（b）电动闭门器

图 1-1-12　消防电动装置

消防联动控制器的控制信号，利用继电器触点控制受控设备或部件动作；输入输出模块则同时具备输入模块和输出模块的功能。消防联动模块产品实物照片如图 1-1-13 所示。

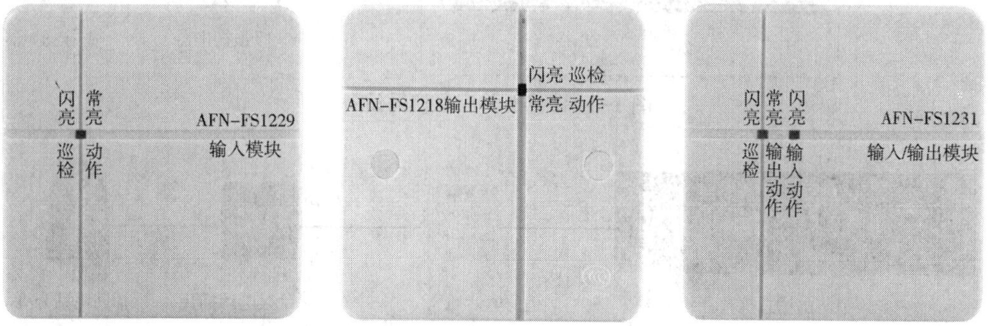

（a）输入模块　　（b）输出模块　　（c）输入输出模块

图 1-1-13　消防联动模块

6）消火栓按钮。消火栓按钮是用于联动触发消火栓泵启动、接收并显示启泵反馈信号的报警按钮。消火栓按钮产品实物照片如图 1-1-14 所示。

图 1-1-14 消火栓按钮

7）消防应急广播设备。消防应急广播设备由控制和指示装置、声频功率放大器、传声器、扬声器、广播分配装置、电源装置等组成，是在火灾或意外事故发生时通过控制功率放大器和扬声器进行应急广播的设备，其主要功能是向现场人员通报火灾发生、指挥并引导现场人员疏散。消防应急广播设备实物照片如图 1-1-15 所示。

8）消防电话。消防电话是用于消防控制室与建筑物中各部位之间进行全双工语音通话的电话系统。消防电话是与普通电话分开的专用独立系统，一般采用集中式对讲电话，由消防电话总机、消防电话分机、消防电话插孔构成。消防电话实物照片如图 1-1-16 所示。

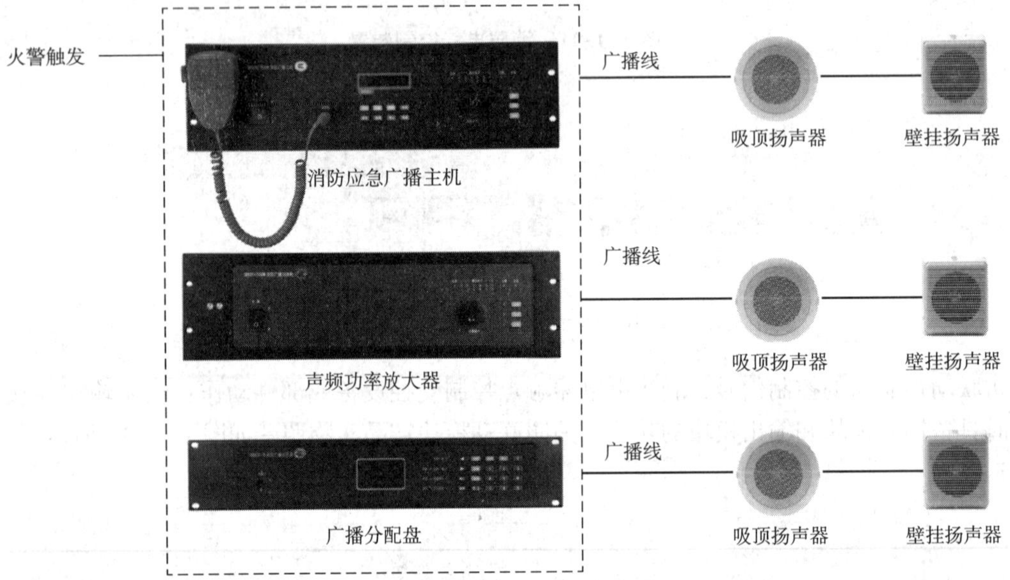

图 1-1-15 消防应急广播设备

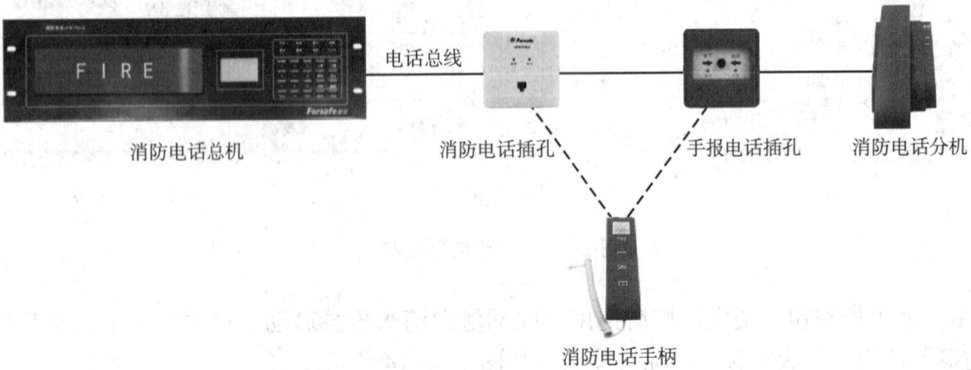

图 1-1-16 消防电话

(2) 消防联动控制系统的工作原理。

火灾发生时，火灾报警控制器将火灾探测器和手动火灾报警按钮的报警信息传输至消防联动控制器。对于需要联动控制的自动消防系统（设施），消防联动控制器对接收到的报警信息按照预设的逻辑关系进行识别判断，若逻辑关系满足，消防联动控制器便按照预设的控制逻辑和时序启动相应消防系统（设施）；消防控制室的消防管理人员也可以通过操作消防联动控制器的手动控制盘直接启动相应的消防系统（设施），从而实现相应消防系统（设施）预设的消防功能；消防系统（设施）动作的反馈信号传输至消防联动控制器显示。

4. 典型消防联动控制子系统的组成和工作原理

消防联动控制系统是一个广义的概念，除上述系统的基本组成外，消防联动控制系统还包括由专用的报警显示装置及现场部件组成的相对独立的控制子系统，如气体灭火控制子系统、防火卷帘控制子系统、防火门监控子系统和消防设备电源监控子系统等。

(1) 气体灭火控制子系统。

气体灭火控制子系统是专门用于控制气体灭火系统设备及防护区域内相关设施、设备动作，接收并显示上述设施、设备工作状态的消防联动控制了系统。

1）气体灭火控制子系统的组成。气体灭火控制子系统由气体灭火控制器、火灾探测器、手动火灾报警按钮、紧急启停按钮、手动与自动控制转换装置、火灾声光警报器、喷洒光警报器、手动与自动控制状态显示装置等组成。气体灭火控制子系统的组成如图 1-1-17 所示。

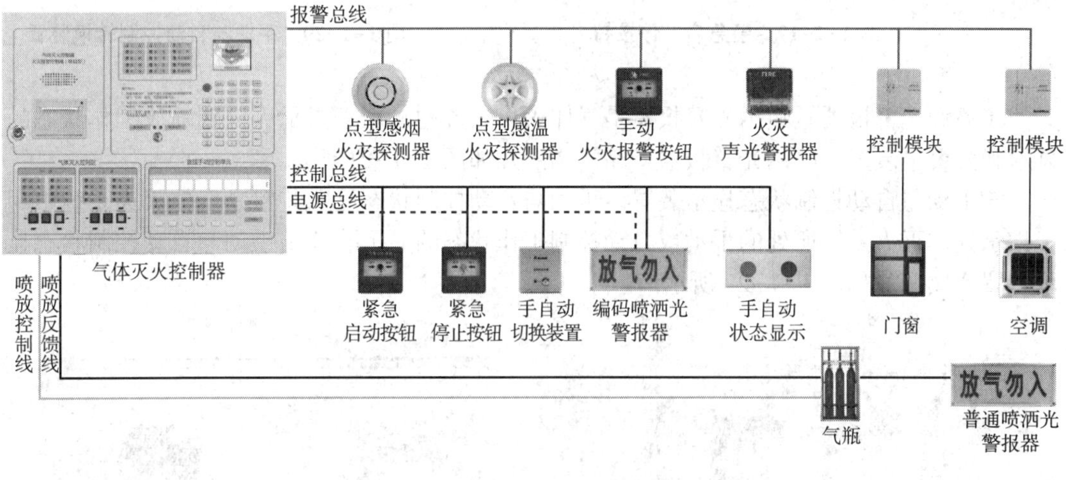

图 1-1-17 气体灭火控制子系统组成示意图

①气体灭火控制器。气体灭火控制器是气体灭火控制子系统的核心组件。气体灭火控制器可自带火灾探测器和手动火灾报警按钮，此时气体灭火控制器应同时满足现行国家标准《火灾报警控制器》GB 4717 和《消防联动控制系统》GB 16806 的相关要求；气体灭火控制器不自带火灾探测器和手动火灾报警按钮时，气体灭火控制器应能接收消防联动控制器的联动控制信号。气体灭火控制器能按照预设逻辑控制气体灭火系统设备及防护区域内相关设施、设备动作，接收并显示上述设施、设备工作状态。气体灭火控制器产品实物

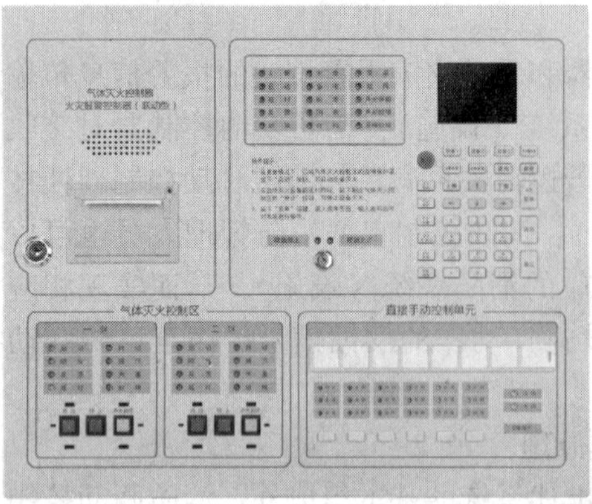

图 1-1-18 气体灭火控制器

照片如图 1-1-18 所示。

②紧急启、停按钮。现场启动和停止按钮是气体灭火系统中，用于控制气体灭火系统紧急启动或停止的触发装置。紧急启、停按钮产品实物照片如图 1-1-19 所示。

③手动与自动控制转换装置。手动与自动控制转换装置是气体灭火系统中，用于控制灭火系统手动与自动状态转换的触发装置。手动与自动控制转换装置产品实物照片如图 1-1-20 所示。

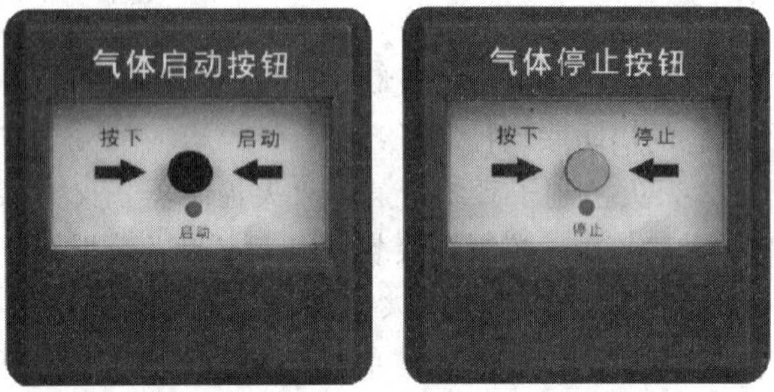

（a）紧急启动按钮　（b）紧急停止按钮

图 1-1-19 紧急启、停按钮

图 1-1-20 手动与自动控制转换装置

④喷洒光警报器。喷洒光警报器是气体灭火系统中，用于指示灭火剂喷放工作状态的显示和光警报装置。喷洒光警报器产品实物照片如图 1-1-21 所示。

⑤手动与自动控制状态显示装置。手动与自动控制状态显示装置是气体灭火系统中用于指示气体灭火系统所处的手动或自动控制工作状态的显示装置。手动与自动控制状态显示装置实物照片如图 1-1-22 所示。

图 1-1-21 喷洒光警报器

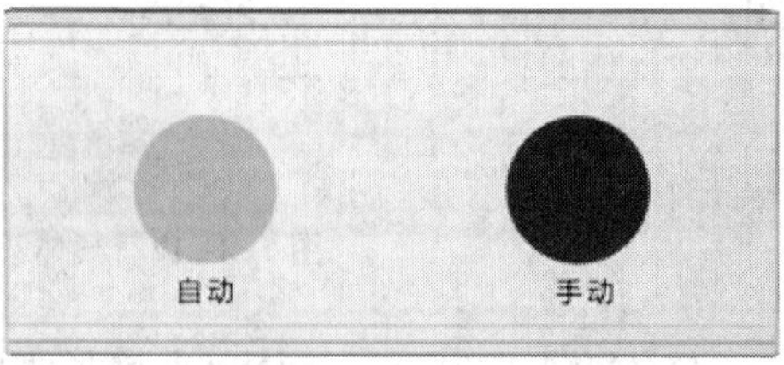

图 1-1-22 手动与自动控制状态显示装置

2）气体灭火控制子系统的工作原理。气体灭火系统的防护区域发生火灾时，气体灭火控制器接收到防护区域内首个火灾探测器或手动火灾报警按钮的火灾报警信号或消防联动控制器的首个消防联动控制信号后，按预设逻辑控制防护区域内的火灾声光警报器启动；气体灭火控制器接收到防护区域内另外一个火灾探测器或手动火灾报警按钮的火灾报警信号或消防联动控制器的另一个消防联动控制信号后，按预设逻辑控制防护区域内的门窗及空调系统关闭，并按预设时间延时控制气体灭火装置和喷洒光警报器启动。

防护区域内的人员发现火灾后，也可直接操作防护区外设置的紧急启动按钮动作，气体灭火控制器接收到紧急启动按钮的动作信号后，控制防护区域内的火灾声光警报器启动、防护区域内的门窗及空调系统关闭、按预设时间延时控制气体灭火装置和喷洒光警报器启动；在气体灭火装置延时启动期间，人员也可直接操作防护区外设置的紧急停止按钮动作，气体灭火控制器接收到紧急停止按钮的动作信号后，立即停止正在执行的控制操作。

（2）防火卷帘控制子系统。

防火卷帘控制子系统是专门用于控制防火卷帘升降，接收并显示防火卷帘工作状态的消防联动控制子系统。

1）防火卷帘控制子系统的组成。防火卷帘控制子系统由防火卷帘控制器、火灾探测器、防火卷帘手动控制装置等组成。防火卷帘控制子系统的组成如图 1-1-23 所示。

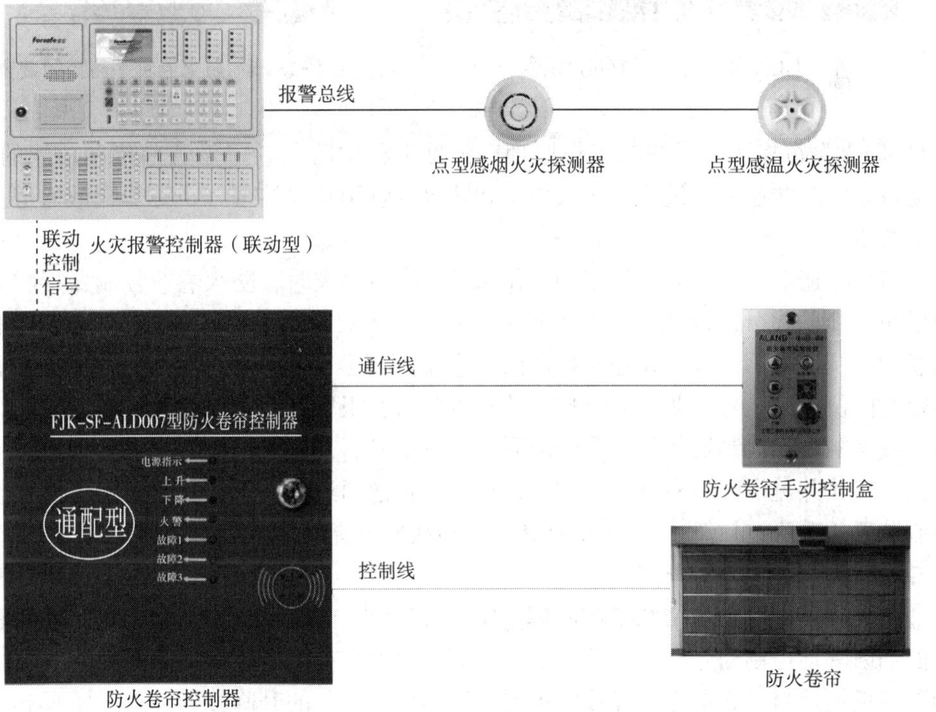

图 1-1-23 防火卷帘控制子系统组成示意图

①防火卷帘控制器。防火卷帘控制器是防火卷帘控制子系统的核心组件。防火卷帘控制器可自带多线制点型感烟、感温火灾探测器；防火卷帘控制器不自带火灾探测器时，防火卷帘控制器应能接收消防联动控制器的联动控制信号。防火卷帘控制器应能按照预设逻辑控制防火卷帘的下降，接收并显示防火卷帘的工作状态。防火卷帘控制器产品实物照片如图 1-1-24 所示。

②防火卷帘手动控制装置。防火卷帘手动控制装置是防火卷帘系统中用于现场控制防火卷帘升降的手动触发装置。防火卷帘手动控制装置产品实物照片如图 1-1-25 所示。

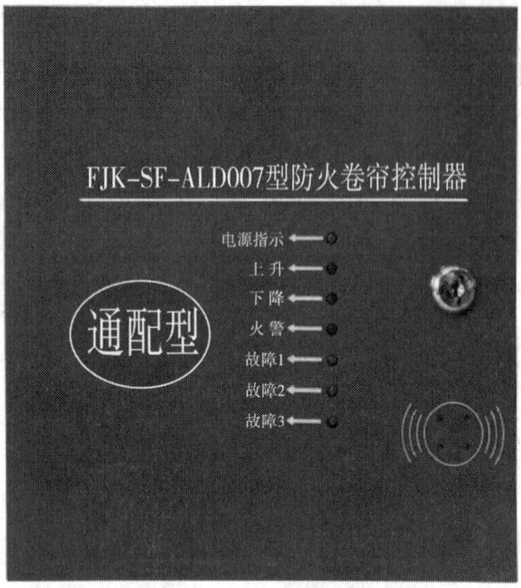

图 1-1-24 防火卷帘控制器

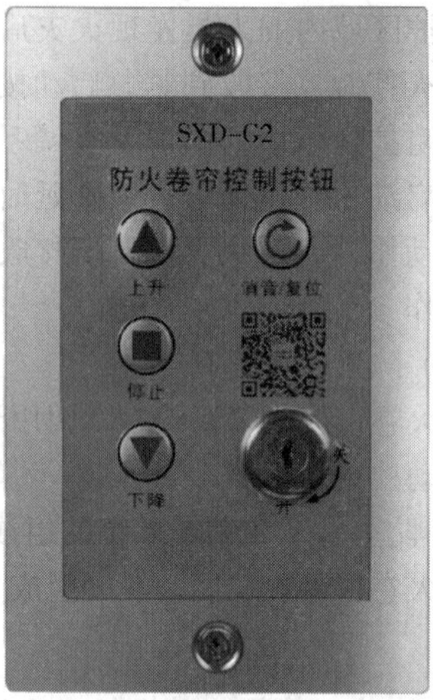

图 1-1-25 防火卷帘手动控制装置

2）防火卷帘控制子系统的工作原理。根据工程中防火卷帘设置部位和功能的不同，防火卷帘分为疏散通道上设置的防火卷帘和防火分隔用防火卷帘（也称非疏散通道上设置的防火卷帘）。

①疏散通道上设置的防火卷帘的工作原理。发生火灾时，防火卷帘控制器接收到所在报警区域内（防火分区或楼层）感烟火灾探测器的火灾报警信号或消防联动控制器的首个消防联动控制信号后，按预设逻辑控制防火卷帘下降至距楼板面 1.8m 处，接收并显示防火卷帘的限位反馈信号；防火卷帘控制器接收到所在报警区域内感温火灾探测器的火灾报警信号或消防联动控制器的另一个消防联动控制信号后，按预设逻辑控制防火卷帘下降至楼板面，接收并显示防火卷帘的限位反馈信号。疏散通道上的人员，也可操作防火卷帘手动控制装置的升降按钮动作，防火卷帘控制器接收到防火卷帘手动控制装置的动作信号后，控制防火卷帘上升、下降。

②防火分隔用防火卷帘的工作原理。发生火灾时，防火卷帘控制器接收到消防联动控制器的消防联动控制信号后，按预设逻辑控制防火卷帘下降至楼板面，接收并显示防火卷帘的限位反馈信号。人员也可操作防火卷帘手动控制装置的升降按钮动作，防火卷帘控制器接收到防火卷帘手动控制装置的动作信号后，控制防火卷帘上升、下降。

（3）防火门监控子系统。

防火门监控子系统是专门用于监测疏散用防火门的工作状态，控制常开防火门闭合、接收并显示其闭合状态的消防联动控制子系统。

防火门监控子系统的组成。防火门监控子系统由防火门监控器、防火门监控模块、电动闭门器、释放器、门磁开关等现场部件组成。防火门监控子系统的组成如图 1-1-26 所示。

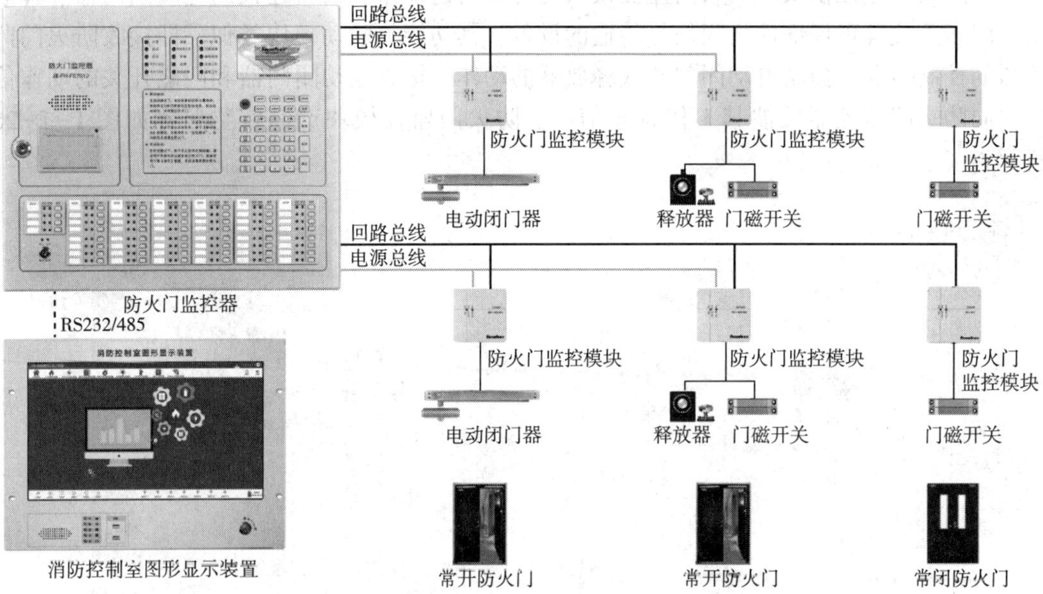

图 1-1-26　防火门监控子系统组成示意图

①防火门监控器。防火门监控器是防火门监控子系统的核心组件。防火门监控器通过防火门监控模块控制电动闭门器、释放器的动作，接收并显示电动闭门器、门磁开关的工作状态信息。防火门监控器产品实物照片如图 1-1-27 所示。

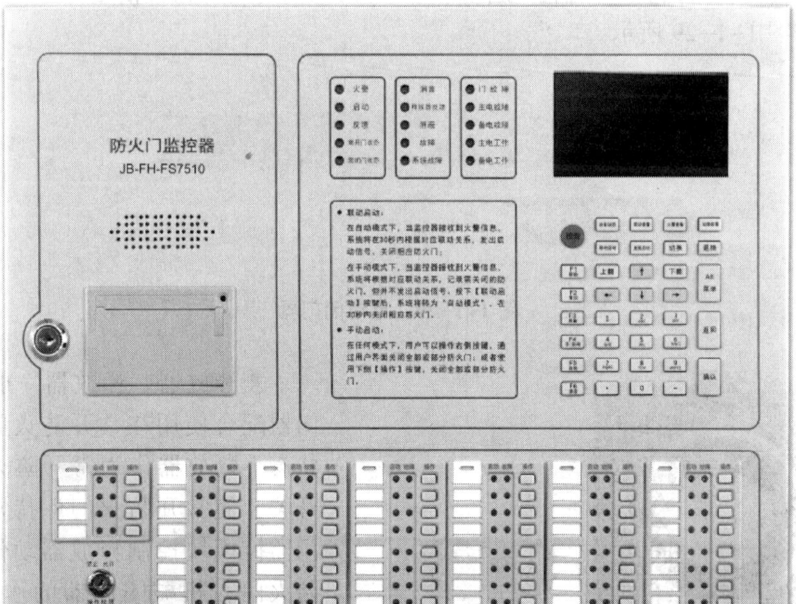

图 1-1-27　防火门监控器

②防火门监控模块。防火门监控模块是防火门监控器和其所连接的电动闭门器、释放器、门磁开关等现场部件之间信号传输的设备，其功能与联动模块类似，即接收防火门监控器的控制指令，控制电动闭门器或释放器的动作、接收电动闭门器和门磁开关的动作信号并向防火门监控器反馈其工作状态信号。防火门监控模块产品实物照片如图 1-1-28 所示。

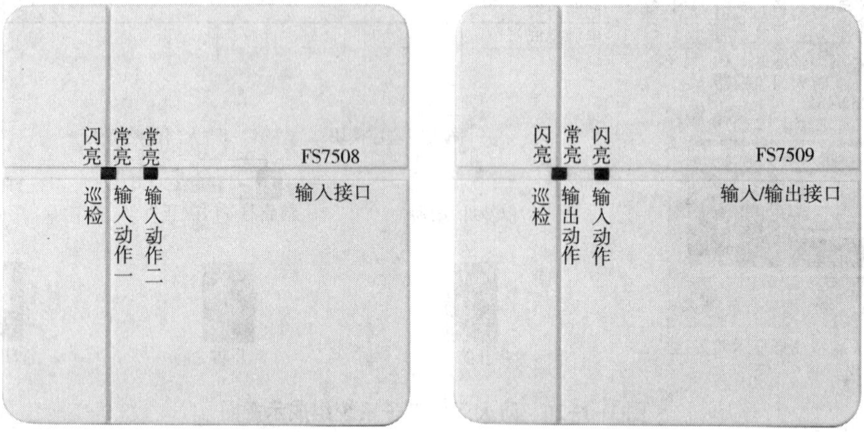

（a）输入接口　　（b）输入/输出接口

图 1-1-28　防火门监控模块

③电动闭门器。电动闭门器是一种可以自动控制常开防火门关闭的闭门器，电动闭门器具有限位开关，可向防火门监控模块反馈常开防火门的闭合状态信号。电动闭门器产品实物照片如图 1-1-29 所示。

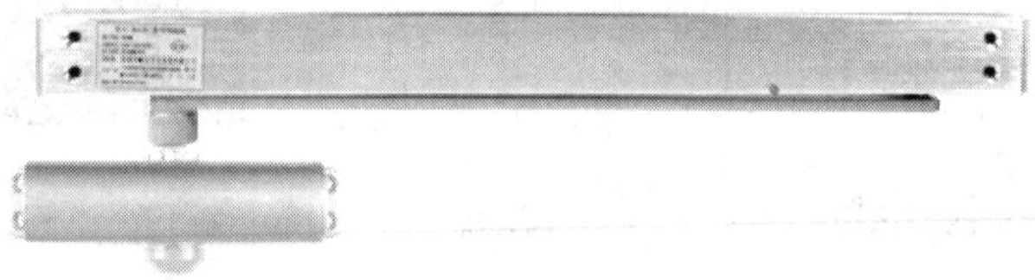

图 1-1-29　电动闭门器

图 1-1-30　释放器

④释放器。释放器一般与机械闭门器配合使用在常开防火门上，正常状态下释放器作为常开防火门的限位开关，使常开防火门保持常开，防火门监控模块控制释放器动作后，常开防火门在机械闭门器的作用下闭合。当常开防火门设置释放器时，还需在闭门器上设置门磁开关。释放器产品实物照片如图 1-1-30 所示。

⑤门磁开关。门磁开关是监测常开、常闭防火门闭合状态的现场部件，防火门完全闭合后，门磁开关动作，并将动作信号反馈给防火门监控模块。门磁开关产品实物照片如图1-1-31所示。

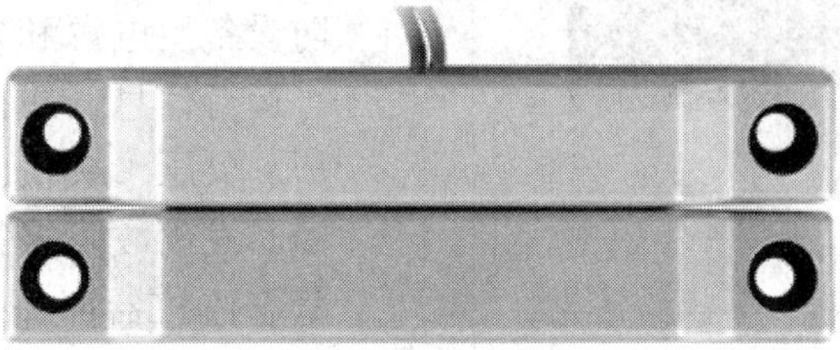

图1-1-31　门磁开关

火灾发生时，防火监控器接收到火灾报警控制器的火灾报警输出信号或消防联动控制器的联动控制信号后，向防火门监控模块发送控制指令，由监控模块控制电动闭门器、门磁释放器动作，监控模块接收到电动闭门器、门磁开关的动作反馈信号后，反馈至防火门监控器显示。常闭防火门开启或未完全闭合持续时间超过100s时，防火监控器将发出常闭防火门故障报警信号。

（4）消防设备电源监控子系统。

消防设备电源监控子系统是专门用于监测消防设备主电源和备用电源工作状态，并在消防设备电源发生过压、欠压、缺相、过流、中断供电等故障时发出故障报警信号的消防联动控制子系统。

1）消防设备电源监控子系统的组成。消防设备电源监控了系统由消防设备电源状态监控器、传感器等现场部件组成。消防设备电源监控子系统的组成如图1-1-32所示。

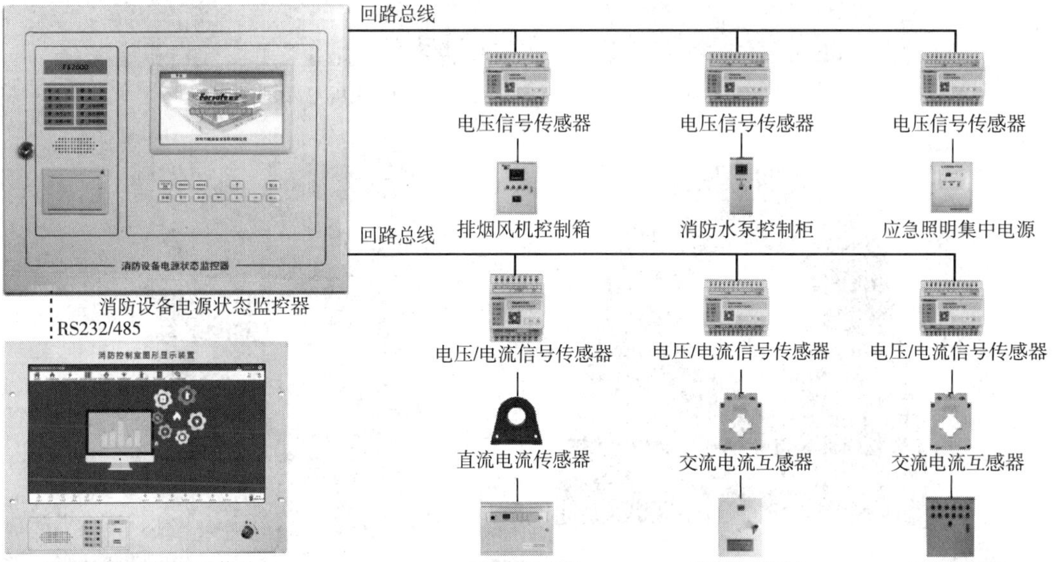

图1-1-32　消防设备电源监控子系统组成示意图

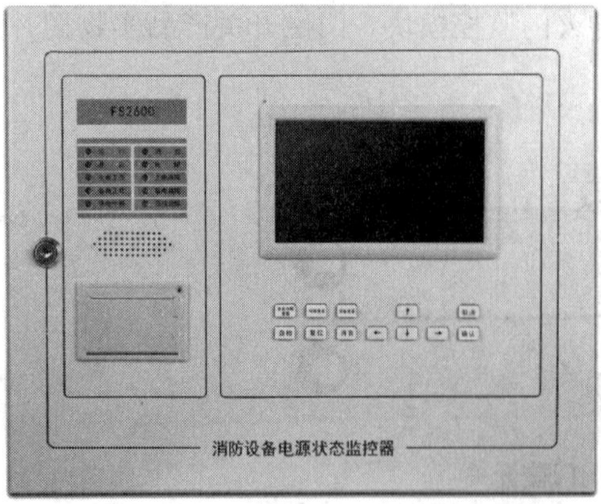

图 1-1-33　消防设备电源状态监控器

①消防设备电源状态监控器。消防设备电源状态监控器是消防设备电源监控子系统的核心组件。消防设备电源状态监控器通过传感器实时监测并显示消防设备主电源和备用电源的电压、电流等运行信息，并在消防设备电源发生过压、欠压、缺相、过流、中断供电等故障时发出故障报警信号。消防设备电源状态监控器产品实物照片如图 1-1-33 所示。

②传感器。根据传感器监测参数的不同，传感器分为电压传感器、电压/电流传感器，传感器实时监测消防设备供电的交流或直流电源（包括主、备电）的工作状态，在消防设备电源发生过压、欠压、缺相、过流、中断供电等故障时向消防设备电源状态监控器发出报警信号。传感器产品实物照片如图 1-1-34 所示。

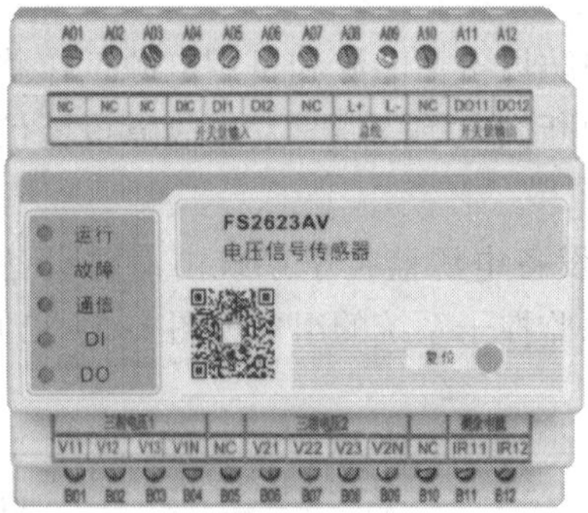

（a）电压信号传感器

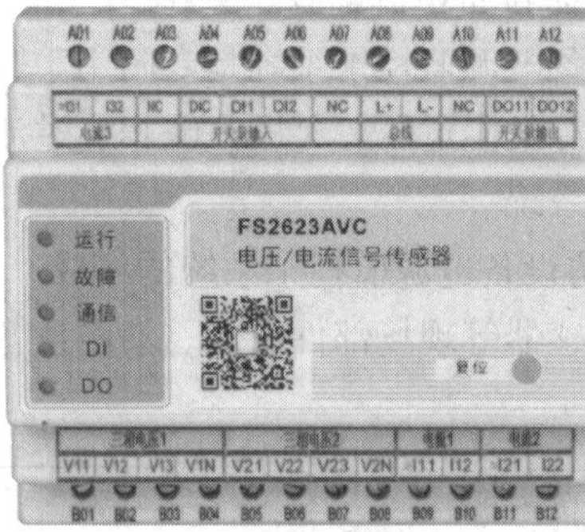

（b）电压/电流信号传感器

（c）直流电流传感器

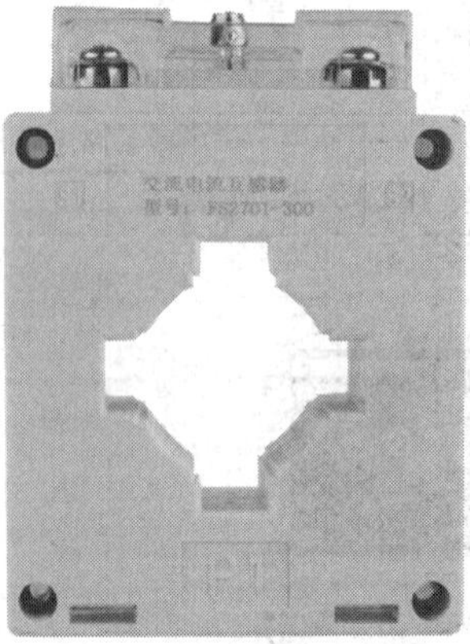

（d）交流电流互感器

图 1-1-34　传感器

2）消防设备电源监控子系统的工作原理。传感器实时监测消防设备电源的电压、电流等工作状态信息，并将消防设备电源的运行状态信息发送至消防设备电源状态监控器显示；当消防设备电源发生过压、欠压、缺相、过流、中断供电等故障时，传感器将消防设备电源的故障信息发送给消防设备电源状态监控器，消防设备电源状态监控器发出消防设备电源故障报警信号。

5. 可燃气体探测报警系统组成及工作原理

可燃气体探测报警系统是实现可燃气体泄漏探测并发出可燃气体超限报警信号的系统。可燃气体探测报警系统是火灾自动报警系统的独立子系统，属于火灾预警系统。

（1）可燃气体探测报警系统的组成。

可燃气体探测报警系统由可燃气体报警控制器、可燃气体探测器和火灾警报装置等组成。可燃气体探测报警系统的组成如图 1-1-35 所示。

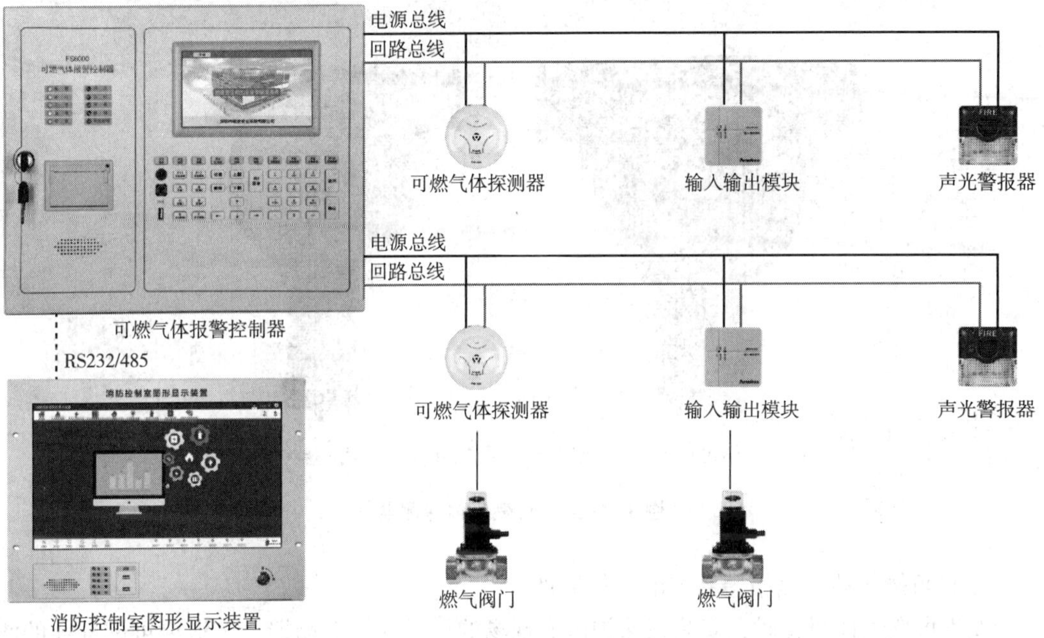

图 1-1-35　可燃气体探测报警系统组成示意图

1）可燃气体报警控制器。可燃气体报警控制器是用于为所连接的可燃气体探测器供电，接收来自可燃气体探测器的报警信号，发出声、光报警信号和控制信号，指示报警部位，记录并保存报警信息的装置。可燃气体报警控制器产品实物照片如图 1-1-36 所示。

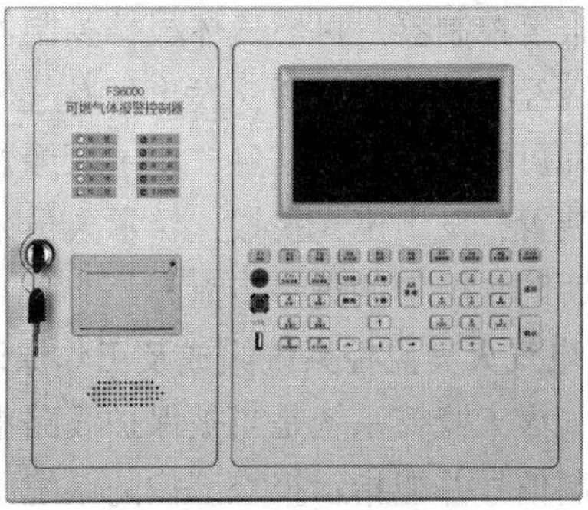

图 1-1-36　可燃气体报警控制器

2）可燃气体探测器。可燃气体探测器是能对泄漏可燃气体响应，自动产生报警信号并向可燃气体报警控制器传输报警信号及泄漏可燃气体浓度信息的组件。可燃气体探测器产品实物照片如图 1-1-37 所示。

（a）催化燃烧式可燃气体探测器

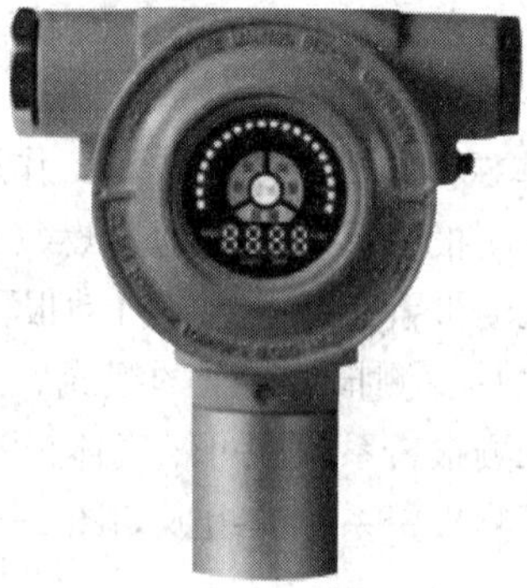

（b）红外式可燃气体探测器

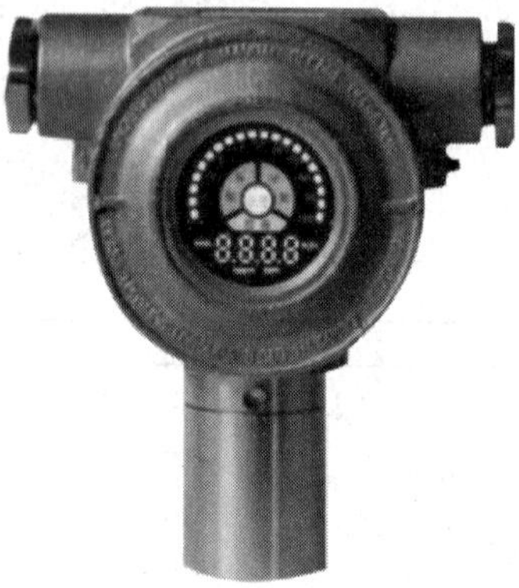

（c）电化学式可燃气体探测器

（d）半导体式可燃气体探测器

图 1-1-37　可燃气体探测器

（2）可燃气体探测报警系统的工作原理。

发生可燃气体泄漏时，安装在保护区域现场的可燃气体探测器，将泄漏可燃气体的浓度参数转变为电信号，经数据处理后，将可燃气体浓度参数信息传输至可燃气体报警控制器；或直接由可燃气体探测器做出泄漏可燃气体浓度超限报警判断，将报警信息传输到可燃气体报警控制器。可燃气体报警控制器在接收到探测器的可燃气体浓度参数信息或报警信息后，经报警确认判断，发出可燃气体泄漏声、光报警信号，显示泄漏报警探测器的部位和泄漏可燃气体浓度信息，记录探测器报警的时间，同时驱动安装在保护区域现场的声光警报装置，发出声光警报，警示人员采取相应的处置措施；必要时可以控制并关断燃气的阀门，防止燃气的进一步泄漏。

6. 电气火灾监控系统组成及工作原理

电气火灾监控系统是当被保护线路中的被探测参数超过报警设定值时，能发出报警信号、控制信号并能指示报警部位的系统。电气火灾监控系统是火灾自动报警系统的独立子系统，属于火灾预警系统。

(1) 电气火灾监控系统的组成。

电气火灾监控系统由电气火灾监控设备、电气火灾监控探测器组成。电气火灾监控系统的组成如图 1-1-38 所示。

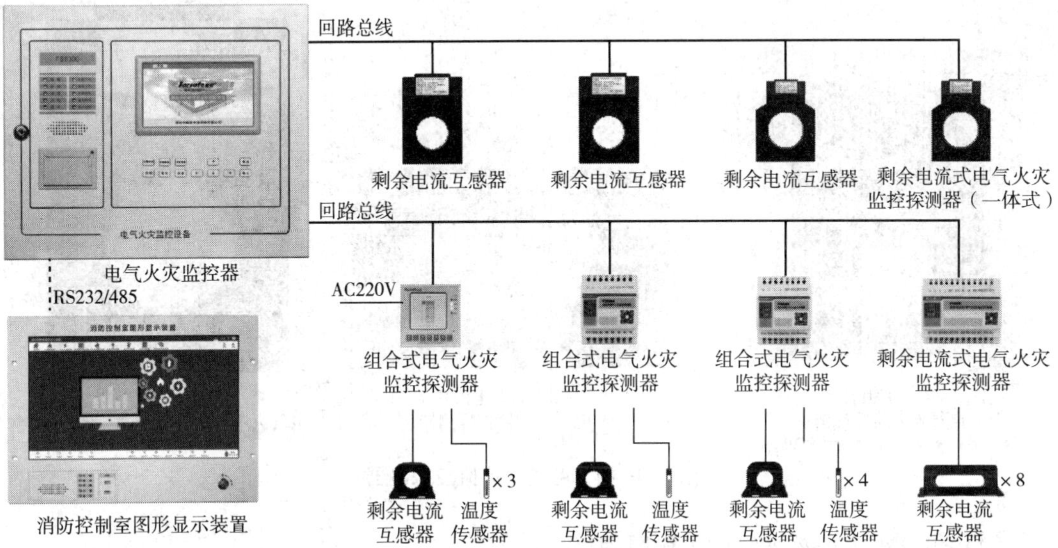

图 1-1-38　电气火灾监控系统组成示意图

1) 电气火灾监控设备。电气火灾监控设备是能接收来自电气火灾监控探测器的报警信号，发出声、光报警信号和控制信号，指示报警部位，记录并保存报警信息的装置。电气火灾监控设备产品实物照片如图 1-1-39 所示。

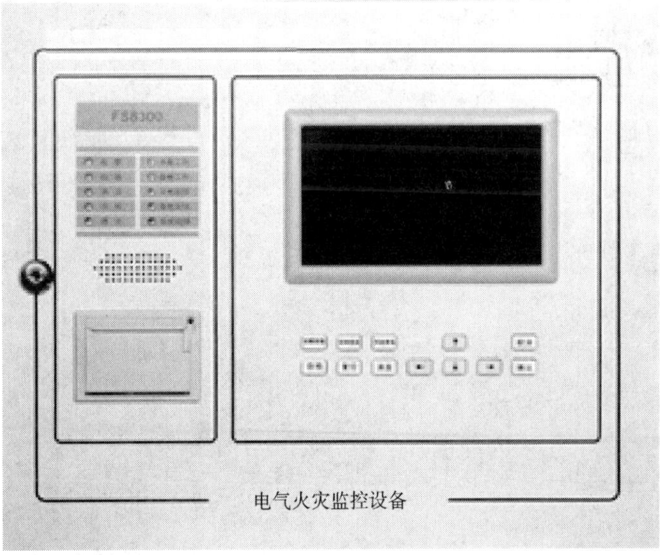

图 1-1-39　电气火灾监控设备

2）电气火灾监控探测器。电气火灾监控探测器是探测被保护线路中的剩余电流、温度等电气火灾隐患参数变化的探测器。电气火灾监控探测器产品实物照片如图 1-1-40 所示。

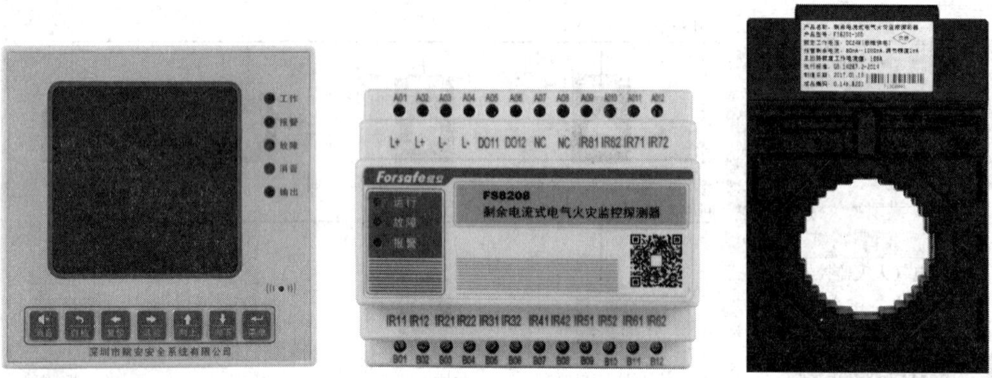

（a）组合式电气火灾监控探测器　（b）剩余电流式电气火灾监控探测器　（c）剩余电流式电气火灾监控探测器（一体式）

图 1-1-40　电气火灾监控探测器

（2）电气火灾监控系统的工作原理。

发生电气故障时，电气火灾监控探测器将保护线路中的剩余电流、温度、故障电弧等电气故障参数信息转变为电信号，经数据处理后，探测器做出报警判断，将报警信息传输到电气火灾监控设备。电气火灾监控设备在接收到探测器的报警信息后，经报警确认判断，发出电气火灾监控报警声、光信号，显示电气故障报警探测器的部位信息，记录探测器报警的时间，同时驱动保护区域现场的声光警报装置，发出声光警报，警示人员采取相应的处置措施，排除电气故障、消除电气火灾隐患，防止电气火灾的发生。

2 系统的形式分类和适用范围

工程应用中，综合考虑火灾自动报警系统设置场所的使用性质、建筑规模、管理模式及消防安全目标等因素，将火灾自动报警系统按照系统功能和系统架构划分为区域报警系统、集中报警系统和控制中心报警系统 3 种系统形式。

1. 区域报警系统

（1）区域报警系统的组成。

区域报警系统由火灾探测器、手动火灾报警按钮、火灾声光警报器及火灾报警控制器等组成，系统中可包括消防控制室图形显示装置和指示楼层的区域显示器。区域报警系统的组成如图 1-2-1 所示。

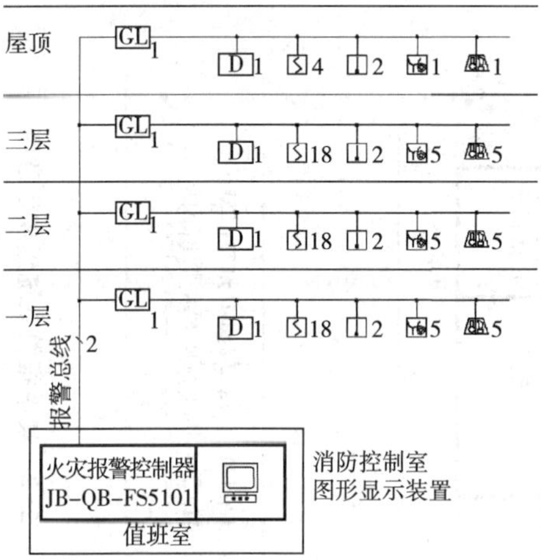

设备图例明细表			
序号	图例	名称	型号规格
1	S	点型光电感烟火灾探测器	JTY-GM-FS1017
2		点型感温火灾探测器	JTW-A2-FS1015
3		手动报警按钮（含电话插孔）	J-SAP-FS1310
4		火灾声光警报器	AFN-FS11
5	GL	隔离模块	AFN-FS1207
6	D	火灾显示盘	JB-SXB-FX01

线制说明	
名称	型号规格
报警总线	竖井：ZRRVS-2 × 1.5mm²线
	平面：ZRRVS- 2 × 1.0mm²线

图 1-2-1 区域报警系统组成示意图

（2）区域报警系统的适用范围。

区域报警系统适用于仅需要报警，不需要联动自动消防设备的保护对象。

2. 集中报警系统

（1）集中报警系统的组成。

集中报警系统由火灾探测器、手动火灾报警按钮、火灾声光警报器、消防应急广播、消防专用电话、消防控制室图形显示装置、火灾报警控制器、消防联动控制器等组成。集中报警系统的组成如图 1-2-2 所示。

（2）集中报警系统的适用范围。

集中报警系统适用于具有联动要求的保护对象。

3. 控制中心报警系统

（1）控制中心报警系统的组成。控制中心报警系统由火灾探测器、手动火灾报警按钮、火灾声光警报器、消防应急广播、消防专用电话、消防控制室图形显示装置、火灾报警控制器、消防联动控制器等组成，且包含两个及两个以上集中报警系统。控制中心报警系统的组成如图 1-2-3 所示。

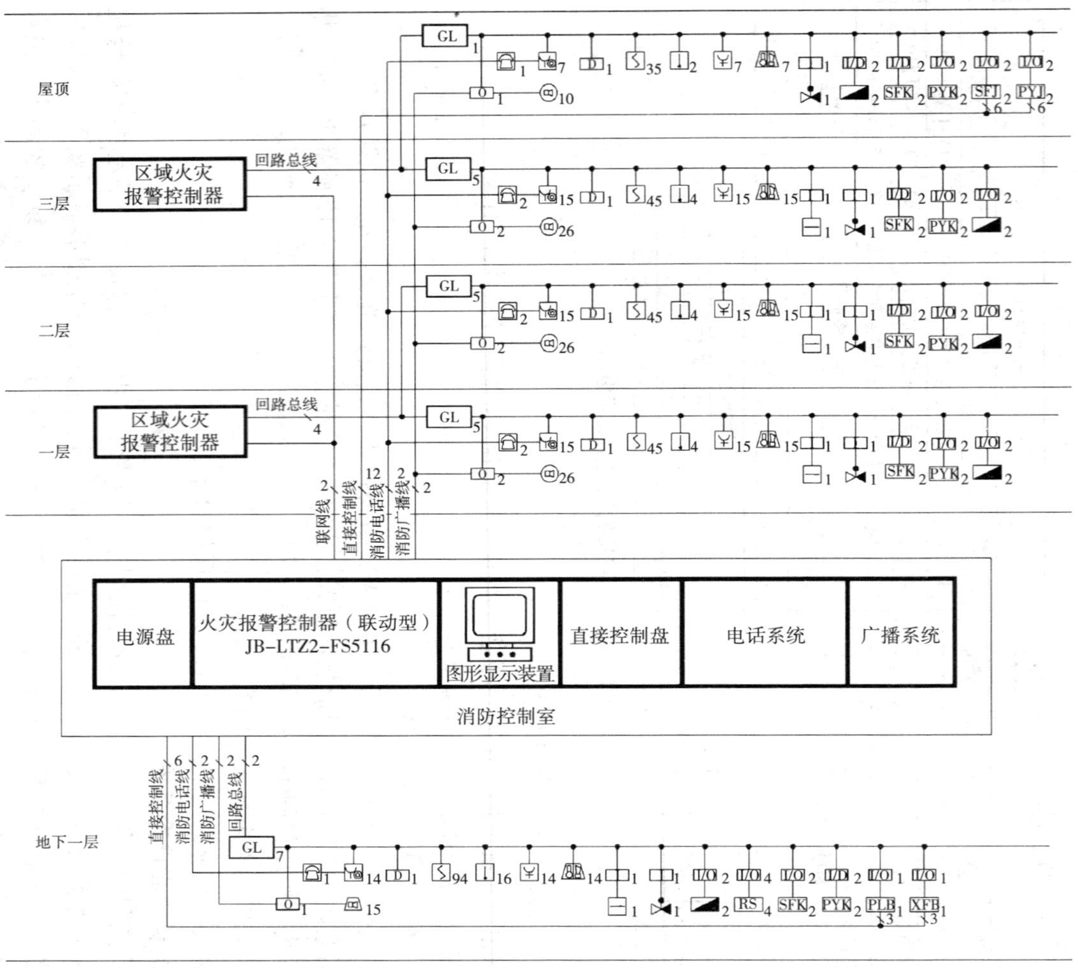

设备图例明细表

序号	图例	名称	型号规格
1		点型光电感烟火灾探测器	JTY-GM-FS1017
2		点型感温火灾探测器	JTW-A2-FS1015
3	GL	隔离模块	AFN-FS1207
4		手动报警按钮（含电话插孔）	J-SAP－FS1310
5		报警电话	AFN-FH06
6		消火栓报警按钮	J-SAP-FS1330
7		火灾声光警报器	AFN-FS11
8		吸顶式紧急广播音箱	AFN-FG05B
9		壁挂式紧急广播音箱	AFN-FG06A
10	D	火灾显示盘	JB-SXB-FX01
11		编码单输入模块	AFN-FS1229
12	I/D	编码单输入/单输出模块	AFN-FS1231
13	O	广播模块	AFN-FS1240
14		水流指示器	
15		湿式自动报警阀	
16	SFK	加压送风口控制箱	
17	PYK	排烟口控制箱	
18		照明配电箱	
19	SFJ	送风机	
20	PYJ	排烟机	
21	PLB	喷淋泵	
22	XFB	消防泵	
23	RS	卷帘门	

线制说明

名称	型号规格
回路总线	竖井：ZR-RVS-2×1.5mm²线
	平面：ZR-RVS-2×1.0mm²线
消防广播线	ZR-BV－2×1.5mm²线
消防电话线	ZR-RVVP－2×1.0mm²线
联网线	ZR-RVVSP－2×1.0mm²线
直接控制线	ZR-BV－2×1.5mm²线

图 1-2-2　集中报警系统组成示意图

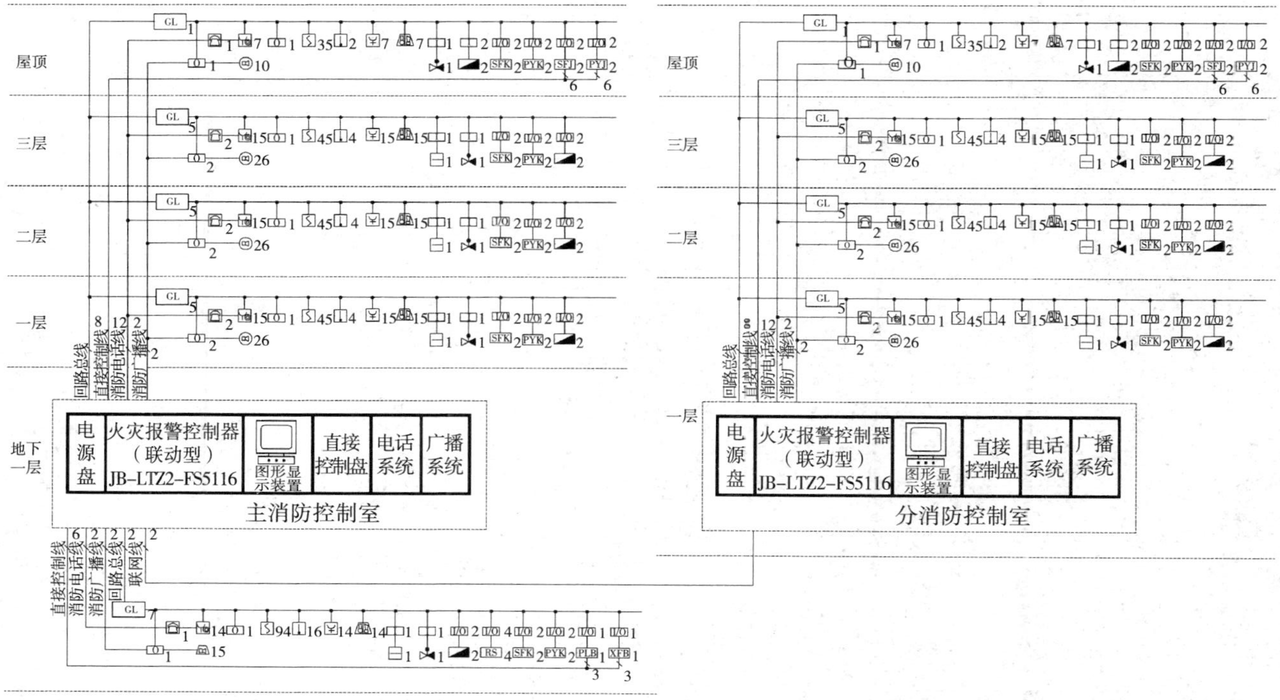

图 1-2-3 控制中心报警系统组成示意图

设备图例明细表

序号	图例	名称	型号规格
1		点型光电感烟火灾探测器	JTY-GM-FS1017
2		点型感温火灾探测器	JTW-A2-FS1015
3	GL	隔离模块	AFN-FS1207
4		手动报警按钮（含电话插孔）	J-SAP-FS1310
5		报警电话	AFN-FH06
6		消火栓报警按钮	J-SAP-FS1330
7		火灾声光警报器	AFN-FS11
8		吸顶式紧急广播音箱	AFN-FG05B
9		壁挂式紧急广播音箱	AFN-FG06A
10		火灾显示盘	JB-SXB-FX01
11		编码单输入模块	AFN-FS1229
12		编码单输入/单输出模块	AFN-FS1231
13		广播模块	AFN-FS1240
14		水流指示器	
15		湿式自动报警阀	
16	SFK	加压送风口控制箱	
17	PYK	排烟口控制箱	
18		照明配电箱	
19	SFJ	送风机	
20	PYJ	排烟机	
21	PLB	喷淋泵	
22	XFB	消防泵	
23	RS	卷帘门	

线制说明

名称	型号规格
回路总线	竖井：ZR-RVS-2 × 1.5mm²线
	平面：ZR-RVS-2 × 1.0mm²线
消防广播线	ZR-BV-2 × 1.5mm²线
消防电话线	ZR-RVVP-2 × 1.0mm²线
联网线	ZR-RVVSP-2 × 1.0mm²线
直接控制线	ZR-BV-2 × 1.5mm²线

（2）控制中心报警系统的适用范围。控制中心报警系统一般适用于建筑群或体量很大的保护对象，这些保护对象中可能设置几个消防控制室，也可能由于分期建设而采用了不同企业的产品或同一企业不同系列的产品，或由于系统容量限制而设置了多个起集中作用的火灾报警控制器等情况，这些情况下均应选择控制中心报警系统。

第二篇 《火灾自动报警系统施工及验收标准》条文解读、实施要点及工程示例

本篇对《火灾自动报警系统施工及验收标准》GB 50166—2019进行了逐条解读，从条文解读、实施要点和工程示例三个方面加以阐述，系统介绍了火灾自动报警系统施工、调试、检测及验收的各项技术要求，帮助从业人员深入掌握火灾自动报警系统的施工及验收。

1 总 则

1.0.1 为了保障火灾自动报警系统的施工质量和使用功能，预防和减少火灾危害，保护人身和财产安全，制定本标准。

【条文解读】

1. 本条规定了制定本标准的目的和意义。

2. 火灾自动报警系统是一种在工业与民用建筑中广泛应用的建筑消防设施，是现代火灾防控行之有效的工具之一。随着我国经济的迅猛发展和消防安全工作的不断加强，特别是近年来，随着《建筑设计防火规范》GB 50016、《火灾自动报警系统设计规范》GB 50116 等一系列消防技术标准的贯彻实施，我国火灾自动报警系统的推广应用有了很大发展，火灾自动报警系统在安全防火工作中将继续发挥日益显著的作用。

3. 本标准不仅为系统安装、使用等部门和单位提供了一个统一的、科学合理的技术标准，也为验收机构提供了一个监督管理和检测验收的技术依据。这对于更好地发挥火灾自动报警系统在安全防火工作中的重要作用，防止和减少火灾危害，保护人身和财产安全，具有十分重要的意义。

1.0.2 本标准适用于建（构）筑物中设置的火灾自动报警系统的施工、检测、验收及维护保养，不适用于火药、炸药、弹药、火工品等生产和贮存场所设置的火灾自动报警系统的施工、检测、验收及维护保养。

【条文解读】

1. 本条规定了本标准的适用范围和具体的内容。

2. 火药、炸药、弹药、火工品等生产和贮存场所内生产或储存的物质具有很高的火灾危险性和高强度的剧烈爆炸危险性，该类场所火灾自动报警系统的设计与一般工业建筑有较大的差异。

【实施要点】

1. 本标准涉及火灾自动报警系统的系统布线、设备安装、调试、检测、验收及维护保养等工程应用环节的技术要求，为有效保证系统的设计符合性、系统运行的完好有效性，上述环节中应严格执行本标准的相关技术要求。

2. 本标准是《火灾自动报警系统设计规范》GB 50116 的配套标准，两个标准的适用范围和不适用范围是一致的。

3. 火药、炸药、弹药、火工品等生产和贮存场所中设置火灾自动报警系统的施工、检测、验收及维护保养等环节应按照相应专项工程技术标准的相关规定执行。

1.0.3 火灾自动报警系统的施工、检测、验收及维护保养除应符合本标准外，尚应符合国家现行有关标准的规定。

【条文解读】

1. 本条规定了本标准与其他标准之间的关系。

2. 本标准是专业技术标准，其内容涉及范围较广。在标准执行过程中，还应符合国家现行的有关标准、规范的规定，以保证标准、规范间的协调一致性。

【实施要点】

火灾自动报警系统的施工、检测、验收及维护保养尚应符合的相关标准及现行版本号如下：

1.《火灾自动报警系统设计规范》GB 50116—2013。

2.《电气装置安装工程　爆炸和火灾危险环境电气装置施工及验收规范》GB 50257—2014。

3.《建筑电气工程施工质量验收规范》GB 50303—2015。

4.《火灾报警控制器》GB 4717—2005。

5.《电气火灾监控系统》GB 14287—2014。

6.《消防联动控制系统》GB 16806—2006。

7.《可燃气体报警控制器》GB 16808—2008。

8.《火灾显示盘》GB 17429—2011。

9.《家用火灾安全系统》GB 22370—2008。

10.《建筑消防设施的维护管理》GB 25201—2010。

11.《消防设备电源监控系统》GB 28184—2011。

12.《防火门监控器》GB 29364—2012。

13.《火灾探测报警产品的维修保养与报废》GB 29837—2013。

14.《消防控制室通用技术要求》GB 25506—2010。

15.《火灾自动报警系统组件兼容性要求》GB 22134—2008。

16.《防火卷帘、防火门、防火窗施工及验收规范》GB 50877—2014。

17.《防火卷帘控制器》XF 386—2002。

2 基本规定

2.1 质量管理

2.1.1 系统的分部、分项工程应按本标准附录A划分。

【条文解读】

本标准依据火灾自动报警系统的施工、调试和检测验收等工程应用情况，将系统分为材料和设备进场检查、布线与系统设备安装、系统调试和系统检测验收4个分部工程，并依据每项分部工程涉及的工作内容，结合系统的组成和功能特点对各分部工程所包括的分项工程进行了详细划分。

【实施要点】

系统的分部工程、分项工程的划分要求详见表2-2-1。

表2-2-1 火灾自动报警系统分部工程、分项工程划分表

序号	分部工程	分项工程	
1	材料、设备进场检查	材料类	管材、槽盒、电缆电线
		控制与显示类设备	火灾报警控制器、消防联动控制器、火灾显示盘、控制中心监控设备、家用火灾报警控制器、消防电话总机、可燃气体报警控制器、电气火灾监控设备、消防设备电源状态监控器、消防控制室图形显示装置、传输设备、消防应急广播控制装置等
		探测器类设备	点型感烟火灾探测器、点型感温火灾探测器、一氧化碳火灾探测器、点型家用火灾探测器、独立式火灾探测报警器、线型光束感烟火灾探测器、线型感温火灾探测器、管路采样式吸气感烟火灾探测器、点型火焰探测器、图像型火灾探测器、点型可燃气体探测器、线型可燃气体探测器、电气火灾监控探测器等
		其他设备	手动火灾报警按钮、消火栓按钮、手动控制装置、手动与自动转换装置、现场启动和停止按钮、模块、消防电话分机、电话插孔、火灾警报器、喷洒光警报器、扬声器、手动与自动控制状态显示装置、消防设备应急电源、传感器、防火门监控模块、电气控制装置等
2	布线与系统设备安装	材料类	管材、槽盒、电缆电线
		探测器类设备	火灾报警控制器、消防联动控制器、火灾显示盘、控制中心监控设备、家用火灾报警控制器、消防电话总机、可燃气体报警控制器、电气火灾监控设备、消防设备电源状态监控器、消防控制室图形显示装置、传输设备、消防应急广播控制装置等

续表2-2-1

序号	分部工程	分项工程	
2	布线与系统设备安装	控制器类设备	点型感烟火灾探测器、点型感温火灾探测器、一氧化碳火灾探测器、点型家用火灾探测器、独立式火灾探测报警器、线型光束感烟火灾探测器、线型感温火灾探测器、管路采样式吸气感烟火灾探测器、点型火焰探测器、图像型火灾探测器、点型可燃气体探测器、线型可燃气体探测器、电气火灾监控探测器等
		其他设备	手动火灾报警按钮、消火栓按钮、手动控制装置、手动与自动转换装置、现场启动和停止按钮、模块、消防电话分机、电话插孔、火灾警报器、喷洒光警报器、扬声器、手动与自动控制状态显示装置、消防设备应急电源、传感器、防火门监控模块、电气控制装置等
3	系统调试	探测器类设备	火灾报警控制器、消防联动控制器、火灾显示盘、控制中心监控设备、家用火灾报警控制器、消防电话总机、可燃气体报警控制器、电气火灾监控设备、消防设备电源状态监控器、消防控制室图形显示装置、传输设备、消防应急广播控制装置等
		控制器类设备	点型感烟火灾探测器、点型感温火灾探测器、一氧化碳火灾探测器、点型家用火灾探测器、独立式火灾探测报警器、线型光束感烟火灾探测器、线型感温火灾探测器、管路采样式吸气感烟火灾探测器、点型火焰探测器、图像型火灾探测器、点型可燃气体探测器、线型可燃气体探测器、电气火灾监控探测器等
		其他设备	手动火灾报警按钮、消火栓按钮、手动控制装置、手动与自动转换装置、现场启动和停止按钮、模块、消防电话分机、电话插孔、火灾警报器、喷洒光警报器、扬声器、手动与自动控制状态显示装置、消防设备应急电源、传感器、防火门监控模块、电气控制装置等
		系统功能	火灾警报与消防应急广播系统、防火卷帘系统、防火门监控系统、气体灭火系统、自动喷水灭火系统、消火栓系统、防烟排烟系统、消防应急照明和疏散指示系统、电梯和非消防电源等相关系统
4	系统检测、验收	文件资料	齐备性、符合性核查
		消防控制室	设置情况、设备配置、设备布置、存档文件资料、接地
		材料类	管材、槽盒、电缆电线
		控制与显示类设备	火灾报警控制器、消防联动控制器、火灾显示盘、控制中心监控设备、家用火灾报警控制器、消防电话总机、可燃气体报警控制器、电气火灾监控设备、消防设备电源状态监控器、消防控制室图形显示装置、传输设备、消防应急广播控制装置等

续表2-2-1

序号	分部工程	分项工程	
4	系统检测、验收	探测器类设备	点型感烟火灾探测器、点型感温火灾探测器、一氧化碳火灾探测器、点型家用火灾探测器、独立式火灾探测报警器、线型光束感烟火灾探测器、线型感温火灾探测器、管路采样式吸气感烟火灾探测器、点型火焰探测器、图像型火灾探测器、点型可燃气体探测器、线型可燃气体探测器、电气火灾监控探测器等
		其他设备	手动火灾报警按钮、消火栓按钮、手动控制装置、手动与自动转换装置、现场启动和停止按钮、模块、消防电话分机、电话插孔、火灾警报器、喷洒光警报器、扬声器、手动与自动控制状态显示装置、消防设备应急电源、传感器、防火门监控模块、电气控制装置等
		系统功能	火灾警报与消防应急广播系统、防火卷帘系统、防火门监控系统、气体灭火系统、自动喷水灭火系统、消火栓系统、防烟排烟系统、消防应急照明和疏散指示系统、电梯和非消防电源等相关系统

2.1.2 系统的施工应按设计要求编写施工方案，施工现场应具有必要的施工技术标准、健全的施工质量管理体系和工程质量检验制度，建设单位应组织监理单位进行检查，并按本标准附录B的规定填写有关记录。

【条文解读】

1. 本条规定了对施工单位的施工组织设计的检查要求。

2. 为有效保障系统的施工按照工作计划合理有序地开展，施工单位应按设计要求编制施工方案。

3. 为有效保障系统的施工顺利开展，施工单位应准备必要的施工技术资料。

4. 为有效保障系统的施工质量，施工单位应建立健全质量管理体系，制定完善的质量管理制度。

【实施要点】

1. 施工单位根据设计图纸要求，合理的划分系统的分部和分项工程，认真编写施工方案，并报建设、监理单位审批。

2. 施工单位应根据工程项目所涉及的系统设备，收集相关的产品说明书、技术手册、产品标准、相关工程技术标准等必要的技术标准。

3. 施工单位应制订现场质量管理制度和工程质量检验制度，建立健全施工质量管理体系，确定各岗位的质量责任，确认主要专业工种人员能够持证上岗，确认施工图纸符合审查要求。

4. 施工单位进场前，建设单位应组织监理单位对施工单位的以下现场质量管理情况进行检查：现场质量管理制度，质量责任制，主要专业工种人员操作上岗证书，施工图审查情况，施工组织设计、施工方案及审批，施工技术标准，工程质量检验制度，现场材料、设备管理等。

2.1.3 系统施工前应具备下列条件：

1 系统图、设备布置平面图、接线图、安装图、联动控制逻辑设计文件等经批准的消防设计文件，系统设备的现行国家标准、系统设备的使用说明书等技术资料应齐全；

2 设计单位应向建设、施工、监理单位进行技术交底，明确相应技术要求；

3 系统设备、组（配）件以及材料应齐全，规格、型号应符合设计要求，应能够保证正常施工；

4 与系统施工相关的预埋件、预留孔洞等应符合设计要求；

5 施工现场及施工中使用的水、电、气应能够满足连续施工的要求。

【条文解读】

1. 本条规定了系统施工前应具备的技术、物质条件，这些是施工前应具备的基本条件。

2. 为有效保障系统的施工符合设计文件的要求，并保证施工质量，施工单位在系统施工前，应收集与系统施工相关的技术资料。

3. 为使建设、施工和监理单位能够全面掌握系统设计要求，有效保障系统施工的设计符合性，设计单位应向建设、施工和监理单位进行技术交底。

4. 为有效保障系统施工的正常进行，同时保证系统施工的设计符合性，施工现场的设备、材料应满足连续施工要求，且设备、材料的规格型号应符合设计文件的要求。

5. 为有效保障系统施工的正常进行，并保证系统的施工质量，与系统施工相关的预埋件、预留孔洞应满足设计文件和施工工艺的要求。

6. 为有效保障系统施工的连续进行，施工现场及施工中使用的水、电、气应能够满足施工进度要求。

【实施要点】

1. 施工单位在系统施工前，应根据工程项目所包括的内容收集拟安装系统设备的系统图、设备布置平面图、接线图、安装图、联动控制逻辑设计文件等经批准的消防设计文件、系统设备的现行国家标准、系统设备的使用说明书等技术资料。

2. 在系统施工前，建设单位应组织设计单位向建设、施工和监理单位进行技术交底，阐明系统的各项设计要求，解答建设、施工和监理单位提出的问题。

3. 建设或施工单位应根据工程项目所包括的内容，准备设计文件要求规格、型号及数量的系统设备和相应的组（配）件。

4. 在系统施工前，施工单位应检查并确保系统设备安装预埋件、管线预留孔洞符合设计文件的相关要求，尤其是要确保暗敷的系统线路防护管路通畅。

5. 施工单位应检查并确保施工现场的水、电、气等施工条件能满足施工进度的要求；为有效保证系统施工现场的作业安全，施工现场临时配电设施、动火作业区的设置均应满足施工现场的相关消防安全要求。

2.1.4 系统的施工应按照批准的工程设计文件和施工技术标准进行。

【条文解读】

1. 本条明确规定了系统施工应执行的依据和准则。本条为强制性条文，施工单位必须严格执行。

2. 为保证工程质量，施工单位不得任意修改设计图纸，应严格按批准的工程设计文件和施工技术标准施工。

【实施要点】

施工单位应严格按批准的工程设计文件和施工技术标准施工，受现场施工条件等因素影响，确需进行修改时，应经原设计单位或由建设单位授权的具有相应资质的设计单位负责修改，且更改后的消防工程设计图纸及文件应交有关机构进行审核及备案。

2.1.5 系统的施工过程质量控制应符合下列规定：

1 系统施工前，监理单位应按本标准第2.2节的规定和附录C中规定的检查项目、检查内容、检查方法组织施工单位对材料、设备及配件进行进场检查，并应按本标准附录C的规定填写记录，检查不合格者不得使用；

2 系统施工过程中，施工单位应做好施工、设计变更等相关记录；

3 各工序应按照施工技术标准进行质量控制，每道工序完成后应进行检查，相关各专业工种之间交接时，应经监理工程师检验认可，不合格应进行整改，检查合格后方可进入下一道工序；

4 监理工程师应按照施工区域的划分、系统的安装工序及本标准第3章的规定和附录C中规定的检查项目、检查内容、检查方法组织施工单位人员对系统的安装质量进行全数检查，并应按本标准附录C的规定填写记录，隐蔽工程的质量检查宜保留现场照片或视频记录；

5 系统施工结束后，施工单位应完成竣工图及竣工报告；

6 系统施工结束后，建设单位应按设计文件、本标准第4章的规定，并应按本标准附录E中规定的检查项目、检查内容、检查方法组织施工单位、设备制造企业对系统进行调试，并应按本标准附录E的规定填写记录，系统调试前，应编制调试方案；

7 系统调试结束后应编写调试报告，施工单位、设备制造企业应向建设单位提交系统竣工图、材料设备及配件进场检查记录、安装质量检查记录、调试记录及产品检验报告、合格证等相关材料。

【条文解读】

1. 本条明确规定了系统施工过程中的质量控制要求。

2. 系统设备选型的设计符合性、消防产品准入制度的符合性、产品的完好性等直接影响系统运行的稳定性和可靠性，系统设备进场前应进行进场检验，严禁使用检验不合格的产品。

3. 为实现施工过程的可追溯性，施工单位应做好施工、设计变更等相关记录。

4. 为了确保系统的施工质量，施工单位的施工应严格遵照本标准的相关技术要求进行，施工单位在每个工序施工结束且按质量控制要求自查合格后，交由监理工程师进行检查，施工单位应对检查不合格的项目进行整改，并经再次检验合格后，方可进行下一道工序的施工。

5. 为了确保系统的施工质量，监理单位应对施工单位的施工质量进行全数检查并记录。

6. 为了确保施工过程及质量的可追溯性，便于系统后续的维护管理，系统施工结束后，施工单位应绘制系统竣工图，编制竣工报告。

7. 为了实现系统设计的各项功能和性能，系统施工结束后，建设方应组织相关单位进行系统调试。

8. 为了确保系统调试过程和质量的可追溯性，便于系统的维护管理，系统调试结束后，承担系统调试的单位应编写调试报告，并向建设单位提交相关资料。

【实施要点】

1. 在系统施工前，监理单位应组织施工单位对系统设备、材料及配件按照本标准第2.2节的规定进行进场检查，不符合设计文件和消防产品准入制度要求的产品应予以更换，不得使用。

2. 施工单位应做好施工记录，尤其是各工序交接环节的施工记录；在施工过程中发生系统设计变更时，施工单位的施工记录应体现原设计要求、变更后的设计要求、设计变更后的系统施工情况等相关内容。

3. 系统的施工按本标准第2.1.1条的规定进行了分部和分项工程的划分，每一分部、分项工程中可能包括若干道工序，施工过程中，监理单位和施工单位应按下列要求严格检查每道工序施工的施工质量：

（1）施工单位每完成一道工序的施工时，对该道工序的施工质量自检合格后，交由监理单位进行施工质量检验，监理单位检验合格后方能进行下一道工序的施工。

（2）同一分部、分项工程中的不同工序交接时，施工单位还应进行工序的交接检查，上道工序还应满足下道工序的施工条件和要求；不同分部、分项工程施工工序交接时，火灾自动报警系统与其他系统施工工序交接时，施工单位也应进行工序的交接检查，施工单位自检合格，并应经监理工程师检验合格后，方可进入下一道工序。

（3）监理单位对施工的质量检验不合格时，施工单位应进行整改，并重新报请监理工程师检验。

4. 监理单位应根据系统施工区域的划分、系统分部和分项工程的划分和施工单位的施工进度完成情况，按照本标准第3章和附录C规定的检查项目、检查内容和检查方法，组织施工单位对系统的安装质量进行检查，并填写检查记录，本标准的附录C给出了检查记录表格的格式化样例。吊顶、静电地板等区域的隐蔽区域的施工检查宜保留现场照片或视频记录。检查过程中发现的不合格项，施工单位应进行整改，并报请监理单位重新进行检查。

5. 系统施工结束后，施工单位应根据系统施工的实际情况绘制系统竣工图、编制竣工报告。施工过程中出现不合格项时，竣工报告中应包括不合格项出现的原因及整改情况。

6. 系统施工结束后，建设方应组织施工单位、系统设备的制造企业等具备系统设备调试能力的单位对系统按照下列流程进行调试：

（1）系统调试前，承担系统调试的单位应根据系统的设置情况、按照设计文件和本标准第4章规定确定系统的调试项目和调试内容，并编制系统调试方案。

（2）承担系统调试的单位按照设计文件和附录E规定的调试内容和方法，按照系统调试方案的要求对系统的基本功能和性能进行调试检查，并认真填写调试记录，本标准的附录E给出了调试记录表格的样例。

7. 系统调试结束后，承担系统调试的单位应编写调试报告，调试过程中存在不合格项时，调试报告中应包括不合格项出现的原因及整改情况。承担系统调试的单位还应提交以下资料：

（1）系统竣工图；

（2）材料设备及配件进场检查记录；

（3）系统安装质量检查记录；

（4）调试记录；

（5）产品检验报告、合格证等相关材料。

2.2 材料、设备进场检查

2.2.1 材料、设备及配件进入施工现场应具有清单、使用说明书、质量合格证明文件、国家法定质检机构的检验报告等文件，火灾自动报警系统中的强制认证产品还应有认证证书和认证标识。

2.2.2 系统中国家强制认证产品的名称、型号、规格应与认证证书和检验报告一致。

2.2.3 系统中非国家强制认证的产品名称、型号、规格应与检验报告一致，检验报告中未包括的配接产品接入系统时，应提供系统组件兼容性检验报告。

2.2.4 系统设备及配件的规格、型号应符合设计文件的规定。

2.2.5 系统设备及配件表面应无明显划痕、毛刺等机械损伤，紧固部位应无松动。

【条文解读】

1. 第2.2.1条~第2.2.5条规定了系统材料、设备及配件进入施工现场前的进场检查的内容和检查要求。其中第2.2.2条为强制性条文，应严格执行。

2. 为有效保证系统材料、设备及配件的质量，系统施工应采用符合我国消防准入制度的火灾自动报警系统产品。

（1）《中华人民共和国消防法》（2019年修订）（以下简称《消防法》）的第二十四条对我国境内使用的消防产品应执行的相应市场准入制度做出了明确规定：

1）消防产品必须符合国家标准；没有国家标准的，必须符合行业标准。禁止生产、销售或者使用不合格的消防产品以及国家明令淘汰的消防产品。

2）依法实行强制性产品认证的消防产品，由具有法定资质的认证机构按照国家标准、行业标准的强制性要求认证合格后，方可生产、销售、使用。实行强制性产品认证的消防产品目录，由国务院产品质量监督部门会同国务院应急管理部门制定并公布。

3）新研制的尚未制定国家标准、行业标准的消防产品，应当按照国务院产品质量监督部门会同国务院应急管理部门规定的办法，经技术鉴定符合消防安全要求的，方可生产、销售、使用。

4）依照本条规定经强制性产品认证合格或者技术鉴定合格的消防产品，国务院应急管理部门消防机构应当予以公布。

（2）应执行强制性认证的消防产品由国务院产品质量监督部门会同国务院应急管理部门制定并公布。强制性认证火灾自动报警系统产品目录见表 2-2-2。

表2-2-2　强制性认证火灾自动报警系统产品目录

序号	产 品 类 别		认证依据标准
1	点型感烟火灾探测器		GB 4715
2	点型感温火灾探测器		GB 4716
3	独立式感烟火灾探测报警器		GB 20517
4	手动火灾报警按钮		GB 19880
5	点型紫外火焰探测器		GB 12791
6	特种火灾探测器	点型红外火焰探测器	GB 15631
		吸气式感烟火灾探测器	
		图像型火灾探测器	
		点型一氧化碳火灾探测器	
7	线型光束感烟火灾探测器		GB 14003
8	火灾显示盘		GB 17429
9	火灾声和/或光警报器 火灾声光（声/光）警报器		GB 26851
10	火灾报警控制器		GB 4717
11	家用火灾报警产品		GB 22370

（3）应急管理部消防产品合格评定中心根据国务院和应急管理部的工作要求，将部分火灾报警产品强制性认证改为自愿性认证，参见《关于对十三类消防产品开展自愿性认证工作的通知》应急消评〔2019〕21 号。自愿性认证火灾自动报警系统产品目录详见表 2-2-3。

表2-2-3　自愿性认证火灾自动报警系统产品目录

序号	产 品 类 别		认证依据标准	认 证 类 别
1	防火卷帘控制器		XF 386	自愿性认证
2	线型感温火灾探测器		GB 16280	
3	城市消防远程监控产品	用户信息传输装置	GB 26875.1	自愿性认证
4	可燃气体报警产品	可燃气体报警控制器	GB 16808	
		工业及商业用途点型可燃气体探测器； 家用可燃气体探测器； 工业及商业用途便捷式可燃气体探测器； 工业及商业用途线型光束可燃气体探测器	GB 15322.1 GB 15322.2 GB 15322.3 GB 15322.4	自愿性认证

续表2-2-3

序号	产品类别		认证依据标准	认证类别
5	电气火灾监控系统	电气火灾监控设备	GB 14287. 1 GB 14287. 2 GB 14287. 3	取消认证
		剩余电流式电气火灾监控探测器		取消认证
		测温式电气火灾监控探测器		取消认证
6	火警受理设备	火警受理信息设备	GB 16281	自愿性认证
		火警调度机		自愿性认证
		火警数字录音录时装置		自愿性认证
7	消防车辆动态管理装置	消防车辆动态终端机	XF 545. 1	自愿性认证
		消防车辆动态管理中心收发装置	XF 545. 2	自愿性认证
8	消防联动控制系统设备	消防联动控制器	GB 16806	自愿性认证
		气体灭火控制器		自愿性认证
		消防电气控制装置		自愿性认证
		消防设备应急电源		自愿性认证
		消防应急广播设备		自愿性认证
		消防电话		自愿性认证
		传输设备		自愿性认证
		消防控制室图形显示装置		自愿性认证
		消防电动装置		自愿性认证
		消火栓按钮		自愿性认证
		模块		自愿性认证

（4）一些大型工程项目，尤其是大型商业综合体项目中设置的火灾自动报警系统所需的系统产品种类繁多，往往系统产品的主要供应商无法提供项目所需的全部产品，需要配接其他厂家生产的火灾自动报警系统部件，如：红外光束线型感烟火灾探测器、点型火焰探测器、线型光纤感温火灾探测器等。此类情况，火灾报警控制器、消防联动控制器与其他厂家生产的现场部件间的通信接口和通信协议的兼容性应符合《火灾自动报警系统组件兼容性要求》GB 22134 的有关规定。

3. 为了有效确保系统的设计符合性，系统施工采用设备的规格型号应满足设计文件的要求。

4. 为有效保障系统的质量，系统施工采用的设备应完好无缺陷。

5. 火灾自动报警系统产品认证依据的相关标准及现行版本号如下：

（1）《点型感烟火灾探测器》GB 4715—2005。

（2）《点型感温火灾探测器》GB 4716—2005。

（3）《独立式感烟火灾探测报警器》GB 20517—2006。

（4）《手动火灾报警按钮》GB 19880—2005。

(5)《点型紫外火焰探测器》GB 12791—2006。

(6)《特种火灾探测器》GB 15631—2008。

(7)《线型光束感烟火灾探测器》GB 14003—2005。

(8)《火灾显示盘》GB 17429—2011。

(9)《火灾声和/或光警报器》GB 26851—2011。

(10)《火灾报警控制器》GB 4717—2005。

(11)《家用火灾安全系统》GB 22370—2008。

(12)《防火卷帘控制器》XF 386—2002。

(13)《线型感温火灾探测器》GB 16280—2014。

(14)《城市消防远程监控系统　第1部分：用户信息传输装置》GB 26875. 1—2011。

(15)《可燃气体报警控制器》GB 16808—2008。

(16)《可燃气体探测器　第1部分：工业及商业用途点型可燃气体探测器》GB 15322. 1—2019。

(17)《可燃气体探测器　第2部分：家用可燃气体探测器》GB 15322. 2—2019。

(18)《可燃气体探测器　第3部分：工业及商业用途便携式可燃气体探测器》GB 15322. 3—2019。

(19)《可燃气体探测器　第4部分：工业及商业用途线型光束可燃气体探测器》GB 15322. 4—2019。

(20)《电气火灾监控系统　第1部分：电气火灾监控设备》GB 14287. 1—2014。

(21)《电气火灾监控系统　第2部分：剩余电流式电气火灾监控探测器》GB 14287. 2—2014。

(22)《电气火灾监控系统　第3部分：测温式电气火灾监控探测器》GB 14287. 3—2014。

(23)《火警受理系统》GB 16281—2010。

(24)《消防车辆动态管理装置　第1部分：消防车辆动态终端机》XF 545. 1—2005。

(25)《消防车辆动态管理装置　第2部分：消防车辆动态管理中心收发装置》XF 545. 2—2005。

(26)《消防联动控制系统》GB 16806—2006。

【实施要点】

1. 系统材料、设备及配件进入施工现场前，监理单位应组织施工单位对系统材料、设备和配件的质量证明文件进行核查：

(1) 表2-2-1规定范围内的火灾报警产品进场前，监理单位应着重核查拟进场产品的名称、型号、规格是否与认证证书和检验报告的内容一致，并应检查产品是否按照相关规定施加了认证标识，不符合要求的产品不能进入施工现场。

(2) 对于非强制性认证的系统产品，监理单位应核查产品名称、型号、规格是否与检验报告的内容一致，不符合要求的产品不能进入施工现场。

(3) 主要供应商提供的火灾报警控制器、消防联动控制器需要配接其他厂家生产的系统部件时，监理单位和施工单位应核查兼容性检验报告中的检验结论是否满足设计文件的相关要求，不符合要求的产品不能进入施工现场。

2. 系统设备进场前，监理单位和施工单位应对照设计文件核查拟进场的系统设备及配件的规格是否与设计文件一致，不符合要求的产品不能进入施工现场。

3. 系统设备进场前，监理单位和施工单位应对系统设备及配件的外观进行检查，系统设备及配件应无明显的机械损伤、紧固部件应牢固可靠，杜绝有缺陷的产品进入施工现场。

4. 系统材料、设备和配件进场检查的内容、要求和方法详见表 2-2-4。

表2-2-4 系统材料、设备及配件进场检查的内容、要求和方法

类型	条款	检查要求	检查方法
材料	2.2.1	拟进场材料应按进场批次提供以下质量证明资料： (1) 拟进场材料的清单； (2) 拟进场材料有效的质量合格证明文件和国家法定质检机构的检验报告	核查提供的文件是否齐全，质量合格证明文件和检验报告是否有效
系统设备及配件	2.2.1	进场的系统设备及配件应按进场批次提供以下资料： (1) 拟进场系统设备及配件的清单； (2) 拟进场系统设备及配件的说明书、检验报告、认证证书和认证标识	核查提供的文件是否齐全，检验报告、认证证书和认证标识是否有效
	2.2.2	认证产品的名称、型号、规格应与认证证书和检验报告一致	对照证书和检验报告核查产品的名称、型号、规格
	2.2.3	非强制认证产品的名称、型号、规格应与检验报告一致。检验报告中未包括的配接产品接入系统时，应提供系统组件兼容性检验报告	对照检验报告核查产品的名称、型号、规格。核查系统组件兼容性检验报告的有效性
	2.2.4	规格、型号应符合设计文件的规定	对照设计文件，核查设备的规格、型号
	2.2.5	表面应无明显划痕、毛刺等机械损伤，紧固部位应无松动	检查设备及配件的外观，用手感检查设备的紧固部位

【工程示例】

1. 强制性认证产品的检验报告、认证证书和认证标志的查询方法。

(1) 产品认证证书。

1) 产品认证证书的查询。强制性认证的火灾报警产品的认证证书主要包含证书编号、认证委托人、生产企业、认证产品、产品执行标准、证书有效期等。可以通过中国消防产品信息网 http://www.cccf.com.cn 或应急管理部消防产品合格评定中心网站 http://cccf.net.cn/查询产品的相关信息。具体的查询方法如图 2-2-1 所示。

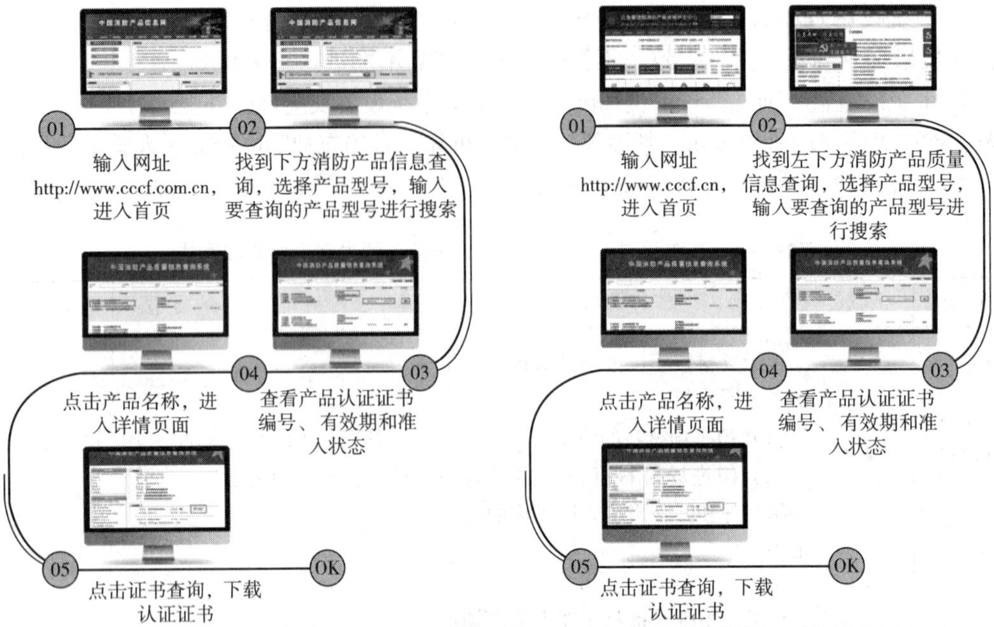

（a）中国消防产品信息网　　（b）应急管理部消防产品合格评定中心网站

图 2-2-1　产品认证证书查询流程示意图

2）产品认证证书示例。JTY-GM-FS1017 点型光电感烟火灾探测器产品的认证证书示例如图 2-2-2 所示。

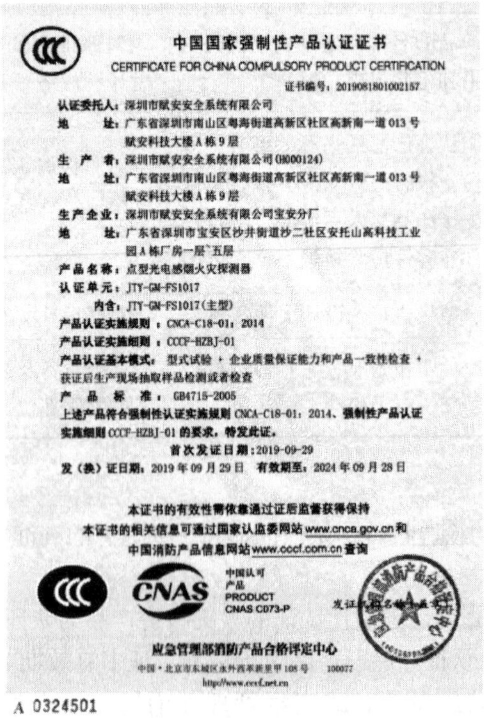

中国国家强制性产品认证证书

CERTIFICATE FOR CHINA COMPULSORY PRODUCT CERTIFICATION

证书编号：2019081801002157

认证委托人：深圳市赋安安全系统有限公司

地　　址：广东省深圳市南山区粤海街道高新区社区高新南一道 013 号赋安科技大楼 A 栋 9 层

生 产 者：深圳市赋安安全系统有限公司(H000124)

地　　址：广东省深圳市南山区粤海街道高新区社区高新南一道 013 号赋安科技大楼 A 栋 9 层

生产企业：深圳市赋安安全系统有限公司宝安分厂

地　　址：广东省深圳市宝安区沙井街道沙二社区安托山高科技工业园 A 栋厂房一层~五层

产品名称：点型光电感烟火灾探测器

认证单元：JTY-GM-FS1017

内含：JTY-GM-FS1017(主型)

产品认证实施规则：CNCA-C18-01：2014

产品认证实施细则：CCCF-HZBJ-01

产品认证基本模式：型式试验＋企业质量保证能力和产品一致性检查＋获证后生产现场抽取样品检测或者检查

产 品 标 准：GB4715-2005

上述产品符合强制性认证实施规则 CNCA-C18-01：2014、强制性产品认证实施细则 CCCF-HZBJ-01 的要求，特发此证。

首次发证日期：2019-09-29

发（换）证日期：2019 年 09 月 29 日　有效期至：2024 年 09 月 28 日

本证书的有效性需依靠通过证后监督获得保持

本证书的相关信息可通过国家认监委网站 www.cnca.gov.cn 和中国消防产品信息网站 www.cccf.com.cn 查询

中国认可
产品
PRODUCT
CNAS C073-P

发证机构名称

应急管理部消防产品合格评定中心

中国・北京市东城区永外西革新里甲 108 号　100077

http://www.cccf.net.cn

A 0324501

图 2-2-2　JTY-GM-FS1017 点型光电感烟火灾探测器产品的认证证书示例图

（2）产品检验报告。

1）产品检验报告的查询。产品的检验报告在产品检验特性描述中会详细说明系统在进行型式试验时配接产品的名称和型号，例如：××××公司生产的×××型火灾报警控制器配接××××公司生产的×××型点型感烟火灾探测器和××××公司生产的×××型点型感温火灾探测器进行试验。型式检验报告信息可登录中国消防产品信息网 http：//www. cccf. com. cn，在产品信息页面下查询。具体的查询方法如图 2-2-3 所示。

2）产品检验报告示例。JTY-GM-FS1017 点型光电感烟火灾探测器产品的型式检验报告如图 2-2-4 所示。

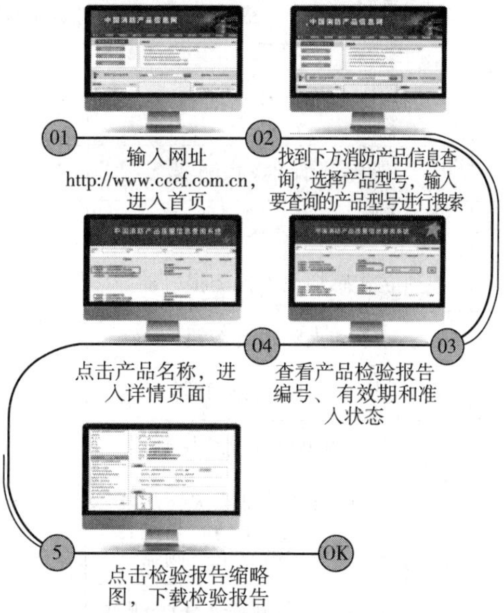

图 2-2-3 产品的检验报告查询流程示意图

No：Dz2019101994

检验报告

认证委托人：[illegible]

产品型号名称：JTY-GM-FS1017 型点型光电感烟火灾探测器

检验类别：型式试验

国家消防电子产品质量监督检验中心

国家消防电子产品质量监督检验中心
检验报告

No：Dz2019101994 共 13 页 第 1 页

产品名称	点型光电感烟火灾探测器	型　　号	JTY-GM-FS1017
认证委托人	[illegible]	检验类别	型式试验
生 产 者	[illegible]	生产日期	2019 年 1 月
生产企业	[illegible]	抽 样 者	/
抽样基数	/	抽样地点	/
样品数量	30 只	抽样日期	/
样品状态	完好	受理日期	2019 年 5 月 5 日
检验依据	GB 4715-2005《点型感烟火灾探测器》 CNCA-C18-01：2014《强制性产品认证实施规则 火灾报警产品》 CCCF-HZBJ-01《强制性产品认证实施细则 火灾报警产品 火灾探测报警产品》		
检验项目	全部适用项目		
检验结论	经检验，所检验项目符合 GB 4715-2005《点型感烟火灾探测器》要求，按照上述检验依据综合判定为合格。 以下空白。 （检验专用章） 签发日期：[illegible] 年 [illegible] 月 9 日		
备注	报告中符号“/”表示无内容，“—”表示不适用于该产品。		

批准： 审核： 编制：

图 2-2-4 JTY-GM-FS1017 点型光电感烟火灾探测器产品的型式检验报告示例图

（3）强制性认证火灾报警产品认证标志。强制性认证火灾报警产品的强制性认证标志是 3C 认证标志；红色标签为消防产品信息标志贴于产品本体，具有唯一的 14 位明码，可以通过中国消防产品信息网 www. cccf. com. cn 或应急管理部消防产品合格评定中心网站 http：//cccf. net. cn/查询产品的相关信息。强制性认证火灾报警产品的认证标志如表 2-2-5 所示。

表2-2-5　强制性认证火灾报警产品的认证标志

序号	产品类别		认证标志		认证依据标准
			标志示例	规格尺寸	
1	点型感烟火灾探测器			15mm	GB 4715
2	点型感温火灾探测器				GB 4716
3	独立式感烟火灾探测报警器				GB 20517
4	手动火灾报警按钮				GB 19880
5	点型紫外火焰探测器				GB 12791
6	特种火灾探测器	点型红外火焰探测器			GB 15631
		吸气式感烟火灾探测器			
		图像型火灾探测器			
		点型一氧化碳火灾探测器			
7	线型光束感烟火灾探测器				GB 14003
8	火灾声和/或光警报器				GB 26851
9	火灾显示盘			15mm 33mm×22mm	GB 17429
10	家用火灾报警产品				GB 22370
11	火灾报警控制器			45mm 45mm×40mm	GB 4717

火灾探测器、手动火灾报警按钮等强制性认证产品，也可以在壳体上采用模压方式施加认证标志。火灾自动报警系统产品认证标志实例照片如图 2-2-5 所示。

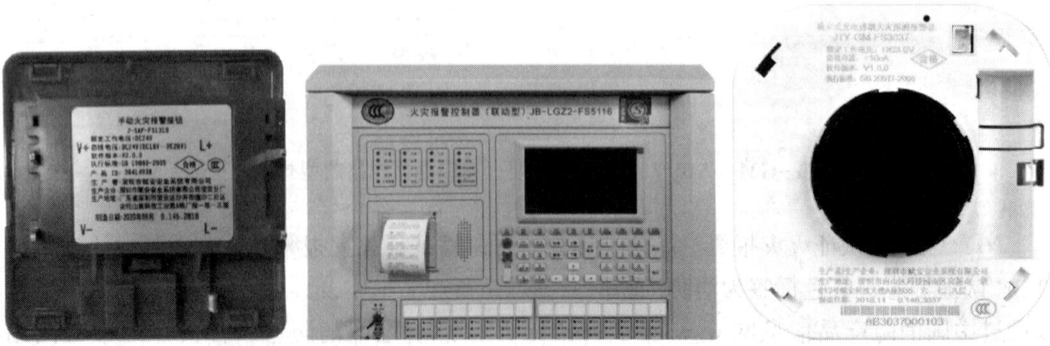

图 2-2-5　采用模压方式施加认证标志的点型感烟火灾探测器示例

2. 兼容性检验报告。产品的兼容性检验报告在产品检验结论中会详细说明进行兼容性试验产品的名称和型号，例如：××××公司生产的×××型点型火焰探测器和××××公司生产的×××型火灾报警控制器进行了兼容性试验。同时，在检验项目中列出此次兼容性试验进行的检验项目。

点型火焰探测器兼容性检验报告示例如图 2-2-6 所示。

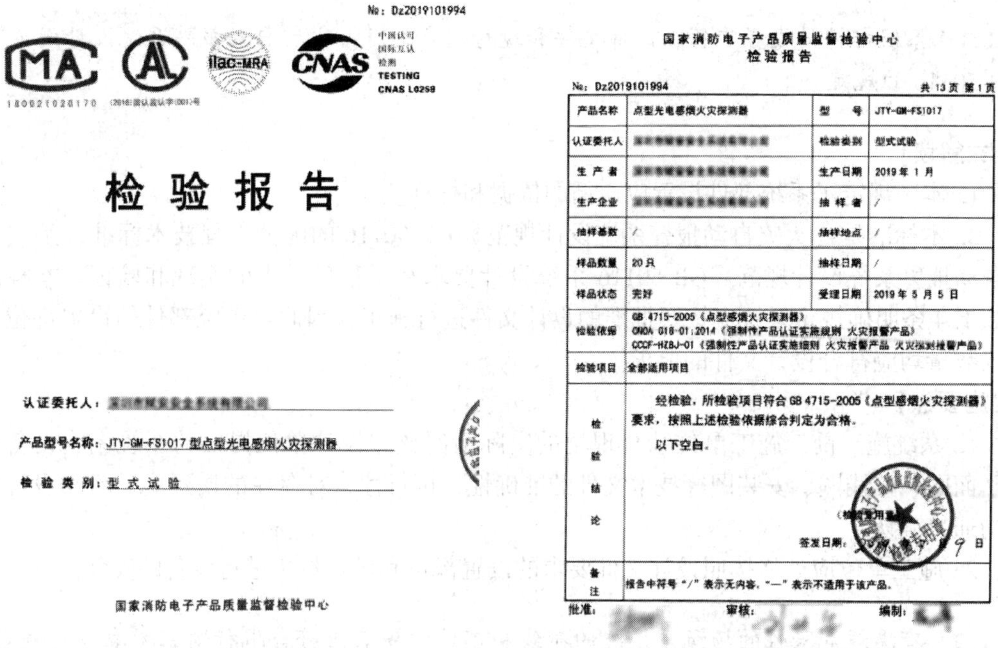

№：Dz2019101994

中国认可
国际互认
检测
TESTING
CNAS L0259

检 验 报 告

认证委托人：[redacted]

产品型号名称：JTY-GM-FS1017 型点型光电感烟火灾探测器

检 验 类 别：型 式 试 验

国家消防电子产品质量监督检验中心

国家消防电子产品质量监督检验中心
检验报告

№：Dz2019101994　　　　共 13 页 第 1 页

产品名称	点型光电感烟火灾探测器	型　号	JTY-GM-FS1017
认证委托人	[redacted]	检验类别	型式试验
生 产 者	[redacted]	生产日期	2019 年 1 月
生产企业	[redacted]	抽 样 者	/
抽样基数	/	抽样地点	/
样品数量	20 只	抽样日期	/
样品状态	完好	受理日期	2019 年 5 月 5 日
检验依据	GB 4715-2005《点型感烟火灾探测器》 CNCA 016-01:2014《强制性产品认证实施规则 火灾报警产品》 CCCF-HZBJ-01《强制性产品认证实施细则 火灾报警产品 火灾探测报警产品》		
检验项目	全部适用项目		
检验结论	经检验，所检验项目符合 GB 4715-2005《点型感烟火灾探测器》要求，按照上述检验依据综合判定为合格。 以下空白。 （检验专用章） 签发日期：　　年　月 9 日		
备注	报告中符号“/”表示无内容，“—”表示不适用于该产品。		

批准：　　审核：　　编制：

图 2-2-6　点型火焰探测器兼容性检验报告示例图

3 施 工

3.1 一般规定

3.1.1 系统部件的设置应符合设计文件和现行国家标准《火灾自动报警系统设计规范》GB 50116 的规定。

【条文解读】

1. 本条规定了系统部件设置应遵循的依据和标准。

2. 本标准是《火灾自动报警系统设计规范》GB 50116 的配套工程技术标准，是《火灾自动报警系统设计规范》GB 50116 系统设计要求在工程项目中的实现和验证。本标准第 2.1.4 条明确规定系统应按照批准的设计文件进行施工，因此，系统部件的设置部位和设置数量均应符合设计文件的要求。

【实施要点】

1. 系统施工前，施工单位结合现场的实际情况核查设计单位提供的系统图、设备布置平面图、接线图、安装图等技术文件的准确性、可行性，对存在的质疑应及时与设计单位沟通、确认。

2. 施工单位应严格按照设计文件要求的设置部位和设置数量进行设备的安装。

3.1.2 有爆炸危险性的场所，系统的布线和部件的安装应符合现行国家标准《电气装置安装工程　爆炸和火灾危险环境电气装置施工及验收规范》GB 50257 的相关规定。

【条文解读】

1. 本条规定了有爆炸危险性场所系统布线和部件安装的一般要求。

2. 为切实保障系统设备在爆炸危险环境中运行的安全性，系统的施工应符合《电气装置安装工程　爆炸和火灾危险环境电气装置施工及验收规范》GB 50257 的相关规定。

【实施要点】

系统在爆炸危险环境设置时，系统设备的安装方法和安装工艺应严格执行《电气装置安装工程　爆炸和火灾危险环境电气装置施工及验收规范》GB 50257 的相关规定。

3.2 布 线

3.2.1 各类管路明敷时，应采用单独的卡具吊装或支撑物固定，吊杆直径不应小于 6mm。

3.2.2 各类管路暗敷时，应敷设在不燃结构内，且保护层厚度不应小于 30mm。

【条文解读】

1. 这两条规定了系统线路防护管路采用的敷设方式及管路敷设的一般技术要求。

2. 基于防火保护和机械防护的考虑，系统线路在敷设时应采取相应的防护措施，工程中系统线路经常采用管路防护和线槽防护两种防护措施，除系统线路采用带有铠装的矿物绝缘电缆时可以直接明敷外，其余系统线路应采用管路防护或线槽防护后敷设。

3. 系统线路采用管路防护时，防护管路一般采用明敷和暗敷两种敷设方式。新建的工程建设项目中，系统的防护管路基本都采用暗敷方式；改建、重新装修的工程项目中，系统的防护管路一般采用明敷方式。

（1）系统线路的防护管路采用明敷方式时，为了防止在施工过程中发生跑管现象，影响穿线的顺利进行，防护管路应牢固固定在墙、柱、屋面板等建筑结构上；为了防止受其他设备检修的影响，防护管路应独立安装。

（2）系统线路的防护管路采用暗敷方式时，为了有效降低火灾产生的高温、火焰等因素对系统线路的影响，保障系统运行的稳定性和可靠性，防护管路应敷设在一定厚度的不燃结构内，且应确保系统管路的敷设工艺能满足防护管路畅通性的要求，以确保后续穿线工序的顺利开展。

【实施要点】

1. 系统线路的防护管路采用明敷方式时，管路的安装应满足下述要求：

（1）防护管路应牢固固定在墙、柱、屋面板等建筑结构上。

（2）采用吊装方式安装时，吊杆的直径不应小于6mm。

（3）防护管路在顶棚下吊装、在公共桥架等处安装时，防护管路应采用独立的卡具或支撑件。

2. 系统线路的防护管路采用暗敷方式时，管路的敷设应满足下述要求：

（1）防护管路应敷设在不燃结构内，且保护层厚度不应小于30mm。

（2）预埋工序施工结束后，施工单位应进行该隐蔽工序的施工质量检查，确保管路畅通。

3. 系统管路敷设的检查内容、要求和方法详见表2-3-1。

表2-3-1 系统管路敷设的检查内容、要求和方法

条款	检查要求	检查方法
3.2.1	明敷时，应采用单独的卡具吊装或支撑物固定，吊杆直径不应小于6mm	明敷时，检查管路的敷设情况，用卡尺测量吊杆的直径
3.2.2	暗敷时，应敷设在不燃结构内，且保护层厚度不应小于30mm	暗敷时，核查隐蔽工程的检验记录

【工程示例】

1. 系统管路在顶棚下吊装明敷时的施工工艺要求：系统管路在顶棚下吊装明敷时，应采用独立的吊杆，吊杆的直径不应小于6mm。系统管路在顶棚下吊装时的安装示例如图2-3-1所示。

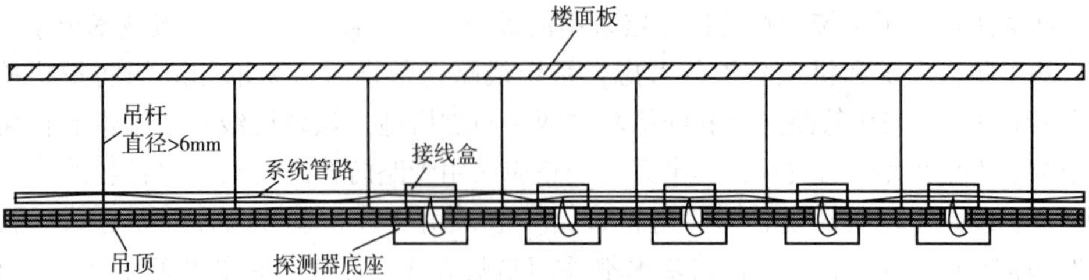

图 2-3-1 系统管路在顶棚下吊装敷设时安装示例图

2. 系统管路采用暗敷方式敷设时的施工工艺要求：系统管路采用暗敷方式敷设时，应敷设在不燃结构内，且保护层厚度不应小于 30mm。系统管路采用暗敷方式敷设时的安装示例如图 2-3-2 所示。

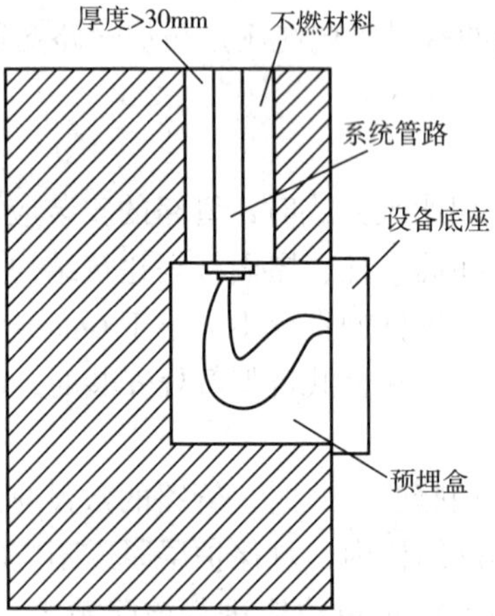

图 2-3-2 系统管路采用暗敷方式敷设时的安装示例图

3.2.3 管路经过建筑物的沉降缝、伸缩缝、抗震缝等变形缝处，应采取补偿措施，线缆跨越变形缝的两侧应固定，并应留有适当余量。

3.2.4 敷设在多尘或潮湿场所管路的管口和管路连接处，均应做密封处理。

3.2.5 符合下列条件时，管路应在便于接线处装设接线盒：

1 管路长度每超过 30m 且无弯曲时；

2 管路长度每超过 20m 且有 1 个弯曲时；

3 管路长度每超过 10m 且有 2 个弯曲时；

4 管路长度每超过 8m 且有 3 个弯曲时。

3.2.6 金属管路入盒外侧应套锁母，内侧应装护口，在吊顶内敷设时，盒的内外侧均应套锁母。塑料管入盒应采取相应固定措施。

【条文解读】

1. 第 3.2.3 条~第 3.2.6 条规定了系统线路防护管路敷设工序施工的相关要求。

2. 受建筑自身的变化、外界因素的影响，建筑物的沉降缝、伸缩缝、抗震缝等变形缝处的结构会发生形变或位移，为了有效防止建筑的结构形变造成系统线路机械形态的改变，甚至导致系统线路的断裂，在此处敷设的防护管路和系统线路应采取相应的补偿措施。

3. 为防止灰尘和水汽进入防护管路内，导致管内导线绝缘老化、降低，从而影响系统运行的稳定性和可靠性，在多尘和潮湿的场所中，防护管路的连接处、出线口应做密封处理。

4. 为了便于穿线工序的顺利开展，系统管路敷设时，应在适当部位装设接线盒。

5.《火灾自动报警系统设计规范》GB 50116 对系统线路的防护方式及采用不同敷设方式时防护管路的材质做出了明确规定：

（1）火灾自动报警系统的传输线路应采用金属管、可挠（金属）电气导管、B_1 级以上的刚性塑料管或封闭式线槽保护。

（2）线路暗敷设时，应采用金属管、可挠（金属）电气导管或 B_1 级以上的刚性塑料管保护，并应敷设在不燃烧体的结构层内，且保护层厚度不宜小于 30mm；线路明敷设时，应采用金属管、可挠（金属）电气导管或金属封闭线槽保护。

6. 为了确保防护管路和接线盒连接牢固、不会因穿线等原因脱落，从而影响穿线工序的顺利开展，管路和接线盒间应有紧固措施；在穿线工序施工过程中，为了防止金属管路管口处的毛刺等尖锐物体划伤导线的绝缘护套，从而降低导线的绝缘性能，金属防护管路与接线盒连接处应设置导线防护装置。

【实施要点】

1. 管路经过建筑物的沉降缝、伸缩缝、抗震缝等变形缝处时，应采取相应的补偿措施，线缆在跨越变形缝的两侧均应固定，并应留有适当余量。

2. 在多尘和潮湿的场所中，防护管路的连接处、出线口均应采用密封胶泥等对连接部位做密封处理。

3. 系统管路敷设时，尤其是采用暗敷方式敷设时，施工单位应视防护管路的敷设情况按照下列原则在便于接线的部位装设接线盒：

（1）管路长度每超过 30m 且无弯曲时；

（2）管路长度每超过 20m 且有 1 个弯曲时；

（3）管路长度每超过 10m 且有 2 个弯曲时；

（4）管路长度每超过 8m 且有 3 个弯曲时。

4. 防护管路和接线盒之间的连接工艺应符合下列要求：

（1）金属管路入盒外侧应套锁母；

（2）在吊顶内敷设时，盒的内外侧均应套锁母；.

（3）施工单位应根据系统线路的敷设方式采用相应材质的防护管路。系统线路在采用暗敷方式敷设时，可以采用 B_1 级以上的刚性塑料管保护，塑料管入盒时，应采用专用的配套管件与接线盒固定连接。

5. 金属防护管路与接线盒连接处的内侧应装设护口。

6. 系统管路安装情况的检查内容、要求和方法详见表 2-3-2。

表2-3-2 系统管路安装情况的检查内容、要求和方法

GB 50166 条款	检查要求	检查方法
3.2.3	管线经过建筑物的沉降缝、伸缩缝、抗震缝等变形缝处，应采取补偿措施	施工过程观察管路的敷设情况，核查管路敷设隐蔽工程的检验记录
3.2.4	多尘或潮湿场所管路的管口和管路连接处，均应做密封处理	检查管口和管路连接处密封处理情况
3.2.5	符合下列条件时，应在便于接线处装设接线盒： （1）管路长度每超过 30m，无弯曲时； （2）管路长度每超过 20m，有 1 个弯曲时； （3）管路长度每超过 10m，有 2 个弯曲时； （4）管路长度每超过 8m，有 3 个弯曲时	检查管路的敷设情况，用尺测量管路的长度
3.2.6	金属管路入盒，盒外侧应套锁母，内侧应装护口；在吊顶内敷设时，盒的内外侧均应套锁母；塑料管入盒应采取相应固定措施	施工过程中检查管路的敷设情况，用手感检查管路的固定情况，宜留有照片、视频等检验记录

【工程示例】

1. 系统管路上接线盒装设部位要求示例：施工单位应视防护管路的敷设情况，在便于接线的部位装设接线盒。系统管路上装设接线盒部位要求示例如图 2-3-3 所示。

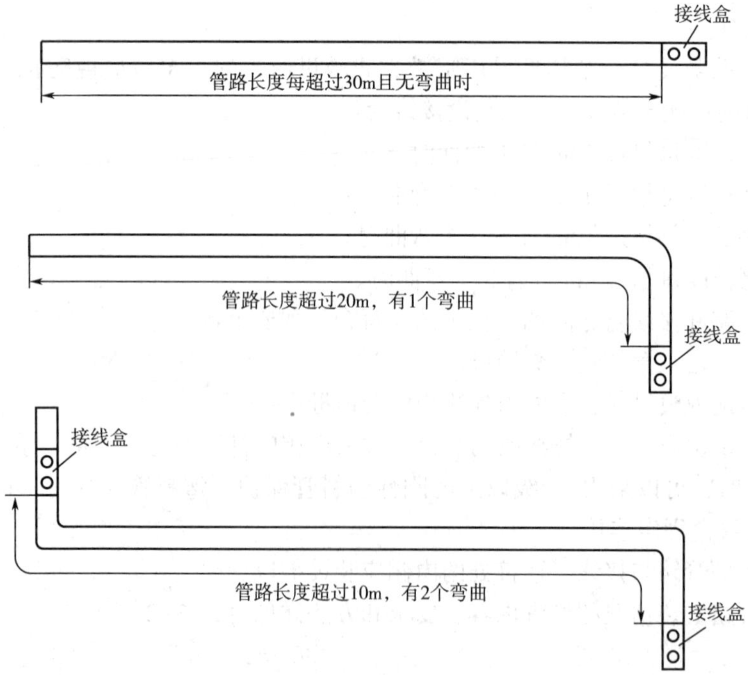

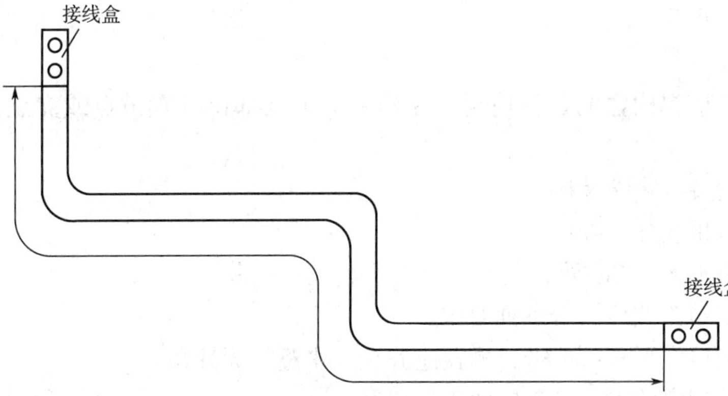

图 2-3-3 系统管路上装设接线盒部位要求示例图

2. 金属防护管路与接线盒连接时施工工艺要求示例：金属防护管路与接线盒连接时，金属管路入盒处的外侧应套锁母，内侧应装护口。金属防护管路与接线盒连接时施工工艺要求示例如图 2-3-4 所示。

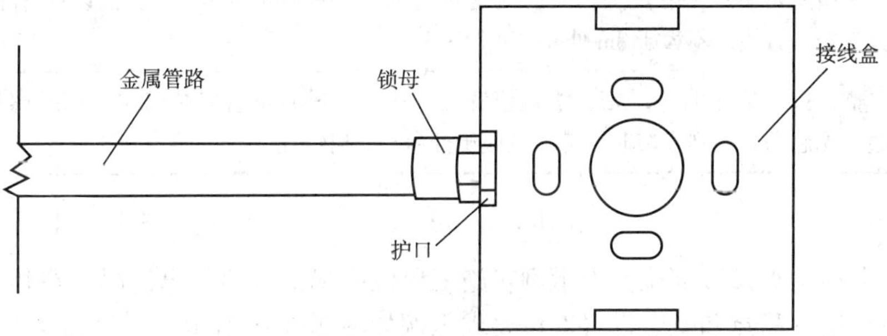

图 2-3-4 金属防护管路与接线盒连接时施工工艺要求示例图

3.2.7 槽盒敷设时，应在下列部位设置吊点或支点，吊杆直径不应小于 6mm：

1 槽盒始端、终端及接头处；

2 槽盒转角或分支处；

3 直线段不大于 3m 处。

3.2.8 槽盒接口应平直、严密，槽盖应齐全、平整、无翘角。并列安装时，槽盖应便于开启。

【条文解读】

1. 这两条规定了系统线路防护槽盒敷设工序施工的相关要求。

2. 在很多工业建筑、部分大型民用公共建筑中，电气线路一般采用封闭槽盒防护，由于槽盒自重较大，为了有效保障槽盒的机械强度，防止槽盒垂弧过大而导致导线发生机械形变，槽盒应牢固固定在墙壁、顶棚等建筑结构上。

3. 为了切实有效发挥槽盒对系统导线的防护功能，同时便于系统导线的敷设，槽盒应闭合严密、开启灵活。

【实施要点】

1. 施工单位应视槽盒的敷设情况，在槽盒的下列部位设置吊点或支点，且吊杆直径不应小于 6mm：

（1）槽盒始端、终端及接头处；

（2）槽盒转角或分支处；

（3）直线段不大于 3m 处。

2. 槽盒的安装工艺应符合下列要求：

（1）槽盒接口应平直、严密，槽盖应齐全、平整、无翘角；

（2）槽盒并列安装时，槽盖应便于开启。

3. 槽盒安装情况的检查内容、要求和方法详见表 2-3-3。

表2-3-3 槽盒安装情况的检查内容、要求和方法

GB 50166 条款	检查要求	检查方法
3.2.7	槽盒敷设时，应在下列部位设置吊点或支点：槽盒始端、终端及接头处；槽盒转角或分支处；直线段不大于 3m 处	检查槽盒吊点、支点设置情况
3.2.8	槽盒接口应平直、严密，槽盖应齐全、平整、无翘角，并列安装时，槽盖应便于开启	检查槽盒安装情况，用手感检查槽盖开启情况

【工程示例】

槽盒吊点和支点设置部位要求示例：施工单位应视槽盒的敷设情况，在相应部位装设支点或吊点。槽盒吊点和支点设置部位要求示例如图 2-3-5 所示。

3.2.9 导线的种类、电压等级应符合设计文件和现行国家标准《火灾自动报警系统设计规范》GB 50116 的规定。

3.2.10 同一工程中的导线，应根据不同用途选择不同颜色加以区分，相同用途的导线颜色应一致。电源线正极应为红色，负极应为蓝色或黑色。

【条文解读】

1. 这两条规定了系统线路选型相关的技术要求。

2. 《火灾自动报警系统设计规范》GB 50116 对系统线路的选型要求做出了明确规定：

（1）火灾自动报警系统的传输线路和 50V 以下供电的控制线路，应采用电压等级不低于交流 300/500V 的铜芯绝缘导线或铜芯电缆。采用交流 220/380V 的供电和控制线路，应采用电压等级不低于交流 450/750V 的铜芯绝缘导线或铜芯电缆。

（2）火灾自动报警系统传输线路的线芯截面选择，除应满足自动报警装置技术条件的要求外，还应满足机械强度的要求。铜芯绝缘导线和铜芯电缆线芯的最小截面面积，不应小于表 2-3-4 的规定。

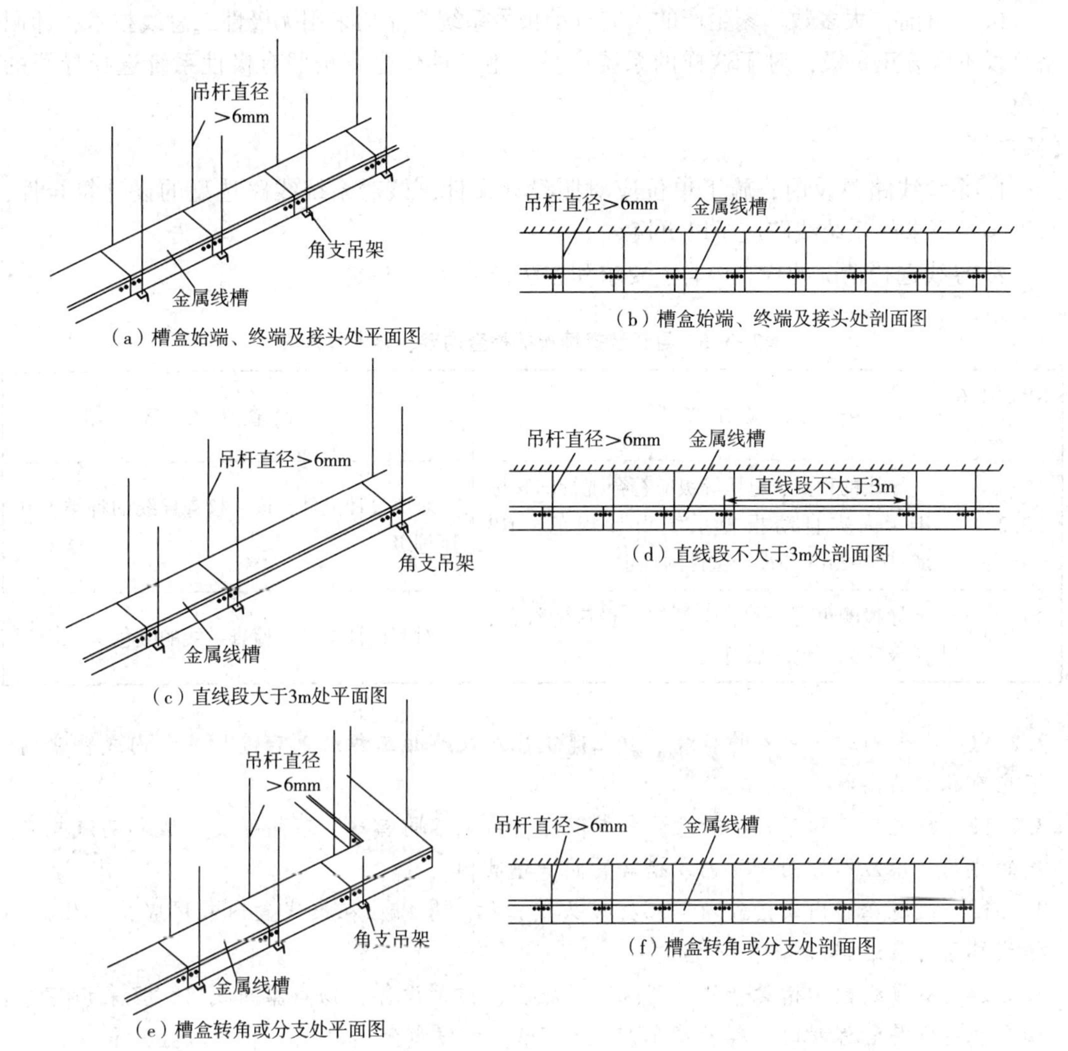

图 2-3-5　槽盒吊点和支点设置部位要求示例图

表2-3-4　铜芯绝缘导线和铜芯电缆线芯的最小截面面积

序号	类　别	线芯的最小截面面积（mm^2）
1	穿管敷设的绝缘导线	1.00
2	线槽内敷设的绝缘导线	0.75
3	多芯电缆	0.50

3. 穿线和接线工序施工时，为了有效降低施工人员接线错误率，以免影响后续调试工序的顺利开展，在系统线路选型环节，应对不同用途的线路采用不同的颜色加以区分，确保在同一工程项目或同一建筑内相同用途的导线的颜色一致，且与其他用途导线在颜色上有明显区别。

（1）一般电源线的正极“+”采用红色导线，电源线的负极“-”采用蓝色或黑色导线。

（2）目前，大多数厂家生产的火灾自动报警系统产品均采用无极性二总线技术，即回路总线不区分正负极，对于这样的系统产品，施工单位也宜按照有极性系统选择导线的颜色。

【实施要点】

1. 系统线路敷设前，施工单位应对照设计文件，核对系统线路选型的设计符合性，对不满足要求的系统线路应予以更换。

2. 导线选择情况的检查内容、要求和方法详见表 2-3-5。

表2-3-5 导线选择情况的检查内容、要求和方法

GB 50166 条款	检查要求	检查方法
3.2.9	导线的种类、电压等级应符合现行国家标准《火灾自动报警系统设计规范》GB 50116—2013 和设计文件的规定	对照设计文件，逐一核查导线的种类、电压等级
3.2.10	导线颜色应一致，电源线正极应为红色，负极应为蓝色或黑色	对照设计文件，检查导线的颜色

3.2.11 在管内或槽盒内的布线，应在建筑抹灰及地面工程结束后进行，管内或槽盒内不应有积水及杂物。

3.2.12 系统应单独布线。除设计要求以外，系统不同回路、不同电压等级和交流与直流的线路，不应布在同一管内或槽盒的同一槽孔内。

3.2.13 线缆在管内或槽盒内不应有接头或扭结。导线应在接线盒内采用焊接、压接、接线端子可靠连接。

3.2.14 从接线盒、槽盒等处引到探测器底座、控制设备、扬声器的线路，当采用可弯曲金属电气导管保护时，其长度不应大于 2m。可弯曲金属电气导管应入盒，盒外侧应套锁母，内侧应装护口。

3.2.15 系统的布线除应符合本标准上述规定外，还应符合现行国家标准《建筑电气工程施工质量验收规范》GB 50303 的相关规定。

3.2.16 系统导线敷设结束后，应用 500V 兆欧表测量每个回路导线对地的绝缘电阻，且绝缘电阻值不应小于 20MΩ。

【条文解读】

1. 第 3.2.11 条~第 3.2.14 条规定了系统线路敷设工序施工的相关要求，第 3.2.15 条规定了系统布线施工的基本质量要求，第 3.2.16 条规定了系统导线敷设后的绝缘电阻的检测要求。

2. 建筑抹灰、地面工程在一定程度上会在防护管路、防护槽盒内遗留积水或杂物，因此，施工单位在可能会对防护管路、槽盒内部造成污染的工序结束后方可进行穿线工序的施工；同时，为了保证系统布线的顺利开展，应清除管槽内的积水和杂物，并确保管路清洁、畅通。

3. 火灾自动报警系统是独立的建筑消防系统，为保障系统运行的稳定性和可靠性，系统应单独布线。火灾自动报警系统设备种类繁多，不同类型设备的电压等级不尽相同，除设计文件明确说明外，不同电压等级的系统线路不能同管、同槽孔敷设。

4. 系统工程实践证明，导线在管内或槽内有接头将影响线路的机械强度；防护管或线槽内的接头也是系统线路故障的隐患点，线路接头绝缘处理不到位时，很容易导致系统线路的绝缘电阻下降，从而影响系统运行的稳定性和可靠性，而且防护管或线槽内的接头问题不容易进行检查，系统故障不易定位和排查。

5. 系统线路采用可弯曲金属电气导管保护时，为了有效保证系统线路防护的机械强度指标，可弯曲金属电气导管的长度不应大于 2m；可弯曲金属电气导管与接线盒的安装要求与金属管路和接线盒的安装要求一致。

6.《建筑电气工程施工质量验收规范》GB 50303 规定了建筑电气工程施工的通用质量检查要求，火灾自动报警系统也属于建筑电气系统范畴，系统的布线施工除应满足本标准的上述特殊要求外，还应符合《建筑电气工程施工质量验收规范》GB 50303 的相应规定。

7. 火灾自动报警系统大多采用总线制架构，火灾报警控制器、消防联动控制器等控制类设备与现场部件之间采用总线连接，系统线路的绝缘性能直接影响系统设备运行的稳定性和可靠性。

【实施要点】

1. 施工单位在建筑抹灰、地面工程等可能会对防护管路、槽盒内部造成污染的工序结束后方可进行穿线工序的施工。为了有效避免防护管路、槽盒的污染，在上述工序开始施工前，施工单位应采取相应的防护措施，做好防护管路、槽盒的成品保护，且在穿线工序施工前，对防护管路、槽盒进行穿线工序施工条件的检查，清除管槽内积水和杂物，确保管路清洁、畅通，尤其是暗敷的管路。暗敷的管路出现堵管现象且无法疏通时，可在部分区域采用明敷方式重新敷设防护管路对无法疏通的部分管路进行跨接。

2. 系统线路应采用单独的防护管路，并宜采用独立的防护槽盒，系统线路确需与其他系统合用防护槽盒时，系统线路应使用单独的槽孔。除设计文件明确说明外，不同电压等级的系统线路不能同管、同槽孔敷设，系统线路可参考以下原则敷设：

（1）探测总线和联动总线合用的系统，探测总线和 DC24V 电源总线可同管、同槽孔敷设。

（2）为了避免受控设备的强电电源对探测总线的干扰，当系统的探测总线和联动总线分开设置时，探测总线和联动总线不宜同管、同槽孔敷设。

（3）消防应急广播、消防电话系统线路的电源等级不为 DC24V 时，消防应急广播总线、消防电话总线不应与探测总线同管、同槽孔敷设；消防应急广播、消防电话系统线路的电源等级为 DC24V 时，经设计文件确认后，消防应急广播总线、消防电话总线可以与探测总线同管、同槽孔敷设。

3. 系统线路敷设时，应尽量确保系统总线的干线、总线分线盒至现场设备之间的系统总线无接头；上述系统总线确需接续连接时，导线的连接必须在防护管或线槽外的接线盒内可靠连接，并应采用焊接、压接或接线端子等能确保线路导体固定、良好接触的连接方式。

4. 系统的防护管路、槽盒不能到达现场设备的安装部位时，系统线路可采用长度不大于2m的可弯曲金属电气导管保护，可弯曲金属导管应入盒安装，在接线盒外侧套锁母固定，接线盒内侧应加装护口。

5. 系统的布线施工除应满足本标准的上述特殊要求外，还应符合《建筑电气工程施工质量验收规范》GB 50303 的相应规定。

6. 系统布线结束后，应采用500V兆欧表测量每个回路导线对地的绝缘电阻，且绝缘电阻值不应小于20MΩ。

7. 导线敷设情况的检查内容、要求和方法详见表2-3-6。

表2-3-6 导线敷设情况的检查内容、要求和方法

GB 50166 条款	检查要求	检查方法
3.2.11	在管内或槽盒内的布线，应在建筑抹灰及地面工程结束后进行，管内或槽盒内不应有积水及杂物	施工过程中观察管内或槽盒内的情况，宜留有照片、视频等检验记录
3.2.12	系统应单独布线，除设计要求以外，不同回路、不同电压等级和交流与直流的线路，不应布在同一管内或槽盒的同一槽孔内	施工过程中对照设计文件检查线路的敷设情况，宜留有照片、视频等检验记录
3.2.13	线缆在管内或槽盒内，不应有接头或扭结；导线应在接线盒内采用焊接、压接、接线端子可靠连接	施工过程中观察线路的敷设情况，检查导线接头的连接情况，宜留有照片、视频等检验记录
3.2.14	从接线盒、槽盒等处引到系统部件的线路，当采用可挠金属管保护时，其长度不应大于2m；可挠金属管应入盒，盒外侧应套锁母，内侧应装护口	观察线路的敷设情况，用尺测量可挠金属管的长度，观察可挠金属管的敷设情况，用手感检查管路的固定情况
3.2.3	线缆跨越变形缝的两侧应固定，并留有适当余量	检查线缆跨越变形缝的敷设情况
3.2.15	系统的布线，尚应符合《建筑电气工程施工质量验收规范》GB 50303—2015 的相关规定	按《建筑电气工程施工质量验收规范》GB 50303—2015 规定检查线路的敷设质量
3.2.16	回路导线对地的绝缘电阻值不应小于20MΩ	系统导线敷设结束后，用500V兆欧表测量每个回路导线对地的绝缘电阻

【工程示例】

1. 探测器接线安装示例如图 2-3-6 所示。

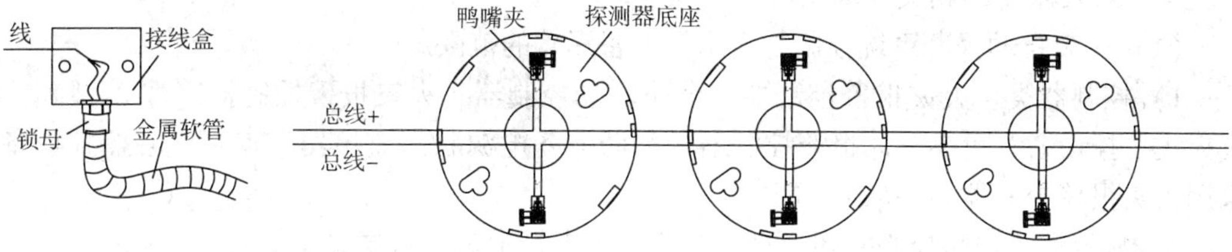

（a）探测器引入线防护管接线示意图

（b）探测器底座接线示意图

图 2-3-6 探测器接线安装示例图

2. 系统线路绝缘电阻测量示例如图 2-3-7 所示。

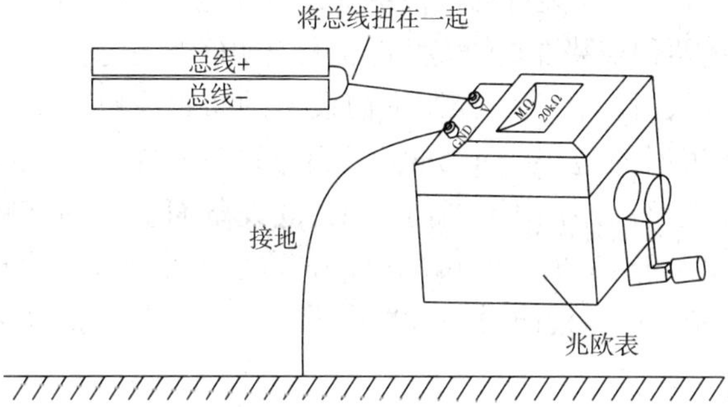

注意事项：

1. 测量前先将兆欧表进行一次开路和短路试验，检查兆欧表是否正常。
2. 摇测时，将兆欧表置于水平位置，摇把转动时其端钮间不许短路。
3. 禁止在雷电天气或在邻近有带高压导体的设备处使用兆欧表测量。

测试要求：

1. 将总线线路摘离火灾报警控制器，使用万用表检测线路是否具有短路、接地等现象。
2. 在确保线路正常的情况下，把总线正负两根线扭在一起接在兆欧表的“V”端子上，在兆欧表的“GND”端子上接一根线，线的另一端接在大地上。
3. 摇动手柄，应由慢渐快，均匀加速到120r/min，观察表盘指针测量的数值。
4. 回路导线对地的绝缘电阻值不应小丁20MΩ。

图 2-3-7 系统线路绝缘电阻测量示例图

3.3 系统部件的安装

Ⅰ 控制与显示类设备安装

3.3.1 火灾报警控制器、消防联动控制器、火灾显示盘、控制中心监控设备、家用火灾报警控制器、消防电话总机、可燃气体报警控制器、电气火灾监控设备、防火门监控器、消防设备电源监控器、消防控制室图形显示装置、传输设备、消防应急广播控制装置等控制与显示类设备的安装应符合下列规定：

1 应安装牢固，不应倾斜；

2 安装在轻质墙上时，应采取加固措施；

3 落地安装时，其底边宜高出地（楼）面 100mm~200mm。

【条文解读】

1. 本条规定了火灾自动报警系统控制与显示类设备的安装要求。

2. 火灾自动报警系统的系统设备根据其功能不同，一般分为两个大的类别：一种是具有控制和/或显示功能的设备，另一种是与其配接并设置在现场的部件。在实际工程中，具有控制和/或显示功能设备的安装、接线等要求是相同的，因此在本标准中将其作为一个大类，对其施工的相关要求做出统一规定。

（1）火灾自动报警系统控制与显示类设备涵盖的范围。

1）控制器类：火灾报警控制器、消防联动控制器、火灾报警控制器（联动型）、电气火灾监控设备、可燃气体报警控制器、消防设备电源状态监控器、控制中心监控设备、家用火灾报警控制器。

2）显示类：消防控制室图形显示装置、火灾显示盘（楼层显示器）。

3）消防电气控制装置：气体灭火控制器、消防水泵控制柜（箱）、加压送风机控制柜（箱）、排烟风机控制柜（箱）、防火门监控器、防火卷帘控制器、消防应急广播控制装置、消防电话总机、电动开窗机控制器。

4）其他：火灾自动报警系统控制与显示类设备还包括传输设备、消防设备应急电源。

（2）火灾自动报警系统控制与显示类设备的安装部位。系统的工程应用中，控制与显示类设备一般采用落地式和壁挂式两种安装方式，《火灾自动报警系统设计规范》GB 50116—2013 的第 3.4.8 条对控制与显示类设备上述两种安装方式的安装部位做出明确的规定：

1）控制与显示类设备采用落地安装方式时，在消防控制室内设备的布置应符合下列规定：①设备面盘前的操作距离，单列布置时不应小于 1.5m；双列布置时不应小于 2m；②在值班人员经常工作的一面，设备面盘至墙的距离不应小于 3m；③设备面盘后的维修距离不宜小于 1m；④设备面盘的排列长度大于 4m 时，其两端应设置宽度不小于 1m 的通道；⑤与建筑其他弱电系统合用的消防控制室内，消防设备应集中设置，并应与其他设备间有明显间隔。

2）控制与显示类设备采用壁挂式安装在墙上时，其主显示屏高度宜为 1.5m ~1.8m，其靠近门轴的侧面距墙不应小于 0.5m，正面操作距离不应小于 1.2m。

3. 为了不影响系统设备的正常运行，控制与显示类设备应安装牢固；设备落地安装时，为了避免地面积水浸入设备内部，设备底边应高出楼板面。

【实施要点】

1. 控制与显示类设备的安装应满足下列要求：

（1）设备不应倾斜安装，且应安装牢固。

（2）在轻质墙上采用壁挂方式安装时，应采取加固措施。

（3）设备采用落地方式安装时，其底边宜高出地（楼）面 100mm~200mm。

2. 控制与显示类设备箱体安装质量的检查内容、要求和方法详见表 2-3-7。

表2-3-7 控制与显示类设备箱体安装质量的检查内容、要求和方法

GB 50166 条款	检查要求	检查方法
3.3.1	设备应安装牢固，不应倾斜	用手感检查设备的安装情况
	落地安装时，设备底边宜高出地（楼）面 100mm~200mm	落地安装时，用尺测量设备底边与地（楼）面的距离
	安装在轻质墙上时，应采取加固措施	壁挂方式安装时，检查设备的加固措施

【工程示例】

1. 控制与显示类产品实物及安装参数示例。

（1）火灾报警控制器（壁挂式）。典型火灾报警控制器（壁挂式）产品实物及安装参数如图 2-3-8 所示。

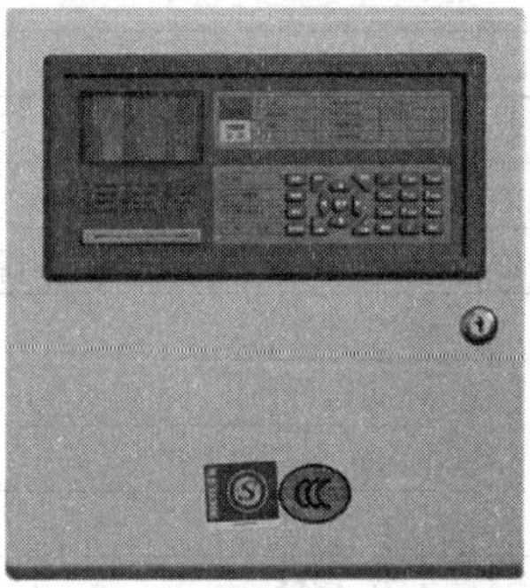

内容	技术参数
主电电源	交流220V（187V~ 242V）
备用电池	12V/4ah 铅酸电池，2节
液晶屏规格	LCD液晶屏，分辨率128×64
容量	壁挂机，回路数：1个，回路的部件数：242点
工作环境	温度：-10℃~ +40℃；相对湿度：≤95%RH，不凝露
外形尺寸	325.0mm×120.0mm×350.0mm（长×宽×高）
执行标准	《火灾报警控制器》GB 4717—2005

图 2-3-8　火灾报警控制器产品示例图

（2）火灾报警控制器（联动型）。典型火灾报警控制器（联动型）产品实物及安装参数如图 2-3-9 所示。

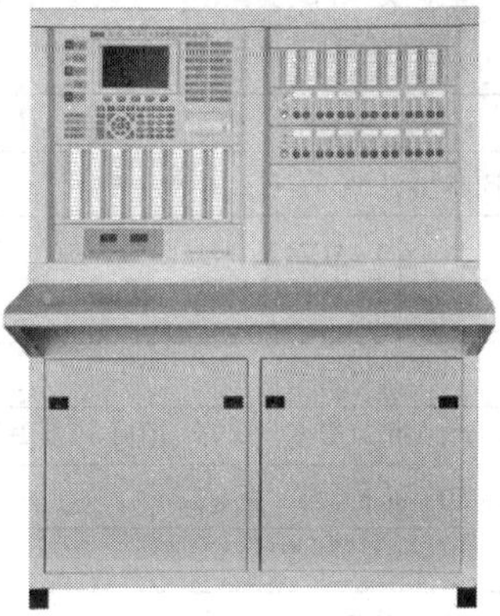

内容	技术参数
总线协议	无极性二总线
主电电源	交流220V（187V~ 242V）
备电电源	12V/24ah 铅蓄电池
显示器	TFT彩色LCD液晶屏，分辨率800×480
容量	回路数16个，每回路的部件数：242个
工作环境	温度：-10℃~+42℃；相对湿度：≤95%RH，不凝露
直控点	最大112点（立柜），最大70点（琴台）
总线联动点	最大704点
外形尺寸	550. 0mm×480.0mm×1 715.0mm（立柜）（长×宽×高），1 050.0mm×1 350.0mm×910.0mm（琴台）（长×宽×高）

图 2-3-9　火灾报警控制器（联动型）产品示例图

（3）电气火灾监控设备。典型电气火灾监控设备产品实物及安装参数如图 2-3-10 所示。

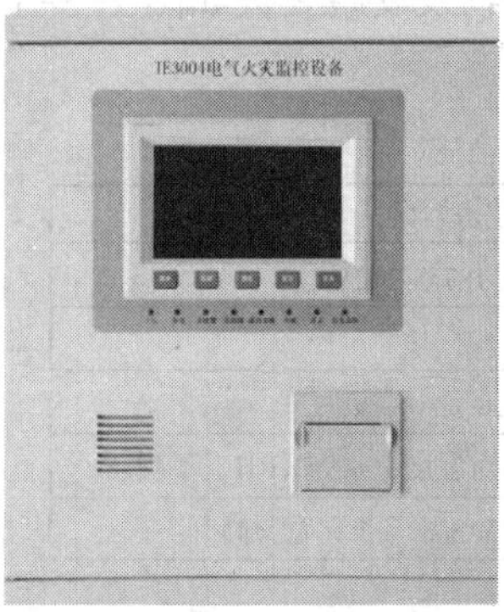

内容	技术参数
工作电压	AC220V，50Hz（AC187V~AC242V）
系统容量	共4个回路，每回路200个地址点
报警输出	两组直控无源开关量输出，两组可编程无源开关量输出
备用电池	12V/7ah，2节
通信方式	无极性二总线通信
使用环境	工作温度：-10℃~+55℃；相对湿度：≤95%RH，不凝露
外形尺寸	410.0mm×135.0mm×500.0mm（长×宽×高）
安装方式	壁挂安装
符合标准	《电气火灾监控系统　第1部分：电气火灾监控设备》GB 14287.1—2014

图 2-3-10　电气火灾监控设备产品示例图

（4）可燃气体报警控制器。典型可燃气体报警控制器产品实物及安装参数如图 2-3-11 所示。

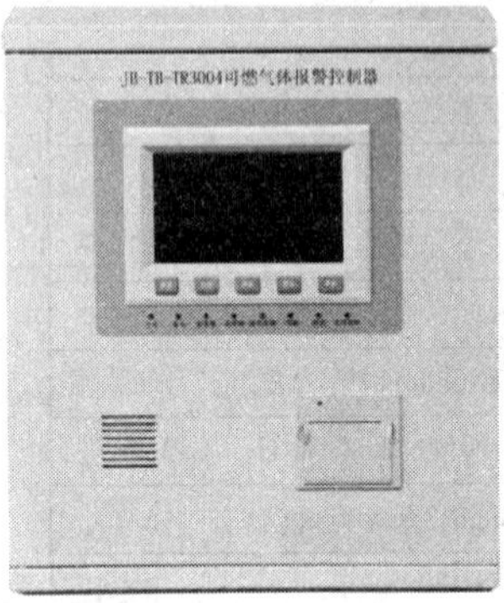

内容	技术参数
额定电压	AC220V ± 15%/50Hz
备用电池	12V/7ah，2节
容量	最大支持4回路，每回路200个点
适配设备	采用二总线通信的点型可燃气体探测器
功耗	≤22W（报警状态），≤9W（监控状态）(不含配套设备和探测器）
通信方式	二总线通信
显示方式	中文LCD点阵全触屏液晶显示
使用环境	温度：0℃~+40℃；相对湿度：≤95%RH，不凝露
安装方式	壁挂式
外形尺寸	410. 0mm × 135. 0mm × 500. 0mm（长 × 高 × 宽）

图 2-3-11　可燃气体报警控制器产品示例图

（5）消防设备电源状态监控器。典型消防设备电源状态监控器产品实物及安装参数如图 2-3-12 所示。

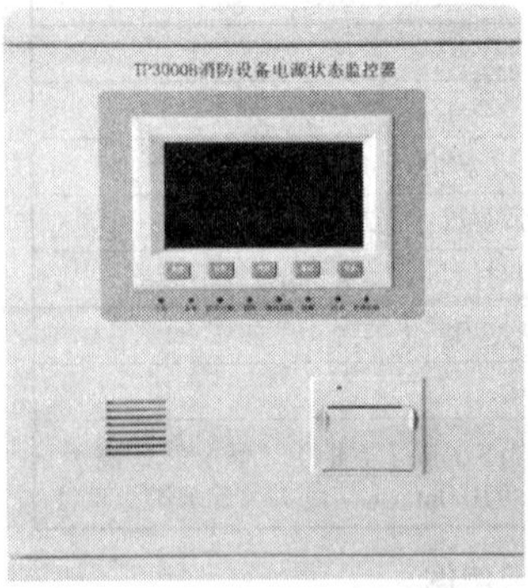

内容	技术参数
系统容量	最大支持4回路，每回路200个点
工作电压	交流AC220V，50Hz（AC187V~AC242V）
备用电池	12V/12ah，2节
通信方式	无极性二总线通信
使用环境	工作温度：-10℃~+50℃；相对湿度：≤95%RH，不凝露
外形尺寸	410.0mm × 135. 0mm × 500. 0mn（长 × 宽 × 高）
安装方式	壁挂安装
执行标准	《消防设备电源监控系统》GB 28184—2011

图 2-3-12　消防设备电源状态监控器产品示例图

（6）家用火灾报警控制器。典型家用火灾报警控制器产品实物及安装参数如图 2-3-13 所示。

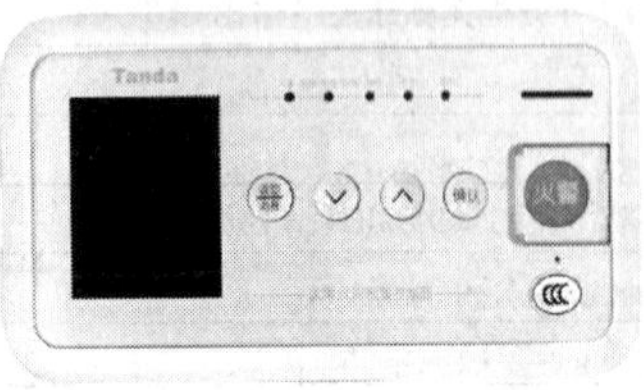

内容	技术参数
交流电源	额定工作电压：220V（187V~242V）
备用电源	3.7V，4 400mah锂电池
容量	1个无线回路和1个总线回路
使用环境	温度：0℃~+42℃；相对湿度：≤95%RH，不凝露
外形尺寸	200.0mm × 110.0mm × 45.0mm（长 × 宽 × 高）

图 2-3-13　家用火灾报警控制器产品示例图

（7）消防控制室图形显示装置。典型消防控制室图形显示装置产品实物及安装参数如图 2-3-14 所示。

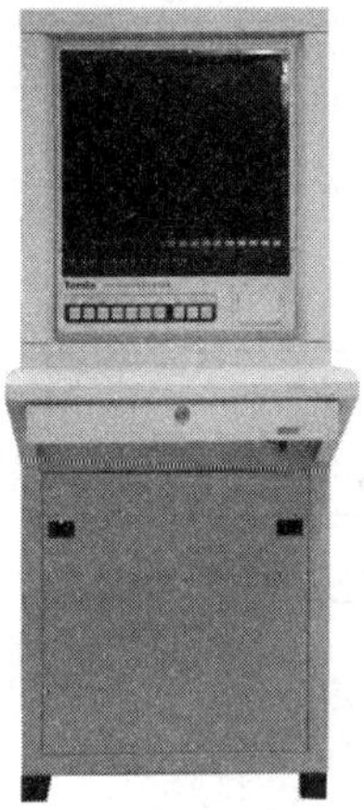

内容	技术参数
主电电压	AC220V（AC187V~AC242V）
额定工作频率	50Hz
电池规格	铅酸蓄电池，12V/12ah，2节
显示器件	19寸液晶显示屏
操作系统	Windows7
立柜式外形尺寸	550.0mm × 480.0mm × 1 715.0mm（长 × 宽 × 高）
琴台式外形尺寸	545.0mm × 910.0mm × 1 350.0mm（长 × 宽 × 高）
使用环境	温度：0℃~+40℃；相对湿度：≤95%RH，不凝露
执行标准	《消防联动控制系统》GB 16806—2006

图 2-3-14　消防控制室图形显示装置产品示例图

（8）火灾显示盘。典型火灾显示盘产品实物及安装参数如图 2-3-15 所示。

内容	技术参数
工作电压	15V~28V脉冲电压
工作电流	总线监视电流≤6.5mA，总线报警电流≤7.5mA
线制	与控制器采用无极性二总线连接
工作环境	温度：-10℃~+55℃；相对湿度：≤95%RH（40 ± 2℃），不凝露
外形尺寸	180.0mm × 110. 0mm × 44.0mm（长 × 宽 × 高）

图 2-3-15　火灾显示盘产品示例图

（9）气体灭火控制器。典型气体灭火控制器产品实物及安装参数如图 2-3-16 所示。

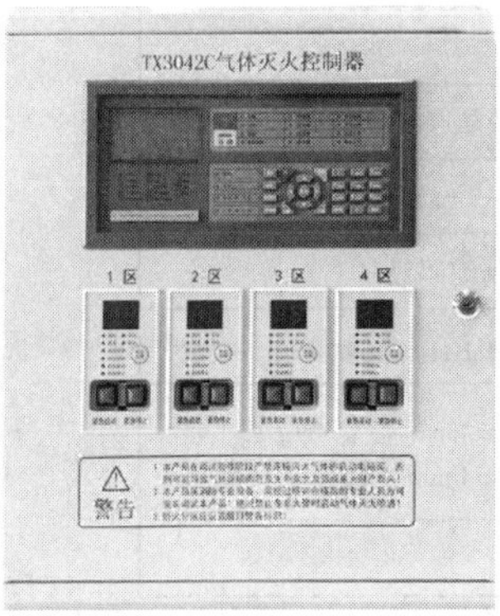

内容	技术参数
主电电源	交流187V~242V
备用电池	12V/12ah 两节
液晶屏规格	液晶屏128 × 64
容量	最大容量4个气体灭火分区，每区最大128地址点
温度	0℃~+40℃
相对湿度	≤95%，不凝露
外形尺寸	410.0mm × 135. 0mm × 500.0mm（长 × 宽 × 高）
执行标准	《消防联动控制系统》GB 16806—2006

图 2-3-16　气体灭火控制器产品示例图

（10）消防水泵控制柜（箱）。典型消防水泵控制柜产品实物及安装参数如图 2-3-17 所示。

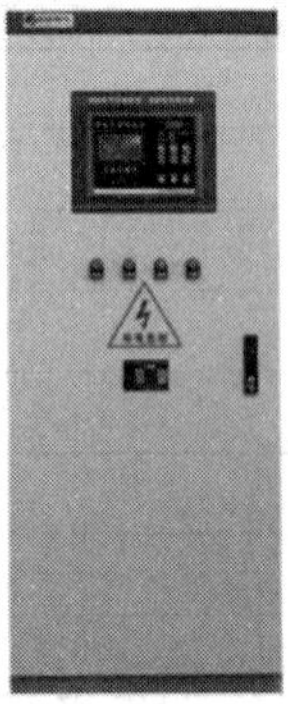

内容	技术参数
控制方式	直接启动
控制电压	AC380V
控制电机功率	0. 75kW~22kW
控制水泵台数	1台~4台
使用环境	温度：<40C；相对湿度：≤90%RH
外形尺寸	1 400.0mm × 600.0mm × 400.0mm（高 × 长 × 宽）

图 2-3-17　消防水泵控制柜产品示例图

（11）防、排烟风机控制柜（箱）。典型防烟风机控制箱产品实物及安装参数如图 2-3-18 所示。

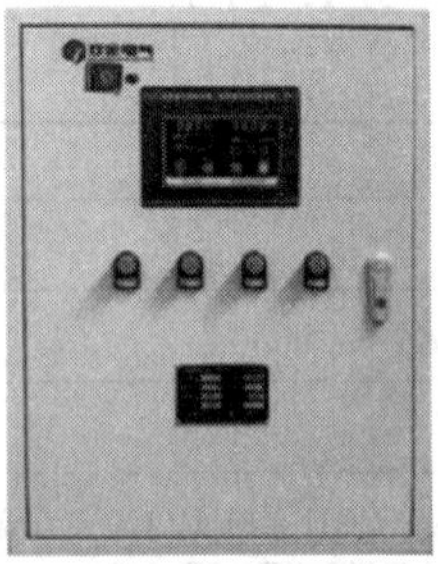

内容	技术参数
控制方式	直接启动
额定电压	三相AC380V
额定功率	0. 25kW~37kW
使用频率	50Hz~60Hz
使用环境	温度：-5℃~+40℃；相对湿度：≤90%RH
外形尺寸	800.0mm × 600.0mm × 200.0mm（高 × 长 × 宽）

图 2-3-18　防烟风机控制箱产品示例图

（12）防火门监控器。典型防火门监控器产品实物及安装参数如图 2-3-19 所示。

内容	技术参数
主电电源	交流220V（187V~ 242V）
备用电源	12V24ah，电池/两节（选配TD0808消防联动电源时四节）
液晶屏规格	分辨率800 × 480
容量	回路数16个，最多可接3 200个总线制编码设备
使用环境	温度：0℃~+40℃；相对湿度：≤95%RH，不凝露
外形尺寸	立柜式：550.0mm × 480.0mm × 1 715.0mm（长 × 宽 × 高）， 琴台式：1 050.0mm × 910.0mm × 1 350.0mm（长 × 宽 × 高）
符合标准	《防火门监控器》GB 29364—2012

图 2-3-19　防火门监控器产品示例图

（13）防火卷帘控制器。典型防火卷帘控制器产品实物及安装参数如图 2-3-20 所示。

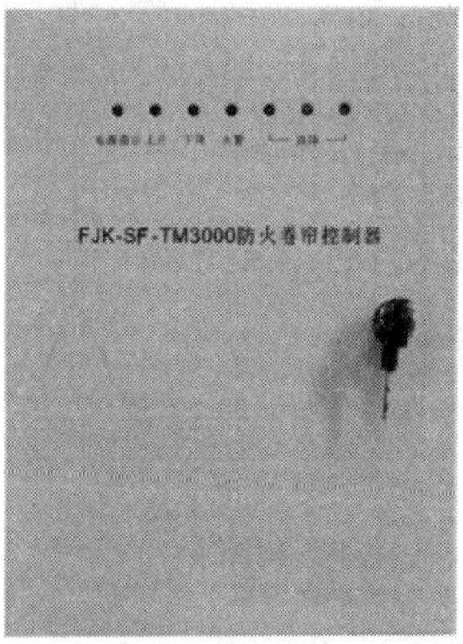

内容	技术参数
工作电压	AC 380V/50Hz
备用电池	DC12V/1.3ah，2节
主电功率	≤1kW
使用环境	温度：-10℃~ +55℃；相对湿度：≤95%RH
外形尺寸	240.0mm × 70.0mm × 320.0mm（长 × 宽 × 高）

图 2-3-20　防火卷帘控制器产品示例图

（14）消防应急广播控制装置。典型消防应急广播控制装置产品实物及安装参数如图 2-3-21 所示。

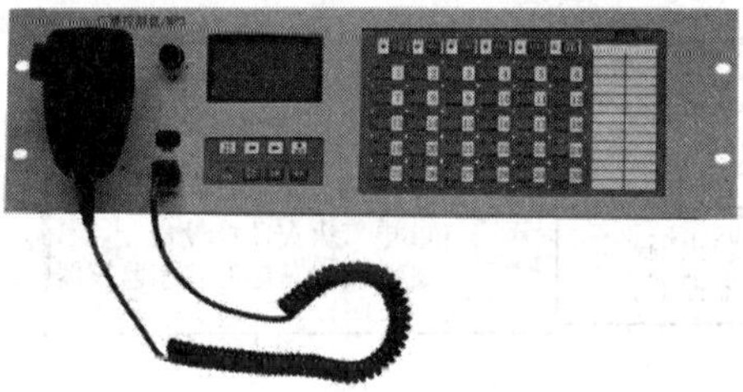

内容	技术参数
工作电压	DC24V
失真度	<5%
信噪比	≥70dB
使用环境	温度：0~+40℃；相对湿度：20% 95%RH
外形尺寸	483.0mm × 160.0mm × 133.0mm（长 × 宽 × 高）

图 2-3-21　消防应急广播控制装置产品示例图

（15）消防电话总机。典型消防电话总机产品实物及安装参数如图 2-3-22 所示。

内容	技术参数
额定电压	DC24V（电压范围DC20V~28V）
工作电流	<600mA
话音频率	300Hz~3 400Hz
工作环境	环境温度：0~40℃；相对湿度：≤95%RH，不凝露
外形尺寸	483.0mm × 200. 0mm × 88.5mm（长 × 宽 × 高）

图 2-3-22　消防电话总机产品示例图

2. 控制与显示类设备安装示例。

（1）火灾报警控制器采用壁挂式安装示例如图 2-3-23 所示。

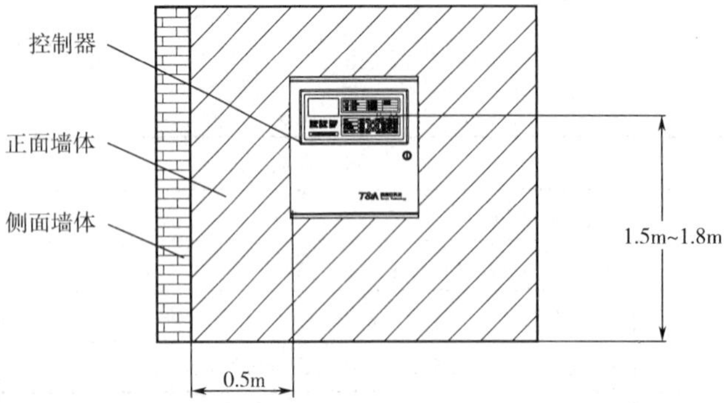

（a）正视图

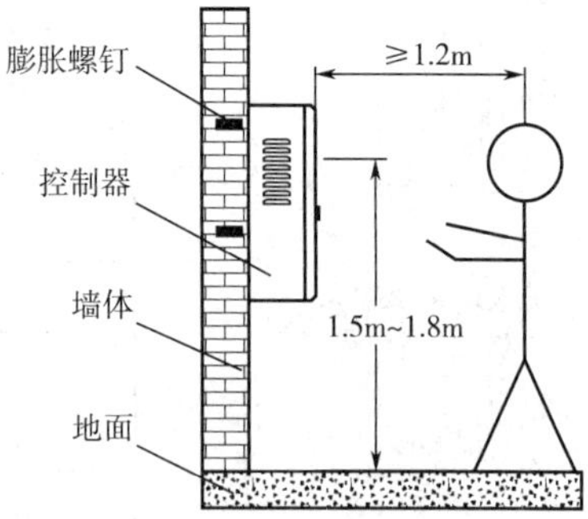

（b）侧视图

图 2-3-23 火灾报警控制器采用壁挂式安装示例图

注：1. 火灾报警控制器壁挂安装时，其主显示屏高度宜为 1.5m~1.8m，其靠近门轴。

2. 对的侧面距墙不应小于 0.5m，正面操作距离不应小于 1.2m。

（2）火灾报警控制器（联动型）、消防应急广播控制装置、消防电话主机、图形显示装置、防火门监控器等在消防控制室落地安装示例如图 2-3-24 所示。

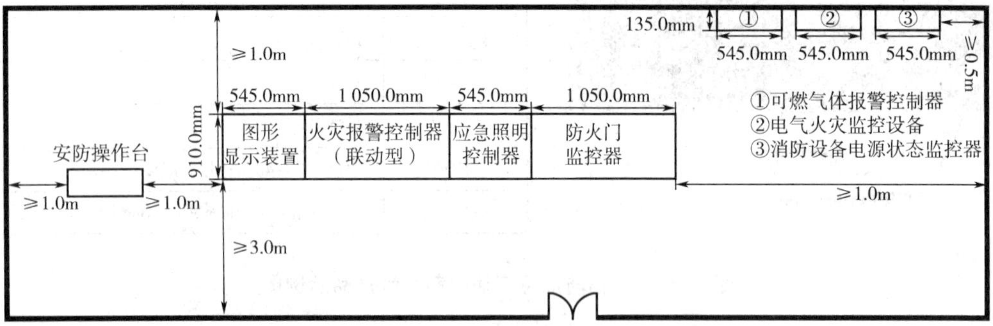

（a）平面图

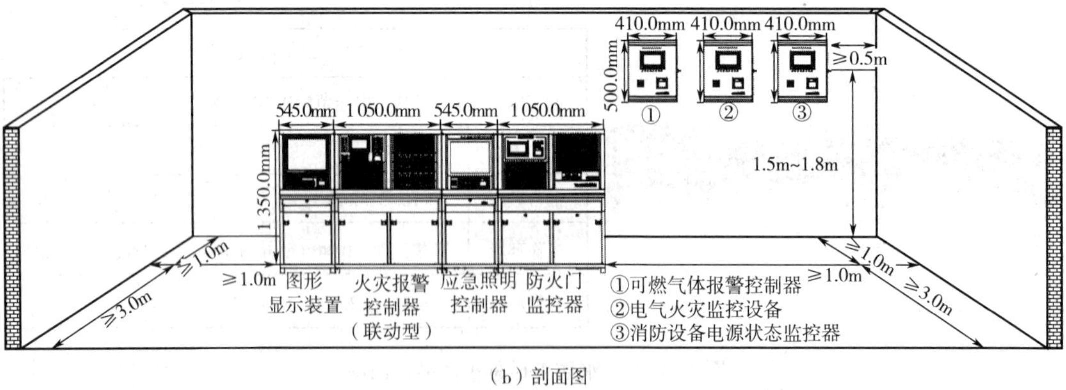

（b）剖面图

图 2-3-24 控制与显示类设备在消防控制室落地式安装示例图

3.3.2 控制与显示类设备的引入线缆应符合下列规定：

1 配线应整齐，不宜交叉，并应固定牢靠；

2 线缆芯线的端部均应标明编号，并应与设计文件一致，字迹应清晰且不易褪色；

3 端子板的每个接线端接线不应超过2根；

4 线缆应留有不小于200mm的余量；

5 线缆应绑扎成束；

6 线缆穿管、槽盒后，应将管口、槽口封堵。

【条文解读】

1. 本条规定了火灾自动报警系统控制与显示类设备引入线缆的接线要求。

2. 通过对系统的工程应用情况的调研可以看出，很多工程项目中控制与显示类设备的引入线连接不规范、杂乱无章，接线端子上并接线路过多，且无编号，给系统后续的维护、维修带来很大不便。因此，本标准中对控制与显示装置引入线缆的连接做出了明确的要求：

（1）为了便于系统的日常维护，控制与显示类设备的引入线缆在设备箱体内部的配线应整齐，并应在线缆芯线的端部施加永久性标识。

（2）为有效避免导线和端子间出现接触不良现象，设备每个接线端的接线不应超过2根。

（3）为了便于设备外接线路接口板的更换，设备的引入线缆应留有一定的余量。

（4）为了有效避免火灾时产生的火焰、日常的水汽等因素沿防护管路、线槽蔓延、侵入至控制与显示类设备内部，设备的外部接线口应采取封堵措施。

【实施要点】

1. 控制与显示类设备引入线缆的安装应满足下列要求：

（1）引入线缆宜平行配线、不宜有交叉，线缆应成束整齐绑扎、固定，并应按设计文件的要求在线缆芯线的端部用记号笔对线缆进行标识。

（2）设备的同一个属性的端子需要连接多根导线时（如：1个总线回路的多个分支），宜采用接线端子板扩展接线，不宜采用在接线端子上并接多根导线的方式扩展，即1个接线端子宜连接1根导线，且每个端子上同时连接导线的数量不应超过2根。

（3）设备引入线缆在与接线端子连接时均应留有不小于200mm的余量。

（4）线缆穿管、槽盒等引入设备后，应采用柔性防火堵料将设备对外接线的管口、槽口进行封堵；对于在室外或湿度较大场所内安装的控制与显示类设备，宜采用下口进出线的方式引入线缆。

2. 控制与显示类设备引入线安装质量的检查内容、要求和方法详见表2-3-8。

表2-3-8　控制与显示类设备引入线安装质量的检查内容、要求和方法

GB 50166条款	检查要求	检查方法
3.3.2	1. 配线应整齐，不宜交叉，并应固定牢靠	检查设备内部配线情况
	2. 线缆芯线的端部，均应标明编号，并与图纸一致，字迹应清晰且不易褪色	对照设计文件逐一检查线缆的标号

续表2-3-8

GB 50166 条款	检查要求	检查方法
3.3.2	3. 端子板的每个接线端，接线不得超过2根	检查端子接线情况
	4. 线缆应留有不小于200mm 的余量	用尺测量线缆的余量长度
	5. 线缆应绑扎成束	检查线缆的布置情况
	6. 线缆穿管、槽盒后，应将管口、槽口封堵	检查管口、槽口封堵情况

【工程示例】

1. 壁挂式火灾报警控制器引入线缆接线示例。壁挂式火灾报警控制器外部接线示例如图 2-3-25 所示。

图 2-3-25 壁挂式火灾报警控制器外部接线示例图

2. 柜式火灾报警控制器（联动型）引入线缆接线示例。柜式火灾报警控制器（联动型）外部接线示例如图 2-3-26 所示。

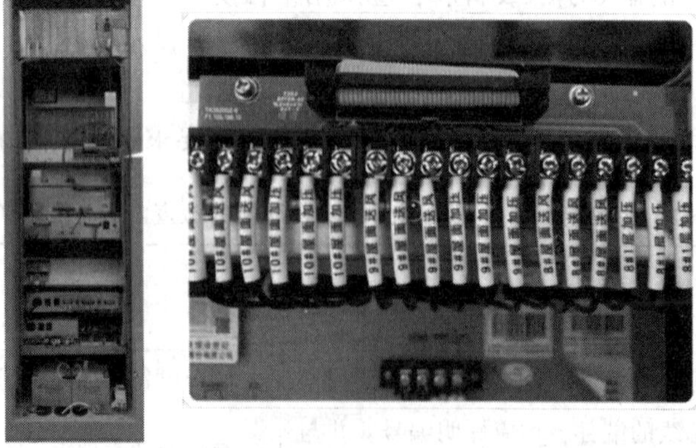

图 2-3-26 柜式火灾报警控制器（联动型）外部接线示例图

3.3.3 控制与显示类设备应与消防电源、备用电源直接连接，不应使用电源插头。主电源应设置明显的永久性标识。

3.3.4 控制与显示类设备的蓄电池需进行现场安装时，应核对蓄电池的规格、型号、容量，并应符合设计文件的规定，蓄电池的安装应满足产品使用说明书的要求。

3.3.5 控制与显示类设备的接地应牢固，并应设置明显的永久性标识。

【条文解读】

1. 第3.3.3条、第3.3.4条规定了火灾自动报警系统控制与显示类设备主电源和备用电源的接线和安装要求，第3.3.5条规定了火灾自动报警系统控制与显示类设备的接地要求。

2. 火灾自动报警系统控制和显示类设备的电源一般包括主电源和备用电源。

（1）控制和显示类设备的主电源。火灾自动报警系统控制和显示类设备的主电源一般采用市电供电。

1）当建（构）筑物的用电负荷等级为一级或二级时，火灾自动报警系统的控制与显示类设备应由消防电源专用回路供电。

2）当建（构）筑物的用电负荷等级为三级时，建（构）筑物中无须设置单独的消防电源，火灾自动报警系统的控制与显示类设备应由单独的配电回路供电。

（2）控制和显示类设备的备用电源。火灾自动报警系统控制和显示类设备的备用电源一般采用设备自带的蓄电池组。

1）需要自带蓄电池的控制与显示类设备包括：火灾报警控制器、消防联动控制器、火灾报警控制器（联动型）、家用火灾报警控制器、可燃气体报警控制器、消防设备电源状态监控器、消防设备应急电源、传输设备、消防应急广播控制设备、防火卷帘控制器、防火门监控器、气体灭火控制器。

2）设备自带蓄电池的容量要求：在主电源供电失效情况下，控制与显示类设备自带蓄电池组的容量，应能满足相应产品标准规定的持续保持工作状态的时间要求，一般不低于3h。

3. 为了避免用户随意拔掉插头，影响系统设备的连续运行，控制与显示类设备的主电源和备用电源应采用可靠方式连接。

4. 控制和显示类设备自带蓄电池时，由于货物运输的安全要求，设备自带的蓄电池需要单独运输至现场安装，蓄电池安装时，应确保蓄电池的性能参数、安装场所的环境条件符合设计文件的要求。

5. 控制和显示类设备作为电气设备，其接地的可靠性将直接影响系统运行的稳定性。

【实施要点】

1. 控制与显示类设备的主电源和备用电源应直接固定在设备的接线端子上，严禁采用插头连接，在主电源、备用电源线的端部应设置永久的文字标识。

2. 控制和显示类设备自带蓄电池需现场安装时，施工单位应按照设计文件和产品使用说明书的要求，核对蓄电池下列参数和安装环境条件：

（1）设备自带蓄电池（组）的组数、电压等级、电池容量等参数应符合设计文件的要求。

（2）安装场所的最高环境温度不应超过蓄电池的最高允许工作温度；电解液为碱性的蓄电池不应安装在有酸性介质的场所，电解液为酸性的蓄电池不应安装在有碱性介质的场所。

3. 控制和显示类设备作为电气设备的接地应牢固，并应设置明显的永久性标识。

4. 控制与显示类设备电源和接地安装质量的检查内容、要求和方法详见表 2-3-9。

表2-3-9 控制与显示类设备电源和接地安装质量的检查内容、要求和方法

GB 50166条款	检查要求	检查方法
3.3.3	1. 设备的主电源应有明显的永久性标识，并应直接与消防电源连接，严禁使用电源插头； 2. 设备与其外接备用电源之间应直接连接	1. 检查设备主电源的标识，检查设备与消防电源的连接情况； 2. 检查设备与外接备用电源的连接情况
3.3.4	设备自带蓄电池需进行现场安装时，蓄电池规格、型号、容量应符合设计文件的规定，蓄电池安装应符合产品使用说明书的要求	对照设计文件核对蓄电池的规格、型号、容量；检查蓄电池的安装情况
3.3.5	设备的接地应牢固，并有明显的永久性标识	用手感检查或专用设备检查设备接地线的连接情况，检查设备的接地标识

【工程示例】

1. 柜式火灾报警控制器主电源和蓄电池电源接线示例。柜式火灾报警控制器主电源和蓄电池电源接线、控制器自带蓄电池的安装如图 2-3-27 所示。

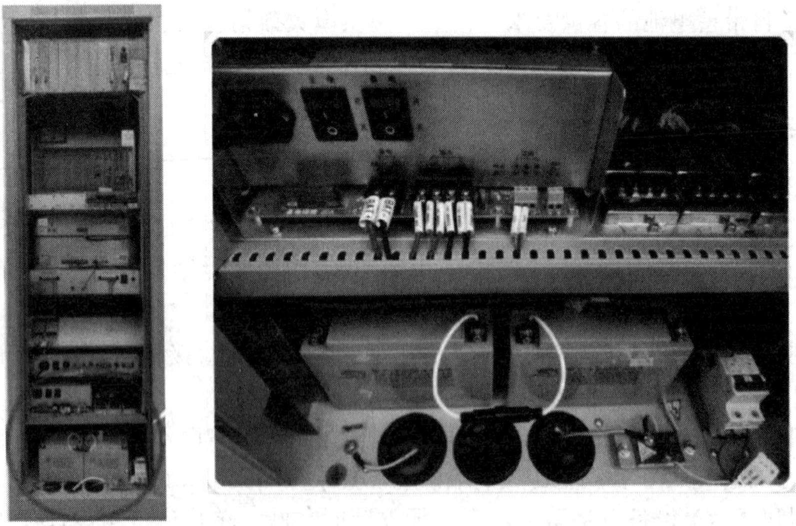

图 2-3-27 火灾报警控制器主电源和蓄电池电源接线示例图

2. 火灾报警控制器接地安装示例。火灾报警控制器接地安装如图 2-3-28 所示。

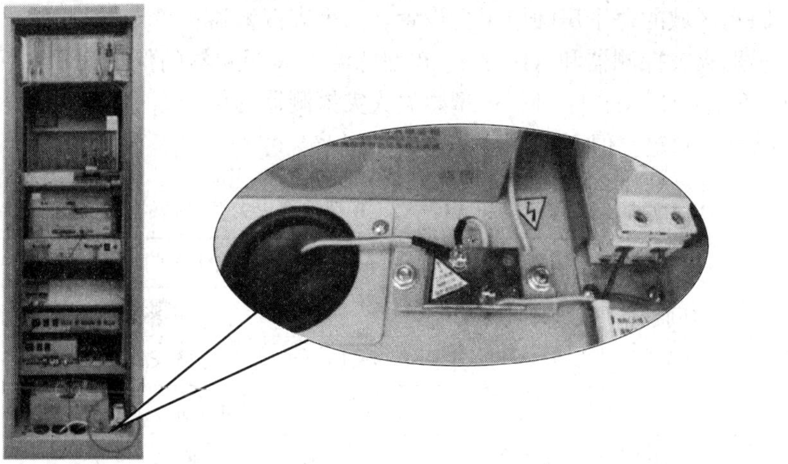

图 2-3-28 火灾报警控制器接地安装示例图

Ⅱ 探测器安装

3.3.6 点型感烟火灾探测器、点型感温火灾探测器、一氧化碳火灾探测器、点型家用火灾探测器、独立式火灾探测报警器的安装，应符合下列规定：

1 探测器至墙壁、梁边的水平距离不应小于0.5m；

2 探测器周围水平距离0.5m内不应有遮挡物；

3 探测器至空调送风口最近边的水平距离不应小于1.5m，至多孔送风顶棚孔口的水平距离不应小于0.5m；

4 在宽度小于3m的内走道顶棚上安装探测器时，宜居中安装，点型感温火灾探测器的安装间距不应超过10m，点型感烟火灾探测器的安装间距不应超过15m，探测器至端墙的距离不应大于安装间距的一半；

5 探测器宜水平安装，当确需倾斜安装时，倾斜角不应大于45°。

3.3.13 探测器底座的安装应符合下列规定：

1 应安装牢固，与导线连接应可靠压接或焊接，当采用焊接时，不应使用带腐蚀性的助焊剂；

2 连接导线应留有不小于150mm的余量，且在其端部应设置明显的永久性标识；

3 穿线孔宜封堵，安装完毕的探测器底座应采取保护措施。

3.3.14 探测器报警确认灯应朝向便于人员观察的主要入口方向。

【条文解读】

1. 第3.3.6条规定了点型感烟、感温、气体火灾探测器和独立式火灾探测报警器的安装位置要求，第3.3.13条、第3.3.14条规定了点型感烟、感温、气体火灾探测器和独立式火灾探测报警器底座的安装要求。

2. 独立式火灾探测报警器的探测器机理与点型感烟、感温火灾探测器相同，其设置要求也与点型感烟、感温火灾探测器相同。《火灾自动报警系统设计规范》GB 50116中对点型感烟、感温火灾探测器的设置做出了明确的规定：

（1）探测区域的每个房间应至少设置一只火灾探测器；

（2）感烟火灾探测器和 A1、A2、B 型感温火灾探测器的保护面积和保护半径，应按表 2-3-10 确定；C、D、E、F、G 型感温火灾探测器的保护面积和保护半径，应根据生产企业设计说明书确定，但不应超过表 2-3-10 规定。

表2-3-10 感烟火灾探测器和 A1、A2、B 型感温火灾探测器的保护面积和保护半径

火灾探测器的种类	地面面积 S（m^2）	房间高度 h（m）	一只探测器的保护面积 A 和保护半径 R					
			屋顶坡度 θ					
			$\theta \leq 15°$		$15° < \theta \leq 30°$		$\theta > 30°$	
			A（m^2）	R（m）	A（m^2）	R（m）	A（m^2）	R（m）
感烟火灾探测器	$S \leq 80$	$h \leq 12$	80	6.7	80	7.2	80	8.0
	$S > 80$	$6 < h \leq 12$	80	6.7	100	8.0	120	9.9
		$h \leq 6$	60	5.8	80	7.2	100	9.0
感温火灾探测器	$S \leq 30$	$h \leq 8$	30	4.4	30	4.9	30	5.5
	$S > 30$	$h \leq 8$	20	3.6	30	4.9	40	6.3

注：建筑高度不超过 14m 的封闭探测空间，且火灾初期会产生大量的烟时，可设置点型感烟火灾探测器。

3. 为了确保火灾探测器、探测报警器对火灾产生的烟雾、温度及可燃气体的及时、有效探测，火灾探测器、探测器报警器与遮挡物、空调系统送风口、有热屏障场所的顶棚或屋顶等部位的距离、在走廊等场所的安装间距、安装角度均应符合本标准的相关规定。

4. 一般点型感烟、感温、气体火灾探测器和独立式火灾探测报警器需配接探测器底座安装。底座的安装应符合下列规定：

（1）为避免系统施工结束后，底座出现脱落现象而影响探测器的正常使用，探测器底座固定安装。

（2）探测器通过底座与系统总线连接，为了确保总线与底座端子出现接触不良的现象，导线与底座端子间应采用可靠方式连接。

（3）为了便于设备的日常维护、更换，总线至底座端子间的连接导线应留有一定的余量。

（4）为了防止顶棚的潮气、灰尘进入底座内部，影响导线的绝缘性能，底座安装完毕后，应采取相应的防护措施。

（5）为了便于值班人员巡查，也为了便于在发生火灾报警时，值班人员能够快速识别发生火灾报警探测器的部位，底座的安装位置应确保探测器的报警确认灯面向便于人员观察的主要入口。

【实施要点】

1. 火灾探测器、探测器报警器的安装应满足下列要求：

（1）探测器、探测器报警器周围水平距离 0.5m 内，不应有遮挡物，且探测器、探测器报警器至墙壁、梁边的水平距离，不应小于 0.5m。

（2）探测器、探测报警器与空调送风口最近边的水平距离不应小于 1.5m，与多孔送风顶棚孔口的水平距离不应小于 0.5m。

（3）火灾探测器、探测器报警器在宽度小于 3m 的内走道等狭长空间内安装时，点型感温火灾探测器的安装间距不应超过 10m，点型感烟火灾探测器的安装间距不应超过 15m，探测器至端墙的距离不应大于其安装间距的一半，且火灾探测器、探测报警器宜在走道的顶棚居中安装。

（4）探测器宜水平安装，当确需倾斜安装时，倾斜角不应大于 45°。

（5）在高举架的厂房、带有采光带的中庭等屋顶具有热屏障的场所中，点型感烟火灾探测器下表面至顶棚或屋顶的距离应符合表 2-3-11 的规定。

表2-3-11　点型感烟火灾探测器下表面至顶棚或屋顶的距离

探测器的安装高度 h（m）	点型感烟火灾探测器下表面至顶棚或屋顶的距离 d（mm）					
	顶棚或屋顶坡度 θ					
	$\theta \leqslant 15°$		$15° < \theta \leqslant 30°$		$\theta > 30°$	
	最小	最大	最小	最大	最小	最大
$h \leqslant 6$	30	200	200	300	300	500
$6 < h \leqslant 8$	70	250	250	400	400	600
$8 < h \leqslant 10$	100	300	300	500	500	700
$10 < h \leqslant 12$	150	350	350	600	600	800

2. 探测器底座的安装应满足下列要求：

（1）探测器底座应牢固安装在建筑屋顶、吊棚等建筑结构或构件上。

（2）系统总线与底座端子间应采用压接或焊接方式连接，当采用焊接方式连接时，应采用无腐蚀性的助焊剂。

（3）系统总线至底座端子间的连接导线应留有不小于 150mm 的余量，且在其端部应设置明显的永久性标识。

（4）底座安装完毕后，宜采用胶泥对穿线孔进行封堵，且应采取相应的成品保护措施。

（5）底座的安装位置应确保探测器的报警确认灯面向便于人员观察的主要入口。

3. 点型感烟、感温、气体火灾探测器、独立式火灾探测报警器安装质量的检查内容、要求和方法详见表 2-3-12。

表2-3-12　点型感烟、感温、气体火灾探测器、独立式火灾探测报警器安装质量的检查内容、要求和方法

项目	标准及条款	检查要求	检查方法
探测器的设置	GB 50116	探测器的设置数量应符合设计文件的规定	对照设计文件核查探测器的设置数量

续表2-3-12

项目	标准及条款	检查要求	检查方法
探测器的设置	GB 50116	安装间距和保护半径应符合设计文件的规定	用尺测量探测器的安装间距和保护半径
		保护面积不应超过《火灾自动报警系统设计规范》GB 50116 和设计文件的规定	核算探测器的保护面积
		探测器在梁间区域的设置，应符合《火灾自动报警系统设计规范》GB 50116 和设计文件的规定	用尺测量突出顶棚梁的高度、梁间距离，核查探测器的设置数量
		探测器在被书架、设备或隔断等分隔的区域内的设置，应符合《火灾自动报警系统设计规范》GB 50116 和设计文件的规定	用尺测量书架、设备或隔断距顶棚的距离，核查探测器的设置数量
		感烟探测器在有热屏障的屋顶上的设置时，探测器下表面至顶棚或屋顶的距离应符合《火灾自动报警系统设计规范》GB 50116 和设计文件的规定	用尺测量探测器下表面至顶棚或屋顶的距离
		锯齿形屋顶和坡度大于 15°人字形屋顶，应在每个屋脊处设置一排探测器；探测器下表面至屋顶最高处距离应符合《火灾自动报警系统设计规范》GB 50116 和设计文件的规定	核查探测器的设置情况，用尺测量探测器下表面至屋顶最高处的距离
		探测器在电梯井、升降机井内设置时，宜设置在井道上方的机房顶棚上	核查探测器的设置情况
		探测器在格栅吊顶场所设置时，探测器的安装位置应符合《火灾自动报警系统设计规范》GB 50116 和设计文件的规定	核查格栅吊顶的镂空比、探测器的设置情况
安装位置	GB 50166 3.3.6	探测器至墙壁、梁边的水平距离，不应小于 0.5m	用尺测量探测器至墙壁、梁边的距离
		探测器周围水平距离 0.5m 内，不应有遮挡物	测量探测器至周边遮挡物的距离
		探测器至空调送风口最近边的水平距离，不应小于 1.5m；至多孔送风顶棚孔口的水平距离，不应小于 0.5m	用尺测量探测器至空调送风口、多孔送风顶棚孔口的水平距离

续表2-3-12

项目	标准及条款	检查要求	检查方法
安装位置	GB 50166 3.3.6	在宽度小于3m的内走道顶棚上安装探测器时，宜居中安装。感温探测器的安装间距，不应超过10m；感烟探测器的安装间距，不应超过15m；探测器至端墙的距离，不应大于安装间距的一半	用尺测量内走道的宽度、探测器的设置间距
安装角度		探测器宜水平安装，当确需倾斜安装时，倾斜角不应大于45°	用量角器测量探测器的倾斜角度
探测器底座	GB 50166 3.3.13	底座应安装牢固，与导线连接必须可靠压接或焊接。当采用焊接时，不应使用带腐蚀性的助焊剂	检查导线的连接情况，手感检查设备的安装情况
		底座的连接导线，应留有不小于150mm的余量，且在其端部应有明显的永久性标识	用尺测量导线余量的长度，检查导线的标识
		底座的穿线孔宜封堵，安装完毕的探测器底座应采取保护措施	检查底座的防护措施
报警确认灯	GB 50166 3.3.14	确认灯应朝向便于人员观察的主要入口方向	观察探测器的报警确认灯的位置

【工程示例】

1. 点型感烟、感温、气体火灾探测器、独立式火灾探测报警器产品介绍。

典型点型感烟火灾探测器、点型感温火灾探测器、点型感烟感温复合火灾探测器、独立式感烟火灾探测报警器、独立式感温火灾探测报警器产品实物及安装参数示例如图2-3-29~图2-3-33所示。

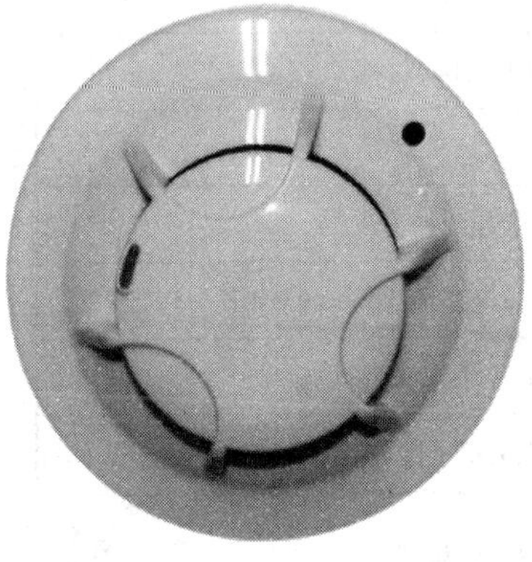

内容	技术参数
线制	无极性二总线
工作电压	总线15V~28V（脉冲电压）
总线静态电流	≤0.4mA
总线报警电流	≤0.9mA
编码方式	电子编码
工作环境	温度：-10℃~+55℃；相对湿度：≤95%RH，不凝露
外形尺寸	直径：100.0mm，高：50mm（含底座）
执行标准	《点型感烟火灾探测器》GB 4715—2005

图2-3-29 点型感烟火灾探测器产品示例图

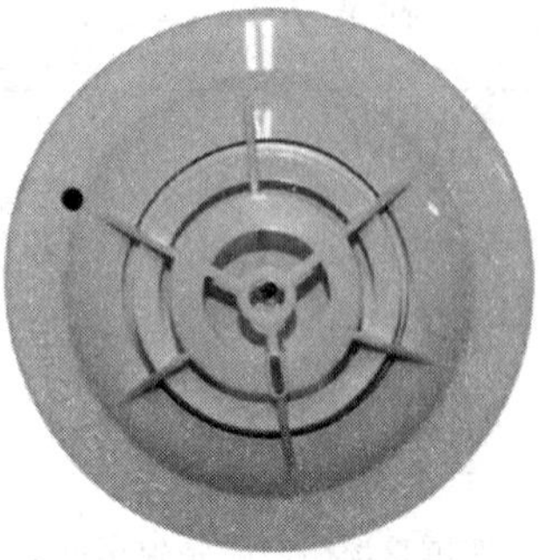

内容	技术参数
工作电压	15V~28V（脉冲电压）
工作电流	总线静态电流≤0.35mA，总线报警电流≤0.55mA
编码方式	电子编码
线制	无极性二总线
工作环境	温度：-10℃~+50℃；相对湿度：≤95%RH，不凝露
外形尺寸	直径：100.0mm，高：49mm（含底座）
执行标准	《点型感温火灾探测器》GB 4715—2005

图 2-3-30　点型感温火灾探测器产品示例图

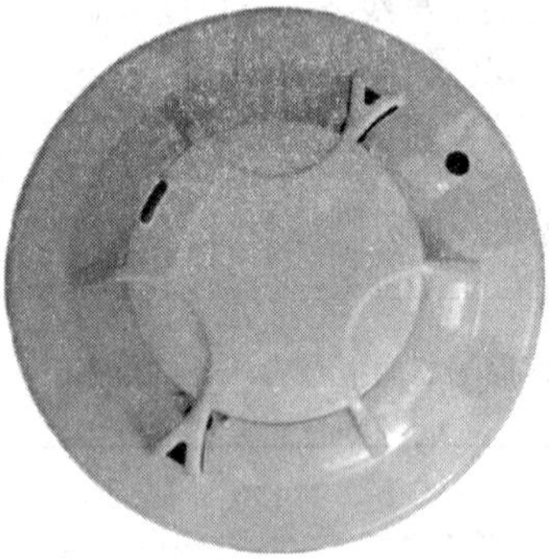

内容	技术参数
工作电压	15V~28V（脉冲电压）
线制	无极性二总线
工作电流	监视电流≤0.4mA，报警电流≤2.8mA
编码方式	电子编码
使用环境	温度：-10℃~+50℃；相对湿度：≤95%RH，不凝露
外形尺寸	直径：100.0mm，高：55.8mm（含底座）
执行标准	《点型感烟火灾探测器》GB 4715—2005， 《点型感温火灾探测器》GB 4716—2005

图 2-3-31　点型感烟感温复合火灾探测器产品示例图

内容	技术参数
工作电压	DC3V（1节锂电池CR123A）
报警声响	大于80dB（正前方3m处，A计权）
工作电流	监视电流<8μA，报警电流<50mA
使用环境	温度：-10℃~+55℃；相对湿度：≤95%RH，不凝露
外形尺寸	直径：100.3mm，高：49.1mm（含底座）
执行标准	《独立式感烟火灾探测报警器》GB 20517—2006

图 2-3-32　独立式感烟火灾探测报警器产品示例图

内容	技术参数
通信方式	无线通信
探测器类别	AR型
工作电压	DC3V（2节 1.5V FR14505/AA电池）
工作电流	总线静态电流<30μA，总线报警电流<100mA
使用环境	温度：-10℃~+55℃；相对湿度：≤95%RH
外形尺寸	直径：100.3mm，高：51mm
执行标准	《独立式感温火灾探测报警器》GB 30122—2013

图 2-3-33　独立式感温火灾探测报警器产品示例图

2. 点型感烟火灾探测器在平面顶棚安装示例。点型感烟火灾探测器在平面顶棚安装示例如图 2-3-34 所示。

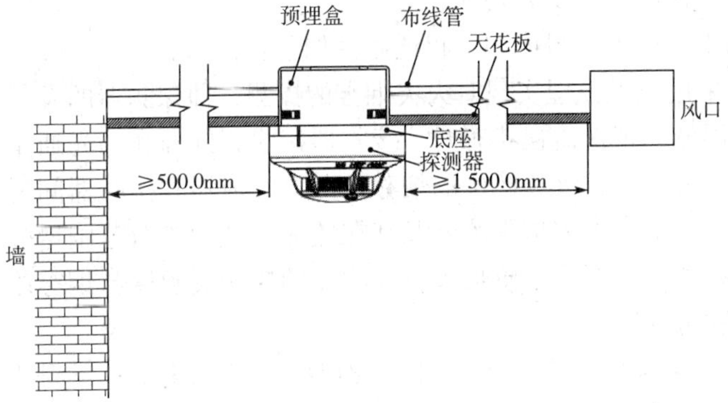

（a）安装图

（b）实物图

图 2-3-34　点型感烟火灾探测器安装示例图

3. 点型感温火灾探测器在坡度大于 15°的人字型屋顶安装示例。点型感温火灾探测器在坡度大于 15°的人字型屋顶安装示例如图 2-3-35 所示。

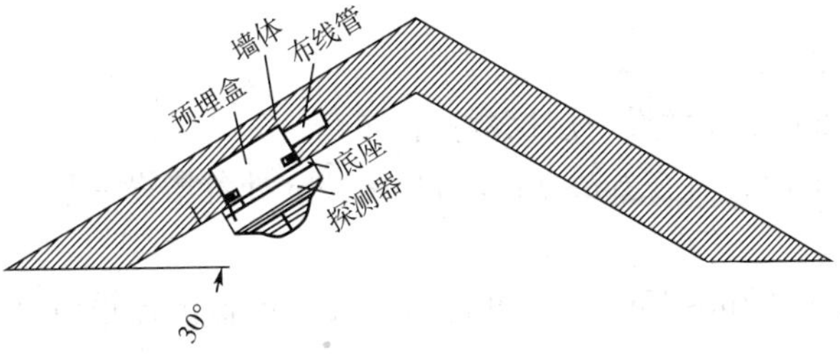

（a）安装图

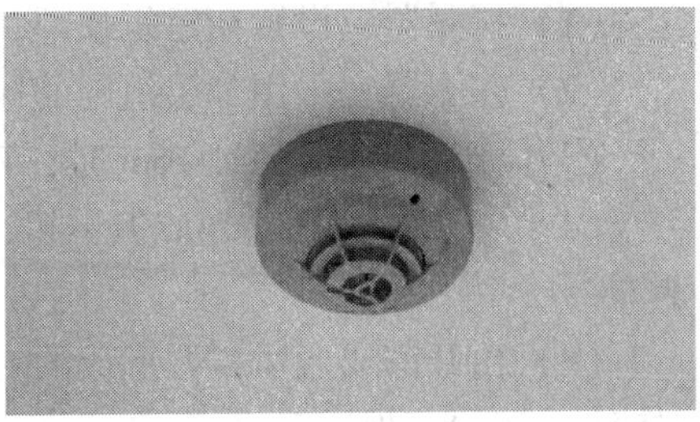

（b）实物图

图 2-3-35　点型感温火灾探测器在屋顶安装示例图

3.3.7 线型光束感烟火灾探测器的安装应符合下列规定：

1 探测器光束轴线至顶棚的垂直距离宜为0.3m~1.0m，高度大于12m的空间场所增设的探测器的安装高度应符合设计文件和现行国家标准《火灾自动报警系统设计规范》GB 50116的规定；

2 发射器和接收器（反射式探测器的探测器和反射板）之间的距离不宜超过100m；

3 相邻两组探测器光束轴线的水平距离不应大于14m，探测器光束轴线至侧墙水平距离不应大于7m，且不应小于0.5m；

4 发射器和接收器（反射式探测器的探测器和反射板）应安装在固定结构上，且应安装牢固，确需安装在钢架等容易发生位移形变的结构上时，结构的位移不应影响探测器的正常运行；

5 发射器和接收器（反射式探测器的探测器和反射板）之间的光路上应无遮挡物；

6 应保证接收器（反射式探测器的探测器）避开日光和人工光源直接照射。

【条文解读】

1. 本条规定了线型光束感烟火灾探测器的安装要求。

2. 线型光束感烟火灾探测器的工作机理、组成和工程适用性如下：

（1）线型光束感烟火灾探测器采用减光原理实现对火灾烟雾的探测，即探测器的发射器发出固定光通量的红外光，探测器处于正常监视状态时，接收器接收到红外光的光通量是一定的。当探测器的设置场所发生火灾时，火灾产生的烟雾扩散至发射器和接收器间的监测区域时，接收器接收到的光通量会随着火灾烟雾浓度及其在监测区域的扩散范围增大而减少，从而实现对初起火灾准确探测，线型光束感烟火灾探测器的探测灵敏度与烟雾浓度在发射器和接收器间光轴线上的积分成正比。

（2）线型光束感烟火灾探测器按照其发射器和接收器的结构型式分为对射式和反射式两种类型。对射探测器式由分离式发射器和接收器组成，反射式探测器由发射器和接收器一体式探测器和反射板组成。

（3）线型光束感烟火灾探测器适用于高度大于12m的开敞场所初期火灾烟雾特征参数的探测。

3. 《火灾自动报警系统设计规范》GB 50116的第12.4.3条对线型光束感烟火灾探测器的设置做出了明确的规定：

（1）探测器应设置在建筑顶部；

（2）探测器宜采用分层组网的探测方式；

（3）建筑高度不超过16m时，宜在6m~7m增设一层探测器；

（4）建筑高度超过16m但不超过26m时，宜在6m~7m和11m~12m处各增设一层探测器；

（5）由开窗或通风空调形成的对流层为7m~13m时，可将增设的一层探测器设置在对流层下面1m处；

（6）分层设置的探测器保护面积可按常规计算，并宜与下层探测器交错布置。

4. 线型光束感烟火灾探测器的安装高度确定应符合下列原则：

（1）净空高度 H 不大于 12m 的场所中，基于初期火灾烟雾扩散的特性，可只在建筑的顶部设置一层线型光束感烟火灾探测器。

（2）净空高度 H 大于 12m 的场所中，初期火灾产生的烟雾会出现分层扩散现象，且该场所通风对流层的位置会影响烟雾的扩散，为了确保该类场所火灾探测的准确性和时效性，应在该类场所的适当高度增设线型光束感烟火灾探测器。

5. 线型光束感烟火灾探测器发射器和接收器间距的确定应符合下列规定：

（1）为了不降低探测器的灵敏度，确保探测器对监测区域内初起火灾的准确探测，发射器和接收器之间的距离不宜过短。

（2）同时为了便于探测器的调试和维护，也为了保证探测器运行的稳定性，发射器和接收器之间的距离不应过大。

（3）对于反射式探测器（发射器和接收器一体的探测器），探测器与反射板之间的距离更不易过大。

6. 线型光束感烟火灾探测器间水平间距的确定应符合下列规定：

（1）火灾烟雾扩散规律的研究结果表明，烟羽流的半径一般为 7m 左右，因此相邻探测器光轴线的水平距离不应大于 14m，即探测器的保护半径不应大于 7m，探测器光束轴线至侧墙水平距离不应大于 7m，且不应小于 0.5m。

（2）初起火灾的功率较高时，烟羽流会在上升一定高度后呈现上述扩散现象，当探测器设置场所的净空高度大于 12m 时，为了避免上述情况影响探测器对初起火灾烟雾探测的时效性，不同层的探测器应交错布置，且每层相邻探测器光轴线的水平距离均应满足探测器的保护半径要求。

7. 线型光束感烟火灾探测器安装位置的确定原则如下：

（1）通过上述探测器的工作机理可以看出，发射器发出的红外光经过监测区域后到达接收器，为了满足接收器初始光通量的指标要求，发射器发射的红外光束在到达接收器端应完全覆盖接收器的接收窗口，且接收窗口宜位于光束的中心；当发射器和接收器间的距离较远时，发射器的位置发生变化时，即使是很小的位移，也会导致接收器端的红外光束在很大程度上偏离接收器的接收窗口，尤其是发射式探测器，其探测器产生的位移会产生更大的偏离效果；因此，探测器安装时，尤其是安装在可能发生位移形变的结构上时，应校核接收器端的红外光束是否能始终覆盖探测器的接收窗口。

（2）探测器处于正常监视状态时，为了不影响接收器端接收到的红外光束的光通量，发射器和接收器（反射式探测器的探测器和反射板）之间的光路不应存在移动或固定遮挡物。

（3）日光和人工光源产生的红外光照射到探测器的接收窗口时，会导致其接收到的红外光束的光通量发生变化，影响探测器的正常运行，因此，探测器的安装位置和角度应保证接收器（反射式探测器的探测器）避开日光和人工光源直接照射。

【实施要点】

1. 线型光束感烟火灾探测器的安装应满足下列要求：

（1）探测器的安装高度。

1）室内净高 $H \leq 12$m 的场所，可只设置 1 层线型光束感烟火灾探测器，探测器光束轴线至顶棚的垂直距离宜为 0.3m～1.0m。

2）12m<室内净高 $H \leq 16$m 的场所，宜设置 2 层线型光束感烟火灾探测器：①一层探

测器光束轴线至顶棚的垂直距离宜为 0.3m~1.0m；②增设的一层探测器光轴线距地面高度宜为 6m~7m，由开窗或通风空调形成的对流层为 7m~13m 时，可将增设的一层探测器设置在对流层下面 1m 处。

3）16m<室内净高 $H \leqslant$ 26m 的场所，宜设置 3 层线型光束感烟火灾探测器：①一层探测器光束轴线至顶棚的垂直距离宜为 0.3m~1.0m；②增设的二层探测器的光轴线距地面高度宜分别为 6m~7m 和 11m~12m，由开窗或通风空调形成的对流层为 7m~13m 时，可将其中增设的一层探测器设置在对流层下面 1m 处。

（2）发射器和接收器的安装间距。发射器和接收器间的安装间距应大于 10 m、且不大于 100 m，对于反射式探测器（发射器和接收器一体的探测器），宜适当减小探测器与反射板之间的安装间距。

（3）探测器光束轴线的安装间距。

1）各层探测器光束轴线的水平间距不应大于 14m，探测器光束轴线至侧墙水平距离不应大于 7m，且不应小于 0.5m；

2）探测器分层设置时，不同层的探测器应交错布置，下一层探测器的光束轴线宜位于上一层两个探测器光轴线的中心。

（4）发射器和接收器的安装位置。

1）探测器的安装位置应确保发射器和接收器（反射式探测器的探测器和反射板）之间的光路不应存在移动或固定遮挡物，必要时应调整探测器的安装位置；

2）探测器的安装位置和角度应避免日光和人工光源直接照射接收器（反射式探测器的探测器）的接收窗口，必要时应增设遮光措施，或调整探测器的安装位置；

3）探测器应固定安装在墙面、柱等固定结构上，探测器确需安装在钢架等容易发生位移形变结构上时，应校核接收器端的红外光束受钢结构位移形变影响时，能否始终覆盖探测器的接收窗口。

2. 线型光束感烟火灾探测器安装质量的检查内容、要求和方法详见表 2-3-13。

表2-3-13 线型光束感烟火灾探测器安装质量的检查内容、要求和方法

项目	标准及条款	检查要求	检查方法
探测器的设置	GB 50116	探测器的设置数量应符合设计文件的规定	对照设计文件核查探测器的设置数量
安装高度	GB 50166 3.3.7	探测器光束轴线至顶棚的垂直距离宜为 0.3m~1.0m；高度大于 12m 的空间场所增设的探测器的安装高度应符合设计文件和《火灾自动报警系统设计规范》GB 50116 的规定	用尺测量探测器光束轴线至顶棚的垂直距离、探测器的安装高度
安装距离		探测器发射器和接收器（反射式探测器的探测器和反射板）之间的距离不应大于 100m	用尺测量探测器发射器和接收器或探测器和反射板之间的距离

续表2-3-13

项目	标准及条款	检查要求	检查方法
水平间距	GB 50166 3.3.7	相邻两组探测器光束轴线的水平距离不应大于14m。探测器光束轴线至侧墙水平距离不应大于7m，且不应小于0.5m	用尺测量相邻探测器光束轴线的水平间距、探测器光束轴线至侧墙的水平距离
安装位置		1. 发射器和接收器（反射式探测器的探测器和反射板）应安装在固定结构上，且安装牢固，确需安装在钢架等容易发生位移形变结构上时，结构的位移不应影响探测器的正常运行	观察探测器的安装情况，核查设计文件中结构形变对探测器影响情况的设计说明
		2. 发射器和接收器（反射式探测器的探测器和反射板）之间的光路上应无遮挡物	观察发射器和接收器（反射式探测器的探测器和反射板）之间的光路上是否存在遮挡物
		3. 应保证接收器（反射式探测器的探测器）避开日光和人工光源直接照射	观察探测器的接收端是否可能受到日光和人工光源的直接照射

【工程示例】

1. 线型光束感烟火灾探测器产品介绍。典型线型光束感烟火灾探测器产品及安装参数示例如图2-3-36、图2-3-37所示。

内容	技术参数
工作电压	DC24V（18V~35V）
工作电流	<35mA
灵敏度	4.3dB62%
监视距离	1m~100m
环境温度	温度：-10℃~+50℃；相对湿度：≤95%RH

图2-3-36 对射式线型光束感烟火灾探测器产品示例图

内容	技术参数
工作电压	电源DC20V~28V
电源电流	监视电流≤23mA，报警电流≤33mA，调试电流≤55mA
光路定向相依性角度	±0.5°
灵敏度等级：共3级	一级灵敏度：灵敏度最高， 二级灵敏度：灵敏度最高， 三级灵敏度：灵敏度最高
使用环境	温度：-10℃~+55℃；相对湿度：≤95%RH，不凝露
光路长度	8m~100m
执行标准	《线型光束感烟火灾探测器》GB 14003—2005

图2-3-37 反射式线型光束感烟火灾探测器产品示例图

2. 线型光束感烟火灾探测器安装示例。线型光束感烟火灾探测器安装示例如图 2-3-38 所示。

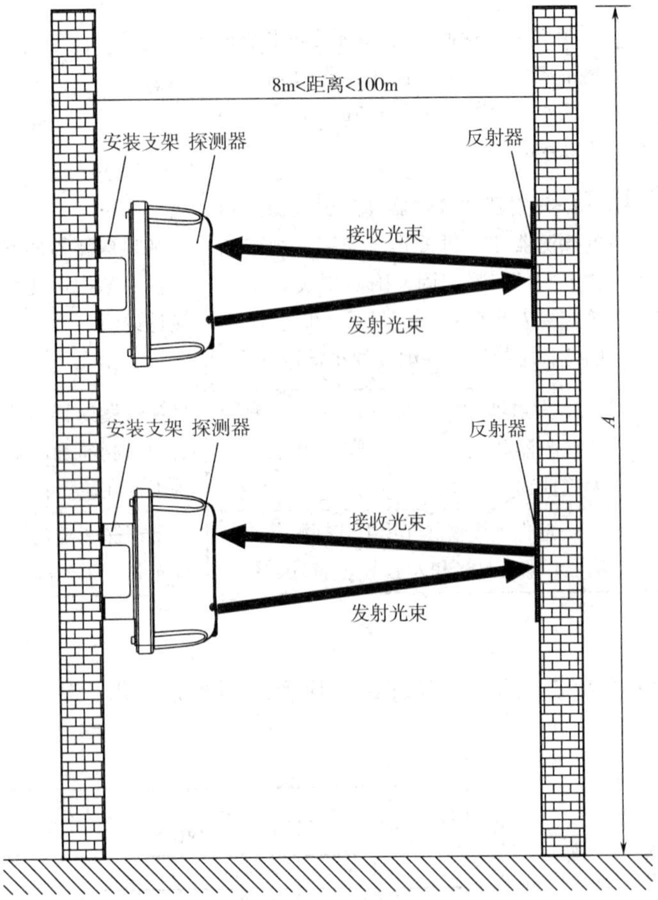

图 2-3-38 线型光束感烟火灾探测器安装示例图

注：A 为建筑高度。

1. 当 A 不超过 16m 时，宜在 6m~7m 增设一层探测器。
2. 当 A 超过 16m，不超过 26m 时宜在 6m~7m 和 11m~12m 处各增设一层探测器。

3.3.8 线型感温火灾探测器的安装应符合下列规定：

1 敷设在顶棚下方的线型差温火灾探测器至顶棚距离宜为 0.1m，相邻探测器之间的水平距离不宜大于 5m，探测器至墙壁距离宜为 1.0m~1.5m；

2 在电缆桥架、变压器等设备上安装时，宜采用接触式布置，在各种皮带输送装置上敷设时，宜敷设在装置的过热点附近；

3 探测器敏感部件应采用产品配套的固定装置固定，固定装置的间距不宜大于 2m；

4 缆式线型感温火灾探测器的敏感部件应采用连续无接头方式安装，如确需中间接线，应采用专用接线盒连接，敏感部件安装敷设时应避免重力挤压冲击，不应硬性折弯、扭转，探测器的弯曲半径宜大于 0.2m；

5 分布式线型光纤感温火灾探测器的感温光纤不应打结，光纤弯曲时，弯曲半径应大于50mm，每个光通道配接的感温光纤的始端及末端应各设置不小于8m的余量段，感温光纤穿越相邻的报警区域时，两侧应分别设置不小于8m的余量段；

6 光栅光纤线型感温火灾探测器的信号处理单元安装位置不应受强光直射，光纤光栅感温段的弯曲半径应大于0.3m。

【条文解读】

1. 本条规定了线型感温火灾探测器的安装要求。

2. 线型感温火灾探测器的工作机理、组成和工程适用性如下：

（1）线型感温火灾探测器利用感温电缆、感温光纤等敏感部件，实时监测一段连续区域温度场变化，火灾产生的温度超过探测器的报警阈值时，探测器发出火灾报警信号；线型感温火灾探测器的动作阈值在某些程度上相当于监测区域温度场在敏感部件上的积分效应。

（2）线型感温火灾探测器由敏感部件和信号处理单元（接口模块）组成，根据其敏感部件类型的不同，线型感温火灾探测器分为缆式线型感温火灾探测器、分布式线型光纤感温火灾探测器、光纤光栅线型感温火灾探测器和线式多点线型感温火灾探测器。

（3）线型感温火灾探测器适用于动力电缆、堆垛等场所的超温探测预警；也适用于橡胶厂房、交通隧道等初起火灾会产生大量热量，且不适宜采用点型感温火灾探测器场所的火灾探测。

3.《火灾自动报警系统设计规范》GB 50116的第6.2.16条和第12章的相关条款对线型感温火灾探测器的设置做出了明确的规定：

（1）探测器在保护电缆、堆垛等类似保护对象时，应采用接触式布置；在各种皮带输送装置上设置时，宜设置在装置的过热点附近。

（2）设置在顶棚下方的线型感温火灾探测器，至顶棚的距离宜为0.1m；探测器的保护半径应符合点型感温火灾探测器的保护半径要求，探测器至墙壁的距离宜为1m~1.5m。

（3）光栅光纤感温火灾探测器每个光栅的保护面积和保护半径，应符合点型感温火灾探测器的保护面积和保护半径要求。

（4）与线型感温火灾探测器连接的模块不宜设置在长期潮湿或温度变化较大的场所。

（5）线型光纤感温火灾探测器应设置在车道顶部距顶棚100mm~200mm，线型光栅光纤感温火灾探测器的光栅间距不应大于10m；每根分布式线型光纤感温火灾探测器和线型光栅光纤感温火灾探测保护车道的数量不应超过2条。

（6）外浮顶油罐宜采用线型光纤感温火灾探测器，且每只线型光纤感温火灾探测器应只能保护一个油罐；并应设置在浮盘的堰板上。

（7）采用光栅光纤感温火灾探测器保护外浮顶油罐时，两个相邻光栅间距离不应大于3m。

（8）隧道内应沿电缆设置线型感温火灾探测器，且在电缆接头、端子等发热部位应保证有效探测长度。

（9）无外部火源进入的电缆隧道应在电缆层上表面设置线型感温火灾探测器；有外部火源进入可能的电缆隧道在电缆层上表面和隧道顶部，均应设置线型感温火灾探测器。

（10）线型感温火灾探测器采用“S”形布置或有外部火源进入可能的电缆隧道内，应采用能响应火焰规模不大于 100mm 的线型感温火灾探测器。

（11）线型感温火灾探测器应采用接触式的敷设方式对隧道内的所有的动力电缆进行探测；缆式线型感温火灾探测器应采用“S”形布置在每层电缆的上表面，线型光纤感温火灾探测器应采用一根感温光缆保护一根动力电缆的方式，并应沿动力电缆敷设。

（12）分布式线型光纤感温火灾探测器在电缆接头、端子等发热部位敷设时，其感温光缆的延展长度不应少于探测单元长度的 1.5 倍；线型光栅光纤感温火灾探测器在电缆接头、端子等发热部位应设置感温光栅。

4. 线型感温火灾探测器的安装应满足下列要求：

（1）橡胶厂房等初起火灾会产生大量热的场所，一般适宜采用具有差温报警功能的线型感温火灾探测器，探测器在该类场所的顶棚下方敷设时，相当于在线型感温火灾探测器的敏感部件上设置了多个点型感温火灾探测器，探测器敏感部件间的水平间距应满足点型感温火灾探测器的保护半径要求。

（2）线型感温火灾探测器用于动力电缆、变压器及输煤皮带等部位的超温预警或火灾探测时，为了确保探测器对监测对象温度变化探测的时效性，探测器的敏感部件宜采用接触式布置在监测对象的上表面；在各种皮带输送装置上敷设时，宜敷设在装置的过热点附近。

（3）线型感温火灾探测器的敏感部件一般为电缆或光缆，敏感部件在敷设和使用过程中有相应的机械强度要求，为了避免敏感部件受自身重力、机械振动等原因发生断裂，敏感部件应采用产品配套的固定装置固定。

（4）缆式线型感温火灾探测器的敏感部件为具有感温性能的电缆，为了避免导线的电阻变化影响探测器的准确探测，感温电缆应采用连续无接头方式安装，如确需中间接线，应采用专用接线盒可靠连接；同时为了避免感温电缆的感温护套受到外力破坏而影响其感温性能，敏感部件安装敷设时应避免重力挤压冲击，不应硬性折弯、扭转。

（5）分布式线型光纤感温火灾探测器的敏感部件为具有感温性能的光缆，为了有效确保感温光缆探测光束的正常传输和光纤的机械强度，感温光纤严禁打结，光纤弯曲时，弯曲半径不宜过小；同时为了实现感温光纤对监测区域的准确定位，感温段和通信段光纤间应设置余量段。

（6）为了保证光栅光纤线型感温火灾探测器运行的稳定性和探测报警的准确性，探测器的信号处理单元安装位置不应受强光直射，同时为了有效确保探测光束在光纤内的正常传输和光纤的机械强度，传输段光纤的弯曲半径不应过小。

【实施要点】

1. 线型感温火灾探测器的安装应满足下列要求：

（1）探测器的敏感部件在顶棚下方敷设时，敏感部件间的水平间距不宜大于 5m，敏感部件至顶棚距离宜为 0.1m、至墙壁距离宜为 1m～1.5m。

（2）探测器在电缆桥架、变压器等设备上安装时，探测器的敏感部件宜采用接触式布置在监测对象的上表面；在各种皮带输送装置上敷设时，探测器的敏感部宜敷设在装置的过热点附近，且应保证敏感部件的长度大于其标准报警长度；当采用光栅光纤线型感温火灾探测器，应确保至少有一个感温光栅设置在过热点附近。

（3）探测器的敏感部件应采用产品配套的固定装置固定，且固定装置的间距不宜大于2m。

（4）缆式线型感温火灾探测器的感温电缆应采用连续无接头方式在保护对象上表面敷设，如确需中间接线，应采用专用接线盒可靠连接；敏感部件安装敷设时应避免重力挤压冲击，尤其是在电缆桥架上安装时，应在动力电缆敷设完毕后，敷设感温电缆；感温电缆敷设时，不应硬性折弯、扭转，探测器的弯曲半径宜大于0.2m。

（5）分布式线型光纤感温火灾探测器的感温光纤在敷设时，严禁打结，光纤需要弯曲敷设时，弯曲半径应大于0.5m；每个光通道配接的感温光纤的始端及末端应各设置不小于8m的余量段，感温光纤穿越相邻的报警区域时，两侧应分别设置不小于8m的余量段，余量段不在监测区域敷设。

（6）光栅光纤线型感温火灾探测器的信号处理单元安装时，处理单元的安装位置不应受强光直射，必要时应采取相应的遮光措施；探测器的敏感部件敷设时，带有感温光纤段敏感部件的弯曲半径应大于0.3m。

2. 线型感温火灾探测器安装质量的检查内容、要求和方法详见表2-3-14。

表2-3-14　线型感温火灾探测器安装质量的检查内容、要求和方法

项目	标准及条款	检查要求	检查方法
探测器的设置	GB 50116	缆式线型、分布式线型光纤感温火灾探测器敏感部件的长度和敷设应符合设计文件的规定	用尺测量、计算敏感部件的长度，检查敏感部件的敷设情况
		光纤光栅的设置数量、每一个光栅的保护面积和保护半径应符合设计文件的规定	核查光纤光栅的设置数量，用尺测量光纤光栅的保护半径、核算每一个光纤光栅的保护面积
		探测器的接口模块不宜设置在长期潮湿或温度变化较大的场所	检查接口模块的设置情况
探测器的安装	GB 50116 3.3.8	1. 敷设在顶棚下方的线型差温火灾探测器，至顶棚距离宜为0.1m，相邻探测器之间水平距离不宜大于5m；探测器至墙壁距离宜为1m~1.5m	用尺测量探测器与顶棚的距离、相邻探测器之间的水平距离、探测器至墙壁的距离
		2. 在电缆桥架、变压器等设备上安装时，宜采用接触式布置；在各种皮带输送装置上敷设时，宜敷设在装置的过热点附近	检查探测器的敷设方式
		3. 探测器敏感部件应采用产品配套的固定装置固定，固定装置的间距不宜大于2m	检查敏感部件的固定情况，用尺测量固定装置的间距

续表2-3-14

项目	标准及条款	检查要求	检查方法
探测器的安装	GB 50116 3.3.8	4. 缆式线型感温火灾探测器的敏感部件应采用连续无接头方式安装，如确需中间接线，必须用专用接线盒连接；敏感部件安装敷设时应避免重力挤压冲击，不应硬性折弯、扭转，探测器的弯曲半径宜大于0.2m	检查敏感部件敷设情况、中间接线的连接情况，用尺测量探测器敏感部件的弯曲半径
		5. 分布式线型光纤感温火灾探测器的感温光纤严禁打结，光纤弯曲时，弯曲半径应大于0.5m；感温光纤穿越相邻的报警区域应设置光缆余量段，隔断两侧应各留不小于8m的余量段；每个光通道始端及末端光纤应各留不小于8m的余量段	检查感温光纤敷设情况，用尺测量探测器敏感部件的弯曲半径、敏感部件余量段的长度
		6. 光栅光纤线型感温火灾探测器的信号处理单元安装位置不应受强光直射，光纤光栅感温段的弯曲半径应大于0.3m	观察信号处理单元是否可能受到强光的直接照射、用尺测量光纤光栅的弯曲半径

【工程示例】

1. 线型感温火灾探测器产品介绍。典型线型感温火灾探测器产品及安装参数示例如图 2-3-39~图 2-3-41 所示。

内容	技术参数
防护等级	IP65
工作电压	DC24（20V~28V）
工作电流	静态监视≤20mA，报警状态≤30mA
动作温度	85℃
使用环境	温度：-10℃~+50℃；相对湿度：≤95%RH
外形尺寸	180.0mm×125.0mm×60.0mm（长×宽×高）
执行标准	《线性感温火灾探测器》GB 16280—2014

图 2-3-39　缆式线型感温火灾探测器产品示例图

内容	技术参数
设备容量	4通道设计
工作电压	DC24
动作温度	85℃
使用环境	温度：-10℃~+50℃；相对湿度：≤95%RH
外形尺寸	432.0mm × 180.0mm × 528.0mm（长 × 宽 × 高）
执行标准	《线型感温火灾探测器》GB 16280—2014

图 2-3-40　分布式光纤线型火灾探测器产品示例图

内容	技术参数
设备容量	8通道设计
工作电压	DC24（20V~28V）
工作电流	≤1.6A
响应时间	≤15s（60℃/70℃），≤30s（85℃）
工作湿度范围	0~80%RH，无结露
存储温度范围	-20℃~80℃
存储湿度范围	0~95%RH，无结露
外形尺寸	485.0mm × 525.0mm × 133.0mm（长 × 宽 × 高）

图 2-3-41　光栅光纤线型火灾探测器产品示例图

2. 线型感温火灾探测器安装示例：

（1）缆式线型感温火灾探测器在电缆桥架上的安装示例如图 2-3-42 所示。

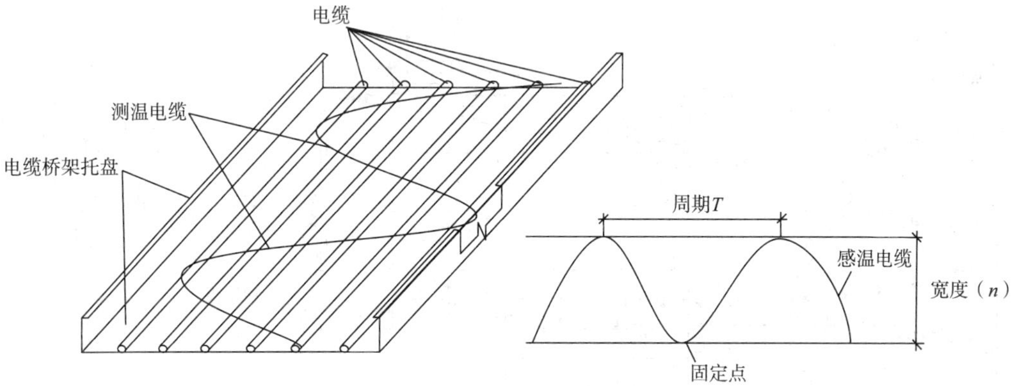

图 2-3-42　缆式线型感温火灾探测器安装示例图

（2）分布式光纤线型感温火灾探测器在交通隧道内安装示例如图 2-3-43 所示。

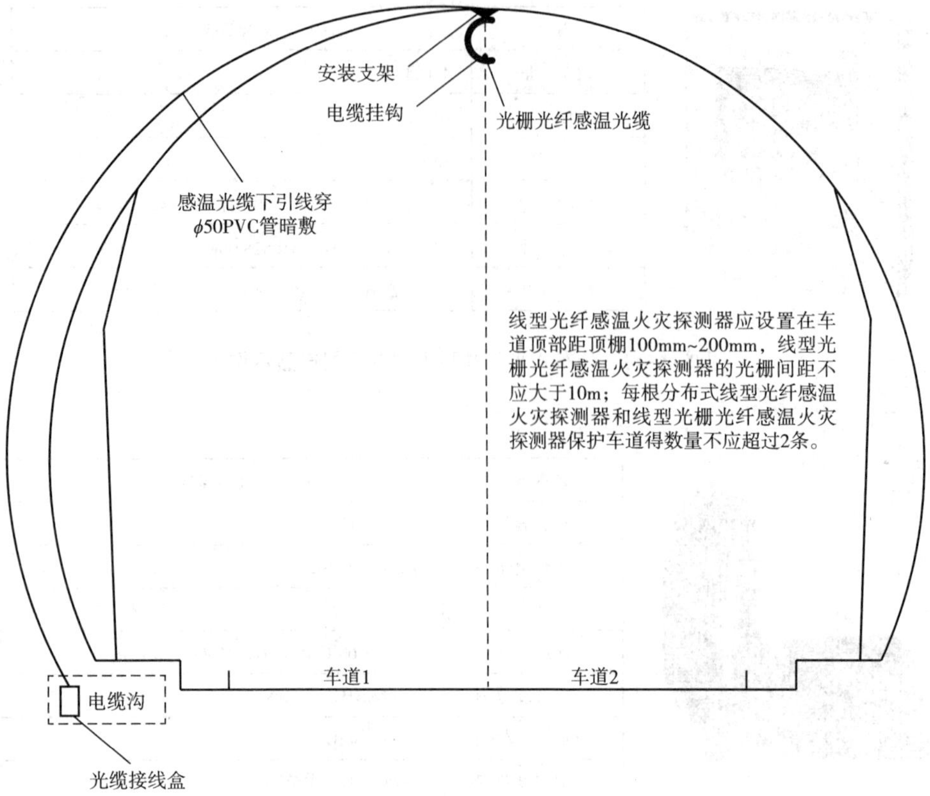

图 2-3-43 分布式光纤线型感温火灾探测器安装示例图

(3) 光栅光纤线型感温火灾探测器在内浮顶油罐安装示例如图 2-3-44 所示。

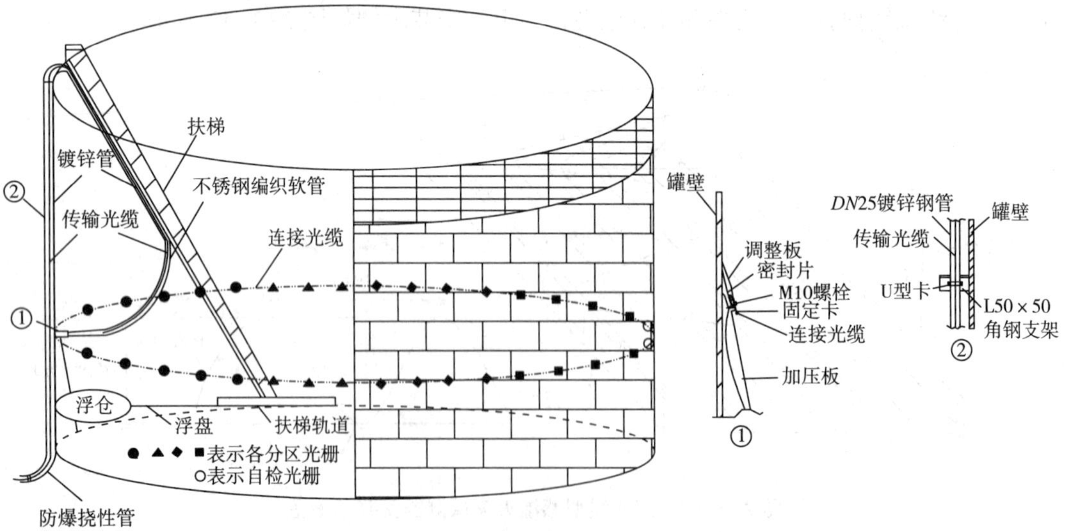

图 2-3-44 光栅光纤线型感温火灾探测器安装示例图

3.3.9 管路采样式吸气感烟火灾探测器的安装应符合下列规定：

1 高灵敏度吸气式感烟火灾探测器当设置为高灵敏度时，可安装在天棚高度大于16m的场所，并应保证至少有两个采样孔低于16m；

2 非高灵敏度的吸气式感烟火灾探测器不宜安装在天棚高度大于16m的场所；

3 采样管应牢固安装在过梁、空间支架等建筑结构上；

4 在大空间场所安装时，每个采样孔的保护面积、保护半径应满足点型感烟火灾探测器的保护面积、保护半径的要求，当采样管道布置形式为垂直采样时，每2℃温差间隔或3m间隔（取最小者）应设置一个采样孔，采样孔不应背对气流方向；

5 采样孔的直径应根据采样管的长度及敷设方式、采样孔的数量等因素确定，并应满足设计文件和产品使用说明书的要求，采样孔需要现场加工时，应采用专用打孔工具；

6 当采样管道采用毛细管布置方式时，毛细管长度不宜超过4m；

7 采样管和采样孔应设置明显的火灾探测器标识。

【条文解读】

1. 本条规定了管路采样式吸气感烟火灾探测器的安装要求。

2. 管路采样式吸气感烟火灾探测器的工作原理、分类和工程适用性如下。

（1）管路采样式吸气感烟火灾探测器是一种利用抽气泵将监测区域的空气样本通过采样管路上设置的采样孔主动采集到侦测室进行检测，当空气样本中的烟雾粒径和浓度达到一定阈值时，发出火灾报警的感烟火灾探测器。

（2）根据探测器响应阈值的不同，管路采样式吸气感烟火灾探测器分为高灵敏型、灵敏型和普通型，不同类别探测器的响应阈值如表2-3-15所示。

表2-3-15　管路采样式吸气感烟火灾探测器的响应阈值及分类

探测器类型	响应阈值 m（用减光率表示）（obs/m）
高灵敏型	$m \leq 0.8\%$
灵敏型	$0.8\% < m \leq 2\%$
普通型	$m > 2\%$

（3）管路采样式吸气感烟火灾探测器适用于高度大于12m的空间场所、需要对初起火灾早期探测报警的场所（探测器应为高灵敏型）、需要进行隐蔽探测的场所、低温场所、人员不便于进入维护的场所等特殊场所的火灾探测报警；煤仓间、建筑闷顶等灰尘比较大的场所，可选择带有过滤网和管路自清洗功能的管路采样式吸气感烟火灾探测器。

3.《火灾自动报警系统设计规范》GB 50116的第6.2.17条和第12.4.4条对管路采样式吸气感烟火灾探测器的设置做出了明确的规定：

（1）非高灵敏型探测器的采样管网安装高度不应超过16m；高灵敏型探测器的采样管网安装高度可超过16m；采样管网安装高度超过16m时，灵敏度可调的探测器应设置为高灵敏度，且应减小采样管长度和采样孔数量。

（2）探测器的每个采样孔的保护面积、保护半径，应符合点型感烟火灾探测器的保护面积、保护半径的要求。

（3）一个探测单元的采样管总长不宜超过 200m，单管长度不宜超过 100m，同一根采样管不应穿越防火分区。采样孔总数不宜超过 100 个，单管上的采样孔数量不宜超过 25 个。

（4）当采样管道采用毛细管布置方式时，毛细管长度不宜超过 4m。

（5）采样管路和采样孔应有明显的火灾探测器标识。

（6）有过梁、空间支架的建筑中，采样管路应固定在过梁、空间支架上。

（7）当采样管道布置形式为垂直采样时，每 2℃温差间隔或 3m 间隔（取最小者）应设置一个采样孔，采样孔不应背对气流方向。

（8）采样管网应按经过确认的设计软件或方法进行设计。

（9）探测器的采样管宜采用水平和垂直结合的布管方式，并应保证至少有两个采样孔在 16m 以下，并宜有 2 个采样孔设置在开窗或通风空调对流层下面 1m 处。

（10）可在回风口处设置起辅助报警作用的采样孔。

4. 管路采样式吸气感烟火灾探测器的安装应满足下列要求：

（1）当探测器设置场所的室内净空高度大于 16m 时，为了确保工程项目中采用探测器对设置场所初起火灾探测的灵敏度，该场所应采用高灵敏型探测器，或将探测器的灵敏度设置为高灵敏型。

（2）为了避免探测器的采样管受自重、震动等因素破坏其密封性能，影响采样孔空气样本的采集，采样管应牢固安装。

（3）探测器采样管上设置的每个采样孔相当于一只点型感烟火灾探测器，每个采样孔的保护面积、保护半径，应符合点型感烟火灾探测器的保护面积、保护半径的要求。

（4）当采样管道在室内净空高度大于 12m 的开敞空间内采用竖直方式布管时，考虑到火灾烟雾上升阶段的温度梯度效应，应根据该场所空间温度梯度的变化情况，在采样管上按照每 2℃温差间隔或 3m 间隔（取最小者）设置一个采样孔，同时为了确保采样孔空气样本采集的时效性，采样孔不应背对气流方向，宜正对气流方向。

（5）探测器配接采样管的路数、采样管的长度、敷设方式及采样孔的数量决定了采样管路内空气的流动特性，直接影响探测器的响应灵敏度和响应时间，因此，采样管应严格按照设计文件和产品使用说明书的相关要求敷设。探测器的检验报告中对探测器采样管的路数、采样管的长度、敷设方式及采样管的数量均有详细的描述，工程安装时，采样管的各项参数均不应超出产品检验报告中描述的相关参数。工程中采用的采样管一般为阻燃塑料管，当采样孔需要现场加工时，应避免因加工工艺原因造成采样孔的孔径超出设计文件的要求。

（6）数据中心等场所设置的探测器用于机柜内初起火灾探测时，需要在机柜上设置采样孔，此时，可在采样管的主管路上通过一段毛细管引至机柜上的采样孔，为了不影响采样管和采样孔的空气流动特性，毛细管长度不宜超过 4m。

（7）为了便于探测器的日常管理和维护，采样管和采样孔应粘贴明显的火灾探测器标识。

【实施要点】

1. 管路采样式吸气感烟火灾探测器的安装应满足下列要求：

（1）当探测器设置场所的室内净空高度大于 16m 时，应核查探测器的灵敏度类型，不宜采用灵敏型探测器和普通型探测器，当采用灵敏度可调节的探测器时，探测器的灵敏度应设置为高灵敏型。该类场所设置的探测器的采样管宜采用竖直和水平布管相结合的敷设方式，即探测器设置在距地面1.3m~1.5m的墙上，采样管先沿墙面竖直敷设，然后在顶棚水平敷设，并应在竖直敷设的采样管上至少保证2个采样孔距地面的高度不大于16m，垂直采样孔的间距宜为3m。

（2）采样管应牢固安装在过梁、空间支架等建筑结构上。

（3）当采样管道在室内净空高度大于12m的开敞空间内采用竖直方式布管时，应根据该场所空间温度梯度的变化情况，在采样管上按照每2℃温差间隔或3m间隔（取最小者）设置一个采样孔，采样孔不应背对气流方向，宜正对气流方向。

（4）采样管的路数、采样管的长度、敷设方式及采样管的数量不应超过检验报告中对相关参数的描述值；当采样孔需要现场加工时，应采用带有专用夹具的开孔工具加工。

（5）机柜上设置的采样孔需要采用毛细管与采样管路连接时，应采用专用管件，且毛细管的长度不宜超过4m。

（6）探测器的采样管路应涂成红色或沿管路涂有不小于2mm宽的红色标记，并在其两端1m内标有探测器吸气管路字样，字高不超过5mm。

2. 管路采样式吸气感烟火灾探测器安装质量的检查内容、要求和方法详见表2-3-16。

表2-3-16　管路采样式吸气感烟火灾探测器安装质量的检查内容、要求和方法

项目	标准及条款	检查要求	检查方法
探测器的设置	GB 50116	采样管路的长度应符合设计文件和产品检测报告的规定	用尺测量采样管路的长度
		采样管路的敷设应符合设计文件和产品检测报告的规定	检查采样管路的敷设情况
		采样孔的设置数量应符合设计文件和产品检测报告的规定	核查采样孔的设置数量
探测器的灵敏度	GB 50166 3.3.9	探测器在设为高灵敏度时可安装在天棚高度大于16m的场所，并保证至少有两个采样孔低于16m；非高灵敏度的吸气式感烟火灾探测器不宜安装在天棚高度大于16m的场所	核查探测器的灵敏度等级和安装场所高度
采样管安装		采样管应牢固安装在过梁、支架等建筑结构上	检查采样管的安装情况
采样孔的设置		1. 在大空间场所安装时，每个采样孔的保护面积、保护半径，应符合点型感烟火灾探测器的保护面积、保护半径的要求，当采样管道布置形式为垂直采样时，每2℃温差间隔或3m间隔（取最小者）应设置一个采样孔，采样孔不应背对气流方向	检查采样孔的设置情况，用尺测量采样口的保护半径，核算每一个采样口的保护面积；用尺测量采样孔的间距

续表2-3-16

项目	标准及条款	检查要求	检查方法
采样孔的设置	GB 50166 3.3.9	2. 采样孔的直径应根据采样管的长度及敷设方式、采样孔的数量等因素确定，并应符合设计文件和产品使用说明书的要求；采样孔需要现场加工时，应采用专用打孔工具	核查采样孔的数量，测量采样孔的直径，检查采样孔的加工情况
		3. 当采样管道采用毛细管布置方式时，毛细管长度不宜超过4m	用尺测量毛细管的长度
探测器标识		采样管和采样孔应设置明显的火灾探测器标识	检查采样管和采样孔标识的设置情况

【工程示例】

1. 管路采样式吸气感烟火灾探测器产品介绍。

（1）典型管路采样式吸气感烟火灾探测器产品及安装参数示例如图 2-3-45 所示。

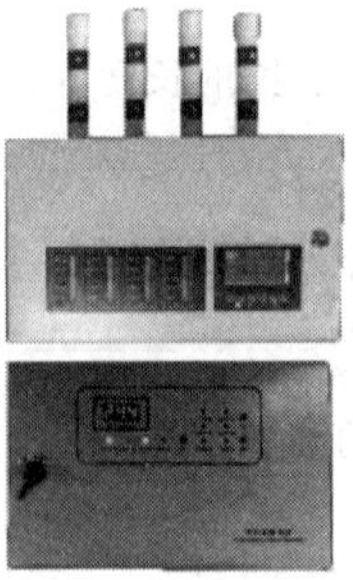

内容	技术参数
设备容量	具有4个探测室，4个地址点，4个吸气管路
工作电压	探测部分DC24V，电源部分AC220V
测温范围	-40℃~+120℃
外形尺寸	探测部分为380.0mm×230.0mm×150.0mm（长×宽×高），电源部分为350.0mm×240.0mm×130.0mm（长×宽×高）
执行标准	《特种火灾探测器》GB 15631—2008

图 2-3-45　管路采样式吸气感烟火灾探测器产品示例图

（2）典型的管路采样式吸气感烟火灾探测器检验报告示例如图 2-3-46 所示。

2. 管路采样式吸气感烟火灾探测器安装示例。

（1）管路采样式吸气感烟火灾探测器安装示例如图 2-3-47 所示。

（2）管路采样式吸气感烟火灾探测器采样管路安装示例如图 2-3-48 所示。

3.3.10 点型火焰探测器和图像型火灾探测器的安装应符合下列规定：

1 安装位置应保证其视场角覆盖探测区域，并应避免光源直接照射在探测器的探测窗口；

2 探测器的探测视角内不应存在遮挡物；

3 在室外或交通隧道场所安装时，应采取防尘、防水措施。

国家消防电子产品质量监督检验中心

检验报告

No：Dz2020××××× 共13页 第3页

一、产品铭牌内容：

1）产品名称：吸气式感烟火灾探测器

2）型号：×××××

3）执行标准号：GB 15631-2008

4）生产者：×××××

5）生产企业：×××××

6）生产地址：×××××

7）主要技术参数：探测部分额定电压：DC24V

电源部分额定电压：AC220V

8）接线端子标注：有

9）产品制造日期和产品编号：有

二、产品特性描述：

1）为管路采样式、探测报警型、高灵敏型吸气式感烟火灾探测器；

2）外形尺寸：探测部分为380mm×230mm×150mm；

电源部分为350mm×240mm×130mm；

3）外壳材质：探测部分为金属；

电源部分为金属；

4）具有4个探测室，4个地址点，4个吸气管路；

5）每个探测室采用单管路设计条件下，吸气管路最大使用长度为100m，采样孔数量最多为21个，4个吸气管路最大使用长度为400m，采样孔数量最多为84个；每个探测室采用U形管路设计条件下，每个分支管路最大使用长度为50m，采样孔数量最多为20个，8个分支管路最大使用长度为400m，采样孔数量最多为160个；

6）显示器件为液晶显示器和指示灯。

图 2-3-46 管路采样式吸气感烟火灾探测器检验报告示例图

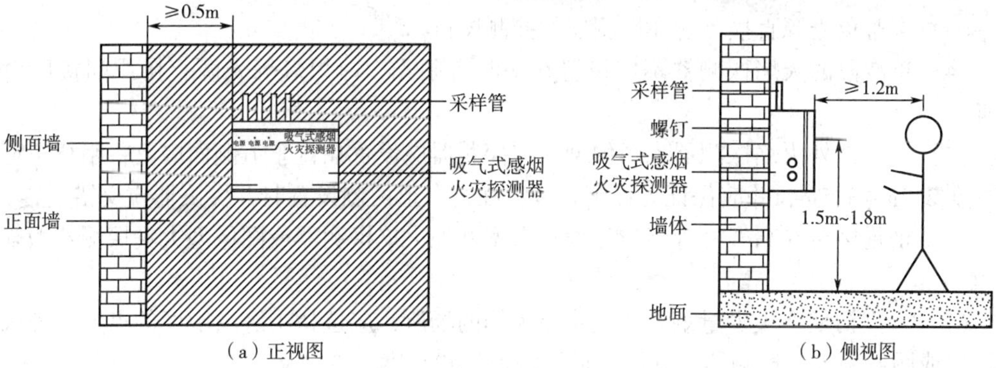

图 2-3-47 管路采样式吸气感烟火灾探测器安装示例图

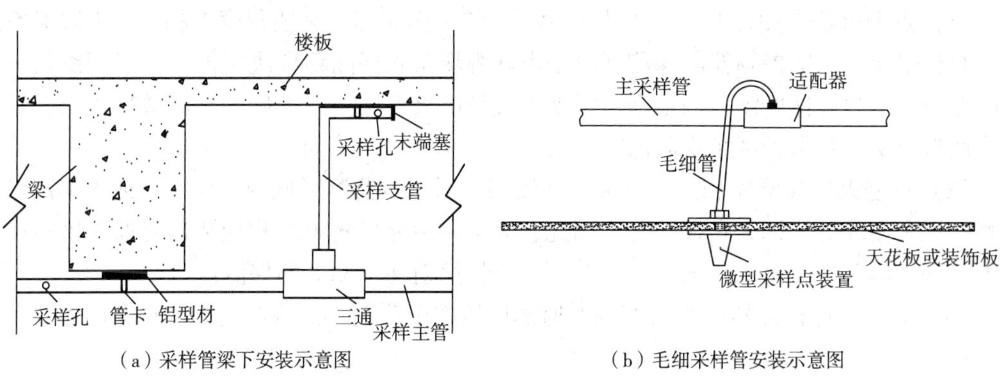

图 2-3-48 探测器采样管路安装示例图

【条文解读】

1. 本条规定了点型火焰探测器和图像型火灾探测器的安装要求。

2. 点型火焰探测器和图像型火灾探测器的工作原理、灵敏度分级和工程适用性如下：

（1）点型火焰探测器和图像型火灾探测器是对防护区域内初期火灾产生的火焰（电磁波或图像）进行探测报警的火灾探测器。

（2）点型火焰探测器的灵敏度根据其响应标准试验火的距离不同分为Ⅰ级灵敏度（25m）、Ⅱ级灵敏度（17m）、Ⅲ级灵敏度（12m）；图像型火灾探测器的灵敏度分为一级防火和二级防火。

（3）点型火焰探测器和图像型火灾探测器适用于交通隧道、白酒生产车间等火灾时有强烈的火焰辐射、可能发生液体燃烧等无阴燃阶段的火灾、需要对火焰做出快速反应等场所的初起火灾探测报警；不适用于在火焰出现前有浓烟扩散，探测器的镜头易被污染，探测器的“视线”易被油雾、烟雾、水雾和冰雪遮挡，探测区域内的可燃物是金属和无机物以及探测器易受阳光、白炽灯等光源直接或间接照射场所的火灾探测。

3.《火灾自动报警系统设计规范》GB 50116 的第 6. 2. 14 条和第 12 章的相关条款对点型火焰探测器和图像型火灾探测器的设置做出了明确的规定：

（1）应计及探测器的探测视角及最大探测距离，可通过选择探测距离长、火灾报警响应时间短的火焰探测器，提高保护面积要求和报警时间要求。

（2）探测器的探测视角内不应存在遮挡物。

（3）应避免光源直接照射在探测器的探测窗口。

（4）单波段的火焰探测器不应设置在平时有阳光、白炽灯等光源直接或间接照射的场所。

（5）点型红外火焰探测器或图像型火灾探测器应设置在行车道侧面墙上，距行车道地面高度 2. 7m~3. 5m，并应保证无探测盲区；在行车道两侧设置时，探测器应交错设置。

（6）油罐区可在高架杆等高位处设置点型红外火焰探测器或图像型火灾探测器做辅助探测。

（7）火灾初期产生少量烟并产生明显火焰的场所，应选择 1 级灵敏度的点型红外火焰探测器或图像型火焰探测器，并应降低探测器设置高度。

4. 本标准对点型火焰探测器和图像型火灾探测器的安装要求做出了明确的规定：

（1）点型火焰探测器和图像型火灾探测器的工作原理在某些程度上相当于人眼对空间环境的观察能力，即探测器的探测视野是由其视场角和探测距离决定的，一般探测器的探测视野为一个圆锥体所涵盖的范围。根据设置场所火灾探测的准确性和时效性需求，探测器的视野应实现对保护区域空间的全覆盖。

（2）点型火焰探测器和图像型火灾探测器是通过对监测区域内的电磁波或火焰图像的探测、识别实现对初期火灾探测的，因此，为了避免外界光源影响探测器对监测区域初期火灾探测的准确性，日光、人工光源等不应直接照射在探测器的探测窗口。

（3）为了确保探测器的视野实现对监测区域的全覆盖，探测器的探测视角内不应存在遮挡物。

（4）室外、交通隧道或涂装车间等场所设置点型火焰探测器和图像型火灾探测器时，为了有效保障探测器的探测灵敏度，应采取相应的防尘、防潮措施，并应明确相应的维护保养要求。

【实施要点】

1. 点型火焰探测器和图像型火灾探测器的安装应满足下列要求：

（1）点型火焰探测器和图像型火灾探测器安装前，施工单位应根据探测器的安装位置和产品的设计手册，核算点型火焰探测器的视场角、灵敏度以及图像型火灾探测器的防火等级、镜头参数、视场角等参数是否符合设计文件中全面覆盖探测区域的要求。

（2）确保探测器的安装位置能避免日光、人工光源或大功率发热物体辐射的电磁波直接照射在探测器的探测窗口，必要时应增加相应的遮光措施或调整探测器的安装位置。

（3）探测器的探测视角内不应存在遮挡物，如受建筑的内部物品的布置或装修等因素影响，探测器的视野内确需存在固定遮挡物时，应调整探测器的安装位置或在适宜部位增设点型火焰探测器和图像型火灾探测器。

（4）室外、交通隧道或涂装车间等场所设置点型火焰探测器和图像型火灾探测器时，应采取正压送风、自清洁、自加热等防水、防尘措施，并应明确相应的维护保养要求。

2. 点型火焰探测器和图像型火灾探测器安装质量的检查内容、要求和方法详见表2-3-17。

表2-3-17　点型火焰探测器和图像型火灾探测器安装质量的检查内容、要求和方法

<table>
<tr><th>项目</th><th>标准及条款</th><th>检查要求</th><th>检查方法</th></tr>
<tr><td rowspan="2">探测器的设置</td><td rowspan="2">GB 50116</td><td>探测器的设置数量应符合设计文件的规定</td><td>对照设计文件核查探测器的设置数量</td></tr>
<tr><td>探测器的视场角和探测距离应符合设计文件的规定</td><td>核查探测器的探测视角及最大探测距离，用尺测量、计算探测器的最大探测距离</td></tr>
<tr><td rowspan="2">安装位置</td><td rowspan="3">GB 50166 3.3.10</td><td>1. 安装位置应保证其视场角覆盖探测区域，并应避免光源直接照射在探测器的探测窗口</td><td>检查视场角覆盖范围，观察探测窗口是否可能受到光源的直接照射</td></tr>
<tr><td>2. 探测器的探测视角内不应存在遮挡物</td><td>观察探测器的探测视角内是否存在固定遮挡物</td></tr>
<tr><td>防护措施</td><td>室外或交通隧道安装时，应采取防尘、防水措施</td><td>检查探测器的防尘、防水措施</td></tr>
</table>

【工程示例】

1. 点型火焰探测器和图像型火灾探测器产品介绍。

（1）典型点型火焰探测器产品及安装参数示例如图2-3-49所示。

内容	技术参数
光谱波段范围	1.1μm、1.7μm、2.1μm、2.7μm、3.2μm
工作电压	DC24（20V~28V）
工作电流	监控电流：25mA ± 3mA；报警电流：35mA ± 5mA
环境温度	温度40℃~85℃，相对湿度≤98%RH
外形尺寸	直径60mm × 170mm

图 2-3-49　点型火焰探测器产品示例图

（2）典型的图像型火灾探测器产品示例如图 2-3-50 所示。

内容	技术参数
镜头焦距	4mm
工作电压	DC24V
工作电流	<200mA
外形尺寸	探测部分：259.0mm × 109.0mm × 101.0mm（长 × 宽 × 高）， 显示部分：228.0mm × 150.0mm × 370.0mm（长 × 宽 × 高）
执行标准	《特种火灾探测器》GB 15631—2008

图 2-3-50　图像型火灾探测器产品示例图

2. 点型火焰探测器和图像型火灾探测器安装示例。

（1）点型火焰探测器安装示例如图 2-3-51 所示。

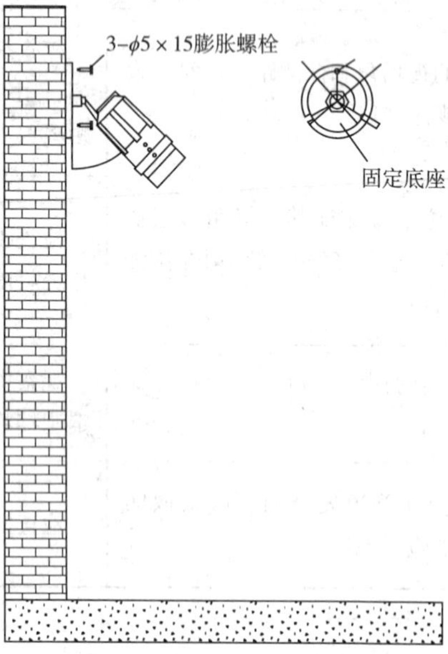

图 2-3-51　点型火焰探测器安装示例图

注：安装距离地面高于 2. 2m，并且高于被探测体 0. 5m。

（2）图像型火灾探测器安装示例如图 2-3-52 所示。

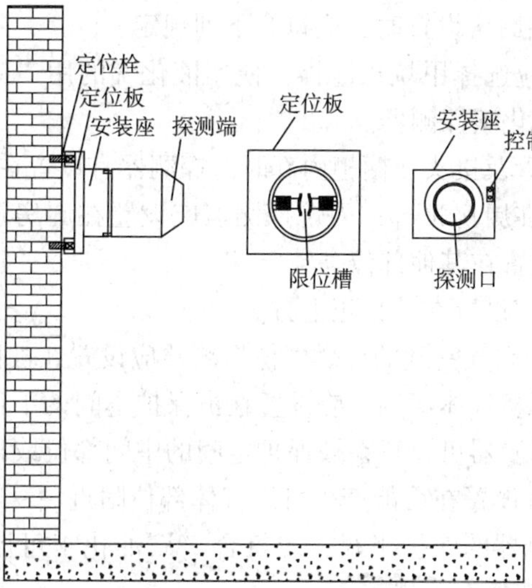

图 2-3-52 图像型火灾探测器安装示例图

注：图像型火灾探测器安装高度，建议在 10m 以上，而且保证地面以上 2m 内的空间无盲区。

3.3.11 可燃气体探测器的安装应符合下列规定：

1 安装位置应根据探测气体密度确定，若其密度小于空气密度，探测器应位于可能出现泄漏点的上方或探测气体的最高可能聚集点上方，若其密度大于或等于空气密度，探测器应位于可能出现泄漏点的下方；

2 在探测器周围应适当留出更换和标定的空间；

3 线型可燃气体探测器在安装时，应使发射器和接收器的窗口避免日光直射，且在发射器与接收器之间不应有遮挡物，发射器和接收器的距离不宜大于 60m，两组探测器之间的轴线距离不应大于 14m。

【条文解读】

1. 本条规定了可燃气体探测器的安装要求。

2. 可燃气体探测器的工作机理、分类和工程适用性如下：

（1）可燃气体探测器是一种实时监测保护区域泄漏可燃气体与空气混合物的浓度，并在泄漏可燃气体达到一定浓度时做出报警响应的探测器。可燃气体探测器是可燃气体探测报警系统的组成部件，不属于火灾探测器范畴，其系统范畴、响应阈值等均不同于点型一氧化碳火灾探测器。

（2）可燃气体探测器根据其适用场所分为工业及商业用途的可燃气体探测器和家用可燃气体探测器。工业及商业用途的可燃气体探测器根据其监测区域的不同分为点型可燃气体探测器和线型光束可燃气体探测器。

（3）可燃气体探测器适用于使用可燃气体的场所、燃气站和燃气表房以及存储液化石油气罐的场所以及其他散发可燃气体和可燃蒸气的场所，泄漏可燃气体的探测报警。

3.《火灾自动报警系统设计规范》GB 50116 的第 7.3.2 条和第 8.2 节的相关条款对可燃气体探测器的设置做出了明确的规定：

（1）可燃气体探测器在厨房设置时，应符合下列规定：

1）使用天然气的用户应选择甲烷探测器，使用液化气的用户应选择丙烷探测器，使用煤制气的用户应选择一氧化碳探测器。

2）连接燃气灶具的软管及接头在橱柜内部时，探测器宜设置在橱柜内部。

3）甲烷探测器应设置在厨房顶部，丙烷探测器应设置在厨房下部，一氧化碳探测器可设置在厨房下部，也可设置在其他部位。

4）可燃气体探测器不宜设置在灶具正上方。

（2）探测气体密度小于空气密度的可燃气体探测器应设置在被保护空间的顶部，探测气体密度大于空气密度的可燃气体探测器应设置在被保护空间的下部，探测气体密度与空气密度相当时，可燃气体探测器可设置在被保护空间的中间部位或顶部。

（3）可燃气体探测器宜设置在可能产生可燃气体部位附近。

（4）点型可燃气体探测器的保护半径，应符合《石油化工可燃气体和有毒气体检测报警设计标准》GB/T 50493 的有关规定。

（5）线型可燃气体探测器的保护区域长度不宜大于 60m。

4. 本标准对可燃气体探测器的安装要求做出了明确的规定：

（1）不同类型的可燃气体的密度决定了其扩散的特性，为了确保探测器对泄漏可燃气体探测的准确性和时效性，探测器的部位应与可燃气体的密度相适应。

（2）根据可燃气体探测器传感器的工作机理，探测器开通运行后，需要定期对传感器的探测阈值进行标定，并对性能指标不满足要求或达到使用寿命期限的传感器予以更换，因此，在探测器安装时，应确保在探测器的周围留出便于人员更换和标定探测器的空间。

（3）线型光束可燃气体探测器的组成形式与线型光束感烟火灾探测器类似，对射式探测器由发射器和接收器组成，反射式探测器由探测器（发射器和接收器一体化结构）和反射板组成。为了有效确保探测器工作的稳定性及对泄漏可燃气体探测的准确性和可靠性，探测器的发射器和接收器的安装间距、探测器间的水平安装间距均应符合相应的规定。

【实施要点】

1. 可燃气体探测器的安装应满足下列要求：

（1）应根据监测可燃气体的密度确定探测的安装部位：

1）泄漏可燃气体的密度小于空气密度时，探测器应安装在可能出现泄漏点的上方或探测气体的最高可能聚集点上方。

2）泄漏可燃气体的密度大于空气密度时，探测器应安装在可能出现泄漏点的下方。

3）泄漏可燃气体的密度等于空气密度时，探测器应安装在可能出现泄漏点的下方，也可以根据现场设备布置情况安装在泄漏点附近的其他部位。

（2）探测器安装时，应确保在探测器的周围留出便于人员更换和标定探测器的空间。

（3）线型光束可燃气体探测器安装应满足下列要求：

1）发射器和接收器的距离不宜大于 60m。

2）两组探测器之间的轴线距离不应大于 14m。

3）发射器与接收器之间不应有遮挡物。

4）探测器的安装位置和角度应避免日光和人工光源直接照射接收器（反射式探测器的探测器）的接收窗口，必要时应增设遮光措施，或调整探测器的安装位置。

2. 可燃气体探测器安装质量的检查内容、要求和方法详见表 2-3-18。

表2-3-18　可燃气体探测器安装质量的检查内容、要求和方法

项目	标准及条款	检查要求	检查方法
探测器的设置	GB 50116	设置数量应符合设计文件的规定	对照设计文件核查设备的设置数量
		设置部位应符合设计文件的规定	对照设计文件核查设备的设置部位
		探测器不应接入火灾报警控制器的探测器回路	检查可燃气体探测器的连接情况
探测器的安装位置	GB 50166 3. 3. 11	1. 探测气体密度小于空气密度，探测器应位于可能出现泄漏点的上方或探测气体的最高可能聚集点上方；若其密度大于或等于空气密度，探测器应位于可能出现泄漏点的下方	对照设计文件检查探测器的安装位置
		2. 在探测器周围应适当留出更换和标定空间	检查探测器周围的空间情况
		3. 线型可燃气体探测器在安装时，应使发射器和接收器窗口避免日光直射，且在发射器与接收器之间不应有遮挡物；发射器和接收器的距离不宜大于 60m，两组探测器之间的距离不应大于 14m	观察探测窗口是否可能受到日光的直接照射、发射器和接收器之间是否存在固定遮挡物；用尺测量发射器和接收器之间的距离，两组探测器之间的距离

【工程示例】

1. 可燃气体探测器产品介绍。

（1）典型工业用可燃气体探测器产品及安装参数示例如图 2-3-53 所示。

内容	技术参数
检测范围	0~100%LEL
传感器原理	载体催化式
工作电压	DC24V（20V~28V）
工作方式	固定安装，自然扩散进样，长期连续运行
环境温度	温度-40℃~+55℃，相对湿度≤93%RH

图 2-3-53　工业用可燃气体探测器产品示例图

（2）典型家用可燃气体探测器产品及安装参数示例如图 2-3-54 所示。

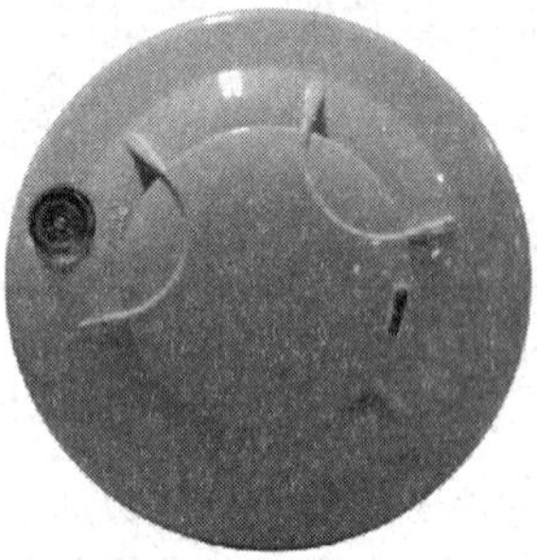

内容	技术参数
检测对象	甲烷
报警点	7%LEL ± 3%LEL
检测原理	半导体式
采样方式	自由扩散式
工作电压	总线电压：24V（15V~28V脉冲电压）；电源电压：DC24V（DC20V~DC28V）
工作电流	总线电流：≤1.5mA；供电电流：≤85mA
功耗	≤2W
使用环境	温度：-10℃~+55℃；相对湿度：≤95%RH，不凝露
外形尺寸	ϕ100.0mm × 55.8mm（含底座）

图 2-3-54 家用可燃气体探测器产品示例图

（3）典型线型光束可燃气体探测器产品及安装参数示例如图 2-3-55 所示。

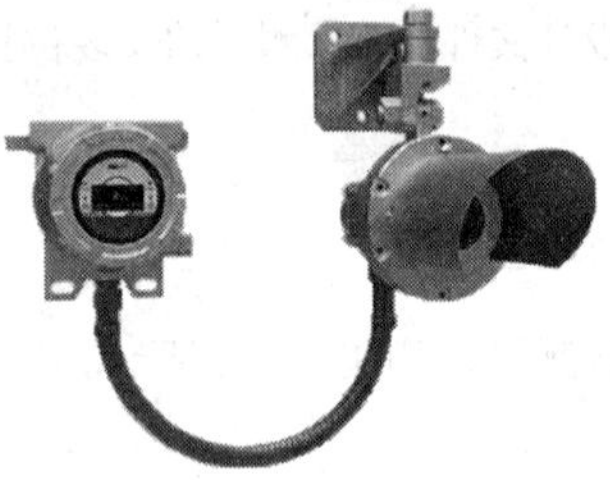

内容	技术参数
检测对象	甲烷
检测范围	0~100%LEL
探测距离	30m，50m，>120m
工作电压	DC10V~25V
环境温度	温度：-40℃~+70℃；相对湿度：≤95%RH
外形尺寸	控制器 200.0mm × 175.0mm × 133.0mm（长 × 宽 × 高）， 光学探头 360.0mm × 273.0mm × 143.0mm（长 × 宽 × 高）

图 2-3-55 线型光束可燃气体探测器产品示例图

2. 可燃气体探测器安装示例。

（1）工业用可燃气体探测器安装示例如图 2-3-56 所示。

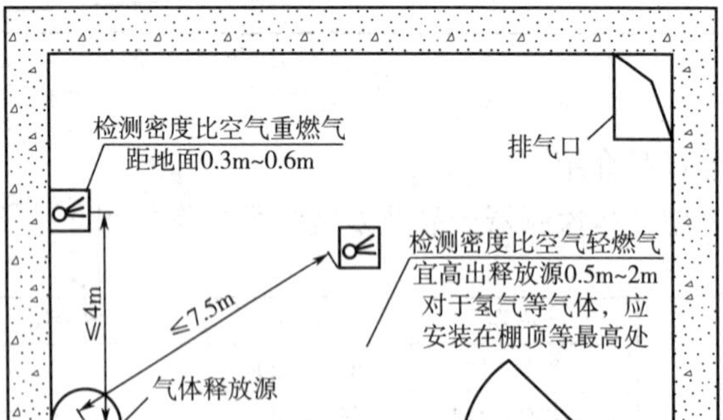

图 2-3-56 工业用可燃气体探测器安装示例图

（2）家用可燃气体探测器安装示例如图 2-3-57 所示。

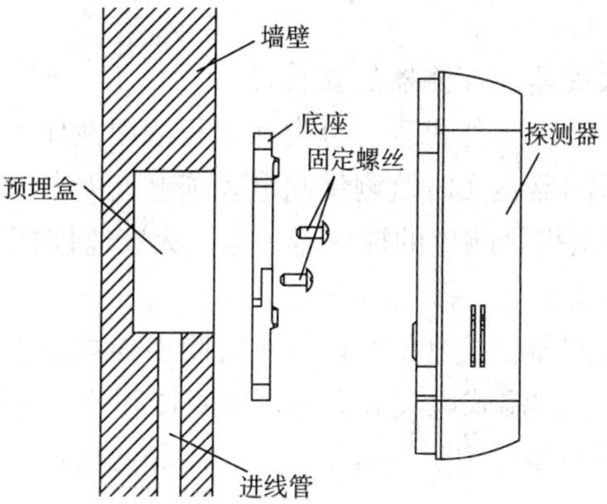

图 2-3-57 家用可燃气体探测器安装示例图

（3）线型光束可燃气体探测器安装示例如图 2-3-58 所示。

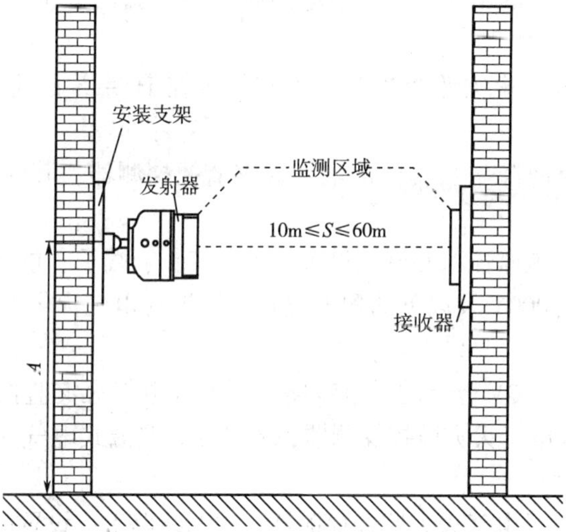

图 2-3-58 线型光束可燃气体探测器安装示例图

注：1. S 为发射器与接收器之间的监视范围。

2. A 为探测器安装高度，可根据可燃气体密度与空气密度对比来决定高度。

当可燃气体密度比空气密度大时，安装高度不应大于 1m。

当可燃气体密度比空气密度小时，安装高度不应小于 2m。

3. 两组探测器之间的水平距离不应大于 14m。

3.3.12 电气火灾监控探测器的安装应符合下列规定：

1 探测器周围应适当留出更换与标定的作业空间；

2 剩余电流式电气火灾监控探测器负载侧的中性线不应与其他回路共用，且不应重复接地；

3 测温式电气火灾监控探测器应采用产品配套的固定装置固定在保护对象上。

【条文解读】

1. 本条规定了电气火灾监控探测器的安装要求。

2. 电气火灾监控探测器的工作机理、分类和工程适用性如下：

（1）电气火灾监控探测器是实时监测供配电系统电气火灾隐患参数，并在电气火灾隐患参数达到设计阈值时做出报警响应的探测器。电气火灾监控探测器是电气火灾监控探测报警系统的组成部件，不属于火灾探测器范畴。

（2）电气火灾监控探测器根据其探测电气火灾隐患参数和工作机理的不同分为剩余电流式电气火灾监控探测器、测温式电气火灾监控探测器和故障电弧探测器等。

（3）电气火灾监控探测器适用于一般工业、民用和文物建筑供配电系统电气火灾隐患的探测报警。

3. 《火灾自动报警系统设计规范》GB 50116 的第 9 章的相关条款和第 12. 4. 6 条对电气火灾监控探测器的设置做出了明确的规定：

（1）剩余电流式电气火灾监控探测器应以设置在低压配电系统首端为基本原则，宜设置在第一级配电柜（箱）的出线端。在供电线路泄漏电流大于 500mA 时，宜在其下一级配电柜（箱）设置。

（2）剩余电流式电气火灾监控探测器不宜设置在 IT 系统的配电线路和消防配电线路中。

（3）具有探测线路故障电弧功能的电气火灾监控探测器，其保护线路的长度不宜大于 100m。

（4）测温式电气火灾监控探测器应设置在电缆接头、端子、重点发热部件等部位。

（5）保护对象为 1 000V 及以下的配电线路，测温式电气火灾监控探测器应采用接触式布置。

（6）保护对象为 1 000V 以上的供电线路，测温式电气火灾监控探测器宜选择光栅光纤测温式或红外测温式电气火灾监控探测器，光栅光纤测温式电气火灾监控探测器应直接设置在保护对象的表面。

（7）电气线路应设置电气火灾监控探测器，照明线路上应设置具有探测故障电弧功能的电气火灾监控探测器。

4. 本标准对电气火灾监控探测器的安装要求做出了明确的规定：

（1）剩余电流式电气火灾监控探测器和测温式电气火灾监控探测器需要根据供配电系统的运行参数设置其报警阈值，因此，在探测器安装时，应确保在探测器的周围留出便于人员更换和标定探测器的空间。

（2）剩余电流式电气火灾监控探测器的主要功能就是监测配电线路相线与中性线间、相线与相线间的泄漏电流是否超出设定的阈值，为了确保探测器探测报警的准确性，监控探测器负载侧的中性线不应与其他回路共用，且不应重复接地。

（3）当测温式电气火灾监控探测器采用接触式布置时，为了确保监控探测器的温度传感器与监测部位良好接触，保证探测器探测报警的时效性，探测器的传感器应牢固固定在保护对象上。

【实施要点】

1. 电气火灾监控探测器的安装应满足下列要求：

（1）探测器安装时，应确保在探测器的周围留出便于人员更换和标定探测器的空间。

（2）剩余电流式电气火灾监控探测器安装时，监控探测器负载侧的中性线不应与其他回路共用，且不应重复接地。

（3）当测温式电气火灾监控探测器采用接触式布置时，探测器的传感器应采用产品配套的固定装置固定在保护对象上。

（4）当线型感温火灾探测器用于电气火灾监控时，线型感温火灾探测器可接入电气火灾监控器，探测器的安装应符合本标准第 3. 3. 8 条的规定。

2. 电气火灾监控探测器安装质量的检查内容、要求和方法详见表 2-3-19。

表2-3-19　电气火灾监控探测器安装质量的检查内容、要求和方法

项目	标准及条款	检查要求	检查方法
探测器的设置	GB 50116	设置数量应符合设计文件的规定	对照设计文件核查设备的设置数量
		设置部位应符合设计文件的规定	对照设计文件核查设备的设置部位
监控探测器安装	GB 50166 3. 3. 12	1. 在探测器周围应适当留出更换和标定的空间	检查探测器周围的空间情况
		2. 剩余电流式电气火灾监控探测器负载侧的中性线不应与其他回路共用，且不应重复接地	检查探测器的安装情况
		3. 测温式电气火灾监控探测器应采用产品配套的固定装置固定在保护对象上	检查探测器的安装情况
线型感温火灾探测器安装	GB 50166 3. 3. 8	1. 探测器敏感部件应采用产品配套的固定装置固定，固定装置的间距不宜大于 2m	检查敏感部件的固定情况，用尺测量固定装置的间距
		2. 缆式线型感温火灾探测器的敏感部件应采用连续无接头方式安装，如确需中间接线，必须用专用接线盒连接；敏感部件安装敷设时应避免重力挤压冲击，不应硬性折弯、扭转，探测器的弯曲半径宜大于 0. 2m	检查敏感部件敷设情况、中间接线的连接情况、用尺测量探测器敏感部件的弯曲半径
		3. 分布式线型光纤感温火灾探测器的感温光纤严禁打结，光纤弯曲时，弯曲半径应大于 0. 5m；感温光纤穿越相邻的报警区域应设置光缆余量段，隔断两侧应各留不小于 8m 的余量段；每个光通道始端及末端光纤应各留不小于 8m 的余量段	检查感温光纤的敷设情况，用尺测量探测器敏感部件的弯曲半径、敏感部件余量段的长度

续表2-3-19

项目	标准及条款	检 查 要 求	检 查 方 法
线型感温火灾探测器安装	GB 50166 3.3.8	4. 光栅光纤线型感温火灾探测器的信号处理单元安装位置不应受强光直射，光纤光栅感温段的弯曲半径应大于 0.3m	观察信号处理单元是否可能受到强光的直接照射、用尺测量光纤光栅的弯曲半径

【工程示例】

1. 电气火灾监控探测器产品介绍。

（1）典型剩余电流式电气火灾监控探测器产品及安装参数如图 2-3-59 所示。

内容	技术参数
检测对象	剩余电流、温度、过线电流
检测范围	剩余电流：0mA~1 000mA，温度：0℃~145℃，过线电流：1A~1 000A
通信方式	无极性二总线
工作电压	交流AC220V/50Hz或DC24V
功耗	≤1W
使用环境	工作温度：-10℃~+55℃；相对湿度：≤95%RH，不凝露
安装方式	导轨或面板嵌入式
外形尺寸	108.0mm × 108.0mm × 59.0mm（长 × 宽 × 高）（嵌入式安装开孔尺寸100.0mm × 100.0mm）
符合标准	《电气火灾监控系统 第2部分：剩余电流式电气火灾监控探测器》GB 14287.2—2014、《电气火灾监控系统 第3部分：测温式电气火灾监控探测器》GB 14287. 3—2014

图 2-3-59 剩余电流式电气火灾监控探测器产品示例图

（2）典型测温式电气火灾监控探测器产品及安装参数示例如图 2-3-60 所示。

内容	技术参数
检测对象及范围	温度0℃~145℃
通信方式	无极性二总线
额定电压	DC247（总线供电）
外形尺寸	95.7mm × 33. 0mm × 32. 0mm（长 × 宽 × 高）
使用环境	温度：-10℃~+55℃；相对湿度：≤95%RH，不凝露
符合标准	《电气火灾监控系统 第3部分：测温式电气火灾监控探测器》GB 14287.3—2014

图 2-3-60 测温式电气火灾监控探测器产品示例图

（3）典型故障电弧探测器产品及安装参数示例如图 2-3-61 所示。

内容	技术参数
工作电压	AC220V
电流等级	16A、32A、63A
额定频率	50Hz
额定功率	1W
使用环境	温度：-10℃~+40℃；相对湿度：≤90%RH
外壳防护等级	IP30

图 2-3-61　故障电弧探测器产品示例图

2. 电气火灾监控探测器安装示例。

（1）剩余电流式电气火灾监控探测器安装示例如图 2-3-62 所示。

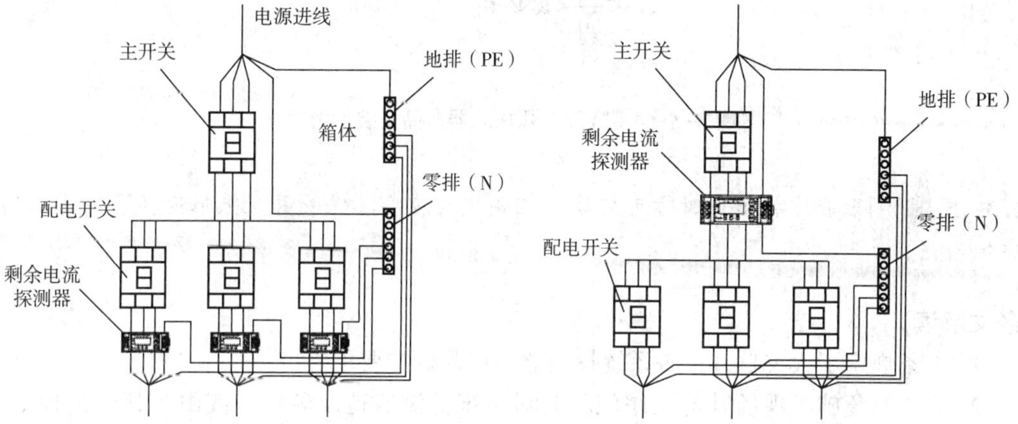

（a）互感器安装于配电箱分支开关接线法　　（b）互感器安装于配电箱总开关接线法

图 2-3-62　剩余电流式电气火灾监控探测器安装示例图

（2）测温式电气火灾监控探测器安装示例如图 2-3-63 所示。

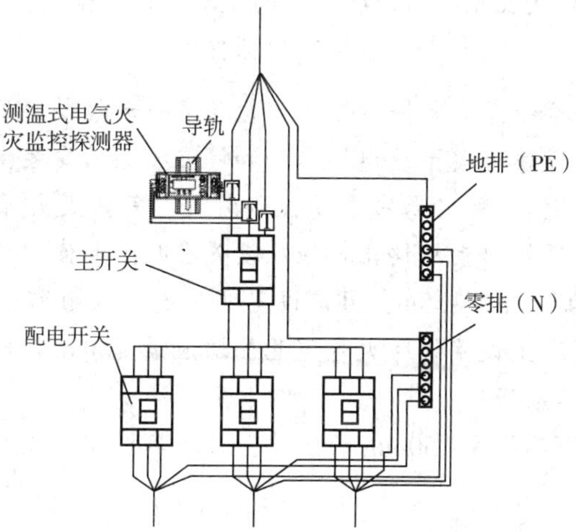

图 2-3-63　测温式电气火灾监控探测器安装示例图

（3）故障电弧探测器产品安装示例如图 2-3-64 所示。

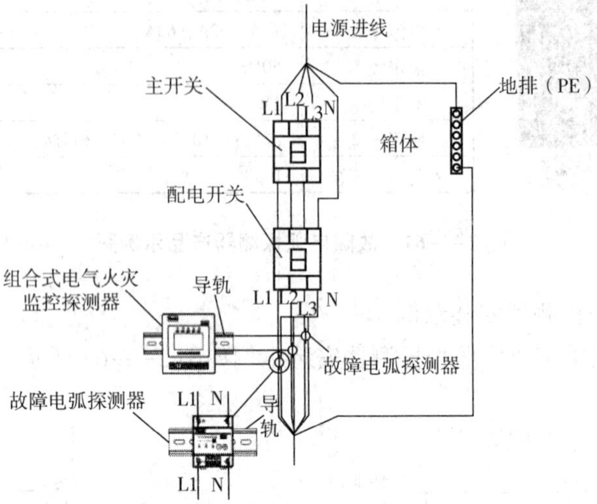

图 2-3-64　故障电弧探测器产品安装示例图

3.3.15　探测器在即将调试时方可安装，在调试前应妥善保管并应采取防尘、防潮、防腐蚀措施。

【条文解读】

1. 本条规定了火灾自动报警系统探测器的成品保护要求。

2. 为了避免施工现场其他工序施工时对系统探测器造成破坏，或由于其他工种施工时，施工现场的灰尘及潮湿环境导致探测器污染、损坏，探测器在即将调试时方可安装，且在调试前应做好探测器的成品保护。

【实施要点】

施工单位应根据施工现场分部工程的划分情况，在系统进入调试阶段前方可进行系统探测器的安装，且探测器安装完毕后，应加装防尘罩等保护措施。

Ⅲ　系统其他部件安装

3.3.16　手动火灾报警按钮、消火栓按钮、防火卷帘手动控制装置、气体灭火系统手动与自动控制转换装置、气体灭火系统现场启动和停止按钮的安装，应符合下列规定：

1　手动火灾报警按钮、防火卷帘手动控制装置、气体灭火系统手动与自动控制转换装置、气体灭火系统现场启动和停止按钮应设置在明显和便于操作的部位，其底边距地（楼）面的高度宜为 1.3m~1.5m，且应设置明显的永久性标识，消火栓按钮应设置在消火栓箱内，疏散通道上设置的防火卷帘两侧均应设置手动控制装置；

2　应安装牢固，不应倾斜；

3　连接导线应留有不小于 150mm 的余量，且在其端部应设置明显的永久性标识。

【条文解读】

1. 本条规定了手动火灾报警按钮、消火栓按钮、防火卷帘手动控制装置、气体灭火系统手动与自动控制转换装置、气体灭火系统现场启动和停止按钮等手动触发装置的安装要求。

2. 系统手动触发装置的组成和功能如下。

（1）系统的手动触发装置包括手动火灾报警按钮、消火栓按钮、防火卷帘手动控制装置、气体灭火系统手动与自动控制转换装置、气体灭火系统现场启动和停止按钮等。

（2）手动火灾报警按钮是火灾探测报警系统中，用于人工确认火灾的火灾报警触发装置；消火栓按钮是消火栓系统中，用于联动消防泵启动和确认开启的消火栓位置的手动触发装置；防火卷帘手动控制装置是防火卷帘系统中，用于现场控制防火卷帘升降的手动触发装置；气体灭火系统手动与自动控制转换装置是气体灭火系统中，用于控制灭火系统手动与自动状态转换的触发装置；气体灭火系统现场启动和停止按钮是气体灭火系统中，用于控制气体灭火系统紧急启动或停止的触发装置。

（3）很多生产制造企业生产的手动火灾报警按钮、消火栓按钮、气体灭火系统现场启动和停止按钮产品，其壳体和外观均十分相似，尤其是手动火灾报警按钮和消火栓按钮，然而这些产品的功能差异较大，在系统施工过程中应加以识别，避免混淆。

3.《火灾自动报警系统设计规范》GB 50116 的第 6.3.1 条和第 6.3.2 条对手动火灾报警按钮的设置做出了明确的规定：

（1）每个防火分区应至少设置一只手动火灾报警按钮。从一个防火分区内的任何位置到最邻近的手动火灾报警按钮的步行距离不应大于 30m。

（2）手动火灾报警按钮宜设置在疏散通道或出入口处。

（3）手动火灾报警按钮应设置在明显和便于操作的部位。

4.《防火卷帘、防火门、防火窗施工及验收规范》GB 50877 的第 5.2.11 条对防火卷帘手动控制装置的设置和安装做出了明确的规定：

（1）防火卷帘两侧均应安装火灾探测器组和手动按钮盒。

（2）当防火卷帘一侧为无人场所时，防火卷帘有人侧应安装火灾探测器组和手动按钮盒。

5.《气体灭火系统设计规范》GB 50370 的第 5.0.4 条、第 5.0.5 条对气体灭火系统手动与自动控制转换装置、气体灭火系统现场启动和停止按钮的设置和安装做出了明确的规定：

（1）灭火设计浓度或实际使用浓度大于无毒性反应浓度（NOAEL 浓度）的防护区和采用热气溶胶预制灭火系统的防护区，应设手动与自动控制的转换装置。

（2）当人员进入防护区时，应能将灭火系统转换为手动控制方式；当人员离开时，应能恢复为自动控制方式。

（3）手动控制装置和手动与自动转换装置应设在防护区疏散出口的门外便于操作的地方。

6. 本标准对系统手动触发装置的安装要求做出了明确的规定：

（1）为了便于人员的紧急处置操作，手动火灾报警按钮、防火卷帘手动控制装置、气体灭火系统手动与自动控制转换装置、气体灭火系统现场启动和停止按钮应设置在明显和便于操作的部位。

（2）为了便于在开启消火栓时触动消火栓按钮，消火栓按钮应设置在消火栓内。

（3）为了防火卷帘两侧的人员在紧急情况下均能控制防火卷帘的升降，疏散通道上设置的防火卷帘两侧均应设置手动控制装置。

（4）为了避免因振动等原因导致触发装置松动、脱落，影响设备的正常运行和紧急状态下的操作，各类触发装置应安装牢固，同时考虑到设备安装后的美观效果，设备不应倾斜安装。

（5）为了便于设备的日常维护、更换，触发装置的连接导线应留有一定的余量。

【实施要点】

1. 手动火灾报警按钮、消火栓按钮、防火卷帘手动控制装置、气体灭火系统手动与自动控制转换装置、气体灭火系统现场启动和停止按钮的安装应满足下列要求：

（1）手动火灾报警按钮、防火卷帘手动控制装置、气体灭火系统手动与自动控制转换装置、气体灭火系统现场启动和停止按钮应设置在明显和便于操作的部位，其底边距地（楼）面的高度宜为 1.3m～1.5m，且应设置明显的永久性标识。

（2）消火栓按钮应设置在消火栓内。

（3）疏散通道上设置的防火卷帘两侧均应设置手动控制装置。

（4）手动触发装置应牢固安装在建筑墙体等建筑结构上，且不应倾斜安装。

（5）手动触发装置的连接导线应留有不小于 150mm 的余量，且在其端部应设置明显的永久性标识。

2. 手动火灾报警按钮等手动触发装置安装质量的检查内容、要求和方法详见表 2-3-20。

表2-3-20　手动火灾报警按钮等手动触发装置安装质量的检查内容、要求和方法

项目	标准及条款	检查要求	检查方法
触发装置的设置	GB 50116	设置数量应符合设计文件的规定	对照设计文件核查设备的设置数量
触发装置的设置	GB 50116	设置部位应符合设计文件的规定	对照设计文件核查设备的设置部位
触发装置的安装	GB 50166 3.3.16	1. 手动火灾报警按钮、防火卷帘手动控制装置、气体灭火系统手动与自动控制转换装置、气体灭火系统现场启动和停止按钮应设置在明显和便于操作的部位，其底边距地（楼）面的高度宜为 1.3m～1.5m，且应设置明显的永久性标识；消火栓按钮应设置在消火栓箱内；疏散通道上设置的防火卷帘两侧均应设置手动控制装置	观察设备的安装位置，用尺测量按钮底边距地（楼）面的高度
触发装置的安装	GB 50166 3.3.16	2. 应安装牢固，不应倾斜	用手感检查设备的安装情况
触发装置的安装	GB 50166 3.3.16	3. 连接导线，应留有不小于 150mm 的余量，且在其端部应有明显的永久性标识	用尺测量导线余量的长度，检查导线的标识

【工程示例】

1. 手动触发装置产品介绍。

（1）典型手动火灾报警按钮产品及安装参数示例如图 2-3-65 所示。

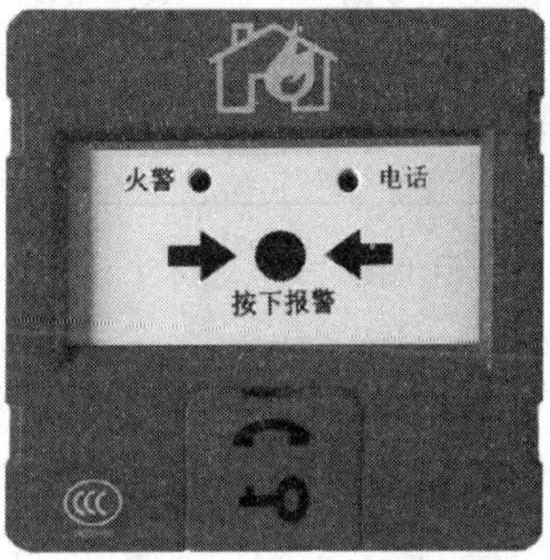

内容	技术参数
工作电压	15V~28V脉冲电压
工作电流	总线监视电流≤0.5mA，总线报警电流≤0.8mA
编码方式	电子编码
线制	与控制器回路采用无极性二总线制连接，与消防电话主机采用无极性二线制连接
工作环境	温度：-10℃~+55℃，相对湿度：≤95%RH，不凝露
外形尺寸	90.0mm×90.0mm×34.0mm（含底座）（长×宽×高）
执行标准	《手动火灾报警按钮》GB 19880—2005

图 2-3-65　手动火灾报警按钮产品示例图

（2）典型消火栓按钮产品及安装参数示例如图 2-3-66 所示。

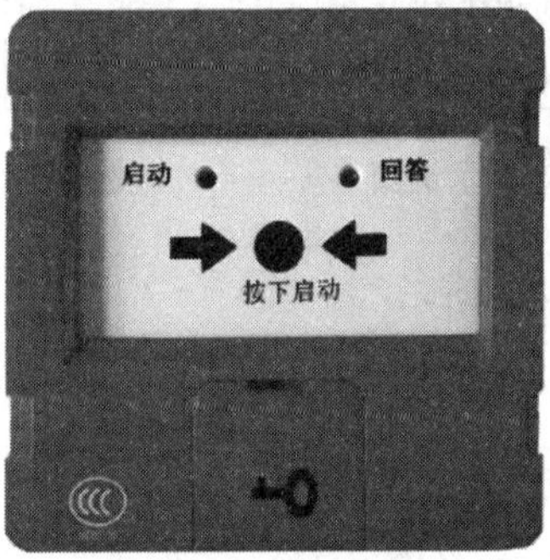

内容	技术参数
工作电压	15V~28V脉冲电压
工作电流	总线监视电流≤0.5mA，总线报警电流≤1mA
编码方式	电子编码
线制	与控制器采用无极性二总线连接，若需实现直接起泵控制，需将消火栓按钮与泵控制箱采用二线连接
工作环境	温度：-10℃~+55℃；相对湿度：≤95%RH，不凝露
外形尺寸	90.0mm×90.0mm×34.0mm（含底座）（长×宽×高）
执行标准	《消防联动控制系统》GB 168060—2006

图 2-3-66　消火栓按钮产品示例图

（3）典型防火卷帘手动控制装置产品及安装参数示例如图 2-3-67 所示。

内容	技术参数
按键功能	上升、停止、下降
接线方式	采用AVVR与防火卷帘控制器相连
环境温度	温度：-10℃~+55℃
相对湿度	≤95%RH
外形尺寸	140.0mm×80.0mm×40.0mm（长×宽×高）

图 2-3-67　防火卷帘手动控制装置产品示例图

（4）典型气体灭火系统手动与自动控制转换装置产品及安装参数示例如图 2-3-68 所示。

内容	技术参数
工作电压	DC24V
工作电流	<50mA
编码方式	电子编码
线制	多线制：24VDC， GND，信号线
工作环境	温度：-10℃~+55℃；相对湿度:≤95%RH， 不凝露
外形尺寸	160.0mm × 76.0mm × 50.0mm（长 × 宽 × 高）

图 2-3-68　气体灭火系统手动与自动控制转换装置产品示例图

（5）典型气体灭火系统现场启动和停止按钮产品及安装参数示例如图 2-3-69 所示。

内容	技术参数
工作电压	15V~ 28V脉冲电压
工作电流	总线监视电流≤3mA，总线报警电流≤6mA
编码方式	电子编码
线制	无极性二总线
工作环境	温度：-10℃~+55℃；相对湿度:≤95%RH， 不凝露
外形尺寸	170.0mm × 154.0mm × 55.0mm（长 × 宽 × 高）

图 2-3-69　气体灭火系统现场启动和停止按钮产品示例图

2. 手动触发装置安装示例。手动按钮安装示例如图 2-3-70 所示。

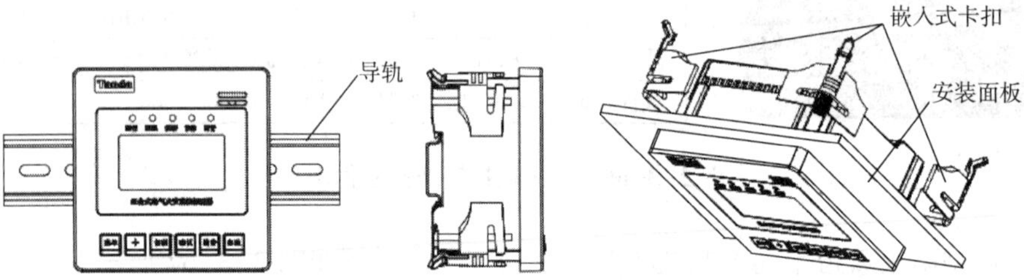

（a）导轨式安装　　（b）面板嵌入式安装

图 2-3-70　手动按钮安装示例图

3.3.17　模块或模块箱的安装应符合下列规定：

1　同一报警区域内的模块宜集中安装在金属箱内，不应安装在配电柜、箱或控制柜、箱内；

2　应独立安装在不燃材料或墙体上，安装牢固，并应采取防潮、防腐蚀等措施；

3　模块的连接导线应留有不小于 150mm 的余量，其端部应有明显的永久性标识；

4　模块的终端部件应靠近连接部件安装；

5　隐蔽安装时在安装处附近应设置检修孔和尺寸不小于 100mm×100mm 的永久性标识。

【条文解读】

1. 本条规定了模块和模块箱的安装要求。

2. 模块又称总线模块、消防联动模块，是消防联动控制器和其所连接的受控设备或部件之间信号传输的设备，包括输入模块、输出模块和输入输出模块。输入模块的功能是接收受控设备或部件的信号反馈并将信号输入消防联动控制器中进行显示，输出模块的功能是接收消防联动控制器的输出信号并发送到受控设备或部件，输入输出模块则同时具备输入模块和输出模块的功能。

3.《火灾自动报警系统设计规范》GB 50116 的第 6.8 节对模块的设置做出了明确的规定：

（1）每个报警区域内的模块宜相对集中设置在本报警区域内的金属模块箱中。

（2）模块严禁设置在配电（控制）柜（箱）内。

（3）本报警区域内的模块不应控制其他报警区域的设备。

（4）未集中设置的模块附近应有尺寸不小于 100mm×100mm 的标识。

4. 本标准对模块的安装要求做出了明确的规定：

（1）为了日后的维护管理，也为了增强模块的防火性能、避免火灾初期产生的火焰和高温影响模块的正常运行，同一报警区域的模块宜集中安装；同时，为了避免强电干扰总线数据传输的准确性，模块不应安装在配电柜、箱或控制柜、箱内；受连接设备位置等因素的影响，模块不能集中设置而需隐蔽安装时，为了便于日后的维护管理，在模块的安装处附近应设置检修孔和标识。

（2）为了避免因自重、振动等原因导致设备松动、脱落，影响设备的正常运行，模块和模块箱应牢固安装在墙体等建筑构件上；为了避免模块发生电气故障时，引发电气火灾，模块和模块箱应独立安装在不燃材料上；当模块或模块箱安装在水泵房、室外等场所时，为了确保模块运行的稳定性和可靠性，模块或模块箱应采取加装密封条、采用防水接头等防潮、防腐蚀措施。

（3）为了便于模块的维修更换，模块的连接导线，应留有不小于 150mm 的余量，其端部应有明显的永久性标识。

（4）模块与连接部件间的线路发生短路、断路故障时，模块应能发出故障报警信号。为了确保模块能够监测其与连接部件间线路的工作状态，模块需连接终端部件（与模块匹配的终端电阻），且终端部件应靠近模块的连接部件处安装，不应安装在模块的端子上。

【实施要点】

1. 模块的安装应满足下列要求：

（1）同一防火分区、楼层内设置的模块宜集中安装在金属材质的模块箱内，模块不应安装在配电柜、箱或控制柜、箱内；模块不能集中设置需隐蔽安装时，在模块的安装处附近应设置检修孔和尺寸不小于 100mm×100mm 的永久性标识。

（2）模块和模块箱应牢固安装在不燃性墙体等建筑构件上；当模块或模块箱安装在水泵房、室外等场所时，应采取加装密封条、采用防水接头等防潮、防腐蚀措施。

（3）模块的连接导线，应留有不小于 150mm 的余量，其端部应有明显的永久性标识。

（4）与模块匹配的终端电阻应靠近模块的连接部件处安装，不应安装在模块的端子上。

2. 模块安装质量的检查内容、要求和方法详见表 2-3-21。

表2-3-21　模块安装质量的检查内容、要求和方法

项目	标准及条款	检查要求	检查方法
模块的设置	GB 50116	设置数量应符合设计文件的规定	对照设计文件核查设备的设置数量
		设置部位应符合设计文件的规定	对照设计文件核查设备的设置部位
模块的安装	GB 50166 3.3.17	1. 同一报警区域内的模块宜集中安装在金属箱内，不应安装在配电柜、箱或控制柜、箱内	检查模块的设置部位
		2. 应独立安装在不燃材料或墙体上，安装牢固，并应采取防潮、防腐蚀等措施	检查模块的安装部位、防潮、防腐蚀等措施，用手感检查设备的固定情况
		3. 模块的连接导线，应留有不小于150mm的余量，其端部应有明显的永久性标识	用尺测量导线余量的长度，检查导线的标识
		4. 模块的终端部件应靠近连接部件安装	检查模块和终端部件的连接情况
		5. 隐蔽安装时在安装处附近应有检修孔和尺寸不小于100mm×100mm的永久性标识	观察检修孔和标识设置情况

【工程示例】

1. 模块产品介绍。

（1）典型输入模块产品及安装参数示例如图 2-3-71 所示。

内容	技术参数
工作电压	总线15V~28V脉冲电压
工作电流	监视电流：≤0.4mA，动作电流：≤1.0mA
线制	与控制器采用无极性二总线连接
温度	-10℃~+55℃
相对湿度	≤95%RH，不凝露
外形尺寸	86.0m × 86.0mm × 33.0mm（含底座）（长 × 宽 × 高）
执行标准	《消防联动控制系统》GB 16806—2006

图 2-3-71　输入模块产品示例图

（2）典型输出模块产品及安装参数示例如图 2-3-72 所示。

内容	技术参数
工作电压	总线15V~28V脉冲电压
总线电流	监视电流：≤1mA，动作电流：≤7mA
线制	无极性二总线
工作环境	温度：-10℃~+55℃；相对湿度：≤95%RH，不凝露
外形尺寸	86.0m×86.0mm×38.0mm（长×宽×高）
执行标准	《消防联动控制系统》GB 16806—2006

图 2-3-72　输出模块产品示例图

（3）典型输入输出模块产品及安装参数示例如图 2-3-73 所示。

内容	技术参数
工作电压	总线15V~28V脉冲电压
工作电流	监视电流：≤0.5mA，动作电流：≤2mA
线制	与控制器采用无极性二总线连接
温度	-10℃~+55℃
相对湿度	≤95%RH，不凝露
外形尺寸	86.0mm×86.0mm×33.0mm（含底座）（长×宽×高）
执行标准	《消防联动控制系统》GB 16806—2006

图 2-3-73　输入输出模块产品示例图

2. 模块安装示例。模块安装示例如图 2-3-74 所示。

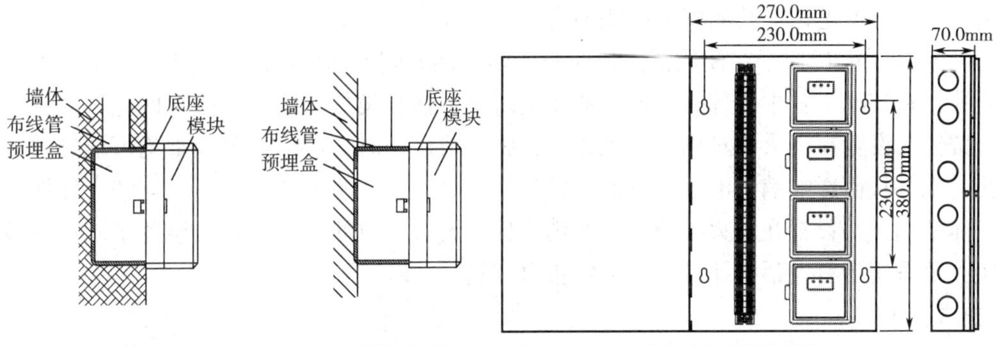

（a）暗装示意图　（b）明装示意图　（c）入柜安装示意图

图 2-3-74　模块安装示例图

3.3.18　消防电话分机和电话插孔的安装应符合下列规定：

1　宜安装在明显、便于操作的位置，采用壁挂方式安装时，其底边距地（楼）面的高度宜为 1.3m~1.5m；

2　避难层中，消防专用电话分机或电话插孔的安装间距不应大于 20m；

3　应设置明显的永久性标识；

4　电话插孔不应设置在消火栓箱内。

【条文解读】

1. 本条规定了消防电话分机和电话插孔的安装要求。

2. 消防电话分机和电话插孔是消防电话系统的现场部件。消防电话分机固定安装在消防水泵房、防排烟风机房等与灭火救援活动相关的部位，消防电话分机有被叫振铃和摘机通话的功能；消防电话插孔需与便携式电话手柄合用，消防电话插孔一般与手动火灾报警按钮设置在同一壳体内，电话手柄插入电话插孔内即可呼叫消防电话总机，并实现与消防电话总机的通话。

3.《火灾自动报警系统设计规范》GB 50116 的第 6.7 节对消防电话分机和电话插孔的设置做出了明确的规定：

（1）消防水泵房、发电机房、配变电室、计算机网络机房、主要通风和空调机房、防排烟机房、灭火控制系统操作装置处或控制室、企业消防站、消防值班室、总调度室、消防电梯机房及其他与消防联动控制有关的且经常有人值班的机房应设置消防专用电话分机。消防专用电话分机，应固定安装在明显且便于使用的部位，并应有区别于普通电话的标识。

（2）设有手动火灾报警按钮或消火栓按钮等处，宜设置电话插孔，并宜选择带有电话插孔的手动火灾报警按钮。

（3）各避难层应每隔 20m 设置一个消防专用电话分机或电话插孔。

4. 本标准对消防电话分机和电话插孔的安装要求做出了明确的规定：

（1）为了便于人员的紧急处置操作，消防电话分机和电话插孔应设置在明显和便于操作的部位。

（2）为了便于避难层中的临时避难人员与消防控制室间的通信联络，避难层中，消防专用电话分机或电话插孔的安装间距不宜大于 20m。

（3）为了人员便于在使用消火栓时与消防控制室间的通信联络，消火栓附近宜设置电话插孔，在实际工程中，部分生产企业将消防电话插孔设置在消火栓按钮的壳体内，而消火栓按钮需设置在消火栓箱内，消火栓管路漏水或启用时栓口出水等因素均可能导致电话插孔进水，从而影响消防电话系统的正常运行。因此，消防电话插孔不应与消火栓按钮采用一体结构，并设置在消火栓箱内，在消火栓箱设置部位的附近一般会设置手动火灾报警按钮，可采用带有电话插孔的手动火灾报警按钮。

【实施要点】

1. 消防电话分机和电话插孔的安装应满足下列要求：

（1）消防电话分机和电话插孔应设置在明显和便于操作的部位，采用壁挂方式安装时，应固定安装在柱、墙面等建筑结构上，其底边距地（楼）面的高度宜为 1.3m～1.5m，且应设置明显的永久性标识。

（2）避难层中，消防专用电话分机或电话插孔的安装间距（直线距离）不应大于 20m。

（3）消防电话插孔不应与消火栓按钮采用一体结构，并设置在消火栓箱内。

2. 消防电话分机和电话插孔安装质量的检查内容、要求和方法详见表 2-3-22。

表2-3-22　消防电话分机和电话插孔安装质量的检查内容、要求和方法

项目	标准及条款	检 查 要 求	检 查 方 法
设备的设置	GB 50116	设置数量应符合设计文件的规定	对照设计文件核查设备的设置数量
		设置部位应符合设计文件的规定	对照设计文件核查设备的设置部位
设备的安装	GB 50166 3.3.18	1. 宜安装在明显、便于操作的位置；电话插孔不应设置在消火栓箱内；采用壁挂方式安装时，其底边距地（楼）面高度宜为1.3m~1.5m	检查设备的安装情况。用尺测量设备底边距地（楼）面的高度
		2. 避难层中，消防专用电话分机或电话插孔的安装间距不应大于20m	用尺测量设备的安装间距
		3. 应设置明显的永久性标识	观察设备标识的设置情况

【工程示例】

1. 消防电话分机和电话插孔产品介绍。

（1）典型消防电话分机产品及安装参数示例如图2-3-75所示。

内容	技术参数
工作电压	DC24V（电话总线18V~28V）
工作电流	监视电流：≤600μA，通话电流：≤25mA
编码方式	电子编码
语音频率	300Hz~3 400Hz
工作环境	环境温度：-10℃~+55℃，相对湿度：≤95%RH
外形尺寸	204.0mm×80.0mm×56.7mm（长×宽×高）
执行标准	《消防联动控制系统》GB 16806—2006

图2-3-75　消防电话分机产品示例图

（2）典型电话插孔产品及安装参数示例如图2-3-76所示。

内容	技术参数
工作电压	DC24V（电话总线18V~28V）
工作电流	监视电流：≤600μA，通话电流：≤25mA
编码方式	电子编码
语音频率	300Hz~3 400Hz
工作环境	环境温度：-10℃~+55℃，相对湿度：≤95%RH
外形尺寸	204.0mm×80.0mm×56.7mm（长×宽×高）
执行标准	《消防联动控制系统》GB 16806—2006

图2-3-76　电话插孔产品示例图

2. 消防电话分机安装示例。消防电话分机安装示例如图 2-3-77 所示。

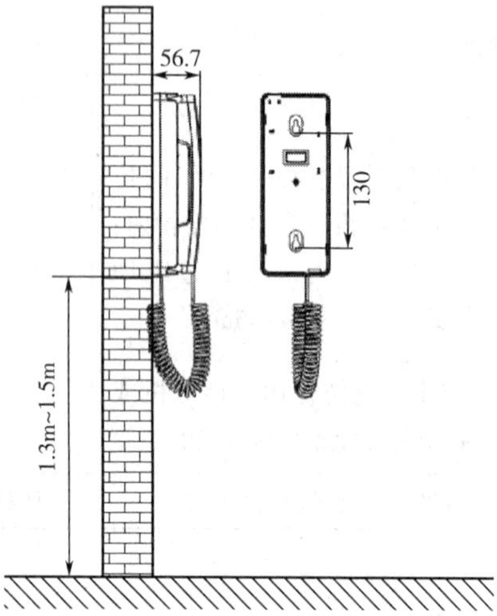

图 2-3-77 消防电话分机安装示例图

3.3.19 消防应急广播扬声器、火灾警报器、喷洒光警报器、气体灭火系统手动与自动控制状态显示装置的安装，应符合下列规定：

1 扬声器和火灾声警报装置宜在报警区域内均匀安装，扬声器在走道内安装时，距走道末端的距离不应大于 12.5m；

2 火灾光警报装置应安装在楼梯口、消防电梯前室、建筑内部拐角等处的明显部位，且不宜与消防应急疏散指示标志灯具安装在同一面墙上，确需安装在同一面墙上时，距离不应小于 1m；

3 气体灭火系统手动与自动控制状态显示装置应安装在防护区域内的明显部位，喷洒光警报器应安装在防护区域外，且应安装在出口门的上方；

4 采用壁挂方式安装时，底边距地面高度应大于 2.2m；

5 应安装牢固，表面不应有破损。

【条文解读】

1. 本条规定了消防应急广播扬声器、火灾警报器、喷洒光警报器、气体灭火系统手动与自动控制状态显示装置的安装要求。

2. 系统的声光指示部件主要包括消防应急广播扬声器、火灾警报器、喷洒光警报器、气体灭火系统手动与自动控制状态显示装置：

（1）消防应急广播扬声器是消防应急广播系统的现场部件，用于播放应急广播信息，根据其安装方式不同分为壁挂式、吸顶式和内置式（适用于宾馆客房）。

（2）火灾警报器是火灾探测报警系统的基本组成部件，是用以发出区别于环境声、光的火灾警报信号的装置，按其用途分为火灾声警报器（火灾警铃、火灾警笛）、火灾光警报器、火灾声光警报器，目前，工程中普遍采用火灾声光警报器。

（3）喷洒光警报器是气体灭火系统中的组成部件，用于指示灭火剂喷放的工作状态。

(4) 气体灭火系统手动与自动控制状态显示装置是气体灭火系统中的组成部件，用于指示气体灭火系统所处的手动或自动控制工作状态。

3.《火灾自动报警系统设计规范》GB 50116 的第 6.5 节、第 6.6 节对火灾警报器和扬声器的设置做出了明确的规定：

(1) 每个报警区域内应均匀设置火灾警报器，火灾光警报器应设置在每个楼层的楼梯口、消防电梯前室、建筑内部拐角等处的明显部位，且不宜与安全出口指示标志灯具设置在同一面墙上。

(2) 民用建筑内扬声器应设置在走道和大厅等公共场所，其数量应能保证从一个防火分区内的任何部位到最近一个扬声器的直线距离不大于 25m，走道末端距最近的扬声器距离不应大于 12.5m。

4.《气体灭火系统设计规范》GB 50370 的第 5.0.4 条对气体灭火系统手动与自动控制状态显示装置的设置，第 6.0.2 条对喷洒光警报器的设置做出了明确的规定：

(1) 灭火设计浓度或实际使用浓度大于无毒性反应浓度（NOAEL 浓度）的防护区和采用热气溶胶预制灭火系统的防护区内外应设手动、自动控制状态的显示装置。

(2) 防护区内应设火灾声报警器，必要时，可增设闪光报警器。防护区的入口处应设火灾声、光报警器和灭火剂喷放指示灯。

5. 本标准对系统声光指示部件的安装要求做出了明确的规定：

(1) 在确认火灾后，为了确保建（构）筑物内各部位的人员均能及时、有效获取火灾警报和疏散导引的声音信息，扬声器和火灾声警报装置宜在报警区域内均匀安装，施工单位在施工时，应校核每个扬声器和火灾声警报装置的声压级是否符合《火灾自动报警系统设计规范》GB 50116—2013 的相关规定。

(2) 为了便于人员（主要针对声音听觉障碍人员）及时获取火灾警报的光信息，并有效帮助人员识别疏散路径和安全出口的部位，火灾光警报装置应安装在便于疏散路径识别的部位。为了避免火灾光警报装置发出的眩光影响人员对疏散指示标志灯具标识信息的有效识别，火灾光警报装置不宜与消防应急疏散指示标志灯具临近安装。

(3) 为了便于人员对气体灭火系统工作状态的准确识别，气体灭火系统手动与自动控制状态显示装置应安装在防护区域内的明显部位；同时，为了避免在灭火剂喷放后人员误入防护区域，喷洒光警报器应安装在防护区域外的明显位置。

(4) 为了避免设备的安装影响人员的安全疏散，同时也为了避免设备受人员通行、货物搬运等原因对设备造成碰撞，导致设备松动、损坏，从而影响设备的正常运行，上述声光指示类设备采用壁挂方式安装时，底边距地面高度应大于 2.2m。

【实施要点】

1. 系统声光指示部件的安装应满足下列要求：

(1) 扬声器和火灾声警报装置宜在报警区域内均匀安装，扬声器在走道内安装时，距走道末端的距离不应大于 12.5m。

(2) 火灾光警报装置不宜与消防应急疏散指示标志灯具安装在同一面墙上，确需安装在同一面墙上时，之间的距离不应小于 1m。

(3) 气体灭火系统手动与自动控制状态显示装置应安装在防护区域内的明显部位，喷洒光警报器应安装在防护区域外，且应安装在出口门的上方。

（4）声光指示类设备采用壁挂方式安装时，应固定安装在柱、墙面等建筑结构上，其底边距地面高度应大于 2. 2m，设备安装结束后，其表面不应有明显的机械破损。

2. 声光指示类设备安装质量的检查内容、要求和方法详见表 2-3-23。

表2-3-23　声光指示类设备安装质量的检查内容、要求和方法

项目	标准及条款	检查要求	检查方法
设备的设置	GB 50116	设置数量应符合设计文件的规定	对照设计文件核查设备的设置数量
		设置部位应符合设计文件的规定	对照设计文件核查设备的设置部位
设备的安装	GB 50166 3. 3. 19	1. 声警报器、扬声器宜在报警、防护区域内均匀安装	检查声警报器、扬声器的设置情况
		2. 扬声器在走道内安装时，距走道末端的距离不应大于 12. 5m	用尺测量扬声器的安装间距
		3. 光警报器应安装在楼梯口、消防电梯前室、建筑内部拐角等处的明显部位；且不宜与消防应急疏散指示标志灯具安装在同一面墙上，确需安装在同一面墙上时，之间的距离不应小于 1m	检查光警报器的设置情况，光警报器和消防应急疏散指示标志灯具安装在同一面墙上时，用尺测量警报器和灯具之间的距离
		4. 气体灭火系统手动与自动控制状态显示装置应安装在防护区域内的明显部位，喷洒光警报器应安装在防护区域外，且应安装在出口门的上方	检查设备的安装情况
		5. 壁挂方式安装时，底边距地面高度应大于 2. 2m	用尺测量设备底边距地面高度
		6. 应安装牢固，表面不应有破损	观察警报器外观，用手感检查设备固定情况

【工程示例】

1. 声光指示类设备产品介绍。

（1）典型消防广播扬声器产品及安装参数示例如图 2-3-78 所示。

内容	技术参数
工作电压	120V
额定功率	3W
额定频率	100Hz~12 000Hz
特性灵敏度级	90dB ± 3dB
总谐波失真	0.05%（在1kHz）
工作环境	温度：-10℃~+55℃，湿度：相对湿度<95%
外形尺寸	ϕ186.0mm × 63.0mm

图 2-3-78　消防广播扬声器产品示例图

(2) 典型火灾声警报器产品及安装参数示例如图 2-3-79 所示。

内容	技术参数
工作电压	总线DC15V~ DC28V脉冲电压
线制	采用二线制总线，无极性
工作电流	总线监视电流≤0.5mA，总线启动电流≤10mA
报警声压级	启动后声音由小到大，3s~5s后达到稳定，稳定后正前方3m处75dB~105dB（A计权）
工作环境	温度：-10℃~+55℃，相对湿度：≤95%RH，不凝露
外形尺寸	ϕ120.0mm × 60.9mm
执行标准	《火灾声和/或光警报器》GB 26851—2011

图 2-3-79　火灾声警报器产品示例图

(3) 典型火灾声光警报器产品及安装参数示例如图 2-3-80 所示。

内容	技术参数
工作电压	总线15V~28V脉冲电压
线制	无极性二总线
工作电流	总线监视电流≤0.4mA，总线启动电流≤2mA
闪光频率	1.2Hz~1.8Hz
声压级	75dB~100dB [正前方3m水平处（A计权）]
使用环境	温度：-10℃~+55℃，相对湿度：≤95%RH，不凝露
外形尺寸	121.0mm × 86.0mm × 45.0mm（含底座）（长 × 宽 × 高）
执行标准	《火灾声和/或光警报器》GB 26851—2011

图 2-3-80　火灾声光警报器产品示例图

(4) 典型喷洒光警报器产品及安装参数示例如图 2-3-81 所示。

内容	技术参数
工作电压	总线电压：15V~ 28V（脉冲电压），联动电压：DC24V
线制	四线制，与气体灭火控制器的总线及联动电源分别二线无极性连接
总线电流	监视电流≤0.5mA，启动电流≤1.0mA
联动电流	监视电流≤1.0mA，启动电流≤16.0mA
编码方式	电子编码方式，占用一个总线编码地址
工作环境	温度：-10℃~+55℃，相对湿度：≤95%RH,不凝露

图 2-3-81　喷洒光警报器产品示例图

（5）典型气体灭火系统手动与自动控制状态显示装置产品及安装参数示例如图 2-3-82 所示。

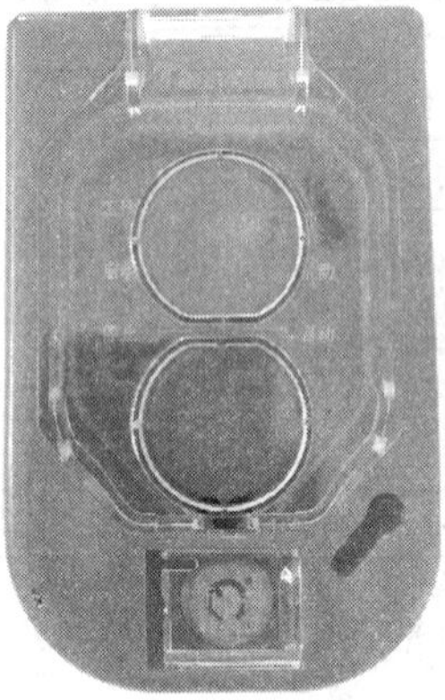

内容	技术参数
工作电压	总线DC15V~DC28V
工作电流	监视电流：≤1.5mA 动作电流：≤2mA
线制	无极性二总线连接
状态显示	手动：绿色，系统处于手动模式时点亮； 自动：绿色，系统处于自动模式时点亮
转换模式	人工旋转手自动转换锁，1s后转换
使用环境	温度：-10℃～50℃；相对湿度：≤95%RH
外形尺寸	121mm×86mm×45mm（长×宽×高）

图 2-3-82　气体灭火系统手动与自动控制状态显示装置产品示例图

2. 火灾声光警报器安装示例。火灾声光警报器安装示例如图 2-3-83 所示。

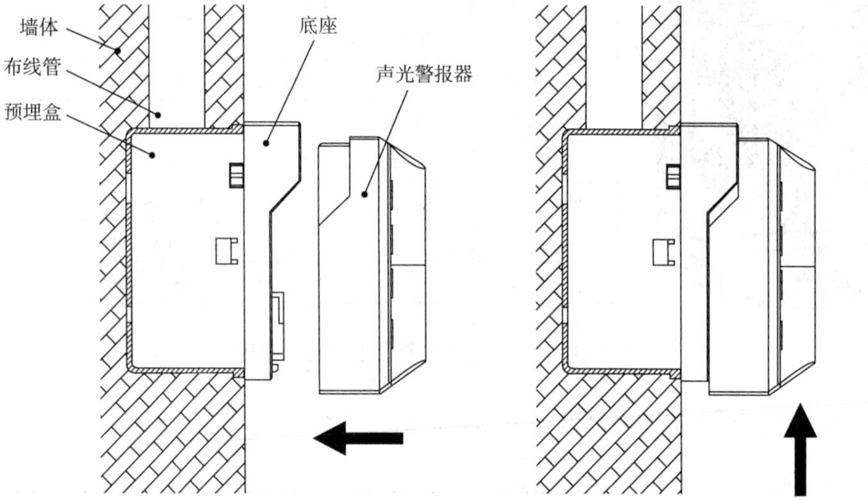

（a）第一步：将声光警报器按箭头方向移动　　（b）第二步：将声光警报器按箭头方向推动

图 2-3-83　火灾声光警报器安装示例图

3.3.20　消防设备应急电源和备用电源蓄电池的安装，应符合下列规定：

1　应安装在通风良好的场所，当安装在密封环境中时应有通风措施，电池安装场所的环境温度不应超出电池标称的工作温度范围；

2　不应安装在火灾爆炸危险场所；

3　酸性电池不应安装在带有碱性介质的场所，碱性电池不应安装在带有酸性介质的场所。

【条文解读】

1. 本条规定了消防设备应急电源和备用电源蓄电池的安装要求。

2. 消防设备应急电源和系统备用电源均采用蓄电池作为后备式电源，为火灾条件下仍需正常工作的消防设备和其他设备供电。建（构）筑物发生火灾时，在市电断电情况下，为有效确保消防用电负荷的持续工作时间，消防设备应急电源和系统备用电源的规格型号、额定输出功率、蓄电池（组）的电压等级、容量及数量等参数均应符合设计文件的规定。施工单位在进行应急电源和备用电源蓄电池安装前，应对照设计文件核查消防设备应急电源的设置、消防设备应急电源和系统备用电源的上述参数是否是符合设计文件和《火灾自动报警系统设计规范》GB 50116 的要求。

3. 本标准对消防设备应急电源和备用电源蓄电池的安装要求做出了明确的规定：

（1）蓄电池在充放电过程中，其电解液会释放一定量的可燃气体，为了避免可燃气体聚集，发生爆炸事故，消防设备应急电源和备用电源蓄电池安装场所应具备良好的通风条件。

（2）消防设备应急电源和备用电源蓄电池（组）的工作温度超过其标称的最高工作温度时，其充放电性能会受到很大的影响，且直接影响电池的工作寿命，为了有效确保蓄电池（组）的电量，同时也为了保证蓄电池（组）的安全运行，消防设备应急电源和备用电源蓄电池安装场所的环境温度应满足蓄电池（组）的工作要求。

（3）为了避免蓄电池出现电气故障时引发火灾和爆炸事故，消防设备应急电源和备用电源蓄电池不应安装在有爆炸危险和火灾危险的场所。

（4）不同类别蓄电池的电解液具有不同的酸碱特性，为了避免电解液由安装部位的存储介质发生酸碱中和反应，安装场所的介质环境应与蓄电池（组）相适应。

【实施要点】

1. 消防设备应急电源和备用电源的蓄电池（组）的安装要求应满足下列要求：

（1）蓄电池（组）应安装在通风良好场所；当安装在相对封闭的环境中时，应设置通风设施，并应满足该部位所需换气量的要求。

（2）蓄电池（组）安装前，施工单位应核查电池安装场所可能出现的最高环境温度，并应确保设置场所的最高环境温度不超出电池标称的工作温度范围。

（3）蓄电池（组）不应安装在有爆炸危险的场所，且安装部位应与建（构）筑物的其他区域采取一定的防火隔离措施，并确保安装部位周围没有可燃物堆积。

（4）酸性蓄电池（组）不应安装在带有碱性介质的场所；碱性蓄电池（组）不应安装在带有酸性介质的场所。

2. 消防设备应急电源和备用电源蓄电池安装质量的检查内容、要求和方法详见表2-3-24。

表2-3-24 消防设备应急电源和备用电源蓄电池安装质量的检查内容、要求和方法

项目	标准及条款	检查要求	检查方法
设备的设置	GB 50116	设置部位应符合设计文件的规定	对照设计文件核查设备的设置部位

续表2-3-24

项目	标准及条款	检 查 要 求	检 查 方 法
设备的安装	GB 50166 3.3.20	1. 消防设备应急电源的电池应安装在通风良好地方，当安装在密封环境中时应有通风措施，电池安装场所的环境温度不应超出电池标称的工作温度范围	检查电池设置场所的通风情况，测量安装场所的环境温度，核查设备的设计手册、电池设置场所的环境温度
		2. 消防设备应急电源的电池不应安装在火灾爆炸危险场所	核查电池的设置场所是否是火灾爆炸危险场所
		3. 酸性电池不应安装在带有碱性介质的场所；碱性电池不应安装在带酸性介质的场所	核查设计文件、设备的设计手册，检查电池的设置场所是否匹配
蓄电池的安装	GB 50166 3.3.4	设备自带电池需进行现场安装时，蓄电池的规格、型号、容量应符合设计文件的规定，蓄电池的安装应符合产品使用说明书的要求	对照设计文件核对蓄电池的规格、型号、容量；检查蓄电池的安装情况

【工程示例】

1. 消防设备应急电源产品介绍。典型消防设备应急电源产品及安装参数如图 2-3-84 所示。

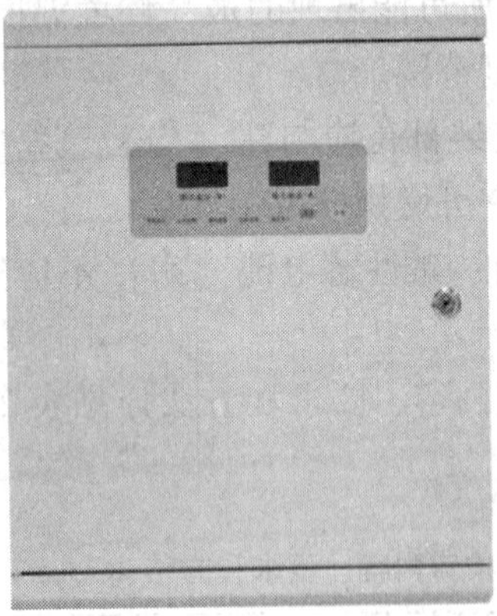

内容	技术参数
输入电压	AC187V~ 242V
输出容量	24V × 10A
电池容量	12V/12Ah × 2 铅酸电池
通信方式	回路总线
使用环境	温度：-10℃~+40℃；相对湿度：≤95%RH,不凝露
外形尺寸	450.0mm × 380.0mm × 135.0mm（长 × 宽 × 高）
执行标准	《消防联动控制系统》GB 16806—2006

图 2-3-84 消防设备应急电源产品示例图

2. 消防设备应急电源安装示例。消防设备应急电源安装示例如图 2-3-85 所示。

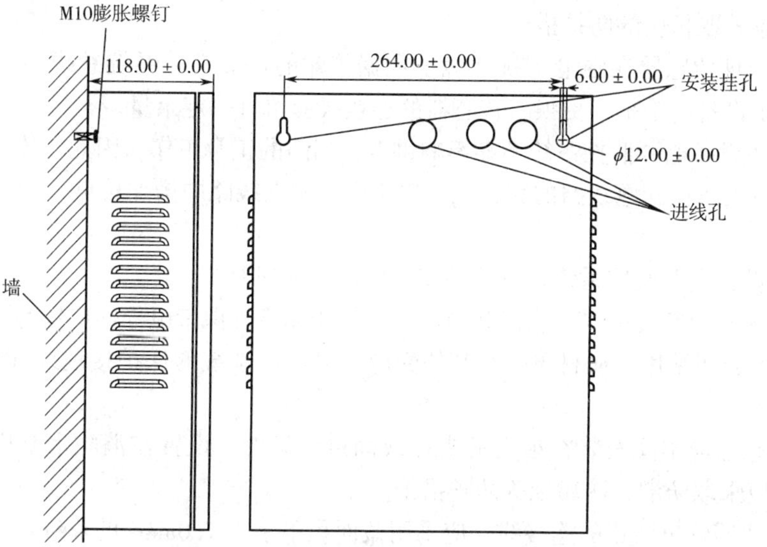

图 2-3-85　消防设备应急电源安装示例图

3.3.21　消防设备电源监控系统传感器的安装应符合下列规定：

1　传感器与裸带电导体应保证安全距离，金属外壳的传感器应有保护接地；

2　传感器应独立支撑或固定，应安装牢固，并应采取防潮、防腐蚀等措施；

3　传感器输出回路的连接线应采用截面积不小于 1.0mm^2 的双绞铜芯导线，并应留有不小于 150mm 的余量，其端部应设置明显的永久性标识；

4　传感器的安装不应破坏被监控线路的完整性，不应增加线路接点。

【条文解读】

1. 本条规定了消防设备电源监控系统传感器的安装要求。

2. 消防设备电源监控系统传感器是消防设备电源监控系统的组成部件，根据传感器监测参数的不同，传感器分为电压传感器、电压/电流传感器，传感器实时监测消防设备供电的交流或直流电源（包括主、备电）的工作状态，在消防设备电源发生过压、欠压、缺相、过流、中断供电等故障时发出报警信号。目前工程中普遍采用电压传感器。

3. 目前，消防水泵、防排烟风机、消防电梯等消防用电负荷的控制装置不具备实时监测其受控设备电源工作状态的功能，建（构）筑物中设置消防控制室时，按照《消防控制室通用技术要求》GB 25506 第 5.7 节的要求这些设备的供电电源应设置消防设备电源监控系统。火灾自动报警系统的控制器类设备，如火灾报警控制器、气体灭火控制器、防火门监控器等均具有实时监测其电源工作状态的功能，这些设备的供电电源不应重复设置消防设备电源监控系统。

4. 本标准对消防设备电源监控系统传感器的安装要求做出了明确的规定：

（1）为了确保消防设备电源监控系统运行的稳定性，传感器与裸带电导体应保证安全距离；传感器监测电压等级为 AC380V、AC220V 的强电电源，基于电击防护的考虑，传感器的壳体采用金属材质时，应对其外壳进行保护接地。

（2）为了避免电力设备因维修、振动、潮湿等因素影响传感器的正常运行，传感器应安装牢固并应采取相应的防护措施。

（3）为保证传感器在强电干扰环境下数据传输的可靠性，系统总线的截面积不宜过小；为了便于设备的维护、更换，传感器的连接线应留有一定余量。

（4）消防设备电源监控系统不能影响供电主回路的正常工作，因此，传感器的安装不应破坏被监控设备供配电线路的完整性，也不应在配电线路中增加接点。

【实施要点】

1. 消防设备电源监控系统传感器的安装应满足下列要求：

（1）传感器的安装位置应确保其与母线、接线端子等裸带电导体应留有一定的安全距离，传感器的壳体采用金属材质时，其外壳应与供配电系统的保护接地线（PE 线）可靠连接。

（2）传感器应牢固安装在独立的支撑或固定支架上；设置在消防水泵房等潮湿场所时，传感器应采取防潮、防腐蚀等防护措施。

（3）传感器输出回路的连接线，应采用截面积不小于 1.0mm^2 的双绞铜芯导线；传感器的连接线应留有不小于 150mm 的余量，并在其端部设置明显的永久性标识。

（4）传感器的安装不应破坏被监控设备供配电线路的完整性，也不应在配电线路中增加接点，即电压传感器宜在配电线路的接线端子处并接、电流传感器宜采用互感器采集配电线路的工作电流参数。

2. 消防设备电源监控系统传感器安装质量的检查内容、要求和方法详见表 2-3-25。

表2-3-25 消防设备电源监控系统传感器安装质量的检查内容、要求和方法

项目	条款	检查要求	检查方法
设备的设置	3.1.1	设置数量应符合设计文件的规定	对照设计文件核查设备的设置数量
		设置部位应符合设计文件的规定	对照设计文件核查设备的设置部位
传感器安装	3.3.21	1. 传感器与裸带电导体应保证安全距离，金属外壳的传感器应有安全接地	检查传感器的设置情况、接地情况
		2. 传感器应独立支撑或固定，安装牢固，并应采取防潮、防腐蚀等措施	手感检查设备的固定情况，检查传感器或传感器箱防潮、防腐蚀措施设置情况
		3. 传感器的输出回路的连接线，应使用截面积不小于 1.0mm^2 的双绞铜芯导线。并应留有不小于 150mm 的余量，其端部应有明显标识	用卡尺测量输出回路连接线的线径，用尺测量导线余量的长度，检查导线的标识
		4. 传感器的安装不应破坏被监控线路的完整性，不应增加线路接点	检查传感器的安装情况

【工程示例】

1. 消防设备电源监控系统传感器产品介绍。典型消防设备电源监控系统传感器产品及安装参数如图 2-3-86 所示。

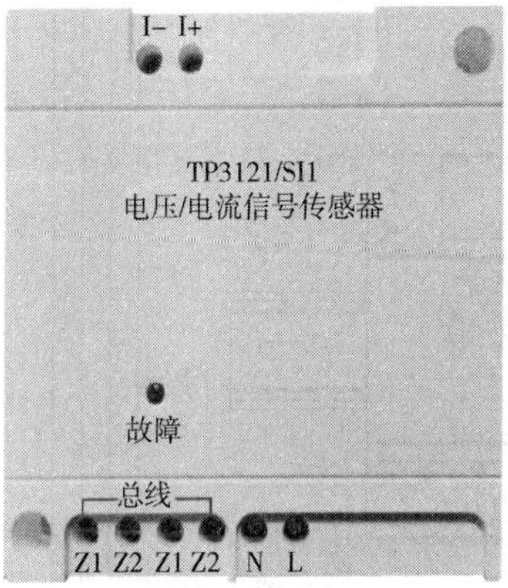

内容	技术参数
检测对象	消防设备电源电压和电流
检测范围	单相电压：AC100V~400V，三相相电压：AC100V~450V，三相线电压：AC100V~450V，交流电流：AC0.5A~5A
编码方式	总线编码
工作电压	DC24V
功耗	正常监测总线电流：500μA，报警总线电流：900μA（满载测试）
外形尺寸	90.0mm × 92.0mm × 33.0mm（长 × 宽 × 高）
使用环境	工作温度：-10℃~+50℃；相对湿度：=95%RH，不凝露
执行标准	《消防设备电源监控系统》GB 28184—2011

图 2-3-86　消防设备电源监控系统传感器产品示例图

2. 消防设备电源监控系统传感器安装示例。消防设备电源监控系统传感器安装示例如图 2-3-87 所示。

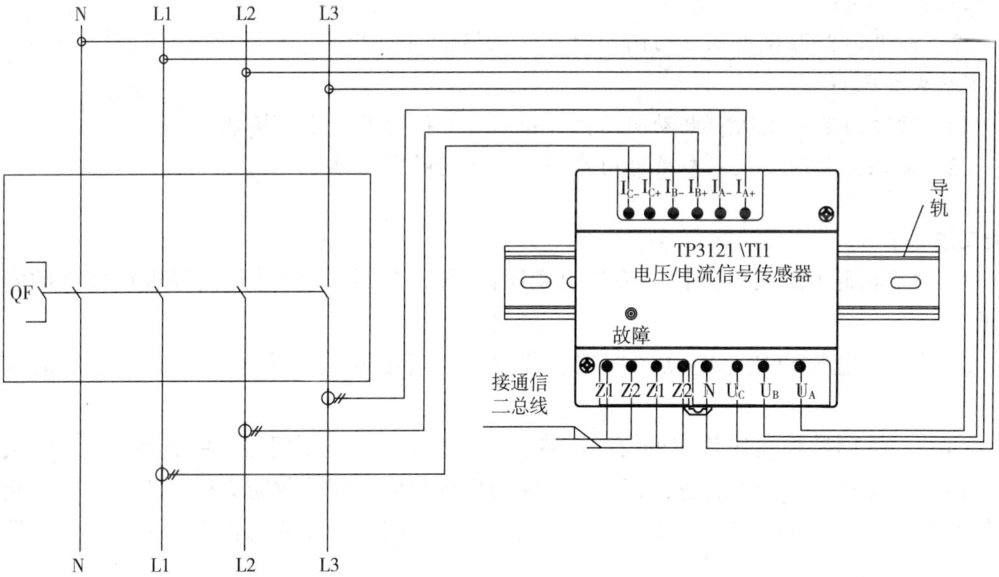

（a）示例一

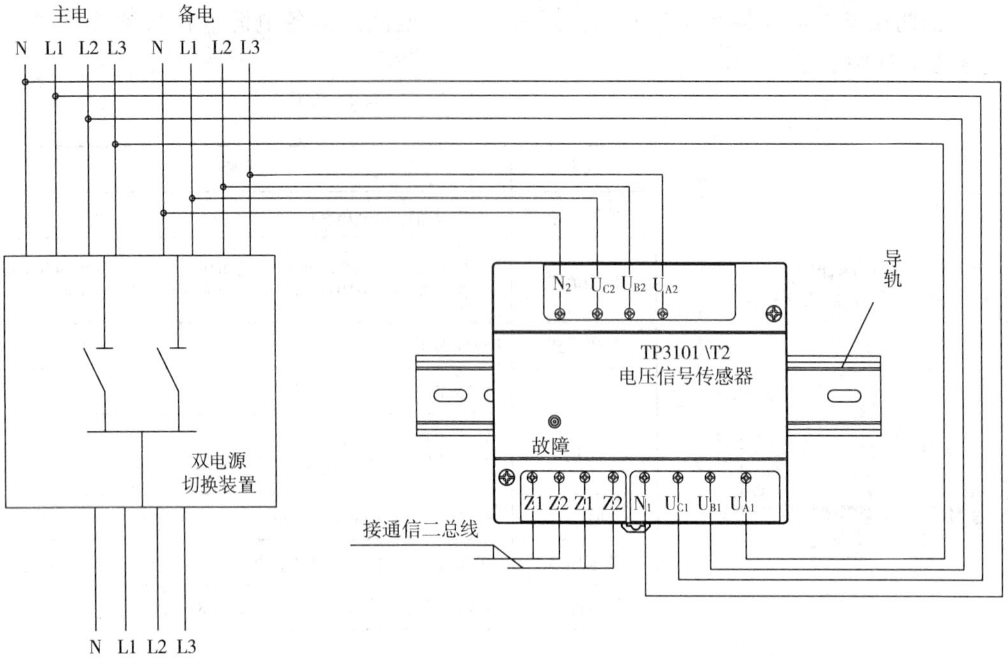

（b）示例二

图 2-3-87 消防设备电源监控系统传感器安装示例图

3.3.22 防火门监控模块与电动闭门器、释放器、门磁开关等现场部件的安装应符合下列规定：

1 防火门监控模块至电动闭门器、释放器、门磁开关等现场部件之间连接线的长度不应大于3m；

2 防火门监控模块、电动闭门器、释放器、门磁开关等现场部件应安装牢固；

3 门磁开关的安装不应破坏门扇与门框之间的密闭性。

【条文解读】

1. 本条规定了防火门监控模块与电动闭门器、释放器、门磁开关等现场部件的安装要求。

2. 防火门监控模块与电动闭门器、释放器、门磁开关均为防火门监控系统的现场部件。

（1）防火门监控模块是防火门监控器和其所连接的电动闭门器、释放器、门磁开关等现场部件之间信号传输的设备，其功能与联动模块类似，即接收防火门监控器的控制指令控制电动闭门器或释放器的动作、接收电动闭门器和门磁开关的动作信号并向防火门监控器反馈其工作状态信号。

（2）电动闭门器是一种可以自动控制常开防火门关闭的闭门器，电动闭门器具有限位开关，可向防火门监控模块反馈常开防火门的闭合状态信号。

（3）释放器一般与机械闭门器配合使用在常开防火门上，正常状态下释放器作为常开防火门的限位开关使常开防火门保持常开，防火门监控模块控制释放器动作后，常开防火门在机械闭门器的控制下闭合。当常开防火门设置释放器时，还需在闭门器上设置门磁开关。

（4）门磁开关是监测常开、常闭防火门闭合状态的现场部件，防火门完全闭合后，门磁开关动作，并将动作信号反馈给防火门监控模块。

3. 本标准对防火门监控模块与电动闭门器、释放器、门磁开关等现场部件的安装要求做出了明确的规定：

（1）为了确保监控模块对电动闭门器和释放器控制，以及门磁开关动作信号接收的可靠性，防火门监控模块至电动闭门器、释放器、门磁开关等现场部件之间连接线的长度不宜过大。

（2）为了避免防火门开启、关闭产生的振动造成防火门监控模块、电动闭门器、释放器、门磁开关等现场部件松动或脱落，从而影响部件的正常运行，现场部件应安装牢固。

（3）防火门需具有一定的防烟性能，门磁开关安装在防火门的门扇或门框上时，应确保门磁开关的安装不破坏防火门的防火性能和密闭性能。

【实施要点】

1. 防火门监控模块与电动闭门器、释放器、门磁开关等现场部件的安装应满足下列要求：

（1）防火门监控模块应临近防火门安装，监控模块至电动闭门器、释放器、门磁开关等现场部件之间连接线的长度不应大于3m。

（2）监控模块、电动闭门器、释放器、门磁开关等现场部件应牢固安装在墙体、门框上。

（3）门磁开关安装在防火门的门扇或门框上时，应确保门磁开关的安装位置和安装工艺不破坏防火门的防火性能和密闭性能。

2. 防火门监控模块与电动闭门器、释放器、门磁开关等现场部件安装质量的检查内容、要求和方法详见表2-3-26。

表2-3-26 防火门监控系统现场部件安装质量的检查内容、要求和方法

项目	条款	检查要求	检查方法
设备的设置	3.1.1	设置数量应符合设计文件的规定	对照设计文件核查设备的设置数量
		设置部位应符合设计文件的规定	对照设计文件核查设备的设置部位
设备的安装	3.3.22	1. 监控模块至电动闭门器、释放器、门磁开关之间连接线的长度不应大于3m	用尺测量监控模块与连接部件接线的长度
		2. 监控模块、电动闭门器、释放器、门磁开关应安装牢固	用手感检查设备的固定情况
		3. 门磁开关安装不应破坏门扇与门框的密闭性	检查门磁开关的安装情况

【工程示例】

1. 防火门监控系统现场部件产品介绍。

(1) 典型防火门监控模块产品及安装参数如图 2-3-88 所示。

内容	技术参数
适用门	兼容单、双门，适用于常闭防火门
工作电压	总线15V~28V脉冲电压
工作电流	2mA
线制	二线制，无极性
使用环境	温度：-10℃~55℃；相对湿度：≤95%RH，不凝露
附合标准	《防火门监控器》GB 29364—2012

图 2-3-88　防火门监控模块产品示例图

(2) 典型电动闭门器产品及安装参数如图 2-3-89 所示。

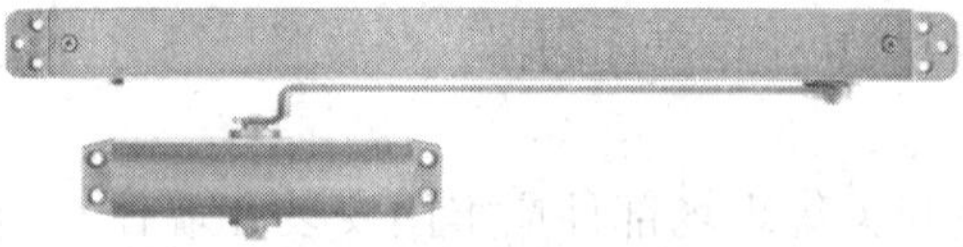

产品名称	防火门定位与释放装置
工作电压	脉冲DC24V（21V~28V）
工作电流	1mA
工作功率	0.024W
安装方式	上门框安装
适用范围	用于疏散通道，电梯前室的常开式防火门，每扇防火门需用一套定位与释放装置

图 2-3-89　电动闭门器产品示例图

(3) 典型释放器产品及安装参数如图 2-3-90 所示。

产品名称	防火门电磁释放器（非编码型）
工作电压	电源电压DC24V（21V~28V）
工作电流	0.08A
工作功率	1.92W
吸力	≥600N
适用范围	与常开防火门监控模块配套使用，用于疏散通道，电梯前室的常开型防火门，每扇防火门需用一只电磁释放器

图 2-3-90　释放器产品示例图

(4) 典型门磁开关产品及安装参数如图 2-3-91 所示。

产品名称	防火门门磁开关（非编码型）
安装方式	感应开关安装在上门框，永磁安装在门上
外露线长	200mm
安装距离	感应开关和永磁铁安装间距小于30mm
适用范围	与常闭防火门监控模块配套使用，用于常闭防火门，每扇防火门需用一只门磁开关（包括感应部分和永磁铁两部分）

图 2-3-91　门磁开关产品示例图

2. 防火门监控系统现场部件安装示例。

（1）电动闭门器安装示例如图 2-3-92 所示。

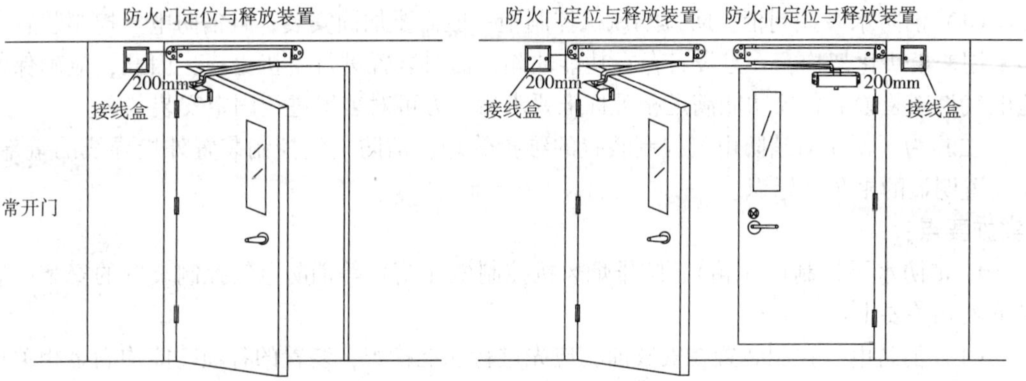

（a）单开门　　（b）双开门

图 2-3-92　电动闭门器安装示例图

（2）门磁开关安装示例如图 2-3-93 所示。

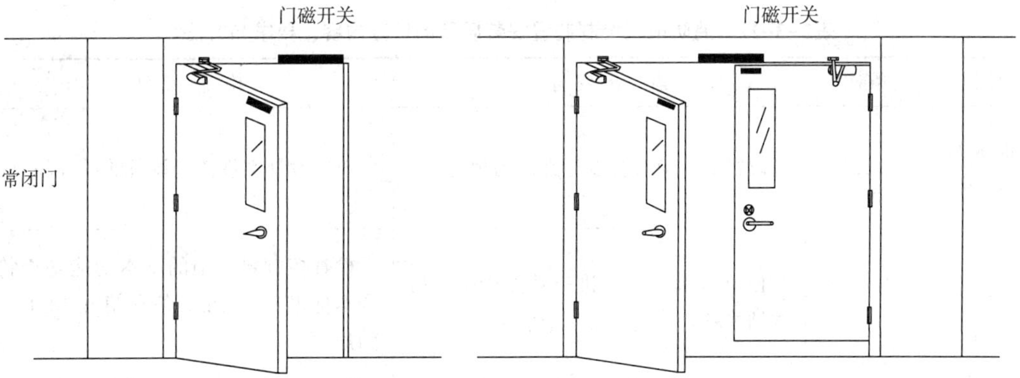

（a）单扇常闭防火门　　（b）双扇常闭防火门

图 2-3-93　门磁开关安装示例图

3.3.23 消防电气控制装置的安装应符合下列规定：

1 消防电气控制装置在安装前应进行功能检查，检查结果不合格的装置不应安装；

2 消防电气控制装置外接导线的端部应设置明显的永久性标识；

3 消防电气控制装置应安装牢固，不应倾斜，安装在轻质墙体上时应采取加固措施。

【条文解读】

1. 本条规定了消防电气控制装置的安装要求。

2. 消防电气控制装置属于消防联动控制系统设备范畴，是一种可以按照预设逻辑控制消防设备动作的控制和显示类装置，主要包括消防水泵控制柜（箱）、防排烟风机控制柜（箱）等。

3. 本标准对消防水泵控制柜（箱）、防排烟风机控制柜（箱）等消防电气控制装置的安装要求做出了明确的规定：

（1）消防水泵控制柜、防排烟风机控制柜一般需要加固安装，且消防电气控制装置大多采用非模块化架构，一旦设备存在功能缺陷，需对装置进行整机更换，因此，应确保消防电气控制装置的各项功能满足相关标准要求后，方可对装置进行固定安装。

（2）为了便于对消防电气控制装置的维护管理，消防电气控制装置外接导线的端部，应设置明显的永久性标识。

【实施要点】

1. 消防水泵控制柜（箱）、防排烟风机控制柜（箱）等消防电气控制装置的安装应满足下列相关要求：

（1）消防电气控制装置在安装前，应先进行功能检查，装置的各项功能均满足相关标准的要求后，方可对装置进行固定安装。

（2）消防电气控制装置外接导线的端部，应设置明显的永久性标识。

（3）消防电气控制装置应牢固安装在柱、墙体等建筑结构上，消防电气控制装置安装在轻质墙体上时，应采取加固措施，消防电气控制装置不应倾斜安装。

2. 消防电气控制装置安装质量的检查内容、要求和方法详见表 2-3-27。

表2-3-27 消防电气控制装置安装质量的检查内容、要求和方法

项目	条款	检查要求	检查方法
设备的设置	3.1.1	设置部位应符合设计文件的规定	对照设计文件核查设备的设置部位
设备的安装	3.3.23	1. 在安装前，应进行功能检查，检查结果不合格的装置不应安装	检查控制箱、柜的基本功能是否符合本标准第 4.16.1 条和第 4.18.1 条的规定
		2. 外接导线的端部，应设置明显的永久性标识	检查外接导线标识的设置情况

续表2-3-27

项目	条款	检 查 要 求	检 查 方 法
设备的安装	3. 3. 23	3. 应安装牢固，不应倾斜；安装在轻质墙体上时，应采取加固措施	检查设备的安装情况、设备的加固措施

【工程示例】

1. 消防电气控制装置产品介绍。

（1）典型消防水泵控制柜产品及安装参数如图 2-3-94 所示。

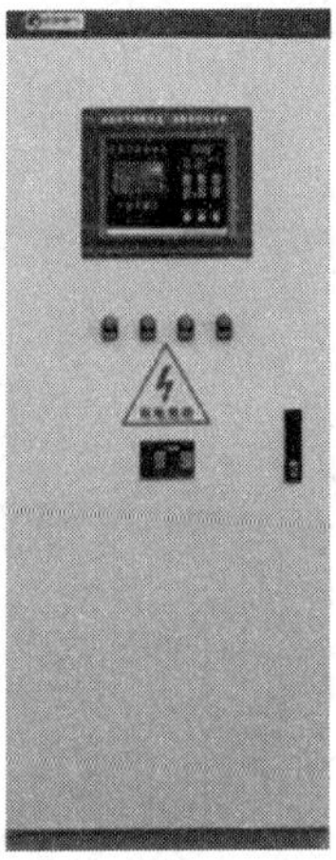

内容	技术参数
控制方式	直接启动
控制电压	AC380V
控制电机功率	0.75kW~22kW
控制水泵台数	1台~4台
使用环境	温度：<40℃；相对湿度：≤90%RH
外形尺寸	1 400.0mm × 600. 0mm × 400.0mm（高 × 长 × 宽）

图 2-3-94　消防水泵控制柜产品示例图

（2）典型防排烟风机控制箱产品及安装参数如图 2-3-95 所示。

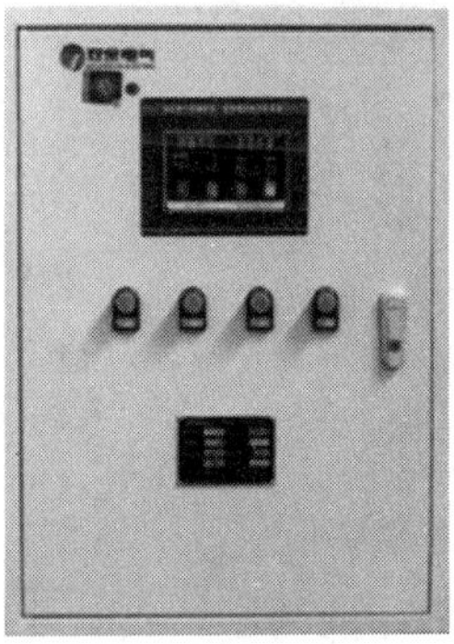

内容	技术参数
控制方式	直接启动
额定电压	三相AC380V
额定功率	0.25kW~37kW
使用频率	50Hz~60Hz
使用环境	温度：-5℃~+40℃；相对湿度：≤90%RH
外形尺寸	800.0mm × 600.0mm × 200.0mm（高 × 长 × 宽）

图 2-3-95　防排烟风机控制柜产品示例图

2. 消防电气控制装置安装示例。

（1）消防水泵控制柜安装示例如图 2-3-96 所示。

（2）防排烟风机控制箱安装示例如图 2-3-97 所示。

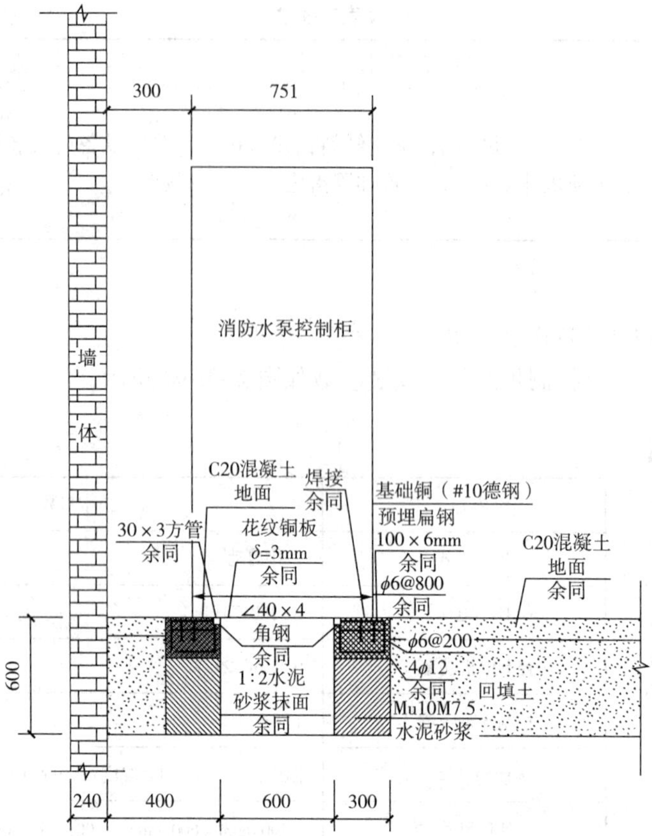

图 2-3-96　消防水泵控制柜安装示例图

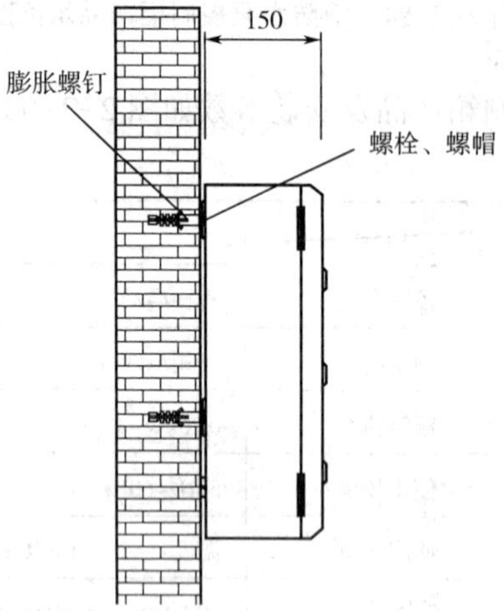

图 2-3-97　防排烟风机控制箱安装示例图

注：1. 箱体采用冷轧钢板或敷铝锌板，箱面表面静电喷塑或烤漆。
2. 箱体上下均留有敲落孔。
3. 箱门配有锁具，锁具安装位置与开启方向相对应。
4. 箱内端子排位置由生产厂家定。
5. 箱体防护等级不低于 IP2X。

3.4 系统接地

3.4.1 系统接地及专用接地线的安装应满足设计要求。

3.4.2 交流供电和36V以上直流供电的消防用电设备的金属外壳应有接地保护，其接地线应与电气保护接地干线（PE）相连接。

【条文解读】

1. 第3.4.1条和第3.4.2条规定了火灾自动报警系统的接地要求。

2. 火灾自动报警系统设备均为电气设备，为了确保系统设备运行的稳定性和可靠性，系统应可靠接地。

3. 基于电击防护的考虑，采用交流供电或采用额定工作电压等级为DC36V以上直流供电的消防用电设备，当其外壳采用金属材质时，外壳应有接地保护。

【实施要点】

1. 施工单位应核查建筑变配电所、消防控制室等部位的接地形式及专用接地线的施工记录及检验报告，并应确保检验结果满足设计文件的要求。

2. 采用交流供电或采用额定工作电压等级为DC36V以上直流供电的消防用电设备，当其外壳采用金属材质时，外壳接地线应与电气保护接地干线（PE）相连接。

4 系统调试

4.1 一般规定

4.1.1 系统调试应包括系统部件功能调试和分系统的联动控制功能调试，并应符合下列规定：

1 应对系统部件的主要功能、性能进行全数检查，系统设备的主要功能、性能应符合现行国家标准的规定；

2 应逐一对每个报警区域、防护区域或防烟区域设置的消防系统进行联动控制功能检查，系统的联动控制功能应符合设计文件和现行国家标准《火灾自动报警系统设计规范》GB 50116 的规定；

3 不符合规定的项目应进行整改，并应重新进行调试。

【条文解读】

1. 本条规定了系统调试的内容和一般要求。

2. 火灾自动报警系统的调试包括以下两个方面的内容：

（1）系统设备的调试。

1）检查、调整系统设备的功能和性能，并确保系统设备的功能和性能满足相关产品标准的规定。

2）系统设备的调试，并不是检查产品标准中规定的设备所有功能和性能，而只是检查和调整系统设备与系统日常运行和施工环节相关的基本功能（如线路故障报警功能、消音功能、复位功能等）。

（2）系统对其他消防系统设施控制功能的调试。

1）检查、调整系统对其他消防系统、设施的控制功能，并确保系统对其他消防系统、设施的控制功能满足设计文件和《火灾自动报警系统设计规范》GB 50116 的规定。

2）根据建筑防火设计的基本理念，防火门和防火卷帘等防火分隔系统、机械防排烟系统、自动灭火系统等建筑消防系统是根据其自身的消防功能，以楼层、防火分区、防烟分区、防护区域等为基本单元设置的。因此，系统对其他消防系统、设施控制功能的调试，应按照根据受控系统的不同，按楼层、防火分区、防烟分区、防护区域等为单元逐一进行。

【实施要点】

1. 火灾自动报警系统部件安装结束后，建设单位应组织调试单位对系统进行调试。

2. 调试单位应首先进行系统设备的调试：

（1）按系统设备的产品标准要求检查和调整各系统设备的功能和性能。

（2）当因线路敷设、设备安装等原因影响系统设备的功能时，应对施工环节存在的问题进行整改。

（3）当系统设备的功能和性能不满足其产品标准的相关规定时，应对不合格设备予以更换并重新进行调试。

3. 系统设备调试合格后，调试单位应根据其他建筑消防系统的设置情况进行系统控制功能的调试：

（1）按设计文件和《火灾自动报警系统设计规范》GB 50116 的要求，以楼层、防火分区、防烟分区、防护区域等为单元，逐一检查和调整系统对火灾警报和应急广播系统、防火卷帘系统、防火门监控系统、气体灭火系统、自动喷水灭火系统、消火栓系统、加压送风系统、机械排烟系统、消防应急照明和疏散指示系统、电梯、非消防电源等相关系统的控制功能。

（2）当系统的控制功能不满足要求时，应检查并处理系统的控制逻辑编程等环节存在的问题，并重新进行调试。

4.1.2 火灾报警控制器、可燃气体报警控制器、电气火灾监控设备、消防设备电源监控器等控制类设备的报警和显示功能，应符合下列规定：

1 火灾探测器、可燃气体探测器、电气火灾监控探测器等探测器发出报警信号或处于故障状态时，控制类设备应发出声、光报警信号，记录报警时间；

2 控制器应显示发出报警信号部件或故障部件的类型和地址注释信息，且显示的地址注释信息应符合本标准第 4.2.2 条的规定。

【条文解读】

1. 本条规定了系统控制类设备调试时，其报警和显示功能的一般要求。

2. 火灾自动报警系统控制器类设备的报警和显示功能应符合下列规定：

（1）《火灾报警控制器》GB 4717 规定：当火灾探测器、手动火灾报警按钮发出火灾报警信号或处于故障状态时，火灾报警控制器应发出声、光报警信号，并记录火灾探测器、手动火灾报警按钮发出火灾报警信号或出现故障状态的时间。

（2）《可燃气体报警控制器》GB 16808 规定：当可燃气体探测器发出可燃气体泄漏报警信号或处于故障状态时，可燃气体报警控制器应发出声、光报警信号，并记录可燃气体探测器发出可燃气体泄漏报警信号或出现故障状态的时间。

（3）《电气火灾监控设备》GB 14287.1 规定：当电气火灾监控探测器发出电气火灾监控报警信号或处于故障状态时，电气火灾监控设备应发出声、光报警信号，并记录电气火灾监控探测器发出电气火灾监控报警信号或出现故障状态的时间。

（4）《消防设备电源监控系统》GB 28184 规定：当消防设备电源监控系统传感器发出消防设备电源故障报警信号或处于故障状态时，消防设备电源状态监控器应发出声、光报警信号，并记录传感器发出消防设备电源故障报警信号或出现故障状态的时间。

【实施要点】

对火灾报警控制器、可燃气体报警控制器、电气火灾监控设备和消防设备电源状态监控器等控制器类设备配接的现场部件进行调试时，控制器的报警和显示功能应满足下述要求：

（1）现场部件发出报警信号或处于故障状态时，控制器应能发出报警声、光信号，记录现场部件的报警时间。

（2）控制器应能显示发出报警信号或处于故障状态的部件的类型（如点型感烟火灾

探测器、手动火灾报警按钮、测温式电气火灾监控探测器等)。

(3) 控制器应能显示现场部件的地址注释信息，地址注释信息一般采用中文标注，应能准确表达现场部件设置的具体部位信息；地址注释信息应与现场部件设置表一致。

4.1.3 消防联动控制器的联动启动和显示功能应符合下列规定：

1 消防联动控制器接收到满足联动触发条件的报警信号后，应在3s内发出控制相应受控设备动作的启动信号，点亮启动指示灯，记录启动时间；

2 消防联动控制器应接收并显示受控部件的动作反馈信息，显示部件的类型和地址注释信息，且显示的地址注释信息应符合本标准第4.2.2条的规定。

【条文解读】

1. 本条规定了系统调试时，消防联动控制器的联动控制和显示功能的一般要求。

2. 《消防联动控制系统》GB 16806 规定：消防联动控制器在接收到火灾报警控制器发送的符合联动控制触发条件的火灾报警信号后，应在3s内发出启动信号，接收并显示受控部件的动作反馈信息。

【实施要点】

对系统的联动控制功能进行调试时，消防联动控制器的启动和显示功能应满足下列要求：

(1) 消防联动控制器在接收到火灾报警控制器发送的符合联动控制触发条件的火灾报警信号后，应在3s内向相应的总线模块发出启动信号，点亮启动指示灯，记录启动时间。

(2) 受控设备动作后，消防联动控制器应接收并显示受控部件的动作反馈信息，显示受控部件的类型（如排烟口、消防水泵等）和地址注释信息，地址注释信息一般采用中文标注，应能准确表达现场部件设置的具体部位信息；地址注释信息应与现场部件设置表一致。

4.1.4 消防控制室图形显示装置的消防设备运行状态显示功能应符合下列规定：

1 消防控制室图形显示装置应接收并显示火灾报警控制器发送的火灾报警信息、故障信息、隔离信息、屏蔽信息和监管信息；

2 消防控制室图形显示装置应接收并显示消防联动控制器发送的联动控制信息、受控设备的动作反馈信息；

3 消防控制室图形显示装置显示的信息应与控制器的显示信息一致。

【条文解读】

1. 本条规定了系统调试时，消防控制室图形显示装置显示功能的一般要求。

2. 《消防联动控制系统》GB 16806 规定，消防控制室图形显示装置应能接收并显示火灾报警控制器和消防联动控制器发送的运行状态信息：

(1) 消防控制室图形显示装置应能接收并显示火灾报警控制器发送的火灾报警信息、故障信息、隔离信息、屏蔽信息和监管信息。

(2) 消防控制室图形显示装置应能接收并显示消防联动控制器发送的联动控制信息、受控设备的动作反馈信息。

【实施要点】

设置消防控制图形显示装置的系统，在进行火灾报警控制器、消防联动控制器及其配接部件的功能，以及系统对其他消防系统控制功能的调试时，消防控制室图形显示装置的显示功能应满足下列要求：

（1）消防控制室图形显示装置应能接收并显示火灾报警控制器发送的火灾报警信息、故障信息、隔离信息、屏蔽信息和监管信息，且消防控制室图形显示装置显示的上述信息的发出时间、部件类型、地址注释等应与火灾报警控制器的显示信息一致。

（2）消防控制室图形显示装置应能接收并显示消防联动控制器发送的联动控制信息、受控设备的动作反馈信息，且消防控制室图形显示装置显示的上述信息的发出时间、部件类型、地址注释等应与消防联动控制器的显示信息一致。

4.1.5 气体灭火系统、防火卷帘系统、防火门监控系统、自动喷水灭火系统、消火栓系统、防烟与排烟系统、消防应急照明及疏散指示系统、电梯与非消防电源等相关系统的联动控制调试，应在各分系统功能调试合格后进行。

【条文解读】

1. 本条规定了系统联动控制调试时，各自动消防系统的分步调试要求。

2. 气体灭火系统、防火卷帘系统、防火门监控系统、自动喷水灭火系统、消火栓系统、防烟与排烟系统、消防应急照明及疏散指示系统、电梯与非消防电源控制系统均为相对独立、组成完整的建筑系统，消防联动控制系统对上述系统的控制均是基于其功能正常的前提下进行的。

【实施要点】

系统对气体灭火系统、防火卷帘系统、防火门监控系统、自动喷水灭火系统、消火栓系统、防烟与排烟系统、消防应急照明及疏散指示系统、电梯与非消防电源控制系统控制功能的调试，应确保各系统按照相应的工程技术标准调试合格后，方可进行。

4.1.6 系统设备功能调试、系统的联动控制功能调试结束后，应恢复系统设备之间、系统设备和受控设备之间的正常连接，并应使系统设备、受控设备恢复正常工作状态。

【条文解读】

1. 本条规定了系统调试结束后，对系统设备和系统的复位要求。

2. 为了避免在系统调试过程中，因控制类设备、连接线路等原因导致受控设备误动作，系统调试时，需断开系统设备与受控设备的连接线、断开与分系统联动控制功能无关的其他受控设备连接线。系统调试合格后，应使系统恢复正常工作状态。

【实施要点】

系统设备、系统联动功能调试合格后，调试单位应确保系统恢复正常工作状态：

（1）恢复系统设备之间、系统设备和受控设备之间的正常连接。

（2）系统设备具有复位功能时，应将复位功能调试，作为系统调试的最后一个操作步骤。

（3）系统调试结束后，调试单位应检查并确保系统设备处于正常监视状态。

4.2 调试准备

4.2.1 系统调试前，应按设计文件的规定对设备的规格、型号、数量、备品备件等进行查验，并应按本标准第3章的规定对系统的线路进行检查。

【条文解读】

1. 本条规定了系统调试前对系统设备和线路的检查要求。

2. 从实际应用情况看，部分工程项目中企业在发货环节时有差错发生，特别是备品备件和技术资料不齐全，影响了系统的调试和开通运行。因此，在系统调试前应对系统设备和技术资料的符合性进行查验。

3. 系统线路存在的问题会影响系统调试的顺利进行，也会影响系统运行的稳定性和可靠性，调试单位在系统调试前，应对系统线路的施工质量进行检查。

【实施要点】

1. 调试单位在系统调试前，应核查设备的规格、型号、数量是否满足设计文件的规定，尤其是要核查系统设备的备品备件和技术资料是否齐备。

2. 调试单位在系统调试前，应按本标准第3章的规定，对系统线路的施工质量进行检查，并对系统线路存在的错线、开路、虚焊、短路、绝缘电阻小于20MΩ等问题进行整改。应该注意的是，在查线过程中一定要按厂家的说明，使用合适的工具、合理的方法检查线路，避免底座或探测器等设备元器件的损坏。

4.2.2 系统调试前，应对系统部件进行地址设置及地址注释，并应符合下列规定：

1 应对现场部件进行地址编码设置，一个独立的识别地址只能对应一个现场部件；

2 与模块连接的火灾警报器、水流指示器、压力开关、报警阀、排烟口、排烟阀等现场部件的地址编号应与连接模块的地址编号一致；

3 控制器、监控器、消防电话总机及消防应急广播控制装置等控制类设备应对配接的现场部件进行地址注册，并应按现场部件的地址编号及具体设置部位录入部件的地址注释信息；

4 应按本标准附录D的规定填写系统部件设置情况记录。

【条文解读】

1. 本条规定了系统调试前，系统现场部件的地址设置和地址注释要求。

2. 火灾自动报警系统的火灾探测报警系统、消防联动控制系统、可燃气体探测报警系统、电气火灾监控系统以及防火门监控子系统、消防电源监控系统等消防联动控制子系统，均为报警（控制）与显示装置采用总线或多线形式配接现场部件的架构形式。为了实现各系统、各子系统的监测报警、控制功能，需对系统的现场部件进行地址识别。因此，在系统调试前，应对系统部件进行地址设置，同时为了便于对系统设备的维护管理，还应对现场部件进行地址注释，明确标注现场部件的具体设置部位信息。

3. 对于总线设备而言，每个独立的识别地址只能对应一个现场部件，不能对应多个独立的现场部件，本标准不再允许以往部分工程中采用的1个地址母座配接多个无地址探测器的做法；1个总线设备可能对应多个识别地址，如输入输出模块、多输入多输出模块，每一个输入、输出单元均应占用一个独立的识别地址，即四输入二输出模块共计占用6个总线识别地址。

【实施要点】

1. 火灾报警控制器、家用火灾报警控制器、消防联动控制器、可燃气报警控制器、电气火灾监控设备、消防设备电源状态监控器、防火门监控器及气体灭火控制器配接的现场部件调试前，调试单位应对现场部件进行地址设置，且应满足下列要求：

(1) 按现场部件使用说明书的要求，采用手动拨码、利用地址编码器编码等方式，逐一对现场部件进行地址设置，现场部件的地址编码应满足设计文件的要求。

(2) 总线模块连接的火灾警报器、水流指示器、压力开关、报警阀、排烟口、排烟阀等现场部件的地址编号应与连接模块的地址编号一致，且模块应按其连接部件备注设备属性。

(3) 现场部件的地址设置完毕后，应在火灾报警控制器、消防联动控制器等控制类设备上进行现场部件的地址注册，并按现场部件的地址编号及具体设置部位录入部件的地址注释信息。

(4) 调试单位应认真填写现场部件的地址设置和地址注释记录。

2. 火灾自动报警系统各子系统现场部件地址设置及地址注释记录的格式化表格如表2-4-1~表2-4-10所示，调试单位应根据系统的实际设置情况，按设计文件的要求，认真填写表格中下划线标注部分的内容。

表2-4-1 火灾探测报警系统现场部件设置情况记录

设备名称	设备编号	规格型号	设置部位	配接回路数	备注
火灾报警控制器	×××	×××	具体设置部位	M	×××

1回路带载现场部件数量	A_1
……	×××
M回路带载现场部件数量	A_M

地址编号		现场部件类型	现场设置部位	区域编号	地址注释信息	备注
回路	☆编码					
1	$1\sim A_1$	点型感烟火灾探测器、点型感温火灾探测器、一氧化碳火灾探测器、线型光束感烟火灾探测器、线型感温火灾探测器、管路采样式吸气感烟火灾探测器、点型火焰探测器、图像型火灾探测器、手动火灾报警按钮、火灾显示盘	具体设置部位	报警、防护、防烟区域编号	控制器显示的地址信息	×××
×××	×××		×××	×××	×××	×××
M	$1\sim A_M$		具体设置部位	报警、防护、防烟区域编号	控制器显示的地址信息	×××

注：☆为可选项，下同。

表2-4-2 消防联动控制系统现场部件设置情况记录

设备名称	设备编号	规格型号	现场设置部位	配接回路数	备注	
消防联动控制器	×××	×××	具体设置部位	M	×××	
1 回路带载现场部件数量					A_1	
……					×××	
M 回路带载现场部件数量					A_M	
地址编号		现场部件类型	现场设置部位	区域编号	地址注释信息	备注
回路	☆编码					
1	1 ~ A_1	模块、消火栓按钮	具体设置部位	报警、防护、防烟区域编号	控制器显示的地址信息	×××
×××	×××		×××	×××	×××	×××
M	1 ~ A_M		具体设置部位	报警、防护、防烟区域编号	控制器显示的地址信息	×××

表2-4-3 消防电话系统现场部件设置情况记录

设备名称	设备编号	规格型号	现场设置部位	配接回路数	备注
消防电话总机	×××	×××	具体设置部位	M	×××
1 回路带载现场部件数量					A_1
……					×××
M 回路带载现场部件数量					A_M
地址编号		现场部件类型	现场设置部位	地址注释信息	备注
回路	☆编码				
1	1 ~ A_1	消防电话分机、消防电话插孔	具体设置部位	总机显示的地址信息	×××
×××	×××		×××	×××	×××
M	1 ~ A_M		具体设置部位	总机显示的地址信息	×××

表2-4-4 消防应急广播系统现场部件设置情况记录

设备名称	设备编号	规格型号	设置部位	配接回路数	备注
消防应急广播控制设备	×××	×××	具体设置部位	M	×××
1 回路带载现场部件数量					A_1
……					×××
M 回路带载现场部件数量					A_M

续表2-4-4

地址编号		现场部件类型	现场设置部位	地址注释信息	备注
回路	☆编码				
1	$1\sim A_1$	扬声器	具体设置部位	控制设备显示的地址信息	×××
×××	×××		×××	×××	×××
M	$1\sim A_M$		具体设置部位	控制设备显示的地址信息	×××

表2-4-5 可燃气体探测报警系统现场部件设置情况记录

设备名称	设备编号	规格型号	设置部位	配接回路数	备注
可燃气体报警控制器	×××	×××	具体设置部位	M	×××
1 回路带载现场部件数量					A_1
……					×××
M 回路带载现场部件数量					A_M
地址编号		现场部件类型	现场设置部位	地址注释信息	备注
回路	☆编码				
1	$1\sim A_1$	点型可燃气体探测器、线型可燃气体探测器	具体设置部位	控制器显示的地址信息	记录探测器报警设定值
×××	×××		×××	×××	×××
M	$1\sim A_M$		具体设置部位	控制器显示的地址信息	记录探测器报警设定值

表2-4-6 电气火灾监控系统现场部件设置情况记录

设备名称	设备编号	规格型号	设置部位	配接回路数	备注
电气火灾监控设备	×××	×××	具体设置部位	M	×××
1 回路带载现场部件数量					A_1
……					×××
M 回路带载现场部件数量					A_M
地址编号		现场部件类型	现场设置部位	地址注释信息	备注
回路	☆编码				
1	$1\sim A_1$	剩余电流式电气火灾监控探测器、测温式电气火灾监控探测器、故障电弧探测器、线型感温火灾探测器	具体设置部位	监控设备显示的地址信息	×××
×××	×××		×××	×××	×××
M	$1\sim A_M$		具体设置部位	监控设备显示的地址信息	×××

表2-4-7 消防设备电源监控系统现场部件设置情况记录

<table>
<tr><td colspan="2">设备名称</td><td>设备编号</td><td>规格型号</td><td>现场设置部位</td><td>配接回路数</td><td>备注</td></tr>
<tr><td colspan="2">消防设备电源状态监控器</td><td>×××</td><td>×××</td><td>具体设置部位</td><td>M</td><td>×××</td></tr>
<tr><td colspan="6">1 回路带载现场部件数量</td><td>A_1</td></tr>
<tr><td colspan="6">……</td><td>×××</td></tr>
<tr><td colspan="6">M 回路带载现场部件数量</td><td>A_M</td></tr>
<tr><td colspan="2">地址编号</td><td rowspan="2" colspan="2">现场部件类型</td><td rowspan="2">现场设置部位</td><td rowspan="2">地址注释信息</td><td rowspan="2">备注</td></tr>
<tr><td>回路</td><td>☆编码</td></tr>
<tr><td>1</td><td>1~A_1</td><td rowspan="3" colspan="2">电压信号传感器、电流信号传感器、电压/电流信号传感器</td><td>具体设置部位</td><td>消防设备名称和设置部位</td><td>×××</td></tr>
<tr><td>×××</td><td>×××</td><td>×××</td><td>×××</td><td>×××</td></tr>
<tr><td>M</td><td>1~A_M</td><td>具体设置部位</td><td>消防设备名称和设置部位</td><td>×××</td></tr>
</table>

表2-4-8 防火卷帘系统现场部件设置情况记录

<table>
<tr><td>设备名称</td><td>设备编号</td><td>规格型号</td><td colspan="2">现场设置部位</td><td>备注</td></tr>
<tr><td>防火卷帘控制器</td><td>×××</td><td>×××</td><td colspan="2">具体设置部位</td><td>×××</td></tr>
<tr><td>地址编号</td><td colspan="3">现场部件类型</td><td>现场设置部位</td><td>备注</td></tr>
<tr><td>×××</td><td colspan="3">☆点型感烟火灾探测器、☆点型感温火灾探测器、手动控制装置</td><td>具体设置部位</td><td>×××</td></tr>
</table>

表2-4-9 防火门监控系统现场部件设置情况记录

<table>
<tr><td colspan="2">设备名称</td><td>设备编号</td><td>规格型号</td><td>现场设置部位</td><td>配接回路数</td><td>备注</td></tr>
<tr><td colspan="2">防火门监控器</td><td>×××</td><td>×××</td><td>具体设置部位</td><td>M</td><td>×××</td></tr>
<tr><td colspan="6">1 回路带载现场部件数量</td><td>A_1</td></tr>
<tr><td colspan="6">……</td><td>×××</td></tr>
<tr><td colspan="6">M 回路带载现场部件数量</td><td>A_M</td></tr>
<tr><td colspan="2">地址编号</td><td rowspan="2" colspan="2">现场部件类型</td><td rowspan="2">现场设置部位</td><td rowspan="2">地址注释信息</td><td rowspan="2">备注</td></tr>
<tr><td>回路</td><td>☆编码</td></tr>
<tr><td>1</td><td>1~A_1</td><td rowspan="3" colspan="2">监控模块、电动闭门器、释放器、门磁开关</td><td>具体设置部位</td><td>监控器显示的地址信息</td><td>×××</td></tr>
<tr><td>×××</td><td>×××</td><td>×××</td><td>×××</td><td>×××</td></tr>
<tr><td>M</td><td>1~A_M</td><td>具体设置部位</td><td>监控器显示的地址信息</td><td>×××</td></tr>
</table>

表2-4-10 气体灭火系统现场部件设置情况记录

<table>
<tr><td>设备名称</td><td colspan="2">设备编号</td><td>规格、型号</td><td colspan="2">现场设置部位</td><td>备注</td></tr>
<tr><td>气体灭火控制器</td><td colspan="2">×××</td><td>×××</td><td colspan="2">具体设置部位</td><td>×××</td></tr>
<tr><td>地址编号</td><td colspan="2">现场部件类型</td><td>现场设置部位</td><td>区域编号</td><td>地址注释信息</td><td>备注</td></tr>
<tr><td>×××</td><td colspan="2">点型感烟火灾探测器、点型感温火灾探测器、手动与自动控制转换装置、手动与自动控制状态显示装置、现场启动和停止按钮、火灾警报器、喷洒光警报器</td><td>×××</td><td>防护区域编号</td><td>控制器显示的地址信息</td><td>×××</td></tr>
</table>

【工程示例】

1. 利用编码器对火灾探测器进行地址设置示例。打开编码器，进入写地址模式，输入火灾探测器需要设置的地址号，把火灾探测器总线接入编码器，等待手持编码器提示写地址成功。探测器地址编码器如图 2-4-1 所示。

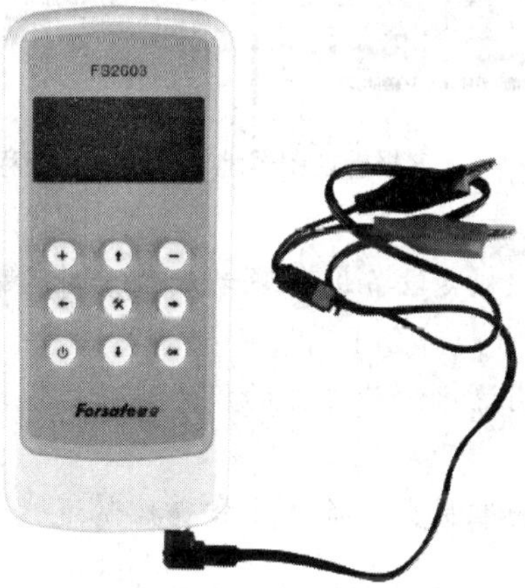

图 2-4-1 探测器编码器产品示例图

2. 火灾报警控制器对火灾探测器进行地址注册示例。

（1）在控制器主菜单选择“编程”，按“确认“键进入编程页面；

（2）在编程页面选择“显示关系”，按“确认“键进入总线显示关系页面；

（3）在总线显示关系页面选择“回路”，按“确认”键进入当前回路显示关系页面；

（4）在火灾探测器显示关系页面输入探测器对应的栋、区、层、号，然后按“确认”键进入位置描述页面；

（5）在位置描述页面，通过控制器上的拼音输入法编辑探测器的位置描述，然后按“F2”进行保存；

（6）火灾报警控制器地址注册操作流程如图 2-4-2 所示。

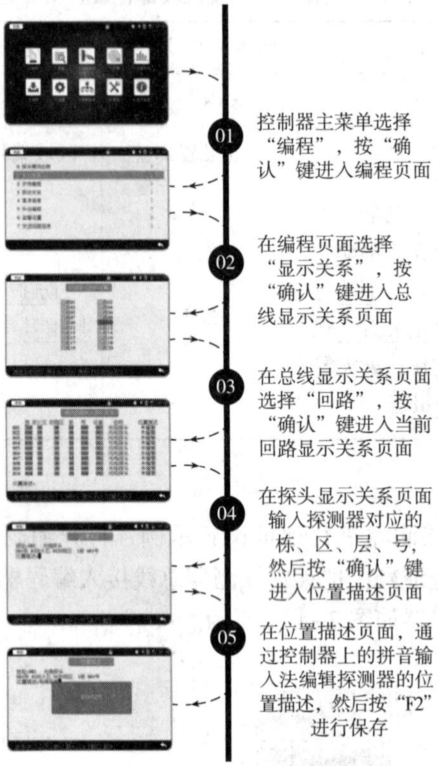

图 2-4-2　火灾报警控制器地址注册操作流程示意图

4.2.3　系统调试前，应对控制类设备进行联动编程，对控制类设备手动控制单元控制按钮或按键进行编码设置，并应符合下列规定：

1　应按照系统联动控制逻辑设计文件的规定进行控制类设备的联动编程，并录入控制类设备中；

2　对于预设联动编程的控制类设备，应核查控制逻辑和控制时序是否符合系统联动控制逻辑设计文件的规定；

3　应按照系统联动控制逻辑设计文件的规定，进行消防联动控制器手动控制单元控制按钮、按键的编码设置；

4　应按本标准附录 D 的规定填写控制类设备联动编程、手动控制单元编码设置记录。

【条文解读】

1. 本条规定了系统调试前，系统控制类设备联动编程及控制按钮设置的一般要求。

2. 火灾自动报警系统的火灾报警控制器（联动型）、消防联动控制器、消防广播控制设备、防火门监控器、气体灭火控制器等控制类设备，均能按预设逻辑和时序控制相应的设备动作，在系统调试前，应对上述控制类设备进行联动编程和设定。

3. 部分厂家生产的火灾报警控制器（联动型）中预设了一些简单的联动控制逻辑，这类控制器适用于一些建筑规模较小、受控消防设备单一的场所，系统调试前，应对控制器的预设控制逻辑进行验证。

4.《火灾自动报警系统设计规范》GB 50116 的第 4.1.4 条规定，消防水泵、防烟和排烟风机的控制设备，除应采用联动控制方式外，还应在消防控制室设置手动直接控制装置；《消防联动控制系统》GB 16806 中规定消防联动控制器应至少设置 6 组独立的手动控制开关，每个控制开关对应一个直接控制输出。为实现相关标准规定的功能，消防联动控制器上均设置专线控制盘，专线控制盘设置有若干个直接手动控制单元，每个直接手动控制单元为一组控制消防水泵、防排烟风机等消防设备启动、停止的按钮，为了便于人员对拟操作设备手动控制单元的快速识别，实现对设备的准确控制，同时为了便于对系统设备的维护管理，系统调试前，应对每一个直接手动控制单元进行编码设置和标注。

5. 除了上述需要直接手动控制的消防设备外，为了便于人员对排烟口、防火卷帘等其他总线模块联动控制的消防设备的人工便捷控制操作，消防联动控制器上设置有总线控制盘，总线控制盘上设置有若干总线手动控制单元，每个总线手动控制单元对应一个总线控制模块，通过手动操作控制按钮控制总线模块的启动、停止，从而实现对受控设备工作状态的控制。同直接手动控制单元一致，系统调试前，应对每一个总线手动控制单元进行编码设置和标注。

6. 为了便于系统的维护管理，调试单位应认真填写控制类设备的联动编程、手动控制单元编码设置记录。

【实施要点】

1. 火灾自动报警系统对其他消防系统控制功能调试前，调试单位应按照设计文件中各系统联动控制逻辑文件的规定，对具有联动控制功能的火灾报警控制器（联动型）、消防联动控制器、消防广播控制设备、防火门监控器、气体灭火控制器等控制类设备进行联动编程，控制类设备的联动编程应满足下列要求：

（1）火灾警报和应急广播系统、用于防火分隔的防火卷帘系统、防火门监控系统、消火栓系统、加压送风系统、应急照明和疏散指示系统、电梯和非消防电源等相关系统：以楼层、防火分区为单元，逐一对每个楼层、防火分区的受控设备系统进行联动控制逻辑编程，并将逻辑编程录入控制类设备中。

（2）湿式、干式和预作用自动喷水灭火系统，雨淋系统，用于防火分隔的自动控制水幕系统，气体灭火系统：以防护区域为单元，逐一对每个防护区域的受控设备系统进行联动控制逻辑编程，并将逻辑编程录入控制类设备中。

（3）电动挡烟垂壁、机械排烟系统：以防烟分区为单元，逐一对每个防烟分区的受控设备系统进行联动控制逻辑编程，并将逻辑编程录入控制类设备中。

（4）疏散通道上设置的防火卷帘系统、用于防火卷帘保护的自动控制水幕系统：以防火卷帘及其所在报警区域为单元，逐一对每镗防火卷帘、雨淋阀组等相关设备进行联动控制逻辑编程，并将逻辑编程录入控制类设备中。

（5）对于用于防火分隔的防火卷帘系统、电动挡烟垂壁和机械排烟系统等消防系统，当符合联动触发条件后，消防联动控制器需同时启动多个消防设备。上述系统不宜采用一个输出模块同时控制多个设备的启动方式，确需采用一个输出模块同时控制多个消防设备时，调试单位应核算所需消防设备的启动电流不应超出输出模块的触点容量，且应核算消防设备的启动电流不应超出配电回路的额定工作电流，如设备的启动电流不能满足上述要求时，应增设输出模块，并在联动编程时对上述需同时启动的消防设备采用分时控制时序。

（6）对于预设联动控制逻辑的火灾报警控制器（联动型），调试单位应根据工程项目的实际情况，参照产品的设计手册核对控制器预设的联动控制逻辑是否满足系统联动控制逻辑设计文件的要求。

（7）控制类设备的联动编程结束后，调试单位应按格式化表格的要求，认真填写控制类设备的联动编程记录。

2. 系统对其他消防系统控制功能调试前，调试单位应按照设计文件中各系统联动控制逻辑文件的规定，对火灾报警控制器（联动型）、消防联动控制器的直接手动控制单元（专线控制盘）和总线手动控制单元（总线控制盘）的控制按钮、按键进行设置，控制按钮、按键的设置应满足下列规定：

（1）专线控制盘的每组直接手动控制单元（启动、停止按钮）应只对应一台消防泵、风机的启动、停止控制，每组直接手动控制单元（启动按钮）应只对应一个预作用阀组、快速排气阀、雨淋阀组的启动控制。

（2）总线控制盘的每组手动控制单元（启动、停止按钮、按键）可对应一个防火分区、楼层、防烟分区内设置的火灾声光警报器、用于防火分隔的防火卷帘、送风口、排烟口（阀）等受控设备动作。

（3）按照专线控制盘、总线控制盘每个手动控制单元对应的受控设备的名称、区域和部位及受控设备的控制功能，对专线控制盘、总线控制盘每个手动控制单元进行编码设置和标注。

（4）火灾报警控制器（联动型）、消防联动控制器的手动控制单元设置结束后，调试单位应按格式化表格的要求，认真填写手动控制单元编码设置记录。

3. 控制类设备的联动编程、手动控制单元编码设置记录的格式化表格如表 2-4-11～表 2-4-15 所示。调试单位应根据控制类设备的联动编程情况和火灾报警控制器（联动型）、消防联动控制器手动控制单元的设置情况，认真填写表格中下划线标注部分的内容。

表2-4-11 火灾报警控制器（联动型）联动编程记录

<table>
<tr><td colspan="3">设备名称</td><td>设备编号</td><td>规格、型号</td><td colspan="2">现场设置部位</td></tr>
<tr><td colspan="3">火灾报警控制器（联动型）</td><td>×××</td><td>×××</td><td colspan="2">具体设置部位</td></tr>
<tr><td colspan="2">受控系统</td><td colspan="2">区域/部位</td><td colspan="2">受控系统、设备动作功能</td><td>逻辑关系</td></tr>
<tr><td colspan="2" rowspan="2">1 火灾警报和消防应急广播控制设备</td><td colspan="2" rowspan="2">楼层、防火分区编号</td><td colspan="2">1. 火灾警报启动</td><td rowspan="6"></td></tr>
<tr><td colspan="2">2. 应急广播启动</td></tr>
<tr><td rowspan="3">2 防火卷帘</td><td rowspan="2">2-1 疏散通道上设置的防火卷帘</td><td colspan="2" rowspan="2">“卷帘编号”+“楼层、防火分区编号”</td><td colspan="2">1. 半降</td></tr>
<tr><td colspan="2">2. 全降</td></tr>
<tr><td>2-2 防火分隔防火卷帘</td><td colspan="2">楼层、防火分区编号</td><td colspan="2">全降</td></tr>
<tr><td colspan="2">3 防火门监控系统</td><td colspan="2">楼层、防火分区编号</td><td colspan="2">防火门关闭</td></tr>
</table>

续表2-4-11

设备名称		设备编号	规格、型号	现场设置部位
火灾报警控制器（联动型）		×××	×××	具体设置部位
受控系统		区域/部位	受控系统、设备动作功能	逻辑关系
4 气体灭火系统		防护区域编号	1. 首次火警控制	联动触发条件和需启动输出模块的地址编号
			2. 二次火警控制	
5 自动喷水系统	5-1 湿式、干式喷水灭火系统	“报警阀编号”+“防护区域编号”	消防泵启动	
	5-2 预作用喷水灭火系统	“报警阀编号”+“防护区域编号”	1. 预作用阀组、快速排气阀开启	
			2. 消防泵启动	
	5-3 雨淋系统	“防护区域编号”	1. 雨淋阀组开启	
			2. 消防泵启动	
	5-4 防火分隔水幕系统	楼层、防火分区编号	1. 雨淋阀组开启	
			2. 消防泵启动	
	5-5 保护防火卷帘水幕系统	“卷帘编号”+“楼层、防火分区编号”	1. 雨淋阀组开启	
			2. 消防泵启动	
6 消火栓系统		楼层、防火分区编号	消防泵启动	
7 加压送风系统		楼层、防火分区编号	送风口开启、送风机启动	
8 挡烟垂壁、排烟系统		“楼层、防火分区编号”+“防烟分区编号”	1. 挡烟垂壁下降	
			2. 排烟口、排烟阀开启，电动防火阀关闭	
			3. 排烟风机启动	
9 应急照明指示系统		楼层、防火分区编号	1. 系统应急启动	
			2. 标志灯具指示状态改变	
10 电梯、非消防电源等		楼层、防火分区编号	1. 电梯迫降	
			2. 非消防电源切断	
			3. 其他设备按预设逻辑动作	

表2-4-12　气体灭火控制器联动编程记录

设备名称			设备编号	规格、型号	现场设置部位
气体灭火控制器			×××	×××	具体设置部位
区域/部位	设备动作功能				控制逻辑
防护区域编号	1 火灾声光警报器启动				（受控设备如采用模块控制时）需启动输出模块的地址编号
	2 灭火系统相关设备	2-1 门、窗、电动送风口、排烟口（阀）、电动防火阀关闭			
		2-2 灭火装置、喷洒光警报器启动			

表2-4-13 防火门监控器联动编程记录

设备名称	设备编号	规格、型号	现场设置部位
防火门监控器	×××	×××	具体设置部位
区域/部位	设备动作功能	控制逻辑	
防护区域编号	常开防火门关闭	需启动监控模块的地址编号	

表2-4-14 消防联动控制器直接手动控制单元编码设置记录

设备编号	规格、型号	现场设置部位		
×××	×××	具体设置部位		
按钮编号	受控设备及编号	设置部位	控制功能	备注
×+×	1. “系统设备名称” + “消防泵编号”	设置部位	启动、停止	
×+×	2. “系统设备名称” + “预作用阀组编号”	设置部位	开启	
×+×	3. “系统设备名称” + “排气阀前电动阀编号”	设置部位	开启	
×+×	4. “系统设备名称” + “雨淋阀组编号”	设置部位	开启	
×+×	5. “系统设备名称” + “加压送风机编号”	设置部位	启动、停止	
×+×	6. “系统设备名称” + “排烟风机编号”	设置部位	启动、停止	

注：控制按钮编号为“专线控制盘编号” + “手动控制单元编号”。

表2-4-15 消防联动控制器总线手动控制单元编码设置记录

设备编号	规格、型号	现场设置部位	
×××	×××	具体设置部位	
按钮编号	区域编号和受控设备名称	控制功能	备注
×+×	1. “楼层、防火分区编号” + “火灾声光警报器”	启动、停止	
×+×	2. “楼层、防火分区编号” + “防火卷帘编号”	开启	
×+×	3. “楼层、防火分区编号” + “电梯前室编号” + “送风口”	开启	
×+×	4. “楼层、防火分区编号” + “防烟分区编号” + “排烟口”	开启	
×+×	5. “电梯编号”	迫降	
×+×	6. “楼层、防火分区编号” + “非消防电源配电箱编号”	切断	

注：控制按钮编号为“总线控制盘编号” + “手动控制单元编号”。

【工程示例】

1. 火灾报警控制器（联动型）专线控制盘。专线控制盘产品如图 2-4-3 所示。

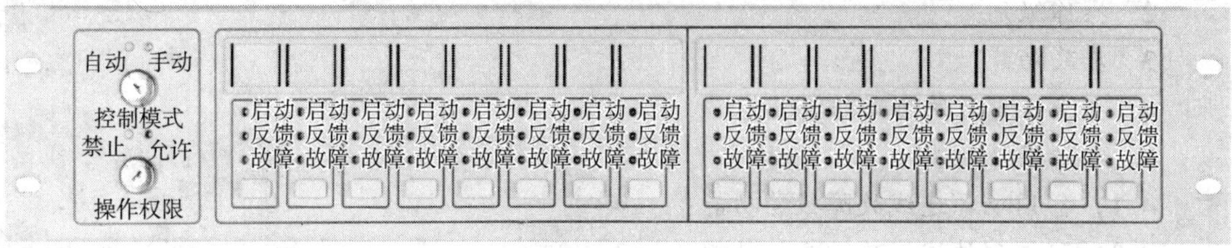

图 2-4-3 专线控制盘产品示例图

2. 火灾报警控制器（联动型）总线控制盘。总线控制盘产品如图 2-4-4 所示。

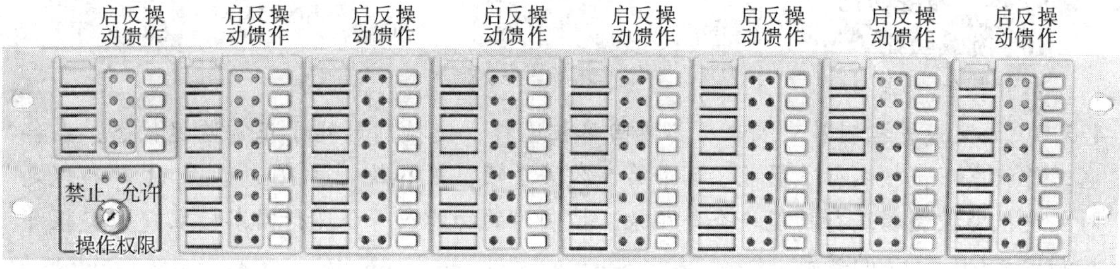

图 2-4-4 总线控制盘产品示例图

4.2.4 对系统中的控制与显示类设备应分别进行单机通电检查。

【条文解读】

1. 本条规定了系统调试前，系统控制与显示类设备的单机通电检查要求。

2. 由于火灾自动报警系统的各系统、子系统均为控制与显示类设备采用总线或多线形式配接现场部件的架构模式，为了避免由于控制与显示类设备的故障而导致其配接系统部件的损坏，在系统调试前应对控制与显示类设备进行单机通电检查。

【实施要点】

系统控制与显示类设备及其配接现场部件调试前，应切断控制与显示类设备的所有对外连接线，对设备进行单机通电检查，确保其没有明显的异响和显示故障时，方可将其配接的现场部件接入。

4.3 火灾报警控制器及其现场部件调试

I 火灾报警控制器调试

4.3.1 应切断火灾报警控制器的所有外部控制连线，并将任意一个总线回路的火灾探测器、手动火灾报警按钮等部件相连接后接通电源，使控制器处于正常监视状态。

4.3.2 应对火灾报警控制器下列主要功能进行检查并记录，控制器的功能应符合现行国家标准《火灾报警控制器》GB 4717 的规定：

1 自检功能。

2 操作级别。

3 屏蔽功能。

4 主、备电源的自动转换功能。

5 故障报警功能：

1）备用电源连线故障报警功能；

2）配接部件连线故障报警功能。

6 短路隔离保护功能。

7 火警优先功能。

8 消音功能。

9 二次报警功能。

10 负载功能。

11 复位功能。

4.3.3 火灾报警控制器应依次与其他回路相连接，使控制器处于正常监视状态，在备电工作状态下，按本标准第 4.3.2 条第 5 款第 2 项、第 6 款、第 10 款、第 11 款的规定对火灾报警控制器进行功能检查并记录，控制器的功能应符合现行国家标准《火灾报警控制器》GB 4717 的规定。

【条文解读】

1. 第 4.3.1 条~第 4.3.3 条规定了火灾报警控制器的调试要求。

2.《火灾报警控制器》GB 4717 对火灾报警控制器的基本功能做出了明确的规定：

（1）自检功能。

1）控制器应能检查本机的火灾报警功能（以下称自检），控制器在执行自检功能期间，受其控制的外接设备和输出接点均不应动作。

2）控制器自检时间超过 1min 或其不能自动停止自检功能时，控制器的自检功能不应影响非自检部位、探测区和控制器本身的火灾报警功能。

（2）操作级别。火灾报警控制器的操作级别应符合表 2-4-16 的要求。

表2-4-16 火灾报警控制器操作级别划分表

序号	操作项目	Ⅰ	Ⅱ	Ⅲ	Ⅳ
1	查询信息	O	M	M	
2	消除控制器的声信号	O	M	M	
3	消除和手动启动声和/或光警报器的声信号	P	M	M	
4	复位	P	M	M	
5	进入自检状态	P	M	M	
6	调整计时装置	P	M	M	
7	屏蔽和解除屏蔽	P	O	M	

续表2-4-16

序号	操作项目	Ⅰ	Ⅱ	Ⅲ	Ⅳ
8	输入或更改数据	P	P	M	
9	分区编程	P	P	M	
10	延时功能设置	P	P	M	
11	接通、断开或调整控制器主、备电源	P	P	M	M
12	修改或改变软、硬件	P	P	P	M

注：1. P为禁止本级操作；O为可选择是否由本级操作；M为可进行本级及本级以下操作。

2. 进入Ⅱ、Ⅲ级操作功能状态应采用钥匙、操作号码，用于进入Ⅲ级操作功能状态的钥匙或操作号码可用于进入Ⅱ级操作功能状态，但用于进入Ⅱ级操作功能状态的钥匙或操作号码不能用于进入Ⅲ级操作功能状态。

3. Ⅳ级操作功能不能仅通过控制器本身进行。

（3）屏蔽功能。

1）控制器应有专用屏蔽总指示灯（器），无论控制器处于何种状态，只要有屏蔽存在，该屏蔽总指示灯（器）应点亮。

2）控制器应具有对下述设备进行单独屏蔽、解除屏蔽操作功能（应手动进行）：①每个部位或探测区、回路；②消防联动控制设备；③故障警告设备；④火灾声和/或光警报器；⑤火灾报警传输设备。

3）控制器应在屏蔽操作完成后2s内启动屏蔽指示。在有火灾报警信号时，2）中①②③三项的屏蔽信息可以不显示，④⑤两项屏蔽信息显示不能受火灾报警信号影响。

4）控制器仅在同一个探测区内所有部位均被屏蔽的情况下，才能显示该探测区被屏蔽，否则只能显示被屏蔽部位。

5）控制器在同一个回路内所有部位和探测区均被屏蔽的情况下，才能显示该回路被屏蔽。

6）屏蔽状态不应受控制器复位等操作的影响。

（4）主、备电源的自动转换功能。

1）控制器的电源部分应具有主电源和备用电源转换装置。当主电源断电时，能自动转换到备用电源；主电源恢复时，能自动转换到主电源；应有主、备电源工作状态指示，主电源应有过流保护措施。

2）主、备电源的转换不应使控制器产生误动作。

（5）故障报警功能。

1）控制器应设专用故障总指示灯（器），无论控制器处于何种状态，只要有故障信号存在，该故障总指示灯（器）应点亮。

2）当控制器内部、控制器与其连接的部件间发生故障时，控制器应在100s内发出与火灾报警信号有明显区别的故障声、光信号，故障声信号应能手动消除，再有故障信号输入时，应能再启动；故障光信号应保持至故障排除。

3）控制器应能显示下述故障的部位：①控制器与火灾探测器、手动火灾报警按钮及完成传输火灾报警信号功能部件间连接线的断路、短路（短路时发出火灾报警信号除外）和影响火灾报警功能的接地，探头与底座间连接断路；②控制器与火灾显示盘间连接线的断路、短路和影响功能的接地；③控制器与其控制的火灾声和/或光警报器、火灾报警传输设备和消防联动设备间连接线的断路、短路和影响功能的接地。

其中①②两项故障在有火灾报警信号时可以不显示，③项故障显示不能受火灾报警信号影响。

4）控制器应能显示下述故障的类型：①给备用电源充电的充电器与备用电源间连接线的断路、短路；②备用电源与其负载间连接线的断路、短路；③主电源欠压。

5）控制器的故障信号在故障排除后，可以自动或手动复位；复位后，控制器应在100s 内重新显示尚存在的故障。

（6）短路隔离保护功能。

1）当控制器采用总线工作方式时，应设有总线短路隔离器。

2）短路隔离器动作时，控制器应能指示出被隔离部件的部位号。

3）当某一总线发生一处短路故障导致短路隔离器动作时，受短路隔离器影响的部件数量不应超过 32 个。

（7）火警优先功能。

1）任一故障均不应影响非故障部分的正常工作。

2）控制器应能直接或间接地接收来自火灾探测器及其他火灾报警触发器件的火灾报警信号，发出火灾报警声、光信号，指示火灾发生部位，记录火灾报警时间，并予以保持，直至手动复位。

3）当有火灾探测器火灾报警信号输入时，控制器应在 10s 内发出火灾报警声、光信号。

4）当有手动火灾报警按钮报警信号输入时，控制器应在 10s 内发出火灾报警声、光信号，并明确指示该报警是手动火灾报警按钮报警。

5）控制器应有专用火警总指示灯（器）。控制器处于火灾报警状态时，火警总指示灯（器）应点亮。

（8）消音功能和二次报警功能。火灾报警声信号应能手动消除，当再有火灾报警信号输入时，应能再次启动。

（9）负载功能。

1）控制器至少一个回路按设计容量连接真实负载，其他回路连接等效负载，主电源容量应能保证控制器在下述条件下连续正常工作 4h：①控制器容量不超过 10 个报警部位时，所有报警部位均处于报警状态；②控制器容量超过 10 个报警部位时，1/5 的报警部位（不少于 10 个报警部位，但不超过 32 个报警部位）处于报警状态。

2）控制器至少一个回路按设计容量连接真实负载，其他回路连接等效负载。备用电源在放电至终止电压条件下，充电 24h，其容量应可提供控制器在监视状态下工作 8h 后，在下述条件下工作 30min：①控制器容量不超过 10 个报警部位时，所有报警部位均处于报警状态；②控制器容量超过 10 个报警部位时，1/15 的报警部位（不少于 10 个报警部位，但不超过 32 个报警部位）处于报警状态。

（10）复位功能。控制器应设手动复位按钮（键），复位后，仍然存在的状态及相关信息均应保持或在 20s 内重新建立。

3. 本标准对火灾报警控制器的调试要求做出了明确规定：

（1）火灾报警控制器一般配置多个总线回路，控制器调试时，应按《火灾报警控制器》GB 4717 的要求逐一检查、调整控制器每一个回路的功能和性能，在对任一总线回路进行调试时，其余回路不应接入控制器。

（2）火灾报警控制器在运输过程中，很容易因振动、碰撞等原因导致火灾报警控制器的损坏，为了避免因火灾报警控制器自身的故障而损坏其配接的现场部件，或造成受控设备的误动作，在火灾报警控制器调试前，应切断火灾报警控制器的所有外部控制连线。

【实施要点】

1. 调试人员在对火灾报警控制器的基本功能进行调试时，先任选一个总线回路，将其配接的探测器、手动火灾报警按钮等部件相连接后，接通控制器的电源，使控制器稳定运行 10min，期间控制器应无异响，且显示正常。控制器如有故障报警等异常情况，应进行故障排查，待故障处理后，按下列步骤检查火灾报警控制器的基本功能是否满足《火灾报警控制器》GB 4717 的要求：

（1）手动操作控制器的自检机构，检查控制器指示灯、显示器和音响器的动作情况。

（2）检查控制器操作级别划分情况。

（3）操作控制器屏蔽、解除屏蔽回路任一部件，检查控制器的屏蔽功能。

（4）切断主电源、恢复主电源，检查控制器主、备电源自动切换功能。

（5）分别使控制器与备用电源之间连线断路、短路，使控制器处于备电供电状态后使控制器与任一现场部件之间的连线断路，检查控制器的故障报警功能。

（6）使总线任一点线路短路，检查控制器的短路隔离保护功能。

（7）使任一只非故障部位的探测器、手动火灾报警按钮发出火灾报警信号，检查控制器的火灾报警功能。

（8）手动操作控制器的消音键，检查控制器的消音功能。

（9）再次使另一只非故障部位的探测器、手动火灾报警按钮发出火灾报警信号，检查控制器的二次火灾报警功能。

（10）使回路配接的不少于 10 只火灾探测器、手动火灾报警按钮同时处于火灾报警状态，检查控制器的负载功能。

（11）恢复控制器的正常连接，使探测器的监测区域恢复正常，复位手动报警按钮的机械结构，手动操作控制器的复位键，检查控制器的复位功能。

2. 首个回路调试合格后，关闭控制器电源，再次选取一个总线回路（可以按照回路编号的顺序进行），将其配接的现场部件与控制器相连接，接通控制器的备用电源，使控制器稳定运行 10min，控制器处于正常监视状态后，按下列步骤检查火灾报警控制器的基本功能是否满足《火灾报警控制器》GB 4717 的规定：

（1）使控制器与任一现场部件之间的连线断路，检查控制器的故障报警功能。

（2）使总线任一点线路短路，检查控制器的短路隔离保护功能。

（3）使回路配接的不少于 10 只火灾探测器、手动火灾报警按钮同时处于火灾报警状态，检查控制器的负载功能。

（4）恢复控制器的正常连接，使探测器的监测区域恢复正常，复位手动报警按钮的机械结构，手动操作控制器的复位键，检查控制器的复位功能。

3. 依次选取剩余总线回路，并按上述 2. 的步骤检查火灾报警控制器的基本功能是否符合《火灾报警控制器》GB 4717 的规定。

4. 调试过程中，如控制器的功能不符合《火灾报警控制器》GB 4717 的相关规定，应对控制器的相关部件或整机进行更换。

5. 火灾报警控制器的调试内容、要求和方法详见表 2-4-17。

表2-4-17　火灾报警控制器的调试内容、要求和方法

项目	GB 50166 条款	检 查 要 求	检 查 方 法
控制器基本功能 + 1$^{\#}$回路基本功能			
调试准备	4.3.1	切断控制器的所有外部控制连线，将任一总线回路（1$^{\#}$回路）的现场部件相连接后，接通电源，使控制器稳定运行 10min，并使控制器处于正常监视状态	
1 自检功能	4.3.2	控制器应能对指示灯、显示器和音响器件进行功能自检	操作控制器的自检机构，检查控制器指示灯、显示器和音响器的动作情况
2 操作级别		控制器应根据不同的使用对象设置不同的操作级别	检查控制器操作级别划分情况是否符合《火灾报警控制器》GB 4717 的规定
3 屏蔽功能		1. 控制器应能对指定部件进行屏蔽，并点亮屏蔽指示灯，准确显示被屏蔽部件的地址注释信息，显示的地址注释信息应与现场部件设置表一致	按照现场部件设置表中的地址编号，操作控制器屏蔽回路任一部件；观察控制器屏蔽指示灯点亮情况，检查控制器地址注释信息显示情况
		2. 控制器应能解除指定部件的屏蔽，并熄灭屏蔽指示灯	操作控制器解除回路部件的屏蔽，观察控制器屏蔽指示灯熄灭情况
4 主电、备电自动转换功能		控制器主电断电后，备电应能自动投入；主电恢复后，应能自动投入；主电、备电工作指示灯应能正确指示控制器主电、备电的工作状态	切断主电源，检查备用电源应自动投入情况，观察工作指示灯显示情况；恢复主电源，检查主电源自动投入情况，观察工作指示灯显示情况
5 故障报警功能		1. 与备用电源之间连线断路、短路时，控制器应在 100s 内发出故障声、光信号，显示故障类型	分别使控制器与备用电源之间连线断路、短路，用秒表测量控制器故障报警响应时间，观察故障信息显示情况

续表2-4-17

项目	GB 50166条款	检查要求	检查方法
5 故障报警功能	4.3.2	2. 控制器与现场部件之间的连线断路时，控制器应在100s内显示故障部件的类型，准确显示地址注释信息	使控制器处于备电工作状态，使控制器与任一现场部件之间的连线断路；用秒表测量控制器故障报警响应时间，检查控制器故障信息显示情况
6 短路隔离保护功能		总线处于短路状态时，短路隔离器应能将短路总线配接的设备隔离，被隔离设备数量不应超过32个；控制器应显示被隔离部件的设备类型和地址注释信息，显示的地址注释信息应与现场部件设置表一致	使总线任一点线路短路，核查隔离保护现场部件的数量，检查控制器地址注释信息显示情况
7 火警优先功能		1. 火灾探测器、手动火灾报警按钮发出火灾报警信号后，控制器应在10s内发出火灾报警声、光信号，并记录报警时间	使任一只非故障部位的探测器、手动火灾报警按钮发出火灾报警信号，用秒表测量控制器火灾报警响应时间，检查控制器的火警信息记录情况
		2. 控制器应显示发出报警信号部件类型和地址注释信息，显示的地址注释信息应与现场部件设置表一致	检查控制器火警信息显示情况
8 消音功能		控制器应能手动消除报警声信号	手动操作控制器的消音键，检查控制器声信号消除情况
9 二次报警功能		1. 火灾探测器、手动火灾报警按钮发出火灾报警信号后，控制器应在10s内发出火灾报警声、光信号，并记录报警时间	再次使另一只非故障部位的探测器、手动火灾报警按钮发出火灾报警信号，用秒表测量控制器火灾报警响应时间，检查控制器的火警信息记录情况
		2. 控制器应显示发出报警信号部件类型和地址注释信息，显示的地址注释信息应与现场部件设置表一致	检查控制器火警信息显示情况
10 负载功能		1. 多个火灾探测器、手动火灾报警按钮同时处于火灾报警状态时，控制器应分别记录发出火灾报警信号部件的报警时间	使回路配接的不少于10只火灾探测器、手动火灾报警按钮同时处于火灾报警状态，检查控制器的火警信息记录情况

续表2-4-17

项目	GB 50166 条款	检查要求	检查方法
10 负载功能	4.3.2	2. 控制器应分别显示发出报警信号部件设备类型和地址注释信息，显示的地址注释信息应与现场部件设置表一致	检查控制器火警信息显示情况
11 复位功能		控制器连接、探测器监测区域恢复正常、手动报警按钮的机械结构复位后，控制器应能对控制器、探测器和手动报警按钮的报警状态复位，消除控制器、探测器和手动报警按钮的声、光报警信号	恢复控制器的正常连接，使探测器的监测区域恢复正常，复位手动报警按钮的机械结构，手动操作控制器的复位键，观察控制器、探测器和手动报警按钮的工作状态
$n^{\#}$回路基本功能			
调试准备	4.3.3	切断控制器电源，依次选取另一个总线回路，将其配接的现场部件与控制器相连接，接通控制器电源，使控制器稳定运行 10min，并使控制器处于正常监视状态，将控制器转入备电工作状态	
1 配接部件连线故障报警功能		控制器与现场部件之间的连线断路时，控制器应在 100s 内显示故障部件的类型，准确显示地址注释信息	使控制器处于备电工作状态，使控制器与任一现场部件之间的连线断路；用秒表测量控制器故障报警响应时间，检查控制器故障信息显示情况
2 短路隔离保护功能		总线处于短路状态时，短路隔离器应能将短路总线配接的设备隔离，被隔离设备数量不应超过 32 个；控制器应显示被隔离部件的设备类型和地址注释信息，显示的地址注释信息应与现场部件设置表一致	使总线任一点线路短路，核查隔离保护现场部件的数量，检查控制器地址注释信息显示情况
3 负载功能		1. 多个火灾探测器、手动火灾报警按钮同时处于火灾报警状态时，控制器应分别记录发出火灾报警信号部件的报警时间	使回路配接的不少于 10 只火灾探测器、手动火灾报警按钮同时处于火灾报警状态，检查控制器的火警信息记录情况
		2. 控制器应分别显示发出报警信号部件设备类型和地址注释信息，显示的地址注释信息应与现场部件设置表一致	检查控制器火警信息显示情况

续表2-4-17

项目	GB 50166条款	检查要求	检查方法
4 复位功能	4.3.3	控制器连接、探测器监测区域恢复正常、手动报警按钮的机械结构复位后，控制器应能对控制器、探测器和手动报警按钮的报警状态复位，消除控制器、探测器和手动报警按钮的声、光报警信号	恢复控制器的正常连接，使探测器的监测区域恢复正常，复位手动报警按钮的机械结构，手动操作控制器的复位键，观察控制器、探测器和手动报警按钮的工作状态

Ⅱ 火灾探测器调试

4.3.4 应对探测器的离线故障报警功能进行检查并记录，探测器的离线故障报警功能应符合下列规定：

1 探测器由火灾报警控制器供电的，应使探测器处于离线状态，探测器不由火灾报警控制器供电的，应使探测器电源线和通信线分别处于断开状态；

2 火灾报警控制器的故障报警和信息显示功能应符合本标准第4.1.2条的规定。

【条文解读】

1. 本条规定了火灾探测器离线故障报警功能调试的一般要求。

2. 当控制器与其连接的部件间发生故障时，控制器应在100s内发出与火灾报警信号有明显区别的故障声、光信号，并准确显示故障探测器的地址注释信息。为了检验火灾报警控制器对所有部件状态的有效监测，也为了检查火灾探测器在故障修复后的火灾报警功能，在对火灾报警控制器配接的火灾探测器进行调试时，应首先检查探测器的离线故障报警功能。

3. 目前，工程上应用的管路采样式吸气感烟火灾探测器、线型感温火灾探测器、图像型火灾探测器等特殊火灾探测器，一般不由火灾报警控制器供电，而是由现场的消防电源（交流或直流）直接供电，即探测器的电源线和通信线不共用同一总线。本标准中不建议控制器采用输入模块接入探测器的开关量火灾报警输出信号，确需采用输入模块接入探测器时，还应另外设置输入模块接入探测器电源的工作状态。对这类不由火灾报警控制器供电的火灾探测器，为了实时监测探测器电源的工作状态，在进行探测器的离线故障报警功能时，还需检查探测器的电源故障报警功能。

【实施要点】

1. 调试人员在对火灾报警控制器配接的火灾探测器进行调试时，应首先按照火灾报警控制器现场部件设置情况表核查探测器的设置部位是否准确，并按下述步骤检查探测器的离线故障报警功能是否满足《火灾报警控制器》GB 4717的规定：

（1）探测器由火灾报警控制器供电时，使探测器的连接线路断开；探测器不由火灾报警控制器供电时，分别断开探测器电源线和通信线；检查控制器能否在100s内发出故障报警信号，并准确显示故障探测器的类型和地址注释信息。

（2）探测器离线后，控制器未在 100s 内发出故障报警信号，应检查并处理探测器的地址设置和控制器的地址注册环节存在的问题；如控制器显示的探测器的地址注册信息有误，应对错误的地址注释予以修改，并重新对探测器的故障报警功能进行调试。

2. 火灾探测器离线故障报警功能的调试要求和方法详见表 2-4-18。

表2-4-18 火灾探测器离线故障报警功能的调试要求和方法

项目	GB 50166 条款	检查要求	检查方法
地址设置	4.2.2	按照现场部件设置表对探测器进行地址设置，在控制器上进行地址注册和地址注释	
1 离线故障报警功能	4.3.4	1. 探测器处于离线状态时，控制器应发出故障声、光信号	由火灾报警控制器供电时，使探测器处于离线状态；不由火灾报警控制器供电的，使探测器电源线和通信线分别处于断开状态；观察控制器故障报警情况
		2. 控制器应显示故障部件的类型和地址注释信息，且显示的地址注释信息应与现场部件设置表一致	检查控制器故障信息显示情况
2 调试恢复	4.1.6	恢复探测器的正常连接，使控制器、探测器处于正常监视状态	

4.3.5 应对点型感烟、点型感温、点型一氧化碳火灾探测器的火灾报警功能、复位功能进行检查并记录，探测器的火灾报警功能、复位功能应符合下列规定：

1 对可恢复探测器，应采用专用的检测仪器或模拟火灾的方法，使探测器监测区域的烟雾浓度、温度、气体浓度达到探测器的报警设定阈值；对不可恢复的探测器，应采取模拟报警方法使探测器处于火灾报警状态，当有备品时，可抽样检查其报警功能；探测器的火警确认灯应点亮并保持；

2 火灾报警控制器火灾报警和信息显示功能应符合本标准第 4.1.2 条的规定；

3 应使可恢复探测器监测区域的环境恢复正常，使不可恢复探测器恢复正常，手动操作控制器的复位键后，控制器应处于正常监视状态，探测器的火警确认灯应熄灭。

【条文解读】

本条规定了点型感烟火灾探测器、点型感温火灾探测器、点型一氧化碳火灾探测器火灾报警功能和复位功能的调试要求。

点型感烟火灾探测器、点型感温火灾探测器、点型一氧化碳火灾探测器的火灾报警功能是其最基本的功能之一。《点型感烟火灾探测器》GB 4715、《点型感温火灾探测器 》GB 4716 和《特种火灾探测器》GB 15631 对探测器报警确认灯的功能和性能做出了明确的规定：

（1）探测器上应有红色报警确认灯。

（2）当被监视区域烟参数、温度参数等火灾参数符合报警条件时，探测器报警确认灯应点亮，并保持至被复位。

（3）通过报警确认灯显示探测器其他工作状态时，被显示状态应与火灾报警状态有明显区别。

（4）可拆卸探测器的报警确认灯可安装在探头或其底座上。

（5）确认灯点亮时在其正前方6m处，在光照度不超过500 lx的环境条件下，应清晰可见。

【实施要点】

1. 调试人员在对点型感烟火灾探测器、点型感温火灾探测器、点型一氧化碳火灾探测器的离线故障报警功能调试结束后，应恢复探测器的正常连接，观察探测器的巡检指示灯是否正常闪亮，如探测器的巡检指示灯不能正常点亮，应检查并处理探测器的连接故障，如确认探测器损坏时，应更换相同规格型号的探测器，并按原探测器的地址编号进行地址设置和注册后，对探测器的离线故障报警重新进行调试。

2. 点型感烟火灾探测器、点型感温火灾探测器、点型一氧化碳火灾探测器的巡检指示灯正常闪亮后，调试人员应按下述步骤检查探测器的火灾报警功能是否满足相关标准的要求：

（1）当探测器的类型为可恢复探测器时，可采用感烟探测器功能试验器向点型感烟火灾探测器施加试验烟雾、采用感温探测器功能试验器向点型感温火灾探测器加温、向点型一氧化碳火灾探测器施加标准样气，或在探测器设置现场条件允许时采用现场模拟火灾的方法，使点型感烟火灾探测器监测区域的烟雾浓度、点型感温火灾探测器监测区域的温度、点型一氧化碳火灾探测器监测区域的一氧化碳浓度达到其报警设定阈值，检查探测器的火灾报警功能。

（2）当探测器的类型为不可恢复探测器时，应按照产品使用说明书的要求，采用模拟报警的方法，使探测器处于火灾报警状态；当探测器的备品数量满足要求时，可抽取一定数量的探测器采用专用现场检测设备或现场模拟火灾的方法，按可恢复探测器火灾报警功能的调试方法，检查探测器的火灾报警功能。

（3）如探测器的报警确认灯未点亮，应更换相同规格型号的探测器，并按原探测器的地址编号进行地址设置和注册后，对探测器的离线故障报警和火灾报警功能重新进行调试。

（4）探测器的火灾报警确认灯点亮后，检查火灾报警控制器的火灾报警功能。在进行火灾报警控制器的基本功能调试时，已经测试了火灾报警控制器的报警响应时间，因此，在进行火灾探测器的火灾报警功能调试时，可以不再检查火灾报警控制器的报警响应时间，只是检查其发出火灾报警声、光信号的情况，并按照现场部件设置情况表核查控制器地址注释显示的准确性。

3. 探测器火灾报警功能调试结束后，调试人员应按照下述步骤检查控制器和探测器的复位功能：

（1）当探测器为可恢复探测器时，吹除点型感烟火灾探测器监测区域积聚的烟雾、点型一氧化碳火灾探测器监测区域积聚的一氧化碳气体，恢复点型感温火灾探测器监测区域的环境温度。

（2）当探测器为不可恢复探测器时，按照产品使用说明书的要求使探测器恢复正常工作状态，当对探测器进行抽样检查时，应更换新的探测器，并使探测器处于正常工作状态。

（3）手动操作控制器的复位键，检查控制器、探测器的复位功能。

4. 点型感烟火灾探测器、点型感温火灾探测器、点型一氧化碳火灾探测器火灾报警和复位功能的调试要求和方法详见表 2-4-19。

表2-4-19　点型感烟、感温、一氧化碳火灾探测器火灾报警和复位功能的调试要求和方法

项目	GB 50166条款	检查要求	检查方法
1 火灾报警功能	4.3.5	1. 探测器处于报警状态时，探测器的火警确认灯应点亮并保持	对可恢复探测器采用专用的检测仪器或模拟火灾的方法，使探测器监测区域的烟雾浓度、温度、气体浓度达到探测器的报警设定阈值；对不可恢复的探测器采取模拟报警方法，使探测器处于火灾报警状态；观察探测器火警确认灯点亮情况
		2. 控制器应发出火警声光信号，记录报警时间	检查控制器火灾报警情况、火警信息记录情况
		3. 控制器应显示发出报警信号部件类型和地址注释信息，显示的地址注释信息应与现场部件设置表一致	检查控制器火警信息显示情况
2 复位功能		可恢复探测器的监测区域恢复正常、不可恢复探测器恢复正常后，控制器应能对探测器的报警状态进行复位，探测器的火警确认灯应熄灭	使可恢复探测器的监测区域恢复正常、使不可恢复探测器恢复正常，手动操作火灾报警控制器的复位键，观察探测器火警确认灯熄灭情况

【工程示例】

1. 感烟探测器功能试验器的组成和使用方法。感烟探测器功能试验器一般由枪头、连接杆、电池杆、喷头、充电器、环保香雾液、弹簧注入瓶、六角扳手等部分组成。感烟探测器功能试验器产品如图 2-4-5 所示。其具体使用操作方法如下：

（1）前期准备：将充电器与电池杆连接，保证设备供电正常。使用六角扳手，打开设备液体注入口（也称注液口）螺丝，用注射器吸取专用雾香液注满储液管（具体也可依据实际使用情况取量）后重新拧紧。

（2）试验阶段：根据实验距离调整连接杆长度，开始进行测试。注意需对准测试设备后再行启动电池杆处的按钮开关。

（3）测试完成：完成测试后，熄灭发烟棒，关闭设备电源。为保证试验设备寿命及有效性，建议每次使用关电后，将发烟器内的烟灰清除，放回收纳箱内。

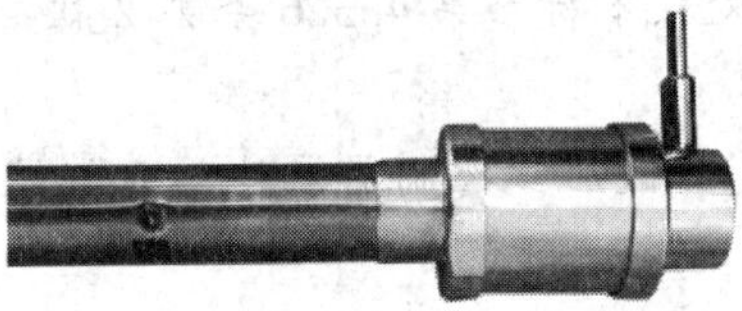

内容	技术参数
电池电压	DC7.4V，2 200mA/H
充电器输出	DC8.4V，1 000mA
加烟测试	>480只（续电宝＞2 000只选配）
枪体长度	1m~2.5m（可根据需要加长）
连接杆长度	0.5m
烟源	环保雾香液

图 2-4-5　感烟探测器功能试验器产品示例图

2. 感温探测器功能试验器的组成和使用方法。感温探测器功能试验器一般由电加热器、电池杆、连接杆、底部插头、六角扳手等部分组成。感温探测器功能试验器产品如图 2-4-6 所示。其具体使用操作方法如下：

（1）前期准备：将充电器与电池杆连接，保证设备供电正常。

（2）试验阶段：调整连接杆到合适的长度，打开加热器电源开关，调节加热档位，待加热器温度上升后，将出风口靠近探测器，即可开始进行测试。

（3）测试完成：完成测试后，归零加热档位，关闭电源开关，待设备充分冷却后放回收纳箱内。

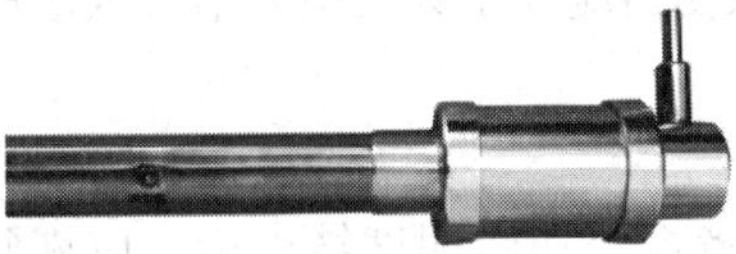

内容	技术参数
电池电压	DC7.4V，2 200mA/H
充电器输出	DC8.4V，1 000mA
加温测试	>300只（续电宝＞800只选配）
枪体长度	1m~2.5m（可根据需要加长）
连接杆长度	0.5m
输出温度	>75℃
温源	电子加热

图 2-4-6　感温探测器功能试验器产品示例图

4.3.6　应对线型光束感烟火灾探测器的火灾报警功能、复位功能进行检查并记录，探测器的火灾报警功能、复位功能应符合下列规定：

1　应调整探测器的光路调节装置，使探测器处于正常监视状态；

2　应采用减光率为 0.9dB 的减光片或等效设备遮挡光路，探测器不应发出火灾报警信号；

3　应采用产品生产企业设定的减光率为 1.0dB～10.0dB 的减光片或等效设备遮挡光路，探测器的火警确认灯应点亮并保持，火灾报警控制器的火灾报警和信息显示功能应符合本标准第4.1.2条的规定；

4 应采用减光率为 11.5dB 的减光片或等效设备遮挡光路，探测器的火警或故障确认灯应点亮，火灾报警控制器的火灾报警、故障报警和信息显示功能应符合本标准第 4.1.2 条的规定；

5 选择反射式探测器时，应在探测器正前方 0.5m 处按本标准第 4.3.6 条第 2 款～第 4 款的规定对探测器的火灾报警功能进行检查；

6 应撤除减光片或等效设备，手动操作控制器的复位键后，控制器应处于正常监视状态，探测器的火警确认灯应熄灭。

【条文解读】

1. 本条规定了线型光束感烟火灾探测器火灾报警功能和复位功能的调试要求。

2. 《线型光束感烟火灾探测器》GB 14003 对探测器报警确认灯的功能和性能做出了明确的规定：

（1）探测器上应有红色报警确认灯。

（2）当被监视区域烟参数符合报警条件时，探测器报警确认灯应点亮，并保持至被复位。

（3）通过报警确认灯显示探测器其他工作状态时，应与火灾报警状态有明显区别。

（4）可拆卸探测器的报警确认灯可安装在探头或其底座上。

（5）确认灯点亮时在其正前方 10m 处，光照度不超过 500 lx 的环境条件下，应清晰可见。

3. 本标准对线型光束感烟火灾探测器火灾报警功能的检查要求做出了明确的规定：

（1）探测器光路的减光率未达到探测器报警阈值时，探测器应保持正常监视状态不变。

（2）探测器光路的减光率达到探测器报警阈值时，探测器应发出火灾报警信号。

（3）探测器光路的减光率超出探测器报警阈值时，探测器应发出火灾报警信号或故障报警信号。

【实施要点】

1. 调试人员在对线型光束感烟火灾探测器的离线故障报警功能调试结束后，应恢复探测器的正常连接，观察探测器的巡检指示灯是否正常闪亮，如探测器的巡检指示灯不能正常点亮，应检查并处理探测器的连接故障，如确认探测器损坏时，应更换相同规格型号的探测器，并按原探测器的地址编号进行地址设置和注册后，对探测器的离线故障报警重新进行调试。

2. 线型光束感烟火灾探测器的巡检指示灯正常闪亮后，调试人员应按下述步骤检查探测器的火灾报警功能是否满足相关标准的要求：

（1）按照探测器产品使用说明书的要求，调整探测器的光路调节装置，使探测器处于正常监视状态，接收器的光通量（测量电压）宜处于产品说明书规定范围的中间值。

（2）选取产品生产企业设定的减光率为 0.9dB 的减光片或采用等效设备完全遮挡接收器的接收窗口 30s，观察探测器的报警确认灯是否点亮；如探测器的报警确认灯点亮，应重新调整探测器的光路调节装置，并应适当增大接收器的光通量（测量电压）。

（3）选取产品生产企业设定的减光率为 1.0dB～10.0dB 的减光片或采用等效设备完全遮挡接收器的接收窗口 30s，检查探测器的火灾报警功能。

（4）如采用滤光片或等效设备遮挡接收窗口30s后，探测器的报警确认灯没有点亮，应重新调整探测器的光路调节装置，并应适当减小接收器的光通量（测量电压）。

（5）选取产品生产企业设定的减光率为11.5dB的减光片或采用等效设备完全遮挡接收器的接收窗口30s，检查探测器的火灾报警功能或故障报警功能。

（6）如采用滤光片或等效设备遮挡接收窗口30s后，探测器的报警确认灯没有点亮，应重新调整探测器的光路调节装置，并应适当减小接收器的光通量（测量电压）。

（7）当探测器为反射式探测器时，探测器上述火灾报警功能的调试，应在探测器正前方0.5m处进行。

3. 探测器的火灾报警功能调试结束后，应按照下述步骤检查控制器、探测器的复位功能：

（1）撤除减光片或等效设备，手动操作控制器的复位键，检查控制器、探测器的复位功能。

（2）控制器复位操作后，探测器不能复位时，应检查探测器和控制器间的连接方式。当探测器不由控制器供电，且采用总线模块接入火灾报警控制器时，应另外设置模块控制探测器电源的工作状态（即控制器复位后，应先切断探测器的供电电源，待探测器完全放电后，再重新上电，使探测器解锁其火灾报警状态）。

4. 线型光束感烟火灾探测器火灾报警功能和复位功能的调试要求和方法详见表2-4-20。

表2-4-20 线型光束感烟火灾探测器火灾报警和复位功能的调试要求和方法

项目	GB 50166条款	检查要求	检查方法
1 火灾报警功能	4.3.6	1. 探测器光路的减光率未达到探测器报警阈值时，探测器应处于正常监视状态	调整探测器的光路调节装置，使探测器处于正常监视状态；采用减光率为0.9dB的减光片或等效设备遮挡光路，观察探测器的工作状态
		2. 探测器光路的减光率达到探测器报警阈值时，探测器的火警确认灯应点亮并保持；火灾报警控制器应发出火灾报警声、光信号，记录报警时间	采用减光率1.0dB~10.0dB的减光片或等效设备遮挡光路（选择反射式探测器时，应在探测器正前方0.5m处遮挡光路），观察探测器火警确认灯点亮情况、控制器火灾报警情况，检查控制器火警信息记录情况
		3. 探测器光路的减光率超过探测器报警阈值时，探测器的火警或故障确认灯应点亮；火灾报警控制器应发出火灾报警或故障报警声、光信号，记录报警时间	采用减光率为11.5dB减光片或等效设备遮挡光路（反射式探测器，应在探测器正前方0.5m处遮挡光路），观察探测器报警确认灯点亮情况、控制器报警情况，检查控制器报警信息记录情况

续表2-4-20

项目	GB 50166 条款	检查要求	检查方法
1 火灾报警功能	4.3.6	4. 控制器应显示发出报警信号部件类型和地址注释信息，显示的地址注释信息应与现场部件设置表一致	检查控制器火警信息显示情况
2 复位功能		探测器监测区域恢复正常后，控制器应能对探测器报警状态复位，探测器的报警确认灯应熄灭	撤除减光片或等效设备，手动操作火灾报警控制器的复位键，观察探测器火警确认灯熄灭情况

【工程示例】

线型光束感烟火灾探测器滤光片一般由 0.4dB 滤光片（颜色较浅）、10.0dB 滤光片（颜色较深）组成。线型光束感烟火灾探测器滤光片产品如图 2-4-7 所示，其具体使用操作方法如下：

（1）前期准备：将线型光束感烟火灾探测器与火灾报警控制器连接并接通电源，使其处于正常监视状态。

（2）试验阶段：将减光值为 0.4dB 的滤光片置于线型光束感烟火灾探测器的探测光路中（并尽可能靠近接收器），保持 30s 及以上，探测器不应发出火灾报警信号。更换减光值为 10.0dB 的滤光片置于探测光路中，应在 30s 内发出火灾报警信号。

（3）测试完成：完成测试后，将滤光片放回收纳箱内。

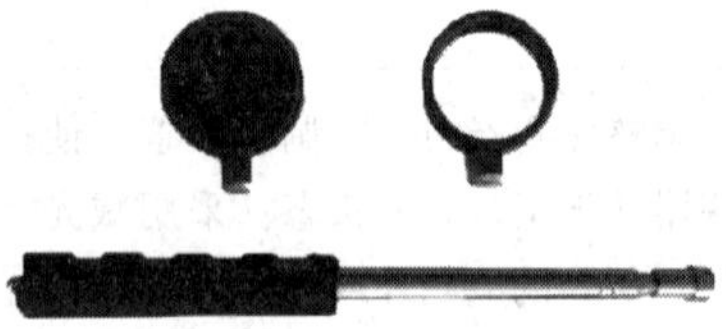

内容	技术参数
减光值	0.4dB、10.0dB各一片
材质	玻璃
类别	手持型
过滤对象	红外光

图 2-4-7 线型光束感烟火灾探测器滤光片产品示例图

4.3.7 应对线型感温火灾探测器的敏感部件故障功能进行检查并记录，探测器的敏感部件故障功能应符合下列规定：

1 应使线型感温火灾探测器的信号处理单元和敏感部件间处于断路状态，探测器信号处理单元的故障指示灯应点亮；

2 火灾报警控制器的故障报警和信息显示功能应符合本标准第 4.1.2 条的规定。

4.3.8 应对线型感温火灾探测器的火灾报警功能、复位功能进行检查并记录，探测器的火灾报警功能、复位功能应符合下列规定：

1 对可恢复探测器，应采用专用的检测仪器或模拟火灾的方法，使任一段长度为标准报警长度的敏感部件周围温度达到探测器报警设定阈值；对不可恢复的探测器，应采取模拟报警方法使探测器处于火灾报警状态，当有备品时，可抽样检查其报警功能；探测器的火警确认灯应点亮并保持；

2 火灾报警控制器的火灾报警和信息显示功能应符合本标准第4.1.2条的规定；

3 应使可恢复探测器敏感部件周围的温度恢复正常，使不可恢复探测器恢复正常监视状态，手动操作控制器的复位键后，控制器应处于正常监视状态，探测器的火警确认灯应熄灭。

4.3.9 应对标准报警长度小于1m的线型感温火灾探测器的小尺寸高温报警响应功能进行检查并记录，探测器的小尺寸高温报警响应功能应符合下列规定：

1 应在探测器末端采用专用的检测仪器或模拟火灾的方法，使任一段长度为100mm的敏感部件周围温度达到探测器小尺寸高温报警设定阈值，探测器的火警确认灯应点亮并保持；

2 火灾报警控制器的火灾报警和信息显示功能应符合本标准第4.1.2条的规定；

3 应使探测器监测区域的环境恢复正常，剪除试验段敏感部件，恢复探测器的正常连接，手动操作控制器的复位键后，控制器应处于正常监视状态，探测器的火警确认灯应熄灭。

【条文解读】

1. 第4.3.7条规定了线型感温火灾探测器敏感部件故障功能的调试要求，第4.3.8条规定了线型感温火灾探测器火灾报警功能和复位功能的调试要求，第4.3.9条规定了标准报警长度小于1m的线型感温火灾探测器小尺寸高温报警响应功能和复位功能的调试要求。

2. 《线型感温火灾探测器》GB 16280对线型感温火灾探测器的故障报警功能、火灾报警功能和小尺寸高温响应性能做出了明确的规定：

（1）故障报警功能。探测器在发生下列故障时，应在100s内输出故障信号，点亮故障指示灯，具有多通道的探测器应指示出报警通道，具有定位功能的探测器应能指示故障定位信息，并将上述故障信息上传至火灾报警控制器，标准报警长度大于3m的光纤光栅线型感温火灾探测器和线式多点型感温火灾探测器应能指示故障感温元件的部位或分区：①空气管式线型感温火灾探测器在管路发生泄漏时；②探测器线路在开路或短路条件下；③光纤光栅线型感温火灾探测器和线式多点型感温火灾探测器在任一感温元件故障条件下；④具有多通道的探测器，在任一通道断开的状态下。

（2）火灾报警功能：①当探测器监视区域温度参数符合标准规定的报警条件时，探测器应输出火灾报警信号，点亮火灾报警指示灯；②具有多通道的探测器应指示出报警通道，并保持至复位；③具有定位功能的探测器应能指示报警定位信息，并将上述报警信息上传至火灾报警控制器。

（3）小尺寸高温响应性能。对于标准报警长度小于1m的线型感温火灾探测器，在正常大气条件下，将探测器任一段长度为100mm的敏感部件，立即置于温度为280℃的温度环境中，探测器的响应时间应满足表2-4-21的规定。

表2-4-21 线型感温火灾探测器小尺寸高温响应时间

探测器动作温度 T（℃）	探测器响应时间（s）
$60 \leq T < 85$	≤30
$85 \leq T < 100$	≤45
$100 \leq T$	≤60

【实施要点】

1. 调试人员在对线型感温火灾探测器的离线故障报警功能调试结束后，应恢复探测器的正常连接，观察探测器的巡检指示灯是否正常闪亮，如探测器的巡检指示灯不能正常点亮，应检查并处理探测器的连接故障，如确认探测器损坏时，应更换相同规格型号的探测器，并按原探测器的地址编号进行地址设置和注册后，对探测器的离线故障报警功能重新进行调试。

2. 线型感温火灾探测器的巡检指示灯正常闪亮后，调试人员应按下述步骤检查探测器的敏感部件故障报警功能是否满足相关标准的要求：

（1）断开缆式线型感温火灾探测器感温电缆和信号处理单元间的连接，断开分布式光纤线型感温火灾探测器感温光缆和信号处理单元间的连接，断开光栅光纤线型感温火灾探测器通信光缆和信号处理单元间的连接，断开线式多点型感温火灾探测器和信号处理单元间的连接，检查探测器的敏感部件故障报警功能。

（2）如探测器信号处理单元未在100s内点亮故障指示灯，控制器未在100s内发出故障报警信号，应检查并处理信号处理单元存在的故障，或更换相同规格型号的信号处理单元。

3. 线型感温火灾探测器的敏感部件故障报警功能调试结束后，恢复探测器的正常连接，观察探测器的巡检指示灯正常闪亮后，调试人员应按下述步骤检查探测器的火灾报警功能和复位功能是否符合相关标准的规定：

（1）当探测器的类型为可恢复探测器时，在敏感部件的末端，将一段生产企业声称的标准报警长度的敏感部件从保护对象上拆除，并将该段敏感部件放入专用的现场检测装置内（如恒温水槽），条件允许时，也可采用现场模拟火灾的方法，使敏感部件监测区域的温度达到其报警设定阈值，检查探测器的火灾报警功能。

（2）当探测器的类型为不可恢复探测器时，应按照产品使用说明书的要求，采用模拟报警的方法，使探测器处于火灾报警状态；当探测器的备品数量满足要求时，可抽取一定数量的探测器采用专用现场检测设备或现场模拟火灾的方法，按可恢复探测器火灾报警功能的调试方法，检查探测器的火灾报警功能。

（3）如探测器的报警确认灯未点亮，应检查并处理信号处理单元或敏感部件存在的问题，或更换相同规格型号的信号处理单元或敏感部件，并对探测器的离线故障报警和火灾报警功能重新进行调试。

（4）探测器的火灾报警功能调试结束后，应按照下述步骤检查控制器、探测器的复位功能：①当探测器为可恢复探测器时，恢复感温火灾探测器监测区域的环境温度；当探测器为不可恢复探测器时，按照产品使用说明书的要求使探测器恢复正常工作状态，当对探测器进行抽样检查时，应剪除试验段敏感部件。②手动操作控制器的复位键，检查控制器、探测器的复位功能。

（5）控制器复位操作后，探测器不能复位时，应检查探测器和控制器间的连接方式。当探测器不由控制器供电，且采用总线模块接入火灾报警控制器时，应另外设置模块控制探测器电源的工作状态（即控制器复位后，应先切断探测器的供电电源，待探测器完全放电后，再重新上电，使探测器解锁其火灾报警状态）。

4. 线型感温火灾探测器的火灾报警功能和复位功能调试结束后，对于标准报警长度小于 1m 的线型感温火灾探测器，调试人员还应按下述步骤检查探测器的小尺寸高温响应性能和复位功能是否符合相关标准的规定：

（1）在敏感部件的末端，将一段长度为 100mm 的敏感部件放入专用的现场检测装置内（如恒温油槽），条件允许时，也可采用现场模拟火灾的方法，使敏感部件监测区域的温度达到其小尺寸高温报警设定阈值，检查探测器的小尺寸高温响应性能。

（2）如探测器的报警确认灯未点亮，应检查并处理信号处理单元或敏感部件存在的问题，或更换相同规格型号的信号处理单元或敏感部件，并对探测器的离线故障报警、火灾报警功能和小尺寸高温响应性能重新进行调试。

（3）探测器的小尺寸高温响应性能调试结束后，应按照下述步骤检查控制器、探测器的复位功能：①剪除试验段敏感部件，恢复敏感部件的正常安装；②手动操作控制器的复位键，检查控制器、探测器的复位功能。

5. 线型感温火灾探测器基本功能的调试要求和方法详见表 2-4-22。

表2-4-22 线型感温火灾探测器基本功能的调试要求和方法

项目	GB 50166 条款	检查要求	检查方法
1 敏感部件故障报警功能	4.3.7	1. 敏感部件与信号处理单元断开时，探测器信号处理单元的故障指示灯应点亮，控制器应发出故障声、光信号	使线型感温火灾探测器的信号处理单元和敏感部件间处于断路状态；观察信号处理单元故障指示灯点亮情况、控制器的故障报警情况
		2. 控制器应显示故障部件的类型和地址注释信息，且显示的地址注释信息应与现场部件设置表一致	检查控制器故障信息显示情况
2 调试恢复	4.1.6	恢复探测器的正常连接，使控制器、探测器处于正常监视状态	
3 火灾报警功能	4.3.8	1. 探测器处于报警状态时，探测器的火警确认灯应点亮并保持	对可恢复探测器采用专用的检测仪器或模拟火灾的方法，使任一段长度为标准报警长度敏感部件周围的温度达到探测器报警设定阈值；对不可恢复的探测器采取模拟报警方法，使探测器处于火灾报警状态；观察探测器火警确认灯点亮情况
		2. 控制器应发出火警声光信号，记录报警时间	检查控制器火灾报警情况、火警信息记录情况
		3. 控制器应显示发出报警信号部件类型和地址注释信息，显示的地址注释信息与现场部件设置表一致	检查控制器火警信息显示情况

续表2-4-22

项目	GB 50166条款	检查要求	检查方法
4 复位功能	4.3.8	可恢复探测器的监测区域恢复正常、不可恢复探测器恢复正常后，控制器应能对探测器的报警状态进行复位，探测器的火警确认灯应熄灭	使可恢复探测器的监测区域恢复正常、使不可恢复探测器恢复正常，手动操作火灾报警控制器的复位键，观察探测器火警确认灯熄灭情况
5 小尺寸高温报警响应功能	4.3.9	1. 长度为100mm敏感部件周围的温度达到探测器小尺寸高温报警设定阈值时，探测器的火警确认灯应点亮并保持	在探测器末端，用专用检测仪器或模拟火灾的方法，使任一段长度为100mm敏感部件周围温度达到探测器小尺寸高温报警设定阈值；观察探测器火警确认灯点亮情况
		2. 控制器应发出火警声光信号，记录报警时间	检查控制器火灾报警情况、火警信息记录情况
		3. 控制器应显示发出报警信号部件类型和地址注释信息，显示的地址注释信息与现场部件设置表一致	检查控制器火警信息显示情况
6 复位功能		恢复探测器正常连接后，控制器应能对探测器报警状态进行复位，探测器的火警确认灯应熄灭	使探测器监测区域的环境恢复正常，剪除试验段敏感部件，恢复探测器的正常连接，手动操作火灾报警控制器的复位键，观察探测器火警确认灯熄灭情况

4.3.10 应对管路采样式吸气感烟火灾探测器的采样管路气流故障报警功能进行检查并记录，探测器的采样管路气流故障报警功能应符合下列规定：

1 应根据产品说明书改变探测器的采样管路气流，使探测器处于故障状态，探测器或其控制装置的故障指示灯应点亮；

2 火灾报警控制器的故障报警和信息显示功能应符合本标准第4.1.2条的规定；

3 应恢复探测器的正常采样管路气流，使探测器和控制器处于正常监视状态。

4.3.11 应对管路采样式吸气感烟火灾探测器的火灾报警功能、复位功能进行检查并记录，探测器的火灾报警功能、复位功能应符合下列规定：

1 应在采样管最末端采样孔加入试验烟，使监测区域的烟雾浓度达到探测器报警设定阈值，探测器或其控制装置的火警确认灯应在120s内点亮并保持；

2 火灾报警控制器的火灾报警和信息显示功能应符合本标准第4.1.2条的规定；

3 应使探测器监测区域的环境恢复正常，手动操作控制器的复位键后，控制器应处于正常监视状态，探测器或其控制装置的火警确认灯应熄灭。

【条文解读】

1. 第4.3.10条规定了管路采样式吸气感烟火灾探测器的采样管路气流故障报警功能的调试要求，第4.3.11条规定了管路采样式吸气感烟火灾探测器的火灾报警功能和复位功能的调试要求。

2.《特种火灾探测器》GB 15631对管路采样式吸气感烟火灾探测器的报警确认灯、故障报警功能和火灾报警功能做出了明确的规定：

（1）报警确认灯。

1）探测器应具有红色报警确认灯。

2）当被监视区域火灾参数符合报警条件时，探测器报警确认灯应点亮，并保持至被复位。

3）通过报警确认灯显示探测器其他工作状态时，被显示状态应与火灾报警状态有明显区别。可拆卸探测器的报警确认灯可安装在探头或其底座上。

4）确认灯点亮时在其正前方6m处，照度不超过500 lx的环境条件下，应清晰可见。

（2）故障报警功能。探测器在吸气管路破漏和堵塞并导致探测器吸气流量大于正常吸气流量的150%或小于正常吸气流量的50%时，应在100s内发出故障信号。

（3）火灾报警功能。探测器在任一采样孔获取的火灾烟参数符合报警条件时，应在120s内发出火灾报警信号。

【实施要点】

1. 调试人员在对管路采样式吸气感烟火灾探测器的离线故障报警功能调试结束后，恢复探测器的正常连接，使探测器恢复正常监视状态后，按下述步骤检查探测器的采样管路气流故障报警功能是否满足相关标准的要求：

（1）根据产品说明书，改变探测器的采样管路气流（如从探测器上拔出任一采样管路），检查探测器的采样管路气流故障报警功能。

（2）如探测器信号处理单元未在100s内点亮故障指示灯，控制器未在100s内发出故障报警信号，应检查并处理探测器存在的故障，或更换相同规格型号的探测器。

2. 探测器的采样管路气流故障报警功能调试结束后，恢复探测器的正常连接，使探测器恢复正常监视状态后，按下述步骤检查探测器的火灾报警功能和复位是否符合相关标准的规定：

（1）采用感烟探测器功能试验器在采样管最末端采样孔加入试验烟，使监测区域的烟雾浓度达到探测器报警设定阈值，检查探测器的火灾报警功能。

（2）如探测器的报警确认灯未点亮，应检查探测器的灵敏度设置是否准确，排查和处理探测器存在的问题，或更换相同规格型号的探测器，并对探测器的离线故障报警、采样管路气流故障报警功能和火灾报警功能重新进行调试。

（3）探测器的火灾报警功能调试结束后，应按照下述步骤检查控制器、探测器的复位功能：①吹除采样孔监测区域积聚的烟雾；②手动操作控制器的复位键，检查控制器、探测器的复位功能。

（4）当探测器配置多个采样管路时，应逐一选取采样管路按照上述步骤检查探测器的火灾报警功能和复位功能。

3. 管路采样式吸气感烟火灾探测器基本功能的调试要求和方法详见表2-4-23。

表2-4-23 管路采样式吸气感烟火灾探测器基本功能的调试要求和方法

项目	GB 50166 条款	检 查 要 求	检 查 方 法
1 气流故障报警功能	4.3.10	1. 采样管路的气流改变时，探测器或其控制装置的故障指示灯应点亮，控制器应发出故障声、光信号	根据产品说明书，改变探测器的采样管路气流，观察探测器或其控制装置故障指示灯点亮情况；观察控制器的故障报警情况
		2. 控制器应显示故障部件的类型和地址注释信息，且显示的地址注释信息应与现场部件设置表一致	检查控制器故障信息显示情况
		3. 采样管路的气流恢复正常后，探测器应能恢复正常监视状态	恢复探测器的正常采样管路气流，使探测器处于正常监视状态
2 火灾报警功能	4.3.11	1. 探测器监测区域的烟雾浓度达到探测器报警设定阈值时，探测器或其控制装置的火警确认灯应在120s内点亮并保持	在采样管最末端采样孔加入试验烟，使监测区域的烟雾浓度达到探测器报警设定阈值；用秒表测量探测器或其控制装置火警确认灯的点亮时间
		2. 控制器应发出火警声光信号，记录报警时间	检查控制器火灾报警情况、火警信息记录情况
		3. 控制器应显示发出报警信号部件类型和地址注释信息，显示的地址注释信息应与现场部件设置表一致	检查控制器火警信息显示情况
3 复位功能		探测器监测区域恢复正常后，控制器应能对探测器报警状态进行复位，探测器报警确认灯应熄灭	监测区域环境恢复正常，手动操作火灾报警控制器的复位键，观察探测器火警确认灯熄灭情况

4.3.12 应对点型火焰探测器和图像型火灾探测器的火灾报警功能、复位功能进行检查并记录，探测器的火灾报警功能、复位功能应符合下列规定：

1 在探测器监视区域内最不利处应采用专用检测仪器或模拟火灾的方法，向探测器释放试验光波，探测器的火警确认灯应在30s点亮并保持；

2 火灾报警控制器的火灾报警和信息显示功能应符合本标准第4.1.2条的规定；

3 应使探测器监测区域的环境恢复正常，手动操作控制器的复位键后，控制器应处于正常监视状态，探测器的火警确认灯应熄灭。

【条文解读】

1. 本条规定了点型火焰探测器和图像型火灾探测器的火灾报警功能和复位功能的调试要求。

2. 《特种火灾探测器》GB 15631 对点型火焰探测器和图像型火灾探测器的报警确认灯、点型火焰探测器的响应时间和图像型火灾探测器的响应阈值及响应时间做出了明确的规定：

（1）点型火焰探测器和图像型火灾探测器的报警确认灯：①探测器应具有红色报警确认灯；②当被监视区域火灾参数符合报警条件时，探测器报警确认灯应点亮，并保持至被复位；③通过报警确认灯显示探测器其他工作状态时，被显示状态应与火灾报警状态有明显区别；④可拆卸探测器的报警确认灯可安装在探头或其底座上；⑤确认灯点亮时在其正前方6m处，照度不超过500 lx的环境条件下，应清晰可见。

（2）点型火焰探测器的火灾灵敏度和响应时间。在表2-4-24规定的试验火灾条件下，探测器应在30s内发出火灾报警信号。发出火灾报警信号时试样与试验火中心距离为25m时为Ⅰ级灵敏度，17m时为Ⅱ级灵敏度，12m时为Ⅲ级灵敏度。

表2-4-24 点型火焰探测器的火灾灵敏度试验火条件要求

试验火名称	试验火条件	
正庚烷火	燃料	正庚烷（分析纯级），加3%（体积分数）甲苯
	质量	650g
	布置	将燃料放置于2mm厚钢板制成、地面尺寸为33cm×33cm，高为5cm的容器中
	点火方式	火焰或电火花
乙醇明火	燃料	工业乙醇（乙醇含量90%以上，含少量甲醇）
	质量	2 000g
	布置	将燃料放置于2mm厚钢板制成、地面尺寸为33cm×33cm，高为5cm的容器中
	点火方式	火焰或电火花

（3）图像型火灾探测器的响应阈值：①试样在一级防火和二级防火监测状态下可发现的最小火焰尺寸、定位精度，应符合表2-4-25的要求；②从发生火灾到发出火灾报警信号的响应时间不应大于20s。

表2-4-25 图像型火灾探测器一级、二级防火监控参数表

距离 D（m）	镜头（mm）	视场角		燃烧盘尺寸（m×m）		定位精度（m）	
		水平 α（°）	垂直 β（°）	一级防火	二级防火	ΔX	ΔY
5	4	64	50	0.020×0.020	0.060×0.060	±0.100	±0.147
	6	42	32	0.020×0.020	0.040×0.040	±0.100	±0.142
	8	32	24	0.020×0.020	0.030×0.030	±0.100	±0.142
	12	22	17	0.020×0.020	0.020×0.020	±0.100	±0.142
25	4	64	50	0.090×0.090	0.400×0.400	±0.488	±0.806
	6	42	32	0.060×0.060	0.250×0.250	±0.300	±0.754
	8	32	24	0.040×0.040	0.150×0.150	±0.225	±0.727
	12	22	17	0.030×0.030	0.090×0.090	±0.153	±0.723

续表2-4-25

距离 D（m）	镜头（mm）	视场角		燃烧盘尺寸（m×m）		定位精度（m）	
		水平 α（°）	垂直 β（°）	一级防火	二级防火	ΔX	ΔY
50	6	42	32	0.150×0.150	0.550×0.550	±0.600	±1.931
	8	32	24	0.090×0.090	0.400×0.400	±0.450	±1.643
	12	22	17	0.060×0.060	0.250×0.250	±0.306	±1.494
100	12	22	17	0.150×0.150	0.600×0.600	±0.612	±3.360

【实施要点】

1. 调试人员在对点型火焰探测器或图像型火灾探测器的离线故障报警功能调试结束后，应恢复探测器的正常连接，观察探测器的巡检指示灯是否正常闪亮，如探测器的巡检指示灯不能正常点亮，应检查并处理探测器的连接故障，如确认探测器损坏时，应更换相同规格型号的探测器，并按原探测器的地址编号进行地址设置和注册后，对探测器的离线故障报警重新进行调试。

2. 点型火焰探测器或图像型火灾探测器的巡检指示灯正常闪亮后，调试人员应按下述步骤检查探测器的火灾报警功能和复位是否符合相关标准的规定：

（1）在探测器监视区域内最不利处，采用火焰探测器功能试验器或模拟火灾的方法，向探测器释放试验光波，使监测区域的试验光波达到探测器报警设定阈值，检查探测器的火灾报警功能。

（2）如探测器的报警确认灯未点亮，应排查和处理探测器存在的问题，或更换相同规格型号的探测器，并对探测器的离线故障报警和火灾报警功能重新进行调试。

（3）探测器的火灾报警功能调试结束后，应按照下述步骤检查控制器、探测器的复位功能：①撤除探测器监测区域的试验光波；②手动操作控制器的复位键，检查控制器、探测器的复位功能。

3. 点型火焰探测器或图像型火灾探测器火灾报警和复位功能的调试要求和方法详见表 2-4-26。

表2-4-26　点型火焰探测器或图像型火灾探测器火灾报警和复位功能的调试要求和方法

项目	GB 50166 条款	检 查 要 求	检 查 方 法
1 火灾报警功能	4.3.12	1. 探测器监测区域的光波达到探测器报警设定阈值时，探测器或其控制装置的火警确认灯应在 30s 内点亮并保持	在探测器监视区域内最不利处，采用专用检测仪器或模拟火灾的方法，向探测器释放试验光波；用秒表测量探测器或其控制装置火警确认灯的点亮时间

续表2-4-26

项目	GB 50166条款	检查要求	检查方法
1 火灾报警功能	4.3.12	2. 控制器应发出火警声光信号，记录报警时间	检查控制器火灾报警情况、火警信息记录情况
		3. 控制器应显示发出报警信号部件类型和地址注释信息，显示的地址注释信息与现场部件设置表一致	检查控制器火警信息显示情况
2 复位功能		探测器监测区域恢复正常后，控制器应能对探测器报警状态进行复位，探测器报警确认灯应熄灭	监测区域环境恢复正常，手动操作火灾报警控制器的复位键，观察探测器火警确认灯熄灭情况

【工程示例】

火焰探测器功能试验器一般由模拟器主机、加长杆、加长控制杆、充电器等部分组成。火焰探测器功能试验器产品如图2-4-8所示，其具体使用操作方法如下：

（1）前期准备：确保设备电量充足，然后选择需要测试的光源开关。

（2）试验阶段：根据被测红外、紫外火焰探测器的高度，调整检测杆长度。将火焰探测器试验装置举高至探测器监测视角范围内（距离探测器1米以内的部位）。将火焰探测器试验装置红（紫）外镜筒对准红（紫）外火焰探测器，启动试验装置，探测器应发出火灾报警信号。

（3）测试完成：完成测试后，关闭设备电源。将试验设备收纳至包装箱中。

内容	技术参数
工作电压	12V
有效距离	6m
类型	扫描灯
红外线	≥850nm
紫外线	≤280nm

图2-4-8 火焰探测器功能试验器产品示例图

Ⅲ 火灾报警控制器其他现场部件调试

4.3.13 应对手动火灾报警按钮的离线故障报警功能进行检查并记录，手动火灾报警按钮的离线故障报警功能应符合下列规定：

1 应使手动火灾报警按钮处于离线状态；

2 火灾报警控制器的故障报警和信息显示功能应符合本标准第4.1.2条的规定。

4.3.14 应对手动火灾报警按钮的火灾报警功能进行检查并记录，报警按钮的火灾报警功能应符合下列规定：

1 使报警按钮动作后，报警按钮的火警确认灯应点亮并保持；

2 火灾报警控制器的火灾报警和信息显示功能应符合本标准第 4.1.2 条的规定；

3 应使报警按钮恢复正常，手动操作控制器的复位键后，控制器应处于正常监视状态，报警按钮的火警确认灯应熄灭。

【条文解读】

1. 第 4.3.13 条规定了手动火灾报警按钮离线故障报警功能的调试要求，第 4.3.14 条规定了手动火灾报警按钮的火灾报警功能和复位功能的调试要求。

2.《手动火灾报警按钮》GB 19880 对手动火灾报警按钮的报警状态、报警确认灯和复位功能做出了明确的规定：

（1）报警状态。报警按钮从正常监视状态进入报警状态可以通过如下操作完成，并应能从前面板外观变化识别且与正常监视状态有明显区别：①击碎启动零件；②使启动零件移位。

（2）报警确认灯。①报警按钮应设红色报警确认灯；②报警按钮启动零件动作，报警确认灯应点亮，并保持至报警状态被复位；③如通过报警确认灯显示报警按钮其他工作状态，被显示状态应与火灾报警指示时的状态有明显区别；④确认灯点亮时在其正前方 2m 处，光照度不超过 500 lx 的环境条件下，应清晰可见。

（3）复位功能。报警按钮动作后应仅能使用工具通过下述方法进行复位：①对启动零件不可重复使用的，更换新的启动零件；②对启动零件可重复使用的，复位启动零件。

【实施要点】

1. 调试人员在对火灾报警控制器配接的手动火灾报警按钮进行调试时，应首先按照火灾报警控制器现场部件设置情况表核查按钮的设置部位是否准确，并按照下述步骤检查按钮的离线故障报警功能是否符合《火灾报警控制器》GB 4717 的规定：

（1）使按钮的连接线路断开（将按钮从底座上摘除即可），检查控制器能否在 100s 内发出故障报警信号，并准确显示故障按钮的类型和地址注释信息。

（2）按钮离线后，控制器未在 100s 内发出故障报警信号，应检查并处理按钮的地址设置和控制器的地址注册环节存在的问题。

（3）如控制器显示的按钮的地址注册信息有误，应对错误的地址注释予以修改，并重新对按钮的故障报警功能进行调试。

2. 按钮的离线故障报警功能调试结束后，调试人员应恢复按钮的正常连接，观察按钮的巡检指示灯正常闪亮后，按下述步骤检查按钮的火灾报警功能和复位是否符合相关标准的规定：

（1）操作按钮的启动部件动作，检查按钮的火灾报警功能。

（2）如按钮的报警确认灯未点亮，应排查和处理按钮存在的问题，或更换相同规格型号的按钮，并对按钮的离线故障报警和火灾报警功能重新进行调试。

（3）按钮的火灾报警功能调试结束后，应按照下述步骤检查控制器、按钮的复位功能：①操作按钮的启动部件复位；②手动操作控制器的复位键，检查控制器、按钮的复位功能。

3. 手动火灾报警按钮基本功能的调试要求和方法详见表 2-4-27。

表2-4-27 手动火灾报警按钮基本功能的调试要求和方法

项目	GB 50166条款	检查要求	检查方法
地址设置	4.2.2	按照现场部件设置表对按钮进行地址设置，在控制器上进行地址注册和地址注释	
1 离线故障报警功能	4.3.13	1. 按钮离线时，控制器应发出故障声光信号	使按钮处于离线状态；观察控制器的故障报警情况
		2. 控制器应显示故障部件的类型和地址注释信息，且显示的地址注释信息应与现场部件设置表一致	检查控制器故障信息显示情况
2 调试恢复	4.1.6	恢复探测器的正常连接，使控制器、探测器处于正常监视状态	
3 火灾报警功能	4.3.14	1 按钮动作后，按钮的火警确认灯应点亮并保持	使按钮动作，观察按钮火警确认灯的点亮情况
		2. 控制器应发出火警声光信号，记录报警时间	检查控制器火灾报警情况、火警信息记录情况
		3. 控制器应显示发出报警信号部件类型和地址注释信息，显示的地址注释信息应与现场部件设置表一致	检查控制器火警信息显示情况
4 复位功能		按钮的机械结构复位后，控制器应能对按钮的报警状态复位，按钮的报警确认灯应熄灭	复位手动报警按钮的机械结构，手动操作控制器的复位键，观察按钮火警确认灯熄灭情况

4.3.15 应对火灾显示盘下列主要功能进行检查并记录，火灾显示盘的功能应符合现行国家标准《火灾显示盘》GB 17429 的规定：

1 接收和显示火灾报警信号的功能；

2 消音功能；

3 复位功能；

4 操作级别；

5 非火灾报警控制器供电的火灾显示盘，主、备电源的自动转换功能。

4.3.16 应对火灾显示盘的电源故障报警功能进行检查并记录，火灾显示盘的电源故障报警功能应符合下列规定：

1 应使火灾显示盘的主电源处于故障状态；

2 火灾报警控制器的故障报警和信息显示功能应符合本标准第 4.1.2 条的规定。

【条文解读】

1. 第 4.3.15 条规定了火灾显示盘基本功能的调试要求，第 4.3.16 条规定了火灾显示盘电源故障报警功能的调试要求。

2. 《火灾显示盘》GB 17429 对火灾显示盘的接收和显示火灾报警信号的功能、消音功能和复位功能、操作级别和电源功能做出了明确的规定：

（1）接收和显示火灾报警信号的功能、消音功能和复位功能。

1）火灾显示盘应能接收与其连接的火灾报警控制器发出的火灾报警信号，并在火灾报警控制器发出火灾报警信号后 3 s 内发出火灾报警声光信号，显示火灾发生部位。

2）火灾报警声信号应能手动消除，当再有火灾报警信号输入时，应再次启动；火灾报警光信号应保持至火灾报警控制器复位。

3）当接收的火灾报警信号为手动火灾报警按钮报警信号时，火灾显示盘应能显示该火灾报警信号为手动火灾报警按钮报警。

4）火灾显示盘应设有专用火警总指示灯，火灾显示盘处于火灾报警状态时，该指示灯应点亮。

5）火灾显示盘如能显示火灾报警的时间，则该时间应与火灾报警控制器显示的时间一致。

6）除火灾报警控制器的复位操作外，对火灾显示盘的任何操作均不应影响其接收和发出火灾报警信号。

（2）操作级别。火灾显示盘的操作级别应符合表 2-4-28 的要求。

表2-4-28 火灾显示盘操作级别划分表

序号	操作项目	Ⅰ	Ⅱ	Ⅲ
1	消除声信号	O	M	M
2	查询信息	O	M	M
3	自检	P	M	M
4	输入或更改数据	P	P	M
5	接通、断开或调整电源	P	P	M
6	修改或改变软件	P	P	M

注：1. P 为禁止本级操作；O 为可选择是否由本级操作；M 为可进行本级及本级以下操作。

2. 进入Ⅱ、Ⅲ级操作功能状态应采用钥匙、操作号码，用于进入Ⅲ级操作功能状态的钥匙或操作号码可用于进入Ⅱ级操作功能状态，但用于进入Ⅱ级操作功能状态的钥匙或操作号码不能用于进入Ⅲ级操作功能状态。

（3）电源功能。

1）采用主电源为 220 V、50 Hz 交流电源供电的火灾显示盘应具有主电源和备用电源转换功能。

2）当主电源断电时，应自动转换到备用电源；当主电源恢复时，应自动转换到主电源。

3）应有主、备电源工作状态指示。

4）主、备电源的转换不应影响火灾显示盘的正常工作。

【实施要点】

1. 调试人员在对火灾报警控制器配接的火灾显示盘进行调试时，应首先按照火灾报警控制器现场部件设置情况表核查火灾显示盘的设置部位是否准确，并按下述步骤检查火灾显示盘的基本功能是否符合《火灾显示盘》GB 17429 的规定：

（1）使探测器或手动报警按钮发出火灾报警信号，检查火灾显示盘火灾报警信号的接收和显示功能。

（2）手动操作火灾显示盘的消音键，检查火灾显示盘的消音功能。

（3）撤出控制器的火灾报警信号，手动操作显示盘的复位按钮（键），检查火灾显示盘的复位功能。

（4）检查火灾显示盘操作级别的划分情况。

（5）切断主电源、恢复主电源，检查火灾显示盘主备电自动转换功能。

（6）调试过程中，如火灾显示盘的功能不满足《火灾显示盘》GB 17429 的相关要求，应更换相同规格型号的火灾显示盘，并按原火灾显示盘的地址编码对新更换火灾显示盘进行地址设置和注册。

2. 火灾显示盘不由火灾报警控制器供电时，调试人员应按下列步骤检查火灾显示盘的电源故障报警功能是否符合《火灾报警控制器》GB 4717 的规定：

（1）关断火灾显示盘的主电源，检查控制器的故障报警功能。

（2）恢复火灾显示盘的主电源供电，使火灾显示盘和控制器恢复正常工作状态。

3. 火灾显示盘的调试内容、要求和方法详见表 2-4-29。

表2-4-29 火灾显示盘的调试内容、要求和方法

项目	GB 50166 条款	检查要求	检查方法
地址设置	4.2.2	按照现场部件设置表对显示盘进行地址设置，在控制器上进行地址注册和地址注释	
1 接收显示功能	4.3.15	火灾显示盘应能接收并显示火灾报警控制器发送的火灾报警信息，且显示的信息应与控制器一致	使探测器或手动报警按钮发出火灾报警信号，检查火灾显示盘和控制器火灾信息显示情况
2 消音功能		火灾显示应能手动消除报警声信号	手动操作设备的消音键，检查声信号消除情况
3 复位功能		火灾报警控制器的报警信号消除后，显示盘应能对报警状态进行复位，显示盘应处于正常监视状态	撤除控制器的火灾报警信号，手动操作显示盘的复位按钮（键），观察显示盘的工作状态
4 操作级别		显示盘应根据不同使用对象设置不同的操作级别	检查控制器操作级别划分是否符合《火灾显示盘》GB 17429 的规定
5 主备电自动转换功能		显示盘主电断电后，备电应能自动投入；主电恢复后，应能自动投入；主电、备电工作指示灯应能正确指示控制器主、备电的工作状态	切断主电源，检查备用电源应自动投入情况，观察工作指示灯显示情况；恢复主电源，检查主电源自动投入情况，观察工作指示灯显示情况

续表2-4-29

项目	GB 50166条款	检查要求	检查方法
6 电源故障报警功能	4.3.16	1. 显示盘的主电源断电后，火灾报警控制器应发出故障报警声、光信号，记录报警时间	使火灾显示盘的主电源处于故障状态；观察控制器的故障报警情况
		2. 控制器应显示故障部件的类型和地址注释信息，且显示的地址注释信息应与现场部件设置表一致	检查控制器故障信息显示情况
7 调试恢复	4.1.6	恢复探测器的正常连接，使控制器、探测器处于正常监视状态	

4.4 家用火灾安全系统调试

Ⅰ 控制中心监控设备调试

4.4.1 应切断控制中心监控设备的所有外部控制连线，并将家用火灾报警控制器等部件相连接后接通电源，使控制中心监控设备处于正常监视状态。

4.4.2 应对控制中心监控设备下列主要功能进行检查并记录，控制中心监控设备的功能应符合现行国家标准《家用火灾安全系统》GB 22370 的规定：

1 操作级别；

2 接收和显示家用火灾报警控制器发出的火灾报警信号的功能；

3 消音功能；

4 复位功能。

【条文解读】

1. 第 4.4.1 条、第 4.4.2 条规定了控制中心监控设备的调试要求。

2. 《家用火灾安全系统》GB 22370 对控制中心监控设备的操作级别、接收和显示火灾报警信号的功能、消音功能和复位功能做出了明确的规定：

（1）操作级别。

1）控制中心监控设备的操作级别应符合表 2-4-30 的要求。

表2-4-30 控制中心监控设备操作级别划分表

序号	操作项目	Ⅰ	Ⅱ	Ⅲ
1	查询信息	O	M	M
2	消除声信号	O	M	M
3	复位（带复位功能的控制中心监控设备）	P	M	M

续表2-4-30

序号	操作项目	Ⅰ	Ⅱ	Ⅲ
4	系统程序的退出	P	P	M
5	修改或改变软件	P	P	M

注：1. P为禁止本级操作；O为可选择是否由本级操作；M为可进行本级及本级以下操作。
2. 进入Ⅱ、Ⅲ级操作功能状态应采用钥匙、操作号码，用于进入Ⅲ级操作功能状态的钥匙或操作号码可用于进入Ⅱ级操作功能状态，但用于进入Ⅱ级操作功能状态的钥匙或操作号码不能用于进入Ⅲ级操作功能状态。

2）控制中心监控设备应能对家用火灾控制器的火灾报警信号进行复位、系统设定等操作。

（2）接收和显示火灾报警信号的功能、消音功能和复位功能。

1）控制中心监控设备应能接收家用火灾报警控制器发出的报警信号及相关信息，在接收后发出相应的反馈信号，并能在3s内进入报警状态，显示相应信息。控制中心监控设备与家用火灾报警控制器的信息显示应同步。

2）控制中心监控设备在与家用火灾报警控制器之间不能正常通信时，应在24h内发出故障声、光信号，故障声信号应能手动消除，故障光信号应保持至故障排除。控制中心监控设备在与家用火灾报警控制器之间在通信中断并恢复通信后，控制中心监控设备应能重新接收并正确显示家用火灾控制器存在的各种状态信息。

3）当有报警信号输入时，控制中心监控设备应发出声、光报警信号，显示报警部位、报警类型等信息，记录报警时间；火灾报警信息应与监管报警信息分开显示。

4）控制中心监控设备处于报警状态时应有专用状态指示，且该指示不受控制中心监控设备复位操作以外的任何操作的影响。

5）控制中心监控设备应单独显示首火警部位。

6）控制中心监控设备应能在操作复位后的100s内（采用无线通信的系统可在24h内）重新显示系统内各家用火灾报警控制器仍然存在的各种状态信息，其火灾报警和监管报警功能在20s后应恢复正常。

【实施要点】

1. 调试人员在进行控制中心监控设备调试时，应首先切断监控设备的所有外部控制连线，将其配接的家用火灾报警控制器等部件相连接后，接通监控设备的电源，使监控设备稳定运行10min，期间监控设备应无异响，且显示正常。监控设备如有故障报警等异常情况，应进行故障排查，待故障处理后，方可继续进行监控设备的调试。

2. 监控设备处于正常监视状态后，调试人员应按下述步骤检查控制中心监控设备的基本功能是否符合《家用火灾安全系统》GB 22370的规定：

（1）检查控制中心监控设备操作级别的划分情况。

（2）使家用火灾报警控制器发出火灾报警信号，检查控制中心监控设备接收和显示火灾报警信号的功能。

（3）手动操作控制中心监控设备的消音键，检查控制中心监控设备的消音功能。

（4）撤除家用火灾报警控制器的火灾报警信号，手动操作控制中心监控设备的复位键，检查控制中心监控设备的复位功能。

（5）调试过程中，如控制中心监控设备的功能不符合《家用火灾安全系统》GB 22370 的相关规定，应排查并处理控制中心监控设备存在的问题，并重新进行控制中心监控设备的基本功能调试。

3. 控制中心监控设备的调试内容、要求和方法详见表 2-4-31。

表2-4-31　控制中心监控设备的调试内容、要求和方法

项目	GB 50166 条款	检查要求	检查方法
调试准备	4.4.1	切断控制中心监控设备的所有外部控制连线，并将家用火灾报警控制器等部件相连接后，接通电源，使控制中心监控设备处于正常监视状态	
1 操作级别	4.4.2	监控器应根据不同使用对象设置不同的操作级别	检查设备操作级别划分情况是否符合《家用火灾安全系统》GB 22370 的规定
2 接收和显示报警信号功能		1. 家用火灾报警控制器发出火灾报警信号后，控制中心监控设备应发出声、光报警信号	使家用火灾报警控制器发出火灾报警信号，观察控制中心监控设备的火灾报警情况
		2. 控制中心监控设备应显示发出报警信号部件的地址注释信息，且显示的地址注释信息应与现场部件设置表一致	检查控制中心监控设备火警信息显示情况
3 消音功能		控制中心监控设备应能手动消除报警声信号	手动操作控制中心监控设备的消音键，检查控制中心监控设备声信号消除情况
4 复位功能		家用火灾报警控制器撤除火灾报警信号后，控制中心监控设备应能对其火灾报警状态复位，恢复正常监视状态	撤除家用火灾报警控制器的火灾报警信号，手动操作控制中心监控设备的复位键，观察控制中心监控设备的工作状态

Ⅱ　家用火灾报警控制器调试

4.4.3　应将任一个总线回路的家用火灾探测器、手动报警开关等部件与家用火灾报警控制器相连接后接通电源，使控制器处于正常监视状态。

4.4.4　应对家用火灾报警控制器下列主要功能进行检查并记录，控制器的功能应符合现行国家标准《家用火灾安全系统》GB 22370 的规定：

1　自检功能。

2　主、备电源的自动转换功能。

3　故障报警功能：

1）备用电源连线故障报警功能；

2）配接部件通信故障报警功能。

4 火警优先功能。

5 消音功能。

6 二次报警功能。

7 复位功能。

4.4.5 应依次将其他回路与家用火灾报警控制器相连接，按本标准第4.4.4条第3款第2项、第4款、第7款的规定，对家用火灾报警控制器进行功能检查并记录，控制器的功能应符合现行国家标准《家用火灾安全系统》GB 22370的规定。

【条文解读】

1. 第4.4.3条~第4.4.5条规定了家用火灾报警控制器的调试要求。

2. 《家用火灾安全系统》GB 22370对家用火灾报警控制器的自检功能、故障报警功能、主备电源的自动转换功能、火灾报警功能、消音功能和复位功能做出了明确的规定：

（1）自检功能。

1）家用火灾报警控制器应能对本机进行功能检查，自检期间，受其控制的外接设备和输出接点均不应动作；

2）自检时间超过1min或自检不能自动停止时，其非自检部位、探测区和本身的火灾报警功能不应受影响。

（2）主、备电源的自动转换功能。

1）家用火灾报警控制器在主电源断电时，应能自动切换到备用电源工作；

2）在备用电源不能保证其正常工作时，应发出故障声信号并保持1h以上；

3）在主电源恢复时，应能自动切换到主电源工作；

4）主、备电源的转换不应引起其误报警或误动作。

（3）故障报警功能。当发生下列故障时，采用有线通信的家用火灾报警控制器应在100s内发出故障声、光信号，并指示故障类型；采用无线通信的家用火灾报警控制器应在24h内发出故障声、光信号，并指示故障类型；故障声信号应能手动消除，再有故障信号输入时，应能再启动；故障光信号应保持至故障排除。

1）与所连接的部件之间的通信故障；

2）给备用电源（电池）充电的充电器与备用电源间连接线的断路、短路；

3）备用电源与其负载间连接线的断路、短路；

4）主电源欠压。

（4）火灾报警功能。

1）家用火灾报警控制器应设专用火灾报警状态指示灯，无论家用火灾报警控制器处于何种状态，只要有火灾报警信号输入，该指示灯应点亮；

2）家用火灾报警控制器应能分别接收和显示系统内的感烟火灾探测器、感温火灾探测器、可燃气体探测器、剩余电流探测器及手动报警开关和其他火灾报警触发器件发出的火灾报警信号，在10s内发出火灾报警声、光信号，并保持至手动复位；

3）火灾报警声信号应能手动消除，当再有火灾报警信号输入时，应能再次启动；

4）家用火灾报警控制器的故障信号在故障排除后，应能自动或手动复位。复位后，家用火灾报警控制器应在 24h 内重新显示尚存在的故障；

5）家用火灾报警控制器任一故障均不应影响非故障部分的正常工作；

6）家用火灾报警控制器与各非火灾报警设备间连接线的故障不应影响其火灾报警功能。

【实施要点】

1. 调试人员对家用火灾报警控制器的基本功能进行调试时，应先任选一个总线回路，将其配接的家用火灾探测器、手动报警开关等部件相连接后，切断家用火灾报警控制器的所有外部控制连线，接通控制器的电源，使控制器稳定运行 10min，期间控制器应无异响，且显示正常。控制器如有故障报警等异常情况，应进行故障排查，待故障处理后，按下列步骤检查家用火灾报警控制器的基本功能是否符合《家用火灾安全系统》GB 22370 的规定：

（1）操作控制器的自检机构，检查控制器的自检功能。

（2）切断控制器的主电源、恢复控制器的主电源供电，检查控制器的主、备电源的自动转换功能。

（3）分别使控制器与备用电源之间连线断路、短路，切断控制器的主电源后使控制器与任一现场部件之间的通信中断，检查控制器的故障报警功能。

（4）使任一只非故障部位的探测器发出火灾报警信号，检查控制器的火灾报警优先的功能。

（5）手动操作控制器的消音键，检查控制器的消音功能。

（6）再次使另外一只非故障部位的探测器发出火灾报警信号，检查控制器的二次火灾报警功能。

（7）恢复主电工作，恢复控制器与现场部件间的正常连线，使探测器的监测区域恢复正常，手动操作控制器的复位键，检查控制器的复位功能。

2. 首个回路调试合格后，关闭控制器电源，再次选取一个总线回路（可以按照回路编号的顺序进行），将其配接的现场部件与控制器相连接，接通控制器备用电源，使控制器稳定运行 10min，控制器处于正常监视状态后，按下列步骤检查控制器的基本功能是否符合《家用火灾安全系统》GB 22370 的规定：

（1）使控制器与任一现场部件之间的通信中断，检查控制器的故障报警功能。

（2）使任一只非故障部位的探测器发出火灾报警信号，检查控制器的火灾报警优先的功能。

（3）恢复主电工作，恢复控制器与现场部件间的正常连线，使探测器的监测区域恢复正常，手动操作控制器的复位键，检查控制器的复位功能。

3. 依次选取剩余总线回路，并按 2. 的步骤检查控制器的基本功能是否符合《家用火灾安全系统》GB 22370 的规定。

4. 调试过程中，如控制器的功能不符合《家用火灾安全系统》GB 22370 的相关规定，应排查并处理控制器存在的问题，必要时对控制器的部件或整机进行更换，并重新进行控制器的基本功能调试。

5. 家用火灾报警控制器的调试内容、要求和方法详见表 2-4-32。

表2-4-32 家用火灾报警控制器的调试内容、要求和方法

项目	GB 50166条款	检查要求	检查方法
家用火灾报警控制器基本功能 + 1#回路基本功能			
调试准备	4.4.3	将任一个总线回路的家用火灾探测器、手动报警开关等部件相连接后，接通电源，使控制器稳定运行10min，并使控制器处于正常监视状态	
1 自检功能	4.4.4	控制器应能对指示灯、显示器和音响器件进行功能自检	操作控制器的自检机构，检查控制器指示灯、显示器和音响器的动作情况
2 主、备电自动转换功能		控制器主电断电后，备电应能自动投入；主电恢复后，应能自动投入；主电、备电工作指示灯应能正确指示控制器主、备电的工作状态	切断主电源，检查备用电源自动投入情况，观察工作指示灯显示情况；恢复主电源，检查主电源自动投入情况，观察工作指示灯显示情况
3 故障报警功能		1. 控制器与备用电源之间连线断路、短路时，控制器应在100s内发出故障声、光信号，显示故障类型	分别使控制器与备用电源之间连线断路、短路，用秒表测量控制器故障报警响应时间、观察故障信息显示情况
		2. 控制器与现场部件之间的通信故障时，控制器应在100s内显示故障部件的类型和地址注释信息，且显示的地址注释信息应与现场部件设置表一致	使控制器处于备电工作状态，使控制器与任一现场部件之间的通信中断；用秒表测量控制器故障报警响应时间，检查控制器故障信息显示情况
4 火警优先功能		1. 探测器发出火灾报警信号后，控制器应在10s内发出火灾报警声、光信号，并记录报警时间	使任一只非故障部位的探测器发出火灾报警信号，用秒表测量控制器火灾报警响应时间，检查控制器的火警信息记录情况
		2. 控制器应显示发出报警信号部件设备类型和地址注释信息，显示的地址注释信息应与现场部件设置表一致	检查控制器火警信息显示情况
5 消音功能		控制器应能手动消除报警声信号	手动操作控制器的消音键，检查控制器声信号消除情况
6 二次报警功能		1. 探测器发出火灾报警信号后，控制器应在10s内发出火灾报警声、光信号，并记录报警时间	再次使另外一只非故障部位的探测器发出火灾报警信号，用秒表测量控制器火灾报警响应时间，检查控制器的火警信息记录情况

续表2-4-32

项目	GB 50166条款	检查要求	检查方法
6 二次报警功能	4.4.4	2. 控制器应显示发出报警信号部件设备类型和地址注释信息，显示的地址注释信息应与现场部件设置表一致	检查控制器火警信息显示情况
7 复位功能	4.4.4	恢复控制器的正常连接、撤除探测器的火灾报警信号，应能对控制器报警状态复位，消除控制器的声、光报警信号	恢复主电工作，恢复控制器与现场部件间的正常连线，使探测器的监测区域恢复正常，手动操作控制器的复位键，观察控制器的工作状态
$n^{\#}$回路基本功能			
调试准备	4.4.5	切断控制器电源，依次选取另一个总线回路，将其配接的家用火灾探测器、手动报警开关等部件相连接后，接通电源，使控制器稳定运行 10min，并使控制器处于正常监视状态	
1 故障报警功能	4.4.5	控制器与现场部件之间的通信故障时，控制器应在 100s 内显示故障部件的类型和地址注释信息，且显示的地址注释信息应与现场部件设置表一致	使控制器处于备电工作状态，使控制器与任一现场部件之间的通信中断；用秒表测量控制器故障报警响应时间，检查控制器故障信息显示情况
2 火警优先功能	4.4.5	1. 探测器发出火灾报警信号后，控制器应在 10s 内发出火灾报警声、光信号，并记录报警时间	使任一只非故障部位的探测器发出火灾报警信号，用秒表测量控制器火灾报警响应时间，检查控制器的火警信息记录情况
2 火警优先功能	4.4.5	2. 控制器应显示发出报警信号部件设备类型和地址注释信息，显示的地址注释信息应与现场部件设置表一致	检查控制器火警信息显示情况
3 复位功能	4.4.5	恢复控制器的正常连接、撤除探测器的火灾报警信号，应能对控制器报警状态复位，消除控制器的声、光报警信号	恢复主电工作，恢复控制器与现场部件间的正常连线，使探测器的监测区域恢复正常，手动操作控制器的复位键，观察控制器的工作状态

Ⅲ 家用安全系统现场部件调试

4.4.6 应对点型家用感烟火灾探测器、点型家用感温火灾探测器、独立式感烟火灾探测报警器、独立式感温火灾探测报警器的火灾报警功能、复位功能进行检查并记录，探测器的火灾报警功能、复位功能应符合下列规定：

1 应采用专用的检测仪器或模拟火灾的方法，使监测区域的烟雾浓度、温度达到探测器的报警设定阈值；

2 探测器应发出火灾报警声信号，声报警信号的A计权声压级应在45dB~75dB之间，并应采用逐渐增大的方式，初始声压级不应大于45dB；

3 家用火灾报警控制器的火灾报警和信息显示功能应符合本标准第4.1.2条的规定。

【条文解读】

1. 本条规定了点型家用感烟火灾探测器、点型家用感温火灾探测器、独立式感烟火灾探测报警器、独立式感温火灾探测报警器的火灾报警功能、复位功能的调试要求。

2. 《家用火灾安全系统》GB 22370对点型家用感烟、感温火灾探测器的火灾报警功能和接入家用火灾报警控制器的独立式感烟感温火灾探测报警器的兼容性能，《独立式感烟火灾探测报警器》GB 20517对独立式感烟火灾探测报警器的火灾报警功能，《独立式感温火灾探测报警器》GB 30122对独立式感温火灾探测报警器的火灾报警功能做出明确规定：

（1）探测器监测区域的烟、温参数达到预定值时，点型家用感烟、感温火灾探测器，独立式感烟、感温火灾探测报警器应发出声火灾报警信号，并向家用火灾报警控制器发出火灾报警信号。

（2）点型家用感烟、感温火灾探测器，独立式感温火灾探测报警器声报警信号的声压级应在45dB~75dB（A计权）之间，并应采用逐渐增大方式，初始声压级不应大于45dB。

（3）独立式感烟火灾探测报警器声报警信号的声压级应大于80dB（A计权）。

【实施要点】

1. 调试人员在对家用火灾报警控制器配接的点型家用感烟火灾探测器、点型家用感温火灾探测器、独立式感烟火灾探测报警器、独立式感温火灾探测报警器进行调试时，应首先按照控制器现场部件设置情况表核查探测器的设置部位是否准确，并按下述步骤检查探测器、探测报警器的火灾报警功能、复位功能是否符合相关标准的规定：

（1）采用感烟探测器功能试验器向点型感烟火灾探测器和独立式感烟火灾探测报警器施加试验烟雾、采用感温探测器功能试验器向点型感温火灾探测器和独立式感温火灾探测报警器加温，使点型感烟火灾探测器和独立式感烟火灾探测报警器监测区域的烟雾浓度、点型感温火灾探测器和独立式感温火灾探测报警器监测区域的温度达到其报警设定阈值，检查探测器的火灾报警功能。

（2）吹除点型感烟火灾探测器和独立式感烟火灾探测报警器监测区域积聚的烟雾、恢复点型感温火灾探测器和独立式感温火灾探测报警器监测区域的环境温度，手动操作控制器的复位键，检查控制器、探测器的复位功能。

2. 点型家用感烟火灾探测器、点型家用感温火灾探测器、独立式感烟火灾探测报警器、独立式感温火灾探测报警器的调试内容、要求和方法详见表 2-4-33。

表2-4-33 家用火灾报警控制器现场部件的调试内容、要求和方法

项目	GB 50166 条款	检查要求	检查方法
1 地址设置	4.2.2	对探测器按照现场部件设置表进行地址设置，在控制器上进行地址注册和地址注释	
2 火灾报警功能	4.4.6	1. 探测器处于火灾报警状态时，探测器应发出火灾报警声信号，声报警信号的 A 计权声压级应在 45dB~75dB 之间，并应采用逐渐增大的方式，初始声压级不应大于 45dB	采用专用的检测仪器或模拟火灾的方法，使探测器监测区域的烟雾浓度、温度达到探测器的报警设定阈值；检查探测器火灾报警声信号启动情况，用数字声级计测量声警报的声压级
		2. 控制器应发出火灾报警声光信号，记录报警时间	检查控制器火灾报警情况、信息记录情况
		3. 控制器应显示发出报警信号部件类型和地址注释信息，显示的地址注释信息应与现场部件设置表一致	检查控制器火警信息显示情况

4.5 消防联动控制器及其现场部件调试

Ⅰ 消防联动控制器调试

4.5.1 消防联动控制器调试时，应在接通电源前按以下顺序做好准备工作：

1 应将消防联动控制器与火灾报警控制器连接；

2 应将任一备调回路的输入/输出模块与消防联动控制器连接；

3 应将备调回路的模块与其控制的受控设备连接；

4 应切断各受控现场设备的控制连线；

5 应接通电源，使消防联动控制器处于正常监视状态。

4.5.2 应对消防联动控制器下列主要功能进行检查并记录，控制器的功能应符合现行国家标准《消防联动控制系统》GB 16806 的规定：

1 自检功能。

2 操作级别。

3 屏蔽功能。

4 主、备电源的自动转换功能。

5 故障报警功能：

1）备用电源连线故障报警功能；

2）配接部件连线故障报警功能。

6 总线隔离器的隔离保护功能。

7 消音功能。

8 控制器的负载功能。

9 复位功能。

10 控制器自动和手动工作状态转换显示功能。

4.5.3 应依次将其他备调回路的输入/输出模块与消防联动控制器连接、模块与受控设备连接，切断所有受控现场设备的控制连线，使控制器处于正常监视状态，在备电工作状态下，按本标准第4.5.2条第5款第2项、第6款、第8款、第9款的规定对控制器进行功能检查并记录，控制器的功能应符合现行国家标准《消防联动控制系统》GB 16806的规定。

4.5.4 火灾报警控制器（联动型）的调试应符合本标准第4.3.1条~第4.3.3条和本标准第4.5.1条~第4.5.3条的规定。

【条文解读】

1. 第4.5.1条~第4.5.4条规定了消防联动控制器的调试要求。

2.《消防联动控制系统》GB 16806对消防联动控制器的基本功能做出了明确的规定：

（1）自检功能。

1）消防联动控制器应能检查本机的功能（以下称自检），在执行自检功能期间，其受控设备均不应动作。

2）自检时间超过1min或不能自动停止自检功能时，消防联动控制器的自检功能应不影响非自检部位的正常工作。

3）消防联动控制器应能手动检查其音响器件、面板所有指示灯和显示器的功能。

（2）操作级别。消防联动控制器的操作功能应符合表2-4-34规定的操作级别要求。

表2-4-34 消防联动控制器操作级别划分表

序号	操作项目	Ⅰ	Ⅱ	Ⅲ	Ⅳ
1	查询信息	M	M	M	M
2	消除声信号	O	M	M	M
3	复位	P	M	M	M
4	手动操作	P	M	M	M
5	进入自检、屏蔽和解除屏蔽等工作状态	P	M	M	M
6	调整计时装置	P	M	M	M
7	开、关电源	P	M	M	M
8	输入或更改数据	P	P	M	M
9	延时功能设置	P	P	M	M

续表2-4-34

序号	操作项目	Ⅰ	Ⅱ	Ⅲ	Ⅳ
10	报警区域编程	P	P	M	M
11	修改或改变软件、硬件	P	P	P	M

注：1. P为禁止本级操作；O为可选择是否由本级操作；M为可进行本级及本级以下操作。

2. 进入Ⅱ、Ⅲ级操作功能状态应采用钥匙、操作号码，用于进入Ⅲ级操作功能状态的钥匙或操作号码可用于进入Ⅱ级操作功能状态，但用于进入Ⅱ级操作功能状态的钥匙或操作号码不能用于进入Ⅲ级操作功能状态。

（3）屏蔽功能。

1）消防联动控制器应有独立的屏蔽总指示灯，屏蔽存在时，该屏蔽总指示灯应点亮。

2）消防联动控制器应仅能通过手动方式完成对受控设备的单独屏蔽或单独解除屏蔽。

3）消防联动控制器应在屏蔽操作完成后2s内启动屏蔽指示，显示被屏蔽部位、屏蔽时间等信息。在消防联动控制器显示启动、反馈或报警信息时，屏蔽信息可不显示但应可查。

4）消防联动控制器应能显示所有屏蔽信息，在不能同时显示所有屏蔽信息时，则应显示最新屏蔽信息，其他屏蔽信息应手动可查。

5）总线式消防联动控制器在同一个回路内所有部位均被屏蔽的情况下，才能显示该回路被屏蔽。

6）屏蔽状态不应受消防联动控制器复位等操作的影响。

（4）主、备电源的自动转换功能。

1）消防联动控制器的电源部分应具有主电源和备用电源转换装置。

2）当主电源断电时，能自动转换到备用电源；当主电源恢复时，能自动转换到主电源。

3）主、备电源的工作状态应有指示，主电源应有过流保护措施。

4）主、备电源的转换不应使消防联动控制器误动作。

（5）故障报警功能。

1）消防联动控制器应设独立的故障总指示灯，该故障总指示灯在有故障存在时应点亮。

2）当发生下列故障时，消防联动控制器应在100s内发出与火灾报警信号有明显区别的故障声、光信号，故障声信号应能手动消除，再有故障信号输入时，应能再启动；故障光信号应保持至故障排除。

①消防联动控制器与火灾报警控制器之间的连接线断路、短路和影响功能的接地；②消防联动控制器与触发器件之间的连接线断路、短路和影响功能的接地（短路时发出报警信号除外）；③消防联动控制器与独立使用的直接手动控制单元之间的连接线断路、短路和影响功能的接地；④总线式消防联动控制器与输出/输入模块间连接线断路、短路和影响功能的接地；⑤给备用电源充电的充电器与备用电源间连接线的断路、短路；⑥备用电源与其负载间连接线的断路、短路；⑦消防联动控制器主电源欠压。

对于②④类故障，应能指示出部位；对于①③⑤⑥⑦类故障应能指示出类型。

3）消防联动控制器的故障信号在故障排除后，可以自动或手动复位。手动复位后，消防联动控制器应在100s内重新显示存在的故障。

（6）总线隔离器的隔离保护功能。

1）总线式消防联动控制器应设有总线短路隔离器，一个短路隔离器保护的部件不应超过32个。

2）当短路隔离器动作时，消防联动控制器应显示被隔离部件的部位。

（7）控制、显示和消音功能。

1）消防联动控制器应能按设定的逻辑直接或间接控制其连接的各类受控消防设备（以下称受控设备），并设独立的启动总指示灯；只要有受控设备启动信号发出，该启动总指示灯应点亮。

2）消防联动控制器在接收到火灾报警信号后，应在3s内发出启动信号；发出启动信号后，应有光指示，指示启动设备名称和部位，记录启动时间和启动设备总数。光指示应保持至消防联动控制器复位。

3）消防联动控制器应能显示所有受控设备的工作状态。消防联动控制器应在受控设备动作后10s内收到反馈信号，并应有反馈光指示，指示设备名称和部位，显示相应设备状态，光指示应保持至受控设备恢复。消防联动控制器在发出启动信号后10s内未收到要求的反馈信号，应使启动光信号闪亮，并显示相应的受控设备，保持到消防联动控制器收到反馈信号。

4）消防联动控制器应能接收来自相关火灾报警控制器的火灾报警信号，显示报警区域，发出火灾报警声、光信号，报警声信号应能手动消除，报警光信号应保持至消防联动控制器复位。

5）消防联动控制器应能接收连接的消火栓按钮、水流指示器、报警阀、气体灭火系统启动按钮等触发器件发出的报警（动作）信号，显示其所在的部位，发出报警（动作）声、光信号，声信号应能手动消除，光信号应保持至消防联动控制器复位。

6）消防联动控制器应能以手动和自动两种方式完成控制功能，并指示状态，控制状态不应受复位操作的影响。

7）消防联动控制器应具有对每个受控设备进行手动控制的功能。

8）消防联动控制器的直接手动控制单元应满足下列要求：

①应至少有六组独立的手动控制开关，每个控制开关对应一个直接控制输出。控制输出的启动光指示应在相应的控制开关表面（或附近）单独指示；②直接手动控制单元不能独立使用时，受控设备除启动状态外的其他工作状态可以在手动控制开关旁单独指示，也可以在联动控制器的共用显示器上显示；③直接手动控制单元能独立使用时，受控设备的启动、反馈等各种工作状态均应在手动控制开关旁单独显示；④直接手动控制对应的输出特性应符合制造商的规定。

9）消防联动控制器应能通过手动或通过程序的编写输入启动的逻辑关系。消防联动控制器在自动方式下，如接收到火灾报警信号，并在规定的逻辑关系得到满足的条件下，应在3s内发出预先设定的启动信号。

10）消防联动控制器在自动方式下，手动插入操作优先。

（8）控制器的负载功能。

1）消防联动控制器在至少一个回路按设计容量连接真实负载，其他回路连接等效负载时，其主电源容量应能保证在下列条件下，连续工作 8h 以上：①消防联动控制器所连接的由其供电的设备数量不超过 50 个时，所有设备均处于动作状态；②消防联动控制器所连接的由其供电的设备数量超过 50 个时，20% 的设备（但不少于 50 个）处于动作状态。

2）消防联动控制器至少一个回路按设计容量连接真实负载，其他回路连接等效负载。备用电源在放电至终止电压条件下，充电 24h，其容量应可提供消防联动控制器在监视状态下工作 8h 后，在下述条件下工作 30min：①总线式消防联动控制器所连接的输入/输出模块的数量不超过 50 个时，所有模块均处于动作状态，所连接的输入/输出模块数量超过 50 个时，20% 的模块（但不少于 50 个）处于动作状态；②多线式消防联动控制器所连接的负载的数量不超过 50 个时，所有负载均处于动作状态，所连接的负载数量超过 50 个时，20% 的负载（但不少于 50 个）处于动作状态。

（9）复位功能。消防联动控制器复位后，仍保持原工作状态的受控设备的相关信息应保持或在 20s 内重新建立。

（10）控制器自动和手动工作状态转换显示功能。消防联动控制器应能以手动和自动两种方式完成控制功能，并指示状态，控制状态不应受复位操作的影响。

3. 本标准对消防联动控制器的调试要求做出了明确规定：

（1）消防联动控制器一般配置多个总线回路，控制器调试时，应按《消防联动控制系统》GB 16806 的规定逐一检查、调整控制器每一个回路的功能和性能，在对任一总线回路进行调试时，其余回路不应接入控制器。

（2）与火灾报警控制器的调试要求类似，为了避免因消防联动控制器自身的故障而损坏其配接的现场部件，或造成受控设备的误动作，在消防联动控制器调试前，应切断各受控现场设备的控制连线。

（3）消防联动控制的基本功能调试，只检查控制器的自检、消音等自身的基本功能和其负载功能，控制的联动控制功能、手动插入优先等与受控系统设备相关的功能应结合相关系统的控制功能调试进行。

【实施要点】

1. 调试人员在对消防控制器调试的基本功能进行调试时，应按下列步骤完成调试前的准备工作：

（1）将消防联动控制器与火灾报警控制器连接，当采用火灾报警控制器（联动型）时，火灾报警控制器和消防联动控制器为一体式结构，在内部已经实现了连接。

（2）将任一备调回路（可先选择编号最小的回路）的输入/输出模块与消防联动控制器连接。

（3）将备调回路的模块与其控制的受控设备连接。

（4）切断各受控现场设备的控制连线。

（5）接通控制器的电源，使控制器稳定运行 10min，期间控制器应无异响，且显示正常。控制器如有故障报警等异常情况，应进行故障排查，待故障处理后，方可继续进行调试。

2. 控制器处于正常监视状态后，调试人员应按下列步骤检查消防联动控制器的基本功能是否符合《消防联动控制系统》GB 16806 的规定：

（1）手动操作控制器的自检机构，检查控制器的自检功能。

（2）检查控制器操作级别划分情况。

（3）操作控制器屏蔽、解除屏蔽回路任一部件，检查控制器的屏蔽功能。

（4）切断主电源、恢复主电源，检查控制器主、备电源自动切换功能。

（5）分别使控制器与备用电源之间连线断路、短路，使控制器处于备电供电状态后使控制器与任一现场部件之间的连线断路，检查控制器的故障报警功能。

（6）使总线任一点线路短路，检查控制器的短路隔离保护功能。

（7）手动操作控制器的消音键，检查控制器的消音功能。

（8）输入/输出模块总数少于50个时，使所有模块处于动作状态；模块总数不少于50个时，使至少50个模块同时处于动作状态；检查控制器的负载功能。

（9）恢复控制器的正常连接，手动操作控制器的复位键，检查控制器、模块的复位功能。

（10）手动操作控制器的手动控制和自动控制工作状态转换开关、按钮，检查控制器的自动和手动工作状态转换显示功能。

3. 消防联动控制器首个回路调试合格后，关闭控制器电源，再次选取一个总线回路（可以按照回路编号的顺序进行），将其配接的现场部件与控制器相连接，接通控制器备用电源，使控制器稳定运行10min，控制器处于正常监视状态后，按下列步骤检查消防联动控制器的基本功能是否符合《消防联动控制系统》GB 16806的规定：

（1）使控制器与任一现场部件之间的连线断路，检查控制器的故障报警功能。

（2）使总线任一点线路短路，检查控制器的短路隔离保护功能。

（3）输入/输出模块总数少于50个时，使所有模块处于动作状态；模块总数不少于50个时，使至少50个模块同时处于动作状态；检查控制器的负载功能。

（4）恢复控制器的正常连接，手动操作控制器的复位键，检查控制器、模块的复位功能。

4. 依次选取剩余总线回路，并按3. 的步骤检查消防联动控制器的基本功能是否符合《消防联动控制系统》GB 16806的规定。

5. 当采用火灾报警控制器（联动型）时，火灾报警控制器（联动型）的调试应结合本章关于火灾报警控制器和消防联动控制器调试的步骤和内容进行。

6. 调试过程中，如控制器的功能不符合《消防联动控制系统》GB 16806的相关规定，应对控制器的相关部件或整机进行更换。

7. 消防联动控制器的调试内容、要求和方法详见表2-4-35。

表2-4-35 消防联动控制器的调试内容、要求和方法

项目	GB 50166条款	检查要求	检查方法
控制器基本功能 + 1#回路基本功能			
调试准备	4.5.1	将消防联动控制器与火灾报警控制器连接，切断控制器的所有外部控制连线，将任一总线回路（1#回路）的现场部件相连接后，接通电源，使控制器稳定运行10min，并使控制器处于正常监视状态	

续表2-4-35

项目	GB 50166条款	检查要求	检查方法
1 自检功能	4.5.2	控制器应能对指示灯、显示器和音响器件进行功能自检	操作控制器的自检机构，检查控制器指示灯、显示器和音响器的动作情况
2 操作级别		控制器应根据不同的使用对象设置不同的操作级别	检查控制器操作级别划分情况是否符合《消防联动控制系统》GB 16806的规定
3 屏蔽功能		1. 控制器应能对指定部件进行屏蔽，并点亮屏蔽指示灯，准确显示被屏蔽部件的地址注释信息，显示的地址注释信息应与现场部件设置表一致	按照现场部件设置表中的地址编号，操作控制器屏蔽回路任一部件；观察控制器屏蔽指示灯点亮情况，检查控制器地址注释信息显示情况
		2. 控制器应能解除指定部件的屏蔽，并熄灭屏蔽指示灯	操作控制器解除回路部件的屏蔽，观察控制器屏蔽指示灯熄灭情况
4 主电、备电自动转换功能		控制器主电断电后，备电应能自动投入；主电恢复后，应能自动投入；主电、备电工作指示灯应能正确指示控制器主电、备电的工作状态	切断主电源，检查备用电源应自动投入情况，观察工作指示灯显示情况；恢复主电源，检查主电源自动投入情况，观察工作指示灯显示情况
5 故障报警功能		1. 与备用电源之间连线断路、短路时，控制器应在100s内发出故障声、光信号，显示故障类型	分别使控制器与备用电源之间连线断路、短路，用秒表测量控制器故障报警响应时间，观察故障信息显示情况
		2. 控制器与现场部件之间的连线断路时，控制器应在100s内显示故障部件的类型，准确显示地址注释信息	使控制器处于备电工作状态，使控制器与任一现场部件之间的连线断路；用秒表测量控制器故障报警响应时间，检查控制器故障信息显示情况
6 短路隔离保护功能		总线处于短路状态时，短路隔离器应能将短路总线配接的设备隔离，被隔离设备数量不应超过32个；控制器应显示被隔离部件的设备类型和地址注释信息，显示的地址注释信息应与现场部件设置表一致	使总线任一点线路短路，核查隔离保护现场部件的数量，检查控制器地址注释信息显示情况

续表2-4-35

项目	GB 50166条款	检查要求	检查方法
7 消音功能	4.5.2	控制器应能手动消除报警声信号	手动操作控制器的消音键，检查控制器声信号消除情况
8 负载功能		1. 多个模块同时处于动作状态时，控制器应记录启动设备总数，并分别记录启动设备的启动时间	输入/输出模块总数少于50个时，使所有模块处于动作状态；模块总数不少于50个时，使至少50个模块同时处于动作状态；检查控制器启动信息记录情况
		2. 控制器应分别显示启动设备名称和地址注释信息，显示的地址注释信息应与现场部件设置表一致	检查控制器启动信息显示情况
9 复位功能		消防联动控制器应能对输出模块、输入模块的工作状态复位，消除启动、反馈声光信号	恢复控制器的正常连接，手动操作控制器的复位键，观察控制器、模块的工作状态
10 自动和手动工作状态转换显示功能		控制器应能准确显示控制器的手动控制和自动控制工作状态	手动操作控制器的手动控制和自动控制工作状态转换开关按钮，观察控制器手动控制和自动控制工作状态显示情况
$n^{\#}$回路基本功能			
调试准备	4.5.3	切断控制器电源，依次选取另一个总线回路，将其配接的现场部件与控制器相连接，接通控制器备用电源，使控制器稳定运行10min，并使控制器处于正常监视状态	
1 配接部件连线故障报警功能		控制器与现场部件之间的连线断路时，控制器应在100s内显示故障部件的类型，准确显示地址注释信息	使控制器处于备电工作状态，使控制器与任一现场部件之间的连线断路；用秒表测量控制器故障报警响应时间，检查控制器故障信息显示情况
2 短路隔离保护功能		总线处于短路状态时，短路隔离器应能将短路总线配接的设备隔离，被隔离设备数量不应超过32个；控制器应显示被隔离部件的设备类型和地址注释信息，显示的地址注释信息应与现场部件设置表一致	使总线任一点线路短路，核查隔离保护现场部件的数量，检查控制器地址注释信息显示情况

续表2-4-35

项目	GB 50166 条款	检查要求	检查方法
3 负载功能	4.5.3	1. 多个模块同时处于动作状态时，控制器应记录启动设备总数，并分别记录启动设备的启动时间	输入/输出模块总数少于 50 个时，使所有模块处于动作状态；模块总数不少于 50 个时，使至少 50 个模块同时处于动作状态；检查控制器启动信息记录情况
		2. 控制器应分别显示启动设备名称和地址注释信息，显示的地址注释信息应与现场部件设置表一致	检查控制器启动信息显示情况
4 复位功能		消防联动控制器应能对输出模块、输入模块的工作状态复位，消除启动、反馈声光信号	恢复控制器的正常连接，手动操作控制器的复位键，观察控制器、模块的工作状态

Ⅱ 消防联动控制器现场部件调试

4.5.5 应对模块的离线故障报警功能进行检查并记录，模块的离线故障报警功能应符合下列规定：

1 应使模块与消防联动控制器的通信总线处于离线状态，消防联动控制器应发出故障声、光信号；

2 消防联动控制器应显示故障部件的类型和地址注释信息，且控制器显示的地址注释信息应符合本标准第 4.2.2 条的规定。

4.5.6 应对模块的连接部件断线故障报警功能进行检查并记录，模块的连接部件断线故障报警功能应符合下列规定：

1 应使模块与连接部件之间的连接线断路，消防联动控制器应发出故障声、光信号；

2 消防联动控制器应显示故障部件的类型和地址注释信息，且控制器显示的地址注释信息应符合本标准第 4.2.2 条的规定。

4.5.7 应对输入模块的信号接收及反馈功能、复位功能进行检查并记录，输入模块的信号接收及反馈功能、复位功能应符合下列规定：

1 应核查输入模块和连接设备的接口是否兼容；

2 应给输入模块提供模拟的输入信号，输入模块应在 3s 内动作并点亮动作指示灯；

3 消防联动控制器应接收并显示模块的动作反馈信息，显示设备的名称和地址注释信息，且控制器显示的地址注释信息应符合本标准第 4.2.2 条的规定；

4 应撤除模拟输入信号，手动操作控制器的复位键后，控制器应处于正常监视状态，输入模块的动作指示灯应熄灭。

4.5.8 应对输出模块的启动、停止功能进行检查并记录，输出模块的启动、停止功能应符合下列规定：

1 应核查输出模块和受控设备的接口是否兼容；

2 应操作消防联动控制器向输出模块发出启动控制信号，输出模块应在3s内动作，并点亮动作指示灯；

3 消防联动控制器应有启动光指示，显示启动设备的名称和地址注释信息，且控制器显示的地址注释信息应符合本标准第4.2.2条的规定；

4 应操作消防联动控制器向输出模块发出停止控制信号，输出模块应在3s内动作，并熄灭动作指示灯。

【条文解读】

1. 第4.5.5条~第4.5.8条规定了模块的调试要求。

2. 《消防联动控制系统》GB 16806对输入、输出模块的基本功能做出了明确的规定：

（1）输入模块的基本功能。

1）输入模块在接收到制造商规定的输入信号后应在3s内动作，并点亮动作指示灯。

2）输入模块在与提供输入信号部件之间的连接线发生断路或短路（短路时发出输入信号除外）时，应能将故障信号发送到所连接的消防联动控制器。

（2）输出模块的基本功能。

1）输出模块在接收到制造商规定的控制信号后应在3s内动作，并点亮动作指示灯。

2）输出模块在与连接部件之间的连接线发生断路或短路（短路时发出输出信号除外）时，应能将故障信号发送到所连接的消防联动控制器。

3）输出模块的输出性能应满足制造商规定的要求。

（3）输入/输出模块的基本功能。输入/输出模块应同时满足输入模块和输出模块的基本功能要求。

【实施要点】

1. 调试人员在对消防联动控制器配接的模块进行调试前，应首先按照消防联动控制器现场部件设置情况表核查模块的设置部位是否准确，核查模块与其连接设备间电压等级、触点容量等接口参数是否兼容，如接口参数不兼容应更换接口参数兼容的模块，或应增加现场控制继电器。

2. 调试人员按下述步骤检查模块的离线故障报警功能是否符合《消防联动控制系统》GB 16806的规定：

（1）使模块与总线的连接线路断开，检查控制器能否在100s内发出故障报警信号，并准确显示故障模块的类型和地址注释信息。

（2）模块离线后，控制器未在100s内发出故障报警信号，应检查并处理模块的地址设置和控制器的地址注册环节存在的问题。

（3）如控制器显示的模块的地址注册信息有误，应对错误的地址注释予以修正，并重新对模块的离线故障报警功能进行调试。

3. 模块的离线故障报警功能调试结束后，调试人员应恢复模块的正常连接，观察模块的巡检指示灯正常闪亮后，按下述步骤检查模块的连接部件断线故障报警功能是否符合相关标准的规定：

（1）断开模块与连接部件之间的连线，检查模块的连接部件断线故障报警功能。

（2）如控制器未发出故障报警信号，应排查和处理模块末端电阻的连接是否满足要求（末端电阻不应连接在模块端子上，而应靠近模块的连接部件处安装），或更换相同规格型号的模块，并对模块的离线故障报警和连接部件断线故障报警功能重新进行调试。

4. 模块的连接部件断线故障报警功能调试结束后，调试人员应恢复模块的正常连接，观察模块的巡检指示灯正常闪亮后，按下述步骤检查输入模块的信号接收及反馈功能、复位功能是否符合相关标准的规定：

（1）给输入模块输入模拟反馈信号，检查输入模块的信号接收及反馈功能。

（2）撤销模拟反馈信号，手动操作控制器的复位键，检查控制器、模块的复位功能。

（3）输入模块的信号接收及反馈功能不满足要求时，应更换相同规格型号的模块，按原模块的地址编号进行地址设置和注册后，重新进行模块的离线故障报警、连接部件断线故障报警功能和信号接收及反馈功能调试。

5. 模块的连接部件断线故障报警功能调试结束后，调试人员应恢复模块的正常连接，观察模块的巡检指示灯正常闪亮后，按下述步骤检查输出模块的启动功能、复位功能是否符合相关标准的规定：

（1）按照现场部件设置表的地址编码，操作控制器启动模块，检查输出模块的启动功能。

（2）操作控制器停止模块动作，检查模块的复位功能。

（3）输出模块的启动功能不满足要求时，应更换相同规格型号的模块，按原模块的地址编号进行地址设置和注册后，重新进行模块的离线故障报警、连接部件断线故障报警功能和输出模块的启动功能调试。

6. 模块的调试要求和方法详见表 2-4-36。

表2-4-36　模块的调试要求和方法

项目	GB 50166条款	检查要求	检查方法
地址设置	4.2.2	按照现场部件设置表对模块进行地址设置，在控制器上进行地址注册和地址注释	
1 模块离线故障报警功能	4.5.5	1. 模块离线时，控制器应发出故障声、光信号	使模块通信线处于离线状态；观察控制器故障报警情况
		2. 控制器应显示故障部件的类型和地址注释信息，且显示的地址注释信息应与现场部件设置表一致	检查控制器故障信息显示情况
2 模块连接部件断线故障报警功能	4.5.6	1. 模块与连接部件之间的连接线路断路时，控制器应发出故障声、光信号	使模块与连接部件之间的连接线路断路；观察控制器的故障报警情况
		2. 控制器应显示故障部件的类型和地址注释信息，且显示的地址注释信息应与现场部件设置表一致	检查控制器故障信息显示情况

续表2-4-36

项目		GB 50166条款	检查要求	检查方法
3 输入模块	3.1 输入模块信号接收及反馈功能	4.5.7	1. 输入模块与连接设备的接口应兼容	对照设计文件和设备设计手册，核查输入模块和连接设备接口的兼容性
			2. 输入模块接收连接设备的反馈信号后，模块的动作指示灯应点亮	给输入模块输入模拟反馈信号，观察模块动作指示灯点亮情况
			3. 控制器应显示动作设备的名称和地址注释信息，且显示的地址注释信息应与现场部件设置表一致	检查控制器设备动作信息显示情况
	3.2 输入模块复位功能		设备反馈信号撤销后，控制器应能对模块的工作状态进行复位，熄灭模块动作指示灯	撤销模拟反馈信号，手动操作控制器的复位键，观察模块动作指示灯熄灭情况
4 输出模块	4.1 输出模块启动功能	4.5.8	1. 输出模块与受控设备的接口应兼容	对照设计文件和设备设计手册，核查输出模块和受控设备接口的兼容性
			2. 输出模块接收到控制器的启动控制信号后，应在3s内动作，并点亮模块的动作指示灯	按照附录D的地址编号，操作控制器启动模块；用秒表测量模块动作时间，观察模块指示灯点亮情况
			3. 控制器应点亮启动指示灯，显示启动设备名称和地址注释信息，显示的地址注释信息应与现场部件设置表一致	观察控制器启动指示灯点亮情况，检查控制器设备启动信息显示情况
	4.2 输出模块复位功能		输出模块接收到控制器的停止控制信号后，应在3s内动作，并熄灭模块的动作指示灯	操作控制器停止模块；用秒表测量模块动作时间，观察模块指示灯熄灭情况

4.6 消防专用电话系统调试

4.6.1 应接通电源，使消防电话总机处于正常工作状态，对消防电话总机下列主要功能进行检查并记录，电话总机的功能应符合现行国家标准《消防联动控制系统》GB 16806的规定：

1 自检功能；

2 故障报警功能；

3 消音功能；

4 电话分机呼叫电话总机功能；

5 电话总机呼叫电话分机功能。

【条文解读】

1. 本条规定了消防电话总机的调试要求。

2.《消防联动控制系统》GB 16806 对消防电话总机的基本功能做出了明确的规定：

（1）自检功能。

1）消防电话总机应有包括对其显示器件和音响器件进行功能检查的自检功能。

2）自检期间，如非自检消防电话分机呼叫消防电话总机，消防电话总机应能发出呼叫声、光信号。

（2）故障报警功能和消音功能。

1）在发生下列故障时，消防电话总机应能在 100s 内发出与其他信号有明显区别的故障声、光信号：①消防电话总机的主电源欠压；②给备用电源充电的充电器与备用电源之间连接线断线、短路；③备用电源向消防电话总机供电的连接线断线、短路；④消防电话总机与消防电话分机或消防电话插孔间连接线断线、短路（短路时显示通话状态除外）；⑤消防电话总机与消防电话分机间连接线接地，影响消防电话总机与消防电话分机正常通话。

对于①②③类故障仅适用于采用内部供电方式工作的消防电话总机，应能指示出类型；对于④和⑤类故障应能指示出部位。

2）故障声信号应能手动消除，当再有故障发生时，应能再次启动；故障光信号应保持至故障排除。

3）故障期间，如非故障消防电话分机呼叫消防电话总机，消防电话总机应能发出呼叫声、光信号，并能与消防电话总机正常通话。

4）故障排除后，故障信号可自动或手动复位。复位后，消防电话总机应在 100s 内重新显示尚存在的故障。

（3）电话分机呼叫电话总机功能。

1）收到消防电话分机呼叫时，消防电话总机应在 3s 内发出呼叫声、光信号，显示该消防电话分机的呼叫状态，声信号应能手动消除。

2）消防电话总机与消防电话分机接通后，呼叫声、光信号应自动消除，消防电话总机显示该消防电话分机为通话状态。

3）消防电话总机或消防电话分机挂机后，显示通话状态的光信号应自动消除。

4）示闲状态的消防电话总机摘机后，消防电话总机受话器应有拨号音提示，拨号音应符合《电话自动交换网铃流和信号音》GB 3380 的规定。

5）消防电话总机应能与消防电话分机进行全双工通话。

（4）多电话分机呼叫电话总机功能。

1）处于通话状态的消防电话总机，在有其他消防电话分机呼入时，应发出呼叫声、光信号，通话不应受呼叫影响。

2）呼叫的消防电话分机挂机后，呼叫声、光信号应自动消除。

3）当消防电话分机再次呼叫消防电话总机时，消防电话总机应能再次发出呼叫声、光信号。

4）消防电话总机在通话状态下应具有允许或拒绝其他呼叫消防电话分机加入通话的功能。

5）多部消防电话分机（不少于两部）同时呼叫消防电话总机时，消防电话总机应能选择与任意一部或多部消防电话分机通话。

（5）电话总机呼叫电话分机功能。

1）消防电话总机应能呼叫任意一部消防电话分机，并能同时呼叫至少两部消防电话分机。

2）呼叫时，消防电话总机应能显示出被呼叫消防电话分机的状态和位置，消防电话总机受话器应有回铃音提示。

3）任意一部被呼叫消防电话分机摘机后，回铃音应停止，进入通话状态。

4）消防电话总机应显示该消防电话分机为通话状态，未摘机的被呼叫消防电话分机应保持被呼叫状态；回铃音应符合《电话自动交换网铃流和信号音》GB 3380 的规定。

5）处于通话状态的消防电话总机，应能呼叫其他消防电话分机，被呼叫的消防电话分机摘机后，应能自动加入通话。

6）消防电话总机应能终止与任意消防电话分机的通话，且不影响与其他消防电话分机的通话。当与消防电话总机通话的所有消防电话分机挂机后，消防电话总机话机应有忙音提示，忙音应符合《电话自动交换网铃流和信号音》GB 3380 的规定。

【实施要点】

1. 调试人员在对将消防电话总机的基本功能进行调试时，应将消防电话总机配接的消防电话分机等部件相连接后，接通消防电话总机的电源，使消防电话总机稳定运行10min，期间消防电话总机应无异响，且显示正常。消防电话总机如有故障报警等异常情况，应进行故障排查，待故障处理后，按下列步骤检查消防电话总机的基本功能是否符合《消防联动控制系统》GB 16806 的规定：

（1）手动操作消防电话总机的自检机构，检查消防电话总机的自检功能。

（2）分别使总机与任意一部电话分机、插孔之间的连线断路、短路；检查消防电话总机的故障报警功能。

（3）手动操作消防电话总机的消音键，检查消防电话总机的消音功能。

（4）将任意一部电话分机摘机，检查电话分机呼叫电话总机功能。

（5）按现场部件设置表的地址编号，操作电话总机呼叫电话分机，检查电话总机呼叫电话分机功能。

（6）调试过程中，如消防电话总机的功能不符合《消防联动控制系统》GB 16806 的相关规定，应对消防电话总机的相关部件或整机进行更换。

2. 消防电话总机的调试要求和方法详见表 2-4-37。

表2-4-37 消防电话总机的调试要求和方法

项目	GB 50166 条款	检查要求	检查方法
调试准备	4.6.1	将消防电话总机配接的消防电话分机等部件相连接后，接通消防电话总机的电源，使消防电话总机稳定运行 10min	

续表2-4-37

项目	GB 50166 条款	检查要求	检查方法
1 自检功能	4.6.1	总机应能对指示灯、显示器和音响器件进行功能自检	操作总机的自检机构，检查总机指示灯、显示器和音响器的动作情况
2 故障功能		总机与现场部件之间连线断路、短路时，总机应在 100s 内发出故障声、光信号，显示故障部件地址注释信息，显示的地址注释信息应与现场部件设置表一致	分别使总机与任意一部电话分机、插孔之间的连线断路、短路；用秒表测量总机故障报警响应时间，检查总机故障信息显示情况
3 消音功能		总机应能手动消除报警声信号	手动操作总机消音键，检查总机声信号消除情况
4 接收呼叫功能		1. 分机呼叫总机时，总机应在 3s 内发出呼叫声、光信号，显示呼叫消防分机的地址注释信息，且显示的地址注释信息应与现场部件设置表一致	将任意一部电话分机摘机，用秒表测量总机的响应时间，检查总机呼叫信息显示情况
		2. 总机与分机之间通话的语音应清晰	操作电话总机建立通话，检查语音通话情况
5 呼叫分机功能		1. 总机呼叫分机时，总机显示呼叫消防分机的地址注释信息，且显示的地址注释信息应与现场部件设置表一致；分机应在 3s 内发出声、光信号	按附录 E 的地址编号操作电话总机呼叫电话分机，检查总机呼叫信息显示情况；用秒表测量分机的响应时间
		2. 总机与分机之间通话的语音应清晰	操作消防电话分机，建立通话，检查语音通话情况
调试恢复	4.1.6	恢复总机的正常连接，使总机、分机处于正常监视状态	

4.6.2 应对消防电话分机进行下列主要功能检查并记录，电话分机的功能应符合现行国家标准《消防联动控制系统》GB 16806 的规定：

1 呼叫电话总机功能；

2 接受电话总机呼叫功能。

4.6.3 应对消防电话插孔的通话功能进行检查并记录，电话插孔的通话功能应符合现行国家标准《消防联动控制系统》GB 16806 的规定。

【条文解读】

1. 第 4.6.2 条规定了消防电话分机的调试要求，第 4.6.3 条规定了消防电话插孔的调试要求。

2.《消防联动控制系统》GB 16806 对消防电话分机的基本功能和消防电话插孔的基本功能做出了明确的规定：

（1）消防电话分机的基本功能。

1）消防电话分机的正常监视状态应有光指示。

2）消防电话分机与消防电话总机应能进行全双工通话；通话应清晰，无振鸣现象。

3）消防电话分机摘机即自动呼叫消防电话总机，呼叫时受话器应有回铃音，回铃音应符合《电话自动交换网铃流和信号音》GB 3380 的规定。消防电话分机在消防电话总机退出通话状态时，应有忙音提示，忙音应符合《电话自动交换网铃流和信号音》GB 3380 的规定。

4）在收到消防电话总机呼叫时，消防电话分机应能在 3s 内发出声、光指示信号。

5）消防电话分机之间不能通话（由消防电话总机参与的多方通话除外）。

（2）消防电话插孔的基本功能。

1）消防电话插孔正常状态时应有光指示。

2）消防电话插孔接上电话手柄后，电话手柄应能与消防电话总机进行全双工通话。

【实施要点】

1. 调试单位在对消防电话总机配接的电话分机进行调试时，应首先按照消防电话总机现场部件设置情况表核查电话分机的设置部位是否准确，并按下述步骤检查消防电话分机的基本功能是否符合《消防联动控制系统》GB 16806 的规定：

（1）将电话分机摘机，检查电话分机呼叫电话总机功能。

（2）按现场部件设置表的地址编号，操作电话总机呼叫电话分机，检查电话总机呼叫电话分机功能。

（3）调试过程中，如消防电话分机的功能不符合《消防联动控制系统》GB 16806 的相关规定，应更换相同规格型号的消防电话分机，按原分机的地址编号进行地址设置和注册后，重新进行调试。

2. 调试单位在对消防电话总机配接的电话插孔进行调试时，应按下列步骤检查消防电话插孔的基本功能是否符合《消防联动控制系统》GB 16806 的规定：

（1）将电话手柄插入电话插孔，检查通过电话插孔呼叫电话总机功能。

（2）调试过程中，如消防电话插孔的功能不符合《消防联动控制系统》GB 16806 的相关规定，应检查并处理电话插孔和主机间的线路问题，或更换同一规格型号的电话插孔，重新进行调试。

3. 消防电话分机、插孔的调试要求和方法详见表 2-4-38。

表2-4-38 消防电话分机、插孔的调试要求和方法

项目	GB 50166 条款	检查要求	检查方法
地址设置	4.2.2	按照现场部件设置表对电话分机进行地址设置，在电话总机上进行地址注册和地址注释	

续表2-4-38

项目		GB 50166条款	检查要求	检查方法
1电话分机	1.1 电话分机呼叫总机功能	4.6.2	1. 分机呼叫总机时，总机应在3s内发出声、光信号指示信号，显示呼叫消防分机的地址注释信息，且显示的地址注释信息应与现场部件设置表一致	将电话分机摘机，用秒表测量总机的响应时间，检查总机呼叫信息显示情况
			2. 总机与分机之间通话的语音应清晰	操作消防电话总机，建立通话，检查语音通话情况
	1.2 电话分机接收呼叫功能		1. 总机呼叫分机时，总机显示呼叫消防分机的地址注释信息，且显示的地址注释信息应与现场部件设置表一致；分机应在3s内发出声、光信号指示信号	按现场部件设置表的地址编号操作电话总机呼叫电话分机，检查总机呼叫信息显示情况；用秒表测量分机的响应时间
			2. 总机与分机之间通话的语音应清晰	操作分机，建立通话，检查语音通话情况
2通过电话插孔呼叫电话总机功能		4.6.3	电话手柄能通过电话插孔呼叫总机时，总机应在3s内发出声、光信号指示信号；总机与电话手柄之间通话的语音应清晰	将电话手柄插入电话插孔，用秒表测量总机的响应时间；操作总机，建立通话，检查语音通话情况

4.7 可燃气体探测报警系统调试

Ⅰ 可燃气体报警控制器调试

4.7.1 对多线制可燃气体报警控制器，应将所有回路的可燃气体探测器与控制器相连接；对总线制可燃气体报警控制器，应将任一回路的可燃气体探测器与控制器相连接。应切断可燃气体报警控制器的所有外部控制连线，接通电源，使控制器处于正常监视状态。

4.7.2 应对可燃气体报警控制器下列主要功能进行检查并记录，控制器的功能应符合现行国家标准《可燃气体报警控制器》GB 16808的规定：

1 自检功能。

2 操作级别。

3 可燃气体浓度显示功能。

4 主、备电源的自动转换功能。

5 故障报警功能：

1）备用电源连线故障报警功能；

2）配接部件连线故障报警功能。

6 总线制可燃气体报警控制器的短路隔离功能。

7 可燃气体报警功能。

8 消音功能。

9 控制器负载功能。

10 复位功能。

4.7.3 对总线制可燃气体报警控制器，应依次将其他回路与可燃气体报警控制器相连接，使控制器处于正常监视状态，在备电工作状态下，按本标准第4.7.2条第5款第2项、第6款、第9款、第10款的规定对可燃气体报警控制器进行功能检查并记录，控制器的功能应符合现行国家标准《可燃气体报警控制器》GB 16808的规定。

【条文解读】

1. 第4.7.1条~第4.7.3条规定了可燃气体报警控制器的调试要求。

2.《可燃气体报警控制器》GB 16808对可燃气体报警控制器的基本功能做出了明确的规定：

（1）自检功能。

1）控制器应能检查本机的可燃气体报警功能（以下称自检），控制器在执行自检功能期间，受其控制的外接设备和输出接点均不应动作。

2）控制器自检时间超过1min或其不能自动停止自检功能时，控制器的自检功能不应影响非自检部位和控制器本身的可燃气体报警功能。

3）控制器应能手动检查其面板所有指示灯（器）、显示器的功能。

（2）操作级别。可燃气体报警控制器的操作级别应符合表2 4 39的要求。

表2-4-39 可燃气体报警控制器操作级别划分表

序号	操作项目	Ⅰ	Ⅱ	Ⅲ	Ⅳ
1	查询信息	O	M	M	
2	消除控制器的声信号	O	M	M	
3	复位	P	M	M	
4	进入自检状态	P	M	M	
5	调整计时装置	P	M	M	
6	屏蔽和解除屏蔽	P	O	M	
7	输入或更改数据	P	P	M	
8	分区编程	P	P	M	
9	延时功能设置	P	P	M	

续表2-4-39

序号	操 作 项 目	Ⅰ	Ⅱ	Ⅲ	Ⅳ
10	接通、断开或调整控制器主、备电源	P	P	M	M
11	修改或改变软、硬件	P	P	P	M

注：1. P 为禁止本级操作；O 为可选择是否由本级操作；M 为可进行本级及本级以下操作。
2. 进入Ⅱ、Ⅲ级操作功能状态应采用钥匙、操作号码，用于进入Ⅲ级操作功能状态的钥匙或操作号码可用于进入Ⅱ级操作功能状态，但用于进入Ⅱ级操作功能状态的钥匙或操作号码不能用于进入Ⅲ级操作功能状态。
3. Ⅳ级操作功能不能仅通过控制器本身进行。

（3）可燃气体浓度显示功能。

1）控制器应具有可燃气体浓度显示功能，其全量程指示偏差应满足表 2-4-40 的要求。

表2-4-40 可燃气体报警控制器浓度显示全量程指示偏差

配接可燃气体探测器类型		误差范围
测量范围为 0~100% LEL 的点型可燃气体探测器		5% LEL
测量人工煤气的点型可燃气体探测器	氢气敏感型	200×10^{-6}（体积分数）
	一氧化碳敏感型	80×10^{-6}（体积分数）

2）控制器应能显示所有可燃气体探测器探测的可燃气体浓度值；总线制控制器在不能显示所有可燃气体探测器探测的可燃气体浓度值时，应能显示探测器探测的可燃气体浓度最高值，其他探测器探测的可燃气体浓度值应可查。

3）控制器的报警状态不应影响控制器的浓度显示功能。控制器的故障状态不应影响任何非故障回路的浓度显示功能。

（4）主、备电源的自动转换功能。

1）控制器的电源部分应具有主电源和备用电源转换装置。

2）当主电源断电时，能自动转换到备用电源；主电源恢复时，能自动转换到主电源。

3）应有主、备电源工作状态指示，主电源应有过流保护措施。

4）主、备电源的转换不应使控制器产生误动作。

（5）故障报警功能。

1）控制器应设专用故障总指示灯（器），无论控制器处于何种状态，只要有故障信号存在，该故障总指示灯（器）应点亮。

2）有下列情形之一时，可燃气体报警控制器应能在 100s 内发出与可燃气体报警信号有明显区别的声、光故障信号：①控制器与可燃气体探测器及所连接的报警触发器件间连接线断路、短路（短路时发出可燃气体报警信号除外）和影响可燃气体报警功能的接地；②与控制器连接的可燃气体探测器的气敏元件脱落（仅适用于气敏元件采用插拔方式连接）；③控制器主电源欠压；④给控制器备用电源充电的充电器与备用电源之间连接线断路、短路；⑤控制器与其备用电源之间连接线断路。

对于①②类故障应指示出部位，③④⑤类故障应指示类型；声故障信号应能手动消除，光故障信号在故障存在期间应能保持；故障期间，如非故障回路有可燃气体报警信号输入，可燃气体报警控制器应能发出可燃气体报警信号。故障信息在控制器有报警信号时可以不显示，但应手动可查。

3）控制器的故障信号在故障排除后，可以自动或手动复位。复位后，控制器应在100s内重新显示尚存在的故障。

4）任一故障均不应影响非故障部分的正常工作。

（6）总线制可燃气体报警控制器的短路隔离功能。

1）当控制器采用总线工作方式时，应设有总线短路隔离器。

2）短路隔离器动作时，控制器应能指示出被隔离部位的部位号。

3）当某一总线发生一处短路故障导致短路隔离器动作时，受短路隔离器影响的部件数量不应超过32个。

（7）可燃气体报警功能。

1）控制器应具有低限报警或低限、高限两段报警功能。

2）控制器应能直接或间接地接收来自可燃气体探测器及其他报警触发器件的报警信号，发出可燃气体报警声、光信号，指示报警部位，记录报警时间，并保持至手动复位。

3）当有可燃气体报警信号输入时，控制器应在10s内发出报警声、光信号。

4）控制器应有专用可燃气体报警总指示灯（器），控制器处于可燃气体报警状态时，总指示灯（器）应点亮。

（8）消音功能。可燃气体报警声信号应能手动消除，当再次有可燃气体报警信号输入时，应能再次启动。

（9）控制器负载功能。

1）控制器按设计容量连接真实负载（总线制控制器至少一个回路按设计容量连接真实负载，其他回路连接等效负载）。主电源容量应能保证控制器在下述条件下连续正常工作4h：①控制器容量不超过10个报警部位时，所有报警部位均处于报警状态；②控制器容量超过10个报警部位时，1/5的报警部位（不少于10个报警部位，但不超过32个报警部位）处于报警状态。

2）控制器按设计容量连接真实负载（总线制控制器至少一个回路按设计容量连接真实负载，其他回路连接等效负载）。备用电源在放电至终止电压条件下，充电24h，其容量应可提供控制器在监视状态下工作1h后，在下述条件下工作30min：①控制器容量不超过10个报警部位时，所有报警部位均处于报警状态；②控制器容量超过10个报警部位时，1/15的报警部位（不少于10个报警部位，但不超过32个报警部位）处于报警状态。

（10）复位功能。控制器应设手动复位按钮（键），复位后，仍然存在的状态及相关信息应保持或在20s内重新建立。

3. 本标准对可燃气体报警控制器的调试要求做出了明确规定：

（1）总线制可燃气体报警控制器调试时，应按《可燃气体报警控制器》GB 16808的规定逐一检查、调整控制器每一个回路的功能和性能，在对任一总线回路进行调试时，其余回路不应接入控制器；多线制可燃气体报警控制器调试时，应将所有回路接入控制器，按《可燃气体报警控制器》GB 16808 的规定检查、调整控制器的功能和性能。

（2）与火灾报警控制器的调试要求类似，为了避免因可燃气体报警控制器自身的故障而损坏其配接的现场部件，或造成受控设备的误动作，在控制器调试前，应切断各受控现场设备的控制连线。

【实施要点】

1. 调试人员在对总线制可燃气体报警控制器的基本功能进行调试时，先任选一个总线回路的探测器与控制器相连接；对多线制可燃气体报警控制器的基本功能进行调试时，将所有回路探测器与控制器相连接，切断控制器的所有外部控制连线，接通控制器的电源，使控制器稳定运行 10min，期间控制器应无异响，且显示正常。控制器如有故障报警等异常情况，应进行故障排查，待故障处理后，按下列步骤检查可燃气体报警控制器的基本功能是否符合《可燃气体报警控制器》GB 16808 的规定：

（1）手动操作控制器的自检机构，检查控制器的自检功能。

（2）检查控制器操作级别划分情况。

（3）检查控制器的浓度信息显示功能。

（4）切断主电源、恢复主电源，检查控制器主、备电源自动切换功能。

（5）分别使控制器与备用电源之间连线断路、短路，使控制器处于备电供电状态后使控制器与任一现场部件之间的连线断路，检查控制器的故障报警功能。

（6）使总线制控制器备调总线任一点线路短路，检查控制器的短路隔离保护功能。

（7）使任一只非故障部位的探测器发出可燃气体报警信号，检查控制器的可燃气体报警功能。

（8）手动操作控制器的消音键，检查控制器的消音功能。

（9）使至少 4 只可燃气体探测器同时处于报警状态（探测器总数少于 4 只时，使所有探测器均处于报警状态），检查控制器的负载功能。

（10）恢复控制器的正常连接，使探测器的监测区域恢复正常，手动操作控制器的复位键，检查控制器、探测器的复位功能。

2. 总线制可燃气体报警控制器首个回路调试合格后，关闭控制器电源，再次选取一个总线回路（可以按照回路编号的顺序进行），将其配接的现场部件与控制器相连接，接通控制器备用电源，使控制器稳定运行 10min，控制器处于正常监视状态后，按下列步骤检查可燃气体报警控制器的基本功能是否符合《可燃气体报警控制器》GB 16808 的规定：

（1）使控制器与任一现场部件之间的连线断路，检查控制器的故障报警功能。

（2）使总线任一点线路短路，检查控制器的短路隔离保护功能。

（3）使至少 4 只可燃气体探测器同时处于报警状态（探测器总数少于 4 只时，使所有探测器均处于报警状态），检查控制器的负载功能。

（4）恢复控制器的正常连接，使探测器的监测区域恢复正常，手动操作控制器的复位键，检查控制器、探测器的复位功能。

3. 依次选取剩余总线回路，并按 2. 的步骤检查可燃气体报警控制器的基本功能是否符合《可燃气体报警控制器》GB 16808 的规定。

4. 调试过程中，如控制器的功能不符合《可燃气体报警控制器》GB 16808 的相关规定，应对控制器的相关部件或整机进行更换。

5. 可燃气体报警控制器的调试内容、要求和方法详见表2-4-41。

表2-4-41 可燃气体报警控制器的调试内容、要求和方法

项目	GB 50166条款	检查要求	检查方法
控制器基本功能 + $1^{\#}$回路基本功能			
调试准备	4.7.1	切断可燃气体报警控制器的所有外部控制连线，将总线制控制器任一备调回路（$1^{\#}$回路）的可燃气体探测器与控制器连接，将多线制控制器所有回路的可燃气体探测器与控制器连接，接通控制器的电源，使控制器稳定运行10min，并使控制器处于正常监视状态	
1 自检功能	4.7.2	控制器应能对指示灯、显示器和音响器件进行功能自检	操作控制器的自检机构，检查控制器指示灯、显示器和音响器的动作情况
2 操作级别		控制器应根据不同的使用对象设置不同的操作级别	检查控制器操作级别划分情况是否符合《可燃气体报警控制器》GB 16808的规定
3 浓度信息显示功能		1. 多线制可燃气体报警控制器应显示所有探测器浓度值和地址注释信息	检查控制器浓度和地址信息的显示情况
		2. 总线制可燃气体报警控制器应显示最高浓度值探测器的浓度值和地址注释信息	
4 主、备电自动转换功能		控制器主电断电后，备电应能自动投入；主电恢复后，应能自动投入；主电、备电工作指示灯应能正确指示控制器主、备电的工作状态	切断主电源，检查备用电源应自动投入情况，观察工作指示灯显示情况；恢复主电源，检查主电源自动投入情况，观察工作指示灯显示情况
5 故障报警功能		1. 与备用电源之间连线断路、短路时，控制器应在100s内发出故障声、光信号，显示故障类型	分别使控制器与备用电源之间连线断路、短路，用秒表测量控制器故障报警响应时间，观察故障信息显示情况
		2. 控制器与现场部件之间的连线断路时，控制器应在100s内显示故障部件的类型，准确显示地址注释信息	使控制器处于备电工作状态，使控制器与任一现场部件之间的连线断路；用秒表测量控制器故障报警响应时间，检查控制器故障信息显示情况

续表2-4-41

项目	GB 50166 条款	检查要求	检查方法
6 短路隔离保护功能	4.7.2	总线处于短路状态时，短路隔离器应能将短路总线配接的设备隔离，被隔离设备数量不应超过 32 个；控制器应显示被隔离部件的设备类型和地址注释信息，显示的地址注释信息应与现场部件设置表一致	使总线任一点线路短路，核查隔离保护现场部件的数量，检查控制器地址注释信息显示情况
7 可燃气体报警功能		1. 探测器发出报警信号后，控制器应在 30s 内发出可燃气体报警声、光信号，并记录报警时间	使任一只非故障部位的探测器发出可燃气体报警信号，用秒表测量控制器报警响应时间，检查控制器的报警信息记录情况
		2. 控制器应显示发出报警信号部件设备类型和地址注释信息，显示的地址注释信息应与现场部件设置表一致	检查控制器火警信息显示情况
8 消音功能		控制器应能手动消除报警声信号	手动操作控制器的消音键，检查控制器声信号消除情况
9 负载功能		1. 多个探测器同时处于报警状态时，控制器应分别记录发出报警信号部件的报警时间	使至少 4 只可燃气体探测器同时处于报警状态（探测器总数少于 4 只时，使所有探测器均处于报警状态），检查控制器的报警信息记录情况
		2. 控制器应分别显示发出报警信号部件的地址注释信息，且显示的地址注释信息应与现场部件设置表一致	检查控制器报警信息显示情况
10 复位功能		控制器的连接、探测器的监测区域恢复正常后，控制器应能对控制器的报警状态复位，消除控制器的声、光报警信号	恢复控制器的正常连接，使探测器的监测区域恢复正常，手动操作控制器的复位键，观察控制器的工作状态
$n^{\#}$回路基本功能			
调试准备	4.7.3	切断控制器电源，依次选取另一个总线回路，将其配接的现场部件与控制器相连接，接通控制器备用电源，使控制器稳定运行 10min，并使控制器处于正常监视状态	

续表2-4-41

项目	GB 50166条款	检查要求	检查方法
1 故障报警功能	4.7.3	控制器与现场部件之间的连线断路时，控制器应在100s内显示故障部件的类型，准确显示地址注释信息	使控制器处于备电工作状态，使控制器与任一现场部件之间的连线断路；用秒表测量控制器故障报警响应时间，检查控制器故障信息显示情况
2 短路隔离保护功能		总线处于短路状态时，短路隔离器应能将短路总线配接的设备隔离，被隔离设备数量不应超过32个；控制器应显示被隔离部件的设备类型和地址注释信息，显示的地址注释信息应与现场部件设置表一致	使总线任一点线路短路，核查隔离保护现场部件的数量，检查控制器地址注释信息显示情况
3 负载功能		1. 多个探测器同时处于报警状态时，控制器应分别记录发出报警信号部件的报警时间	使至少4只可燃气体探测器同时处于报警状态（探测器总数少于4只时，使所有探测器均处于报警状态），检查控制器的报警信息记录情况
		2. 控制器应分别显示发出报警信号部件的地址注释信息，且显示的地址注释信息应与现场部件设置表一致	检查控制器报警信息显示情况
4 复位功能		控制器的连接、探测器的监测区域恢复正常后，控制器应能对控制器的报警状态复位，消除控制器的声、光报警信号	恢复控制器的正常连接，使探测器的监测区域恢复正常，手动操作控制器的复位键，观察控制器的工作状态

Ⅱ 可燃气体探测器调试

4.7.4 应对可燃气体探测器的可燃气体报警功能、复位功能进行检查并记录，探测器的可燃气体报警功能、复位功能应符合下列规定：

1 应对探测器施加浓度为探测器报警设定值的可燃气体标准样气，探测器的报警确认灯应在30s内点亮并保持；

2 控制器的可燃气体报警和信息显示功能应符合本标准第4.1.2条的规定；

3 应清除探测器内的可燃气体，手动操作控制器的复位键后，控制器应处于正常监视状态，探测器的报警确认灯应熄灭。

4.7.5 应对线型可燃气体探测器的遮挡故障报警功能进行检查并记录，探测器的遮挡故障报警功能应符合下列规定：

1 应将线型可燃气体探测器发射器发出的光全部遮挡，探测器或其控制装置的故障指示灯应在100s内点亮；

2 控制器的故障报警和信息显示功能应符合本标准第4.1.2条的规定。

【条文解读】

1. 第4.7.4条、第4.7.5条规定了可燃气体探测器的调试要求。

2. 《可燃气体探测器 第1部分：工业及商业用途点型可燃气体探测器》GB 15322.1对点型可燃气体探测器的可燃气体报警功能、响应时间做出了明确的规定，《可燃气体探测器 第4部分：工业及商业用途线型光束可燃气体探测器》GB 15322.4对线型光束可燃气体探测器的可燃气体报警功能、遮挡故障报警功能、响应时间做出了明确的规定：

（1）点型可燃气体探测器的可燃气体报警功能和响应时间。

1）自由扩散式和吸气式探测器应具有独立的工作状态指示灯，分别指示其正常监视、故障、报警工作状态。

2）光纤传感式探测器的现场探测部件如不具备独立的工作状态指示灯，则与其连接的控制及指示设备应具有独立的工作状态指示灯，分别指示每个探测部件的工作状态。

3）正常监视状态指示应为绿色，故障状态指示应为黄色，报警状态指示应为红色，低限和高限报警状态指示应能明确区分。指示灯应有中文功能注释。在5 lx～500 lx光照条件下、正前方5m处，指示灯的状态应清晰可见。

4）探测器在被监测区域内的可燃气体浓度达到报警设定值时，应能发出报警信号。

5）探测一氧化碳的探测器的报警响应时间不应大于60s，其他气体探测器的响应时间不应大于30s。

（2）线型光束可燃气体探测器的可燃气体报警功能和响应时间。

1）探测器应具有独立的工作状态指示灯，分别指示其正常监视、故障、报警工作状态，正常监视状态指示应为绿色，故障状态指示应为黄色，报警状态指示应为红色，指示灯应有中文功能注释，在5 lx～500 lx光照条件下、正前方5m处，指示灯的状态应清晰可见，探测器的每个独立通电部件都应具有通电状态指示。

2）探测器在被监视区域内的可燃气体积分浓度达到报警设定值时，应能发出报警信号。

3）探测器具有多级报警功能时，各级报警状态指示和输出应能明确区分。

4）在被监视区域内的可燃气体积分浓度为120%报警设定值和报警设定值加上10%量程两者间的较大值时，探测器应能发出报警信号。报警响应时间不应大于10s。

（3）线型光束可燃气体探测器的遮挡故障报警功能。

1）当探测光束被完全遮挡时，应在30s～100s发出故障信号。

2）光束遮挡消除后30s内，对应的故障信号应能自动恢复。

【实施要点】

1. 调试人员在对可燃气体报警控制器配接的可燃气体探测器进行调试时，应首先按照可燃气体报警控制器现场部件设置情况表核查探测器的设置部位是否准确，并按下述步骤检查探测器的可燃气体报警功能、复位功能是否符合相关标准的规定：

（1）对探测器的监测区域施加浓度为探测器报警设定值的可燃气体标准样气，检查可燃气体探测器的可燃气体报警功能。

（2）清除探测器监测区域的可燃气体，手动操作控制器的复位键，检查控制器、探测器的复位功能。

（3）可燃气体探测器的可燃气体报警功能不满足要求时，应更换相同规格型号的探测器，按原探测器的地址编号进行地址设置和注册后，重新进行探测器的可燃气体报警功能调试。

2. 可燃气体报警功能、复位功能调试结束后，调试人员应按下述步骤检查线型光束可燃气体探测器的遮挡故障报警功能是否符合相关标准的规定：

（1）将发射器发出的光全部遮挡，检查线型光束可燃气体探测器的遮挡故障报警功能。

（2）撤除发射器的遮挡物，检查线型光束可燃气体探测器的遮挡故障自动复位功能。

3. 可燃气体探测器的调试要求和方法详见表2-4-42。

表2-4-42　可燃气体探测器的调试要求和方法

<table>
<tr><th>项目</th><th>GB 50166条款</th><th>检查要求</th><th>检查方法</th></tr>
<tr><td>地址设置</td><td>4.2.2</td><td colspan="2">按照现场部件设置表对探测器进行地址设置，在控制器上进行地址注册和地址注释</td></tr>
<tr><td rowspan="3">1 可燃气体报警功能</td><td rowspan="4">4.7.4</td><td>1. 探测器监测区域可燃气体浓度达到报警设定值时，探测器的报警确认灯应在30s内点亮并保持</td><td>对探测器监测区域施加浓度为探测器报警设定值的可燃气体标准样气；用秒表测量探测器的报警确认灯点亮时间</td></tr>
<tr><td>2. 控制器应发出可燃气体报警声、光信号，记录报警时间</td><td>观察控制器可燃气体报警情况，检查控制器报警信息记录情况</td></tr>
<tr><td>3. 控制器应显示发出报警信号部件的地址注释信息，且显示的地址注释信息应与现场部件设置表一致</td><td>检查控制器报警信息显示情况</td></tr>
<tr><td>2 复位功能</td><td>探测器监测区域恢复正常后，控制器应能对探测器的报警状态复位，探测器的报警确认灯应熄灭</td><td>清除探测器监测区域的可燃气体，手动操作控制器的复位键，观察探测器报警确认灯熄灭情况</td></tr>
<tr><td rowspan="3">3 线型光束探测器遮挡故障报警功能</td><td rowspan="3">4.7.5</td><td>1. 探测器的光路被遮挡后，探测器或其控制装置的故障指示灯应在100s内点亮</td><td>将发射器发出的光全部遮挡；用秒表测量探测器的故障指示灯点亮时间</td></tr>
<tr><td>2. 控制器应显示故障部件的类型和地址注释信息，且显示的地址注释信息应与现场部件设置表一致</td><td>检查控制器故障信息显示情况</td></tr>
<tr><td>3. 探测器光路遮挡清除后，探测器的故障信号应在30s内复位</td><td>撤除发射器的遮挡物，检查报警控制器故障报警信号自动复位情况</td></tr>
</table>

4.8 电气火灾监控系统调试

Ⅰ 电气火灾监控设备调试

4.8.1 应切断电气火灾监控设备的所有外部控制连线，将任一备调总线回路的电气火灾探测器与监控设备相连接，接通电源，使监控设备处于正常监视状态。

4.8.2 应对电气火灾监控设备下列主要功能进行检查并记录，监控设备的功能应符合现行国家标准《电气火灾监控系统 第1部分：电气火灾监控设备》GB 14287.1 的规定：

1 自检功能；

2 操作级别；

3 故障报警功能；

4 监控报警功能；

5 消音功能；

6 复位功能。

4.8.3 应依次将其他回路的电气火灾探测器与监控设备相连接，使监控设备处于正常监视状态，按本标准第4.8.2条第3款、第4款、第6款的规定对监控设备进行功能检查并记录，监控设备的功能应符合现行国家标准《电气火灾监控系统 第1部分：电气火灾监控设备》GB 14287.1 的规定。

【条文解读】

1. 第4.8.1条~第4.8.3条规定了电气火灾监控设备的调试要求。

2. 《电气火灾监控系统 第1部分：电气火灾监控设备》GB 14287.1 对电气火灾监控设备的基本功能做出了明确的规定：

（1）自检功能。

1）监控设备应能对本机及所配接的探测器进行功能检查（以下简称自检），监控设备在执行自检期间，与其连接的外接设备不应动作。

2）监控设备自检时间超过1min或其不能自动停止自检功能时，监控设备的自检不应影响非自检部位的报警功能。

3）监控设备应能手动检查其音响器件和面板上所有指示灯、显示器的工作状态。

（2）操作级别。

1）监控设备应至少设有两级操作级别，第一级（最低级别）只允许消除声报警信号和查询信息。

2）进入二级以上操作级别应采用钥匙或操作密码，用于进入高操作级别的钥匙或密码可用于进入低操作级别，但用于进入低操作级别的钥匙或密码不能用于进入高操作级别。

（3）故障报警功能和消音功能。

1）当监控设备发生下述故障时，应能在100s内发出与监控报警信号有明显区别的声、光故障信号，显示故障部位：①监控设备与探测器之间的连接线断路、短路；②接收到探测器发来的故障信号；③发生影响监控报警功能的接地；④监控设备主电源欠压（如具有备用电源）。

2）故障期间，非故障部位的功能不应受影响。

（4）监控报警功能。

1）监控设备应设专用的报警指示灯，在有监控报警信号输入时，该指示灯应点亮。

2）监控设备应能接收来自电气火灾监控探测器（以下简称探测器）的监控报警信号，并在10s内发出声、光报警信号，指示报警部位，显示报警时间，并予以保持，直至监控设备手动复位。

3）监控设备应能实时接收来自探测器测量的剩余电流值和温度值，剩余电流值和温度值应可查询；报警状态下应能显示并保持报警值，在报警值设定范围中显示误差不应大于5%。

4）报警声信号应能手动消除，当再次有监控报警信号输入时，应能再启动。

（5）消音功能。

1）故障声信号应能手动消除，再有故障信号输入时，应能再启动；故障光信号应保持至故障排除。

2）监控报警声信号应能手动消除，当再次有监控报警信号输入时，应能再启动。

（6）复位功能。监控设备应设专用的手动复位按钮（键），复位后，仍然存在的报警、故障灯状态信息应在20s内重新建立。

3. 本标准对电气火灾监控设备的调试要求做出了明确规定：

1）电气火灾监控设备一般配置多个总线回路，在对监控设备的基本功能进行调试时，应按《电气火灾监控系统　第1部分：电气火灾监控设备》GB 14287.1的要求逐一检查、调整监控设备每一个回路的功能和性能，在对任一总线回路进行调试时，其余回路不应接入监控设备。

2）与火灾报警控制器的调试要求类似，为了避免因电气火灾监控设备自身的故障而损坏其配接的现场部件，或造成受控设备的误动作，在监控设备调试前，应切断各受控现场设备的控制连线。

【实施要点】

1. 调试人员在对电气火灾监控设备的基本功能进行调试时，应先切断电气火灾监控设备的所有外部控制连线，将任一备调回路（可先选择编号最小的回路）的电气火灾监控探测器与监控设备连接，接通监控设备的电源，使监控设备稳定运行10min，期间监控设备应无异响，且显示正常。监控设备如有故障报警等异常情况，应进行故障排查，待故障处理后，按下列步骤检查监控设备的基本功能是否符合《电气火灾监控系统　第1部分：电气火灾监控设备》GB 14287.1的规定：

（1）手动操作监控设备的自检机构，检查监控设备的自检功能。

（2）检查监控设备操作级别划分情况。

（3）分别使监控设备与任一现场部件之间的连线断路、短路，检查监控设备的故障报警功能。

（4）使任一只非故障部位的监控探测器发出监控报警信号，检查监控设备的监控报警功能。

（5）手动操作监控设备的消音键，检查监控设备的消音功能。

（6）恢复监控设备的正常连接，使监控探测器的监测区域恢复正常，手动操作监控设备的复位键，检查监控设备、监控探测器的复位功能。

2. 监控设备首个回路调试合格后，关闭监控设备电源，再次选取一个总线回路（可以按照回路编号的顺序进行），将其配接的现场部件与监控设备相连接，接通监控设备电源，使监控设备稳定运行 10min，监控设备处于正常监视状态后，按下列步骤检查监控设备的基本功能是否符合《电气火灾监控系统　第 1 部分：电气火灾监控设备》GB 14287. 1 的规定：

（1）分别使监控设备与任一现场部件之间的连线断路、短路，检查监控设备的故障报警功能。

（2）使任一只非故障部位的监控探测器发出监控报警信号，检查监控设备的监控报警功能。

（3）恢复监控设备的正常连接，使监控探测器的监测区域恢复正常，手动操作监控设备的复位键，检查监控设备、监控探测器的复位功能。

3. 依次选取剩余总线回路，并按 2. 的步骤检查电气火灾监控设备的基本功能是否符合《电气火灾监控系统　第 1 部分：电气火灾监控设备》GB 14287. 1 的要求。

4. 调试过程中，如电气火灾监控设备的功能不符合《电气火灾监控系统　第 1 部分：电气火灾监控设备》GB 14287. 1 的相关规定，应对监控设备的相关部件或整机进行更换。

5. 电气火灾监控设备的调试内容、要求和方法详见表 2-4-43。

表2-4-43　电气火灾监控设备的调试内容、要求和方法

项目	GB 50166 条款	检查要求	检查方法
电气火灾监控设备基本功能 + 1#回路基本功能			
调试准备	4. 8. 1	切断电气火灾监控设备的所有外部控制连线，将任一备调回路（1#回路）的电气火灾监控探测器与监控设备连接，接通监控设备的电源，使监控设备稳定运行 10min，并使监控设备处于正常监视状态	
1 自检功能	4. 8. 2	监控设备应能对指示灯、显示器和音响器件进行功能自检	操作监控设备的自检机构，检查监控设备指示灯、显示器和音响器的动作情况
2 操作级别		监控设备应根据不同的使用对象设置不同的操作级别	检查监控设备操作级别划分情况是否符合《电气火灾监控系统　第 1 部分：电气火灾监控设备》GB 14287. 1 的规定
3 故障报警功能		监控设备与现场部件之间的连线断路、短路时，监控设备应在 100s 内发出故障声、光信号，显示故障部件的地址注释信息，且显示的地址注释信息应与现场部件设置表一致	分别使监控设备与任一现场部件之间的连线断路、短路；用秒表测量监控设备故障报警响应时间，检查监控设备故障信息显示情况

续表2-4-43

项目	GB 50166条款	检查要求	检查方法
4 监控报警功能	4.8.2	1. 监控探测器发出报警信号后，监控设备应在10s内发出监控报警声、光信号，并记录报警时间	使任一只非故障部位的监控探测器发出监控报警信号，用秒表测量监控设备监控报警响应时间，检查监控设备的报警信息记录情况
		2. 监控设备应显示发出报警信号部件的地址注释信息，且显示的地址注释信息应与现场部件设置表一致	检查监控设备报警信息显示情况
5 消音功能		监控设备应能手动消除报警声信号	手动操作设备的消音键，检查设备声信号消除情况
6 复位功能		监控设备的连接、探测器的监测区域恢复正常后，监控设备应能对监控设备的报警状态复位，消除监控设备的声、光报警信号	恢复监控设备的正常连接，使探测器的监测区域恢复正常，手动操作监控设备的复位键，观察监控设备的工作状态
$n^{\#}$回路基本功能			
调试准备	4.8.3	切断监控设备电源，依次选取另一个总线回路，将其配接的现场部件与监控设备相连接，接通监控设备电源，使监控设备稳定运行10min，并使监控设备处于正常监视状态	
1 故障报警功能		监控设备与现场部件之间的连线断路、短路时，监控设备应在100s内发出故障声、光信号，显示故障部件的地址注释信息，且显示的地址注释信息应与现场部件设置表一致	分别使监控设备与任一现场部件之间的连线断路、短路；用秒表测量监控设备故障报警响应时间，检查监控设备故障信息显示情况
2 监控报警功能		1. 监控探测器发出报警信号后，监控设备应在10s内发出监控报警声、光信号，并记录报警时间	使任一只非故障部位的监控探测器发出监控报警信号，用秒表测量监控设备监控报警响应时间，检查监控设备的报警信息记录情况
		2. 监控设备应显示发出报警信号部件的地址注释信息，且显示的地址注释信息应与现场部件设置表一致	检查监控设备报警信息显示情况
3 复位功能		监控设备的连接、探测器的监测区域恢复正常后，监控设备应能对监控设备的报警状态复位，消除监控设备的声、光报警信号	恢复监控设备的正常连接，使探测器的监测区域恢复正常，手动操作监控设备的复位键，观察监控设备的工作状态

Ⅱ 电气火灾监控探测器调试

4.8.4 应对剩余电流式电气火灾监控探测器的监控报警功能进行检查并记录，探测器的监控报警功能应符合下列规定：

1 应按设计文件的规定进行报警值设定；

2 应采用剩余电流发生器对探测器施加报警设定值的剩余电流，探测器的报警确认灯应在30s内点亮并保持；

3 监控设备的监控报警和信息显示功能应符合本标准第4.1.2条的规定，同时监控设备应显示发出报警信号探测器的报警值。

4.8.5 应对测温式电气火灾监控探测器的监控报警功能进行检查并记录，探测器的监控报警功能应符合下列规定：

1 应按设计文件的规定进行报警值设定；

2 应采用发热试验装置给监控探测器加热至设定的报警温度，探测器的报警确认灯应在40s内点亮并保持；

3 监控设备的监控报警和信息显示功能应符合本标准第4.1.2条的规定，同时监控设备应显示发出报警信号探测器的报警值。

4.8.6 应对故障电弧探测器的监控报警功能进行检查并记录，探测器的监控报警功能应符合下列规定：

1 应切断探测器的电源线和被监测线路，将故障电弧发生装置接入探测器，接通探测器的电源，使探测器处于正常监视状态；

2 应操作故障电弧发生装置，在1s内产生9个及以下半周期故障电弧，探测器不应发出报警信号；

3 应操作故障电弧发生装置，在1s内产生14个及以上半周期故障电弧，探测器的报警确认灯应在30s内点亮并保持；

4 监控设备的监控报警和信息显示功能应符合本标准第4.1.2条的规定。

4.8.7 应对具有指示报警部位功能的线型感温火灾探测器的监控报警功能进行检查并记录，探测器的监控报警功能应符合下列规定：

1 应在线型感温火灾探测器的敏感部件随机选取3个非连续检测段，每个检测段的长度为标准报警长度，采用专用的检测仪器或模拟火灾的方法，分别给每个检测段加热至设定的报警温度，探测器的火警确认灯应点亮并保持，并指示报警部位。

2 监控设备的监控报警和信息显示功能应符合本标准第4.1.2条的规定。

【条文解读】

1. 第4.8.4条~第4.8.7条规定了剩余电流式电气火灾监控探测器、测温式电气火灾监控探测器、故障电弧探测器和具有指示报警部位功能的线型感温火灾探测器的监控报警功能的调试要求。

2.《电气火灾监控系统　第2部分：剩余电流式电气火灾监控探测器》GB 14287.2对剩余电流式电气火灾监控探测器的基本功能做出了明确的规定，《电气火灾监控系统　第3部分：测温式电气火灾监控探测器》GB 14287.3对测温式电气火灾监控探测器的基本功能做出了明确的规定，《电气火灾监控系统　第4部分：故障电弧探测器》GB 14287.4对故障电弧探测器的基本功能做出了明确的规定，《电气火灾监控系统　第1部分：电气火灾监控设备》GB 14287.1对能指示报警部位的线型感温火灾探测器的监控报警功能做出了明确的规定：

（1）剩余电流式电气火灾监控探测器的基本功能。

1）探测器应设有工作状态指示灯和报警状态指示灯。

2）当被保护线路剩余电流达到报警设定值时，探测器应在30s内发出报警信号，点亮报警指示灯，非独立式探测器的报警指示应保持与其相连的电气火灾监控设备复位，独立式探测器的报警指示应保持至手动复位。

3）探测器的报警值应设定在20mA～1 000mA之间，在报警值设定范围内，报警值与设定值之差的绝对值不应大于设定值的5%；具有实时显示剩余电流值功能探测器的显示误差不应大于5%。

4）探测器报警设定值可在探测器或与其相连的电气火灾监控设备上进行设置，但只应通过专用工具、密码等手段实现现场设置。

（2）测温式电气火灾监控探测器的基本功能。

1）探测器应设有工作状态指示灯和报警状态指示灯。

2）当被监视部位温度达到报警设定值时，探测器应在40s内发出报警信号，点亮报警指示灯。非独立式探测器的报警指示应保持至与其相连的电气火灾监控设备复位，独立式探测器的报警指示应保持至手动复位。

3）探测器的报警温度值应设定在45℃～140℃的范围内，报警值与设定值之差的绝对值不应大于设定值的5%。

4）探测器报警值可在探测器或与其相连的电气火灾监控设备上进行设置，且只能通过专用工具、密码等手段实现现场设置。

（3）故障电弧探测器的基本功能。

1）探测器应具有红色报警确认灯。

2）当被监视区域参数符合报警条件时，探测器报警确认灯应点亮，并保持至被复位。确认灯点亮时在其正前方3m处，照度不超过500 lx的环境条件下，应清晰可见。

3）探测器的出厂设置不应被轻易改变。当确需改变时，需使用特殊手段（如专用工具或密码），否则不应破坏其封条。

4）当被探测线路在1s内发生14个及其以上半周期的故障电弧时，探测器应在30s内发出报警信号，点亮报警指示灯；非独立式探测器的报警指示应保持至与其相连的电气火灾监控设备复位，独立式探测器的报警指示应保持至手动复位。

5）当被探测线路在1s内发生9个及其以下半周期的故障电弧时，探测器不应发出声、光报警信号和控制信号，但可采取其他方式的提示。

（4）能指示报警部位的线型感温火灾探测器的监控报警功能。当监控设备接收到能指示报警部位的线型感温火灾探测器的火灾报警信号时，应能在10s内发出声、光报警信号，显示相应的火灾报警部位。

【实施要点】

1. 调试人员在对电气火灾监控设备配接的剩余电流式电气火灾监控探测器的监控报

警功能进行调试时，应首先按照监控设备现场部件设置情况表核查探测器的设置部位是否准确，并按下述步骤检查探测器的监控报警功能是否符合相关标准的规定：

（1）按照设计文件和产品使用说明书的要求，在探测器或与其相连的电气火灾监控设备上对探测器的报警阈值进行设定。

（2）采用剩余电流发生器对探测器模拟测试回路施加电流值，使测试回路剩余电流达到其报警设定值，检查探测器的监控报警功能。

（3）撤除模拟测试回路的测试电流，手动操作监控设备的复位键，检查监控设备、探测器的复位功能。

（4）如监控设备显示的探测器的地址注册信息有误，应对错误的地址注释予以修改，并重新对探测器的监控报警功能进行调试。

（5）如探测器的报警确认灯未点亮或监控设备未发出监控报警信号，应更换相同规格型号的探测器，并按原探测器的地址编号进行地址设置和注册后，对监控探测器的监控报警功能重新进行调试。

2. 调试人员在对电气火灾监控设备配接的温式电气火灾监控探测器的监控报警功能进行调试时，应首先按照监控设备现场部件设置情况表核查探测器的设置部位是否准确，并按下述步骤检查探测器的监控报警功能是否符合相关标准的规定：

（1）按照设计文件和产品使用说明书的要求，在探测器或与其相连的电气火灾监控设备上对探测器的报警阈值进行设定。

（2）采用发热试验装置对监控探测器的监控区域加温，使探测器监控区域的温度达到其报警设定值，检查探测器的监控报警功能。

（3）使探测器监控区域的温度恢复正常，手动操作监控设备的复位键，检查监控设备、探测器的复位功能。

（4）如监控设备显示的探测器的地址注册信息有误，应对错误的地址注释予以修改，并重新对探测器的监控报警功能进行调试。

（5）如探测器的报警确认灯未点亮或监控设备未发出监控报警信号，应更换相同规格型号的探测器，并按原探测器的地址编号进行地址设置和注册后，对监控探测器的监控报警功能重新进行调试。

3. 调试人员在对电气火灾监控设备配接的故障电弧探测器的监控报警功能进行调试时，应首先按照监控设备现场部件设置情况表核查探测器的设置部位是否准确，并按下述步骤检查探测器的监控报警功能是否符合相关标准的规定：

（1）切断探测器的电源线和被监测线路，将故障电弧发生装置接入探测器，接通探测器的电源，使探测器处于正常监视状态。

（2）操作故障电弧发生装置，在 1s 内产生 9 个及以下半周期故障电弧；观察探测的工作状态。

（3）操作故障电弧发生装置，在 1s 内产生 14 个及以上半周期故障电弧，检查探测器的监控报警功能。

（4）关闭探测器和监测回路的电源、拆除故障电弧发生装置，恢复探测器的正常连接后接通探测器和监测回路的电源，探测器稳定运行 10min 后，手动操作监控设备的复位键，检查监控设备、探测器的复位功能。

（5）如监控设备显示的探测器的地址注册信息有误，应对错误的地址注释予以修改，并重新对探测器的监控报警功能进行调试。

（6）如探测器的报警确认灯未点亮或监控设备未发出监控报警信号，应更换相同规格型号的探测器，并按原探测器的地址编号进行地址设置和注册后，对监控探测器的监控报警功能重新进行调试。

4. 调试人员在对电气火灾监控设备配接的能指示报警部位的线型感温火灾探测器的监控报警功能进行调试时，应首先按照监控设备现场部件设置情况表核查探测器的设置部位是否准确，并按下述步骤检查探测器的监控报警功能是否符合相关标准的规定：

（1）在保护对象上随机选取 3 个非连续监测部位，在每个监测部位将一段生产企业声称的标准报警长度的敏感部件从保护对象上拆除，并将该段敏感部件放入专用的现场检测装置内（如恒温水槽），条件允许时，也可采用现场模拟火灾的方法，使敏感部件监测区域的温度达到其报警设定阈值，检查探测器的监控报警功能。

（2）将敏感部件重新安装在保护对象上，恢复敏感部件监测区域的环境温度，手动操作控制器的复位键，检查控制器、探测器的复位功能。

（3）如探测器的报警确认灯未点亮，应检查并处理信号处理单元或敏感部件存在的问题，或更换相同规格型号的信号处理单元或敏感部件，并对探测器的离线故障报警和火灾报警功能重新进行调试。

5. 电气火灾监控探测器的调试要求和方法详见表 2-4-44。

表2-4-44 电气火灾监控探测器的调试要求和方法

项目	GB 50166 条款	检查要求	检查方法
剩余电流式电气火灾监控探测器的监控报警功能			
地址设置	4.2.2	按照现场部件设置表对探测器进行地址设置，在监控设备上进行地址注册和地址注释	
1 监控报警功能	4.8.4	1. 探测器监测回路的剩余电流达到报警设定值时，探测器的报警确认灯应在 30s 内点亮并保持	按设计文件的规定进行报警值设定；采用剩余电流发生器对探测器模拟测试回路施加电流值，使测试回路剩余电流达到其报警设定值；用秒表测量探测器的报警确认灯点亮时间
		2. 监控设备应发出监控报警声、光信号，并记录报警时间	观察监控设备监控报警情况，检查监控设备的报警信息记录情况
		3. 监控设备应显示发出报警信号部件的地址注释信息，且显示的地址注释信息应与现场部件设置表一致	检查监控设备报警信息显示情况
2 复位功能		探测器监测回路恢复正常后，监控设备应能对探测器的报警状态复位，探测器的报警确认灯应熄灭	撤除模拟测试回路的测试电流，手动操作监控设备的复位键，观察探测器报警确认灯熄灭情况

续表2-4-44

项目	GB 50166 条款	检查要求	检查方法
测温式电气火灾监控探测器的监控报警功能			
地址设置	4.2.2	按照现场部件设置表对探测器进行地址设置，在监控设备上进行地址注册和地址注释	
1 监控报警功能	4.8.5	1. 探测器监测区域的温度达到报警设定值时，探测器的报警确认灯应在40s内点亮并保持	按设计文件的规定进行报警值设定；采用发热试验装置对监控探测器的监测区域加温，使监控区域的温度达到其报警阈值；用秒表测量探测器的报警确认灯点亮时间
		2. 监控设备应发出监控报警声、光信号，并记录报警时间	观察监控设备监控报警情况，检查监控设备的报警信息记录情况
		3. 监控设备应显示发出报警信号部件的地址注释信息，且显示的地址注释信息应与现场部件设置表一致	检查监控设备报警信息显示情况
2 复位功能		探测器监测区域温度恢复正常后，监控设备应能对探测器的报警状态复位，探测器的报警确认灯应熄灭	使探测器监控区域的温度恢复正常，手动操作监控设备的复位键，观察探测器报警确认灯熄灭情况
故障电弧探测器的监控报警功能			
地址设置	4.2.2	按照现场部件设置表对探测器进行地址设置，在监控设备上进行地址注册和地址注释	
1 监控报警功能	4.8.6	1. 探测器监测区域单位时间故障电弧的数量未达到报警设定值时，探测器的报警确认灯不应点亮	切断探测器的电源线和被监测线路，将故障电弧发生装置接入探测器，接通探测器的电源，使探测器处于正常监视状态；操作故障电弧发生装置，在1s内产生9个及以下半周期故障电弧；观察探测的工作状态
		2. 探测器监测区域单位时间故障电弧的数量达到报警设定值时，探测器的报警确认灯应在30s内点亮并保持	操作故障电弧发生装置，在1s内产生14个及以上半周期故障电弧；用秒表测量探测器的报警确认灯点亮时间
		3. 监控设备应发出监控报警声、光信号，并记录报警时间	观察监控设备监控报警情况，检查监控设备的报警信息记录情况
		4. 监控设备应显示发出报警信号部件的地址注释信息，且显示的地址注释信息应与现场部件设置表一致	检查监控设备报警信息显示情况

续表2-4-44

项目	GB 50166条款	检 查 要 求	检 查 方 法
2 复位功能	4.8.6	探测器监测回路恢复正常后，监控设备应能对探测器的报警状态复位，探测器的报警确认灯应熄灭	关闭探测器和监测回路的电源，拆除故障电弧发生装置，恢复探测器的正常连接后接通探测器和监测回路的电源，探测器稳定运行10min后，手动操作监控设备的复位键，观察探测器报警确认灯熄灭情况
能指示报警部位的线型感温火灾探测器的监控报警功能			
地址设置	4.2.2	按照现场部件设置表对探测器进行地址设置，在监控设备上进行地址注册和地址注释	
1 监控报警功能	4.8.7	1. 探测器监测区域的温度达到报警设定值时，探测器的报警确认灯应点亮并保持，并指示报警部位，且报警部位的指示应准确	在保护对象上随机选取3个非连续监测部位，在每个监测部位将一段生产企业声称的标准报警长度的敏感部件从保护对象上拆除，并将该段敏感部件放入专用的现场检测装置内（如恒温水槽），条件允许时，也可采用现场模拟火灾的方法，使敏感部件监测区域的温度达到其报警设定阈值；检查探测器报警指示灯点亮和报警部位显示情况
		2. 监控设备应发出监控报警声、光信号，并记录报警时间	观察监控设备监控报警情况，检查监控设备的报警信息记录情况
		3. 监控设备应显示发出报警信号部件的地址注释信息，且显示的地址注释信息应与现场部件设置表一致	检查监控设备报警信息显示情况
2 复位功能		探测器监测区域温度恢复正常后，监控设备应能对探测器的报警状态复位，探测器的报警确认灯应熄灭	将敏感部件重新安装在保护对象上，恢复敏感部件监测区域的环境温度，手动操作监控设备的复位键，观察探测器报警确认灯熄灭情况

【工程示例】

剩余电流发生器组成和使用方法。剩余电流发生器由显示窗口、操作按键、输出测试端子等部分组成。剩余电流发生器产品如图2-4-9所示。其具体使用操作方法如下：

（1）前期准备：按下电源开关，5s后进入待机状态（注意：开机时设备不要接任何连接线），点击Setup键，进入输出参数设置状态，根据测试需求设置输出电流及输出时间。

（2）试验阶段：将电流输出线插入“电流输出”端，使闭环式电流输出线穿过电流互感器，点击 Setup 键进行测试。

（3）测试完成：当测试时间终止，测试完成。或按下 Stop 键终止测试，进入待机状态，断开设备电源开关。

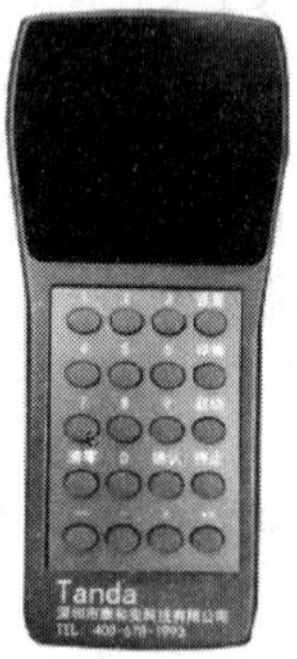

内容	技术参数
输入电压	DC5V（USB-Type-C3.1）
输入电流	≤500mA
输出电压	0.5V（500mΩ负载）
输出电流	10mA~1 000mA
输出时间	1s~999s
显示屏	LED
工作环境	温度：0℃~+40℃；相对湿度：<90%
外形尺寸	83mm×53mm×186mm

图 2-4-9　剩余电流发生器产品示例图

4.9　消防设备电源监控系统调试

Ⅰ　消防设备电源监控器调试

4.9.1　应将任一备调总线回路的传感器与消防设备电源监控器相连接，接通电源，使监控器处于正常监视状态。

4.9.2　对消防设备电源监控器下列主要功能进行检查并记录，监控器的功能应符合现行国家标准《消防设备电源监控系统》GB 28184 的规定：

1　自检功能。

2　消防设备电源工作状态实时显示功能。

3　主、备电源的自动转换功能。

4　故障报警功能：

1） 备用电源连线故障报警功能；

2） 配接部件连线故障报警功能。

5　消音功能。

6　消防设备电源故障报警功能。

7　复位功能。

4.9.3　应依次将其他回路的传感器与监控器相连接，使监控器处于正常监视状态，在备电工作状态下，按本标准第 4.9.2 条第 4 款第 2 项、第 6 款、第 7 款的规定，对监控器进行功能检查并记录，监控器的功能应符合现行国家标准《消防设备电源监控系统》GB 28184 的规定。

【条文解读】

1. 第 4.9.1 条~第 4.9.3 条规定了消防设备电源状态监控器的调试要求。

2.《消防设备电源监控系统》GB 28184 对消防设备电源状态监控器的基本功能做出了明确的规定：

（1）自检功能。

1）监控器应具有手动检查其音响器件、面板所有指示灯和显示器的功能。

2）监控器的自检时间超过 1min 或不能自动停止自检时，不应影响非自检部位的正常工作。

（2）消防设备电源工作状态实时显示功能。

1）监控器应能接收并显示其监控的所有消防设备的主电源和备用电源的实时工作状态信息。

2）监控器如具有显示被监控电源的电压值或电流值的功能，其显示误差不应大于 5%。

（3）主、备电源的自动转换功能。

1）监控器的电源部分应具有主电源和备用电源转换功能，并应有主、备电源工作状态指示。

2）当主电源断电时，能自动转换到备用电源；主电源恢复时，能自动转换到主电源；主、备电源的转换不应影响监控器的正常工作。

（4）故障报警功能。监控器在下述状况下，应能在 100s 内发出故障声、光信号，显示并记录故障的部位、类型和时间：①监控器与连接的外部部件间连接的断路、短路和影响系统功能的接地；②监控器与其分体电源间连接线断路、短路和影响功能的接地；③给监控器自身备用电源充电的充电器与备用电源间连接线的断路、短路；④监控器自身主电源欠压。

（5）消音功能。故障声信号应能手动消除，再有故障信号输入时，应能再启动；故障光信号应保持至故障排除。

（6）消防设备电源故障报警功能。

1）监控器在下述状况下，应能在 100s 内发出故障声、光信号，显示并记录故障的部位、类型和时间：①被监控的消防设备供电中断；②被监控电源电压值大于额定电压的 110% 或小于额定电压的 85%（仅适用于具有此功能的监控器）；③被监控电源发生缺相、错相、过载等供电异常现象（仅适用于具有此功能的监控器）。

2）任一故障均不得影响非故障部分的正常工作。

（7）复位功能。故障排除后，故障信号可自动或手动复位。复位后，监控器应在 100s 内重新显示尚存在的故障。

3. 本标准对消防设备电源状态监控器的调试要求做出了明确规定：

（1）消防设备电源状态监控器一般配置多个总线回路，对监控器的基本功能进行调试时，应按《消防设备电源监控系统》GB 28184 的要求逐一检查、调整监控器每一个回路的功能和性能。

（2）在对任一总线回路进行调试时，其余回路不应接入监控器。

【实施要点】

1. 调试人员在对消防设备电源状态监控器的基本功能进行调试时，应先将任一备调回路（可先选择编号最小的回路）的传感器与监控器连接，接通监控器的电源，使监控器稳定运行 10min，期间监控器应无异响，且显示正常。监控器如有故障报警等异常情况，应进行故障排查，待故障处理后，按下列步骤检查监控器的基本功能是否符合《消防设备电源监控系统》GB 28184 的规定：

（1）手动操作监控器的自检机构，检查监控器的自检功能。

（2）检查监控器消防设备电源工作状态实时显示功能。

（3）切断主电源、恢复主电源，检查监控器主、备电源自动切换功能。

（4）分别使监控器与备用电源之间连线断路、短路，使监控器处于备电供电状态后使监控器与任一现场部件之间的连线断路，检查监控器的故障报警功能。

（5）手动操作监控器的消音键，检查监控器的消音功能。

（6）切断任一非故障部位传感器监控设备的电源，检查监控器的消防设备电源故障报警功能。

（7）恢复监控器的正常连接、消防设备的正常供电，手动操作监控器的复位键，检查监控器的复位功能。

2. 监控器首个回路调试合格后，关闭监控器电源，再次选取一个总线回路（可以按照回路编号的顺序进行），将其配接的现场部件与监控器相连接，接通监控器电源，使监控器稳定运行 10min，监控器处于正常监视状态后，按下列步骤检查消防设备电源状态监控器的基本功能是否符合《消防设备电源监控系统》GB 28184 的规定：

（1）分别使监控器与任一现场部件之间的连线断路、短路，检查监控器的故障报警功能。

（2）切断任一非故障部位传感器监控设备的电源，检查监控器的消防设备电源故障报警功能。

（3）恢复监控器的正常连接、消防设备的正常供电，手动操作监控器的复位键，检查监控器的复位功能。

3. 依次选取剩余总线回路，并按 2. 的步骤检查监控器的基本功能是否符合《消防设备电源监控系统》GB 28184 的规定。

4. 调试过程中，如消防设备电源状态监控器的功能不符合《消防设备电源监控系统》GB 28184 的相关规定，应对监控器的相关部件或整机进行更换。

5. 消防设备电源状态监控器的调试内容、要求和方法详见表 2-4-45。

表2-4-45 消防设备电源状态监控器的调试内容、要求和方法

项目	GB 50166 条款	检查要求	检查方法
消防设备电源状态监控器基本功能 + 1#回路基本功能			
调试准备	4.9.1	将任一备调回路（1#回路）的传感器与监控器连接，接通监控器的电源，使监控器稳定运行 10min，并使监控器处于正常监视状态	
1 自检功能	4.9.2	监控器应能对指示灯、显示器和音响器件进行功能自检	操作监控器的自检机构，检查监控器指示灯、显示器和音响器的动作情况

续表2-4-45

项目	GB 50166 条款	检查要求	检查方法
2 实时显示功能	4.9.2	监控器应能实时显示各消防设备电源的工作情况	检查监控器的显示情况
3 主、备电源自动转换功能		监控器主电源断电后，备用电源应能自动投入；主电源恢复后，应能自动投入；主、备电源工作指示灯应能正确指示监控器主、备电源的工作状态	切断主电源，检查备用电源自动投入情况，观察工作指示灯显示情况；恢复主电源，检查主电源自动投入情况，观察工作指示灯显示情况
4 故障报警功能		1. 监控器与备用电源连线断路、短路时，监控器应在 100s 内发出故障声、光信号，显示故障类型	分别使监控器与备用电源连线断路、短路，用秒表测量监控器故障报警响应时间、观察故障信息显示情况
		2. 监控器与现场部件之间的连线短路、短路时，监控器应在 100s 内发出故障声、光信号，显示故障部件的地址注释信息，且显示的地址注释信息应与现场部件设置表一致	使监控器处于备电工作状态，分别使监控器与任一现场部件之间的连线断路、短路；用秒表测量监控器故障报警响应时间，检查监控器故障信息显示情况
5 消防设备电源故障报警功能		1. 消防设备断电后，监控器应在 100s 内发出报警声、光信号，并记录报警时间	切断任一非故障部位传感器监控设备的电源，用秒表测量监控器报警响应时间，检查监控器信息记录情况
		2. 监控器应显示发出报警信号部件的地址注释信息，且显示的地址注释信息应与现场部件设置表一致	检查监控器报警信息显示情况
6 消音功能		监控器应能手动消除报警声信号	手动操作监控器消音键，检查监控器声信号消除情况
7 复位功能		监控器的连接、消防设备的电源恢复正常后，监控器应能对监控器的报警状态复位，消除监控器的声、光报警信号	恢复监控器的正常连接、消防设备的正常供电，手动操作监控器的复位键，观察监控器的工作状态
$n^{\#}$回路基本功能			
调试准备	4.9.3	切断监控器电源，依次选取另一个总线回路，将其配接的现场部件与监控器相连接，接通监控器电源，使监控器稳定运行 10min，并使监控器处于正常监视状态	

续表2-4-45

项目	GB 50166 条款	检查要求	检查方法
1 故障报警功能	4.9.3	监控器与现场部件之间的连线断路、短路时，监控器应在 100s 内发出故障声、光信号，显示故障部件的地址注释信息，且显示的地址注释信息应与现场部件设置表一致	分别使监控器与任一现场部件之间的连线断路、短路；用秒表测量监控器故障报警响应时间，检查监控器故障信息显示情况
2 消防设备电源故障报警功能		1. 消防设备断电后，监控器应在 100s 内发出报警声、光信号，并记录报警时间	切断任一非故障部位传感器监控设备的电源，用秒表测量监控器报警响应时间，检查监控器信息记录情况
		2. 监控器应显示发出报警信号部件的地址注释信息，且显示的地址注释信息应与现场部件设置表一致	检查监控器报警信息显示情况
3 复位功能		监控器的连接、消防设备的电源恢复正常后，监控器应能对监控器的报警状态复位，消除监控器的声、光报警信号	恢复监控器的正常连接、消防设备的正常供电，手动操作监控器的复位键，观察监控器的工作状态

Ⅱ 传感器调试

4.9.4 应对传感器的消防设备电源故障报警功能进行检查并记录，传感器的消防设备电源故障报警功能应符合下列规定：

1 应切断被监控消防设备的供电电源；

2 监控器的消防设备电源故障报警和信息显示功能应符合本标准第 4.1.2 条的规定。

【条文解读】

1. 本条规定了消防设备电源监控系统传感器的消防设备电源故障报警功能的调试要求。

2. 《消防设备电源监控系统》GB 28184 对电压信号传感器、电流信号传感器和电压/电流信号传感器的基本功能做出了明确的规定：

（1）电压、电流信号传感器应能按制造商的规定要求将采集的信号传输至监控器。

（2）电压、电流信号传感器工作范围应按制造商的规定，其输出信号不应大于 12V。

（3）对于能够连续采集电压值、电流值的传感器，其电压、电流采集误差不应大于5%。

【实施要点】

1. 调试人员在对消防设备电源状态监控器配接的传感器的消防设备电源故障报警功能进行调试时，应首先按照监控器现场部件设置情况表核查传感器的设置部位是否准确，并按下述步骤检查传感器的消防设备电源故障报警功能是否符合相关标准的规定：

（1）切断传感器监控设备的电源，检查传感器的消防设备电源故障报警功能。

（2）恢复监控设备的电源供电，手动操作监控器的复位键，检查监控器的复位功能。

（3）如监控器显示的传感器的地址注册信息有误，应对错误的地址注释予以修改，并重新对传感器的消防设备电源故障报警功能进行调试。

（4）如监控器未发出故障报警信号，应更换相同规格型号的传感器，并按原传感器的地址编号进行地址设置和注册后，对传感器的消防设备电源故障报警功能重新进行调试。

2. 传感器的调试要求和方法详见表2-4-46。

表2-4-46 传感器的调试要求和方法

项目	GB 50166条款	检查要求	检查方法
地址设置	4.2.2	按照现场部件设置表对传感器进行地址设置，在监控器上进行地址注册和地址注释	
1 消防设备电源故障报警功能	4.9.4	1. 传感器监测消防设备的电源断电后，监控器应发出监控报警声、光信号，并记录报警时间	切断传感器监控设备的电源，观察监控器监控报警情况，检查监控器的报警信息记录情况
		2. 监控器显示发出报警信号部件的地址注释信息，且显示的地址注释信息应与现场部件设置表一致	检查监控器报警信息显示情况
2 复位功能		传感器监测设备的电源恢复供电后，监控器应能对其故障报警状态复位	恢复监控设备的电源供电，手动操作监控器的复位键，观察监控器的工作情况

4.10 消防设备应急电源调试

4.10.1 应将消防设备与消防设备应急电源相连接，接通消防设备应急电源的主电源，使消防设备应急电源处于正常工作状态。

4.10.2 应对消防设备应急电源下列主要功能进行检查并记录，消防设备应急电源的功能应符合现行国家标准《消防联动控制系统》GB 16806 的规定：

1 正常显示功能；

2 故障报警功能；

3 消音功能；

4 转换功能。

【条文解读】

1. 本条规定了消防设备应急电源的调试要求。

2.《消防联动控制系统》GB 16806 对消防设备应急电源的基本功能做出了明确的规定：

（1）正常显示功能。

1）交流输出消防设备应急电源应能显示以下信息：输入电压和输出电压、输出电流、主电工作状态、应急工作状态、充电状态、电池组电压。

2）直流输出消防设备应急电源应能显示以下信息：输出电压、输出电流、主电工作状态、应急工作状态。

（2）故障报警功能。消防设备应急电源在下述情况下，应在 100s 内发出故障声、光信号，并指示出故障类型。故障声信号能手动消除，当有新的故障时，故障声信号应能再启动，故障光信号在故障排除前应保持。手动复位后，消防设备应急电源应在 100s 内重新显示尚存在的故障。

1）蓄电池电压小于额定电压的 90%。

2）充电器与电池组之间的连接线断开。

3）输出回路的保护动作。

4）电池间的连接线断开。

其中 3）类故障还应指示回路的部位。

（3）转换和消音功能。

1）消防设备应急电源在主电源断电自动转换到电池组供电时，应发出声提示信号，声信号应能手动消除。

2）当主电源恢复正常时，应自动转换到主电源供电；转换过程不应影响消防设备应急电源的正常工作。

3）应急输出的转换时间不应大于 5s。

4）消防设备应急电源转入电池组供电的主电电压应在额定工作电压的 60%～85% 范围内；恢复到主电工作状态的主电电压不应大于额定工作电压的 85%。

【实施要点】

1. 调试人员在对消防设备应急电源的基本功能进行调试时，应将消防设备与消防设备应急电源相连接，接通消防设备应急电源的主电源，使消防设备应急电源稳定运行 10min，期间消防设备应急电源应无异响，且显示正常。消防设备应急电源如有故障报警等异常情况，应进行故障排查，待故障处理后，按下列步骤检查消防设备应急电源的基本功能是否符合《消防联动控制系统》GB 16806 的规定：

（1）检查消防设备应急电源的正常显示功能。

（2）分别使应急电源与蓄电池组间的连接线、任一蓄电池组与其他蓄电池组间的连接线断开；检查消防设备应急电源的故障报警功能。

（3）手动操作消防设备应急电源的消音键，检查消防设备应急电源的消音功能。

（4）切断应急电源的主电源、恢复应急电源的主电源供电，检查消防设备应急电源的转换功能。

（5）调试过程中，如消防设备应急电源的功能不符合《消防联动控制系统》GB 16806 的相关规定，应对消防设备应急电源的相关部件或整机进行更换。

2. 消防设备应急电源的调试要求和方法详见表 2-4-47。

表2-4-47 消防设备应急电源的调试要求和方法

项目	GB 50166条款	检查要求	检查方法
调试准备	4.10.1	将消防设备与消防设备应急电源相连接，接通消防设备应急电源的主电源，使消防设备应急电源稳定运行10min	
1 正常显示功能	4.10.2	1. 交流输出应急电源应能显示输入电压、输出电压、输出电流、主电源工作状态和电池组电压	检查消防设备应急电源的显示情况
		2. 直流输出应急电源应能显示输出电压、输出电流、主电源工作状态	
2 故障报警功能		1. 应急电源与蓄电池组之间的连线断开时应急电源应在100s内发出故障声、光信号，显示故障类型	使应急电源与蓄电池组间的连接线断开，用秒表测量应急电源故障报警响应时间，检查应急电源故障信息显示情况
		2. 应急电源的蓄电池组之间的连线断开时，应急电源应在100s内发出故障声、光信号，显示故障类型	使应急电源任一蓄电池组与其他蓄电池组间的连接线断开，用秒表测量应急电源故障报警响应时间，检查应急电源故障信息显示情况
3 消音功能		应急电源应能手动消除报警声信号	手动操作应急电源消音键，检查声信号消除情况
4 转换功能		1. 应急电源主电源断电后，应在5s内自动切换到蓄电池组供电状态，并发出声提示信号，应急电源的切换不应影响消防设备的正常运行	切断应急电源的主电源，检查应急电源供电输出转换情况、消防设备运行情况，用秒表测量应急电源的转换时间
		2. 应急电源主电源恢复后，应在5s内自动切换到主电源供电状态，应急电源的切换不应影响消防设备的正常运行	恢复应急电源的主电源供电，检查应急电源供电输出转换情况、消防设备运行情况，用秒表测量应急电源的转换时间
调试恢复	4.1.6	恢复应急电源的正常连接，使应急电源处于正常监视状态	

4.11 消防控制室图形显示装置和传输设备调试

Ⅰ 消防控制室图形显示装置调试

4.11.1 应将消防控制室图形显示装置与火灾报警控制器、消防联动控制器等设备相连接，接通电源，使消防控制室图形显示装置处于正常监视状态。应对消防控制室图形显示装置下列主要功能进行检查并记录，消防控制室图形显示装置的功能应符合现行国家标准《消防联动控制系统》GB 16806 的规定：

1 图形显示功能：

1）建筑总平面图显示功能；

2）保护对象的建筑平面图显示功能；

3）系统图显示功能。

2 通信故障报警功能。

3 消音功能。

4 信号接收和显示功能。

5 信息记录功能。

6 复位功能。

【条文解读】

1. 本条规定了消防控制室图形显示装置的调试要求。

2.《消防联动控制系统》GB 16806 对消防控制室图形显示装置的基本功能做出了明确的规定：

（1）图形显示功能。消防控制室图形显示装置应能显示建筑总平面布局图、每个保护对象的建筑平面图、系统图。

1）建筑的总平面布局图应能用一个界面完整显示。

2）保护区域的建筑平面图应能显示每个保护对象及主要部位的名称和疏散路线；并能显示火灾自动报警和联动控制系统及其控制的各类消防设备（设施）的名称、物理位置和各消防设备（设施）的动态信息。

3）系统图应包括火灾自动报警及消防联动控制系统、自动喷水灭火系统、消火栓系统、气体灭火系统、水喷雾灭火系统、泡沫和干粉灭火系统、防烟排烟系统、消防应急照明和疏散指示系统等内容。

4）用图标表示各个消防设备（设施）的名称时，应采用图例对每个图标加以说明。

（2）通信故障报警和消音功能。消防控制室图形显示装置在与控制器及其他消防设备（设施）之间不能正常通信时，应在 100s 内发出与火灾报警信号有明显区别的故障声、光信号，故障声信号应能手动消除，故障光信号应保持至故障排除。

（3）信号接收和显示功能。

1）信号接收功能：①消防控制室图形显示装置应能接收火灾报警控制器和消防联动控制器（以下称控制器）发出的火灾报警信号和/或联动控制信号，并能在 3s 内进入火灾报警和/或联动状态，显示相应信息；②消防控制室图形显示装置与控制器的信息应同步，且在通信中断并恢复通信后，应能重新接收并正确显示。

2）火灾报警信号、联动信号显示功能：①消防控制室图形显示装置在火灾报警信号、反馈信号输入10s内显示相应状态信息；②当有火灾报警信号、联动信号输入时，消防控制室图形显示装置应能显示报警部位对应的建筑位置、建筑平面图，在建筑平面图上指示报警部位的物理位置，记录报警时间、报警部位等信息；③消防控制室图形显示装置处于报警、联动状态时应有专用总指示，且该指示不受消防控制室图形显示装置复位操作以外的任何操作的影响。

3）故障状态显示功能：①消防控制室图形显示装置应能接收控制器及其他消防设备（设施）发出的故障信号，并在故障信号输入100s内显示故障状态信息；②在火灾报警或联动状态条件下，消防控制室图形显示装置可以显示故障状态信息，但不能影响火灾和联动报警状态信息的显示。

（4）信息记录功能。

1）消防控制室图形显示装置应具有火灾报警和消防联动控制的历史记录功能，记录应包括报警时间、报警部位、复位操作、消防联动设备的启动和动作反馈等信息。

2）消防控制室图形显示装置应记录值班及操作人员、产品维护保养记录、保护区域中监控对象系统内各个消防设备（设施）的动态信息，记录包括操作人员的代码、产品维护保养的内容和时间、各类设备（设施）的动态信息和时间、系统程序的进入和退出时间等内容。

（5）复位功能。消防控制室图形显示装置应能手动复位，复位后，应能在100s内重新显示控制器仍然存在的状态及相关信息。

【实施要点】

1. 调试人员在对消防控制室图形显示装置进行调试时，应将消防控制室图形显示装置与火灾报警控制器、消防联动控制器等设备相连接，接通消防控制室图形显示装置的主电源，使消防控制室图形显示装置稳定运行10min，期间消防控制室图形显示装置应无异响，且显示正常。消防控制室图形显示装置如有故障报警等异常情况，应进行故障排查，待故障处理后，按下列步骤检查消防控制室图形显示装置的基本功能是否符合《消防联动控制系统》GB 16806的规定：

（1）操作消防控制室图形显示装置，检查消防控制室图形显示装置的图形显示功能。

（2）使消防控制室图形显示装置与控制器间的通信中断，检查消防控制室图形显示装置的故障报警功能。

（3）手动操作消防控制室图形显示装置的消音键，检查消防控制室图形显示装置的消音功能。

（4）分别使火灾报警控制器、消防联动控制器发出火灾报警信号、联动控制信号、反馈信号、故障信号，检查消防控制室图形显示装置的信号接收和显示功能。

（5）操作消防控制室图形显示装置，检查消防控制室图形显示装置的图形显示功能。

（6）撤除火灾报警控制器、消防联动控制器的各输出信号，恢复消防控制室图形显示装置的正常连接，手动操作消防控制室图形显示装置的复位键，检查消防控制室图形显示装置的复位功能。

（7）调试过程中，如消防控制室图形显示装置的功能不符合《消防联动控制系统》GB 16806的相关规定，应对消防控制室图形显示装置进行重新设置或对整机进行更换。

2. 消防控制室图形显示装置的调试要求和方法详见表2-4-48。

表2-4-48 消防控制室图形显示装置的调试要求和方法

项目	GB 50166条款	检查要求	检查方法
调试准备	4.11.1	将消防控制室图形显示装置与火灾报警控制器、消防联动控制器等设备相连接，接通消防控制室图形显示装置的电源，使消防控制室图形显示装置稳定运行10min	
1 图形显示功能		1. 应能用一个完整的界面显示建筑的总平面布局图	对照设计文件核查显示装置各图形的显示情况
		2. 应能显示建筑的平面图，主要部位的名称和疏散路线，建筑内危化品的位置，系统设备及其控制的各分系统消防设备的名称、设置部位	
		3. 应能显示建筑中设置的火灾自动报警系统、自动喷水灭火系统、消火栓系统等系统的系统图	
2 通信故障报警功能		显示装置与控制器之间的通信中断时，显示装置应在100s内发出故障声、光信号	使显示装置与控制器间的通信中断，用秒表测量显示装置故障报警响应时间
3 消音功能		显示装置应能手动消除报警声信号	手动操作显示装置消音键，检查显示装置声信号消除情况
4 信号接收和显示功能		1. 火灾报警控制器、消防联动控制器发出火灾报警信号、联动控制信号、反馈信号时，显示装置应在10s内显示报警或启动设备对应的建筑位置、建筑平面图，在建筑平面图上指示报警或启动设备的物理位置、报警或启动设备的地址注释信息、记录报警或启动时间，且显示的信息应与控制器的显示信息一致	使火灾报警控制器、消防联动控制器发出火灾报警信号、联动控制信号、反馈信号，用秒表测量显示装置的响应时间，检查建筑平面图的显示情况，对照控制器的显示信息核查显示装置的显示情况
		2. 火灾报警控制器、消防联动控制器发出监管报警信号、屏蔽信号、故障信号时，显示装置应在100s内显示设备对应的建筑位置、建筑平面图，在建筑平面图上指示设备的物理位置、设备的地址注释信息、记录报警时间，且显示的信息应与控制器的显示信息一致	使火灾报警控制器、消防联动控制器发出监管报警信号、屏蔽信号、故障信号，用秒表测量显示装置的响应时间，检查建筑平面图的显示情况，对照火灾报警控制器、消防联动控制器的显示信息核查显示装置的显示情况

续表2-4-48

项目	GB 50166条款	检查要求	检查方法
5 信息记录功能	4.11.1	1. 应记录火灾报警触发器件的报警时间、地址注释信息及复位操作信息	操作显示装置，查询显示装置的各项记录，对照设计文件、控制器的历史记录核对记录的准确性
		2. 应记录受控设备的类型、启动时间、反馈信息、地址注释信息	
		3. 应记录各消防设备（设施）的动态信息	
		4. 应记录值班及操作人员的代码、产品维护保养的内容和时间、系统程序的进入和退出时间	
		5. 应记录消防设备（设施）的制造商、产品有效期等信息	
6 复位功能		火灾报警控制器、消防联动控制器的各输入信号撤除后，显示装置应能对显示器工作状态复位，恢复正常显示状态	撤除火灾报警控制器、消防联动控制器的各输出信号，观察显示装置的显示情况

Ⅱ 传输设备调试

4.11.2 应将传输设备与火灾报警控制器相连接，接通电源，使传输设备处于正常监视状态。应对传输设备下列主要功能进行检查并记录，传输设备的功能应符合现行国家标准《消防联动控制系统》GB 16806 的规定：

1 自检功能；

2 主、备电源的自动转换功能；

3 故障报警功能；

4 消音功能；

5 信号接收和显示功能；

6 手动报警功能；

7 复位功能。

【条文解读】

1. 本条规定了传输设备的调试要求。

2.《消防联动控制系统》GB 16806 对传输设备的基本功能做出了明确的规定：

（1）自检功能。传输设备应能手动检查本机面板所有指示灯、显示器和音响器件的功能。

（2）主、备电源的自动转换功能。

1）传输设备应有主电源与备用电源之间的自动转换装置。

2）当主电源断电时，能自动转换到备用电源；主电源恢复时，能自动转换到主电源。

3）主、备电源的转换不应使传输设备产生误动作。

（3）故障报警和消音功能。

1）传输设备应设本机故障指示灯，只要传输设备存在本机故障信号，该故障指示灯（器）均应点亮。

2）当发生下列故障时，传输设备应在 100s 内发出与火灾报警和手动报警有明显区别的本机故障声、光信号，并指示出类型，本机故障声信号应能手动消除，再有故障发生时，应能再启动；本机故障光信号应保持至故障排除。①传输设备与监控中心间的通信线路（或信道）不能进行正常通信；②给备用电源充电的充电器与备用电源间连接线的断路、短路；③备用电源与其负载间连接线的断路、短路。

（4）信号接收和显示功能。

1）传输设备应能接收来自火灾报警控制器的火灾报警信息，并发出火灾报警光信号。

2）传输设备应能接收来自火灾报警控制器的监管报警信息，并发出指示监管报警的光信号。

3）传输设备应能接收来自火灾报警控制器的故障报警信息，并发出指示故障报警状态的光信号。

4）传输设备应能接收来自火灾报警控制器的屏蔽信息，并发出指示屏蔽状态的光信号。

（5）手动报警功能。传输设备应设手动报警按键（钮），当手动报警按键（钮）动作时，应发出指示手动报警状态的光信号。

（6）复位功能。传输设备的本机故障信号在故障排除后，可以自动或手动复位。手动复位后，传输设备应在 100s 内重新显示存在的故障。

【实施要点】

1. 调试人员在对传输设备进行调试时，应将传输设备与火灾报警控制器相连接，接通传输设备的电源，使传输设备稳定运行 10min，期间传输设备应无异响，且显示正常。传输设备如有故障报警等异常情况，应进行故障排查，待故障处理后，按下列步骤检查传输设备的基本功能是否符合《消防联动控制系统》GB 16806 的规定：

（1）手动操作传输设备的自检机构，检查传输设备的自检功能。

（2）切断主电源，恢复主电源，检查传输设备主、备电源自动切换功能。

（3）分别使传输设备与备用电源之间连线断路、短路，使传输设备与控制器之间的通信中断，检查传输设备的故障报警功能。

（4）手动操作传输设备的消音键，检查传输设备的消音功能。

（5）使火灾报警控制器发出火灾报警信号、监管报警信号、屏蔽信号、故障信号，检查传输设备的信号接收和显示功能。

（6）撤除火灾报警控制器的各输出信号，手动操作传输设备的复位键，检查传输设备的复位功能。

（7）调试过程中，如传输设备的功能不符合《消防联动控制系统》GB 16806 的相关规定，应对传输设备进行重新设置或对整机进行更换。

2. 传输设备的调试要求和方法详见表 2-4-49。

表2-4-49 传输设备的调试要求和方法

项目	GB 50166 条款	检查要求	检查方法
调试准备	4.11.2	将传输设备与火灾报警控制器相连接，接通传输设备的电源，使传输设备稳定运行 10min	
1 自检功能		传输设备应能对指示灯、显示器和音响器件进行功能自检	操作传输设备的自检机构，检查设备指示灯、显示器和音响器的动作情况
2 主、备电源自动转换功能		传输设备主电源断电后，备用电源应能自动投入；主电恢复后，应能自动投入；主、备电源工作指示灯应能正确指示传输设备主、备电源的工作状态	切断主电源，检查备用电源自动投入情况，观察工作指示灯显示情况；恢复主电源，检查主电源自动投入情况，观察工作指示灯显示情况
3 故障报警功能		1. 传输设备与备用电源之间的连线断路、短路时，传输设备器应在 100s 内发出故障声、光信号，显示故障类型	分别使传输设备与备用电源之间连线断路、短路，用秒表测量设备故障报警响应时间、观察故障信息显示情况
		2. 传输设备与控制器之间的通信中断时，传输设备应在 100s 内发出故障声、光信号，显示故障类型	使传输设备与控制器之间的通信中断；用秒表测量设备故障报警响应时间，检查设备故障信息显示情况
4 消音功能		传输设备应能手动消除报警声信号	手动操作传输设备的消音键，检查设备声信号消除情况
5 信号接收和显示功能		控制器发出火灾报警信号、监管报警信号、屏蔽信号、故障信号后，传输设备应发出火灾报警、监管报警、故障报警、屏蔽光指示信号	使火灾报警控制器发出火灾报警信号、监管报警信号、屏蔽信号、故障信号，检查传输设备的工作状态
6 手动报警功能		手动报警按钮动作后，传输设备应发出手动报警状态光指示信号	操作手动报警按钮，使按钮动作，观察传输设备的工作状态
7 复位功能		火灾报警控制器的各输入信号撤除后，传输设备应能对设备工作状态复位，恢复正常显示状态	恢复传输设备的正常连接，撤除火灾报警控制器的各输出信号，观察传输设备的显示情况

4.12 火灾警报、消防应急广播系统调试

Ⅰ 火灾警报器调试

4.12.1 应对火灾声警报器的火灾声警报功能进行检查并记录，警报器的火灾声警报功能应符合下列规定：

1 应操作控制器使火灾声警报器启动；

2 在警报器生产企业声称的最大设置间距、距地面1.5m~1.6m处，声警报的A计权声压级应大于60dB，环境噪声大于60dB时，声警报的A计权声压级应高于背景噪声15dB；

3 带有语音提示功能的声警报应能清晰播报语音信息。

4.12.2 应对火灾光警报器的火灾光警报功能进行检查并记录，警报器的火灾光警报功能应符合下列规定：

1 应操作控制器使火灾光警报器启动；

2 在正常环境光线下，警报器的光信号在警报器生产企业声称的最大设置间距处应清晰可见。

4.12.3 应对火灾声光警报器的火灾声警报、光警报功能分别进行检查并记录，警报器的火灾声警报、光警报功能应分别符合本标准第4.12.1条和第4.12.2条的规定。

【条文解读】

1. 第4.12.1条~第4.12.3条规定了火灾警报器的调试要求。

2. 火灾警报器，也称火灾警报装置，是火灾自动报警系统的基本组成部件，按其功能分为火灾声警报器、火灾光警报器、火灾声光警报器和气体释放警报器（喷洒光警报器）。《火灾声和/或光警报器》GB 26851对火灾警报器的基本性能做出了明确的规定：

（1）室外型和非住宅内使用室内型火灾声警报器的声信号至少在一个方向上3m处的声压级不应小于75dB（A计权），且在任意方向上3m处的声压级不应大于120dB（A计权）；具有2种及以上不同音调的火灾声警报器，其每种音调应有明显区别。

（2）火灾光警报器的闪光频率应为1Hz~2Hz；警报器的光信号在100 lx~500 lx环境光线下，25m处应清晰可见。

（3）火灾声光警报器应同时满足火灾声警报器和火灾光警报器的性能要求。

（4）气体释放警报器的闪亮频率应为1Hz~2Hz，点亮与非点亮时间比不应小于3∶2。

【实施要点】

1. 调试人员在对消防联动控制器配接的火灾警报器进行调试前，应首先按照消防联动控制器现场部件设置情况表核查警报器的设置部位是否准确，对于自带地址的警报器，按下述步骤检查警报器的离线故障报警功能是否符合《消防联动控制系统》GB 16806的规定：

（1）使警报器与总线的连接线路断开，检查控制器能否在100s内发出故障报警信号，并准确显示故障警报器的类型和地址注释信息。

（2）警报器离线后，控制器未在100s内发出故障报警信号，应检查并处理警报器的

地址设置和控制器的地址注册环节存在的问题。

（3）如控制器显示的警报器的地址注册信息有误，应对错误的地址注释予以修正，并重新对警报器的离线故障报警功能进行调试。

2. 警报器的离线故障报警功能调试结束后，调试人员应按下述步骤检查警报器的火灾警报功能是否符合相关标准的规定：

（1）操作消防联动控制器使火灾声警报器、火灾光警报器、火灾声光警报器启动，检查警报器的火灾声警报功能、火灾光警报功能。

（2）操作消防联动控制器使警报器停止工作，检查警报器的复位功能。

3. 火灾警报器的调试要求和方法详见表2-4-50。

表2-4-50 火灾警报器的调试要求和方法

项目	GB 50166条款	检查要求	检查方法
地址设置	4.2.2	火灾警报器自带地址由控制器直接控制时，按照现场部件设置表对警报器进行地址设置，在控制器上进行地址注册和地址注释；火灾警报器无地址编码由模块控制时，警报器的地址与其连接的模块相同	
1 火灾声警报功能	4.12.1	1. 声警报的A计权声压级应大于60dB；环境噪声大于60dB时，声警报的A计权声压级应高于背景噪声15dB；带有语音提示功能的声警报应能清晰播报语音信息	按照现场部件设置表的地址编码操作控制器使警报器启动声警报，在警报器生产企业声称的最大设置间距、距地面1.5m~1.6m处用数字声级计测量声警报的声压级，检查语音信息的播报情况
		2. 控制器应能控制警报器停止声警报	操作控制器使警报器停止声警报，检查警报器的复位情况
2 火灾光警报功能	4.12.2	1. 在正常环境光线下，警报器的光信号在警报器生产企业声称的最大设置间距处应清晰可见	按照现场部件设置表的地址编码操作控制器使警报器启动光警报，在警报器生产企业声称的最大设置间距处，观察光信号显示情况
		2. 控制器应能控制警报器停止光警报	操作控制器使警报器停止光警报，检查警报器的复位情况

Ⅱ 消防应急广播控制设备调试

4.12.4 应将各广播回路的扬声器与消防应急广播控制设备相连接，接通电源，使广播控制设备处于正常工作状态，对广播控制设备下列主要功能进行检查并记录，广播控制设备的功能应符合现行国家标准《消防联动控制系统》GB 16806 的规定：

1 自检功能；

2 主、备电源的自动转换功能；

3 故障报警功能；
4 消音功能；
5 应急广播启动功能；
6 现场语言播报功能；
7 应急广播停止功能。

【条文解读】

1. 本条规定了消防应急广播控制设备的调试要求。

2. 《消防联动控制系统》GB 16806 对消防应急广播控制设备的基本功能做出了明确的规定：

（1）自检功能。消防应急广播设备应能手动检查本机所有指示灯、显示器和音响器件的功能。

（2）主、备电源的自动转换功能。

1）消防应急广播设备的电源部分应具有主电源和备用电源转换装置，当主电源断电时，能自动转换到备用电源；主电源恢复时，能自动转换到主电源。

2）主、备电源的工作状态应有指示。

3）主、备电源的转换不应影响消防应急广播设备的正常工作。

（3）故障报警和消音功能。

1）消防应急广播设备发生故障时，应在 100s 内发出故障声、光信号，故障声信号应能手动消除，再有故障发生时，应能再启动；故障光信号应保持至故障排除。

2）消防应急广播设备发生下述故障时应能显示故障的类型及①项故障的部位：①广播信息传输线路断路、短路；②主电源欠压。

（4）应急广播启动、停止功能。

1）当有启动信号输入时，消防应急广播设备应立即停止非应急广播功能，进入应急广播状态。

2）消防应急广播设备应能分别通过手动和自动控制实现下述功能，且手动操作优先：①启动或停止应急广播；②选择广播分区。

3）消防应急广播设备进入应急广播状态后，应在 10s 内发出广播信息。

4）消防应急广播设备中任一扬声器故障不应影响其他扬声器的应急广播功能。

5）消防应急广播设备应能预设广播信息。

（5）现场语言播报功能。

1）消防应急广播设备应能通过传声器进行应急广播。

2）当使用传声器进行应急广播时，应自动中断其他信息广播、故障声信号和广播监听；停止使用传声器进行应急广播后，消防应急广播设备应在 3s 内自动恢复到传声器广播前的状态。

【实施要点】

1. 调试人员在对消防应急广播控制设备进行调试前，应先将各广播回路的扬声器与消防应急广播控制设备相连接后，接通消防应急广播控制设备的电源，使控制设备稳定运行 10min，期间控制设备应无异响，且显示正常。控制设备如有故障报警等异常情况，应进行故障排查，待故障处理后，按下列步骤检查消防应急广播控制设备的基本功能是否符合《消防联动控制系统》GB 16806 的规定：

（1）切断主电源、恢复主电源，检查控制设备主、备电源自动切换功能。

（2）分别使控制设备与任一扬声器之间的连线断路、短路；检查控制设备的故障报警功能。

（3）手动操作控制设备的消音键，检查控制设备的消音功能。

（4）操作控制设备启动应急广播，检查控制设备的应急广播启动功能。

（5）将传声器插入、拔出应急广播控制设备，检查控制设备的现场语音播报功能。

（6）操作控制设备停止应急广播，检查控制设备的应急广播停止功能。

（7）调试过程中，如消防应急广播控制设备的功能不符合《消防联动控制系统》GB 16806 的相关规定，应对消防应急广播控制设备的相关部件或整机进行更换。

2. 消防应急广播控制设备的调试要求和方法详见表 2-4-51。

表2-4-51 消防应急广播控制设备的调试要求和方法

项目	GB 50166 条款	检查要求	检查方法
调试准备	4.12.4	将各广播回路的扬声器与消防应急广播控制设备相连接后，接通消防应急广播控制设备的电源，使控制设备稳定运行 10min	
1 自检功能		广播控制设备应能对指示灯、显示器和音响器件进行功能自检	操作广播控制设备的自检机构，检查设备指示灯、显示器和音响器的动作情况
2 主、备电源自动转换功能		广播控制设备主电源断电后，备用电源应能自动投入；主电源恢复后，应能自动投入；主、备电源工作指示灯应能正确指示广播控制设备主、备电源工作状态	切断主电源，检查备用电源自动投入情况，观察工作指示灯显示情况；恢复主电源，检查主电源自动投入情况，观察工作指示灯显示情况
3 故障报警功能		广播控制设备与扬声器之间连线断路、短路时，控制设备应在 100s 内发出故障声、光信号，显示故障部件地址注释信息，显示的地址注释信息应与现场部件设置表一致	分别使控制设备与任一扬声器之间的连线断路、短路；用秒表测量控制设备故障报警响应时间，检查控制设备故障信息显示情况
4 消音功能		广播控制设备应能手动消除报警声信号	手动操作广播控制设备消音键，检查声信号消除情况
5 应急广播启动功能		控制设备应能控制其配接的扬声器，在 10s 内同时播放预设的广播信息，且语音信息应清晰	操作消防应急广播控制设备启动应急广播，检查扬声器语音信息播报情况

续表2-4-51

项目	GB 50166 条款	检查要求	检查方法
6 现场语音播报功能	4.12.4	通过传声器现场播报语音信息时，广播控制设备应自动中断预设信息广播，广播控制设备配接的扬声器应同时播放传声器的广播信息；停止利用传声器进行应急广播后，广播控制设备应在 3s 内恢复至预设信息广播状态	将传声器插入应急广播控制设备，现场播报语音信息，检查扬声器语音播报切换情况；拔出传声器，用秒表测量扬声器语音播报切换时间
7 应急广播停止功能		广播控制设备应能控制其配接的扬声器立即同时停止播放广播信息	操作消防应急广播控制设备停止应急广播，检查扬声器停止语音信息播报情况
调试恢复	4.1.6	恢复广播控制设备的正常连接，使广播控制设备处于正常监视状态	

Ⅲ 扬声器调试

4.12.5 应对扬声器的广播功能进行检查并记录，扬声器的广播功能应符合下列规定：

1 应操作消防应急广播控制设备使扬声器播放应急广播信息；

2 语音信息应清晰；

3 在扬声器生产企业声称的最大设置间距、距地面 1.5m~1.6m 处，应急广播的 A 计权声压级应大于 60dB，环境噪声大于 60dB 时，应急广播的 A 计权声压级应高于背景噪声 15dB。

【条文解读】

1. 本条规定了消防应急广播扬声器的调试要求。

2. 《消防联动控制系统》GB 16806 规定：扬声器的广播语音应清晰，距扬声器正前方 3m 处，应急广播声压级（A 计权）不应小于 65dB，且不应大于 115dB。

【实施要点】

1. 调试人员在对消防应急广播控制设备配接的扬声器进行调试时，应按下列步骤检查扬声器的广播功能和性能是否符合《消防联动控制系统》GB 16806 的规定：

（1）操作消防应急广播控制设备启动应急广播，检查扬声器广播功能和性能。

（2）操作消防应急广播控制设备停止应急广播，检查扬声器复位功能。

（3）调试过程中，如扬声器的功能和性能不符合《消防联动控制系统》GB 16806 的相关规定，应检查并处理广播回路的线路问题，或更换同一规格型号的扬声器，重新进行调试。

2. 消防应急广播扬声器的调试要求和方法详见表 2-4-52。

表2-4-52 消防应急广播扬声器的调试要求和方法

项目	GB 50166条款	检查要求	检查方法
地址设置	4.2.2	按照现场部件设置表对扬声器进行地址设置，在广播控制设备上进行地址注册和地址注释	
广播功能	4.12.5	广播的A计权声压级应大于60dB；环境噪声大于60dB时，广播的A计权声压级应高于背景噪声15dB；扬声器应能清晰播报语音信息	操作消防应急广播控制设备使扬声器播放应急广播信息，在扬声器生产企业声称的最大设置间距、距地面1.5m~1.6m处用数字声级计测量广播的声压级，检查语音信息的播报情况
		广播控制设备应能控制其配接的扬声器立即同时停止播放广播信息	操作消防应急广播控制设备停止应急广播，检查扬声器停止语音信息播报情况

Ⅳ 火灾警报、消防应急广播控制调试

4.12.6 应将广播控制设备与消防联动控制器相连接，使消防联动控制器处于自动状态，根据系统联动控制逻辑设计文件的规定，对火灾警报和消防应急广播系统的联动控制功能进行检查并记录，火灾警报和消防应急广播系统的联动控制功能应符合下列规定：

1 应使报警区域内符合联动控制触发条件的两只火灾探测器，或一只火灾探测器和一只手动火灾报警按钮发出火灾报警信号。

2 消防联动控制器应发出火灾警报装置和应急广播控制装置动作的启动信号，点亮启动指示灯。

3 消防应急广播系统与普通广播或背景音乐广播系统合用时，消防应急广播控制装置应停止正常广播。

4 报警区域内所有的火灾声光警报器和扬声器应按下列规定交替工作：

1）报警区域内所有的火灾声光警报器应同时启动，持续工作8s~20s后，所有的火灾声光警报器应同时停止警报；

2）警报停止后，所有的扬声器应同时进行1次~2次消防应急广播，每次广播10s~30s后，所有的扬声器应停止播放广播信息。

5 消防控制器图形显示装置应显示火灾报警控制器的火灾报警信号、消防联动控制器的启动信号，且显示的信息应与控制器的显示一致。

4.12.7 联动控制控制功能检查过程中，应在报警区域内所有的火灾声光警报器或扬声器持续工作时，对系统的手动插入操作优先功能进行检查并记录，系统的手动插入操作优先功能应符合下列规定：

1 应手动操作消防联动控制器总线控制盘上火灾警报或消防应急广播停止控制按钮、按键，报警区域内所有的火灾声光警报器或扬声器应停止正在进行的警报或应急广播；

2 应手动操作消防联动控制器总线控制盘上火灾警报或消防应急广播启动控制按钮、按键，报警区域内所有的火灾声光警报器或扬声器应恢复警报或应急广播。

【条文解读】

1. 第 4.12.6 条规定了火灾警报和消防应急广播系统联动控制的调试要求，第 4.12.7 条规定了火灾警报和消防应急广播系统手动控制的调试要求。

2. 本标准根据《火灾自动报警系统设计规范》GB 50116 的设计要求，明确、细化了火灾警报和消防应急广播系统联动控制的触发信号、控制逻辑和时序，火灾警报和消防应急广播系统联动控制逻辑和时序如图 2-4-10 所示。

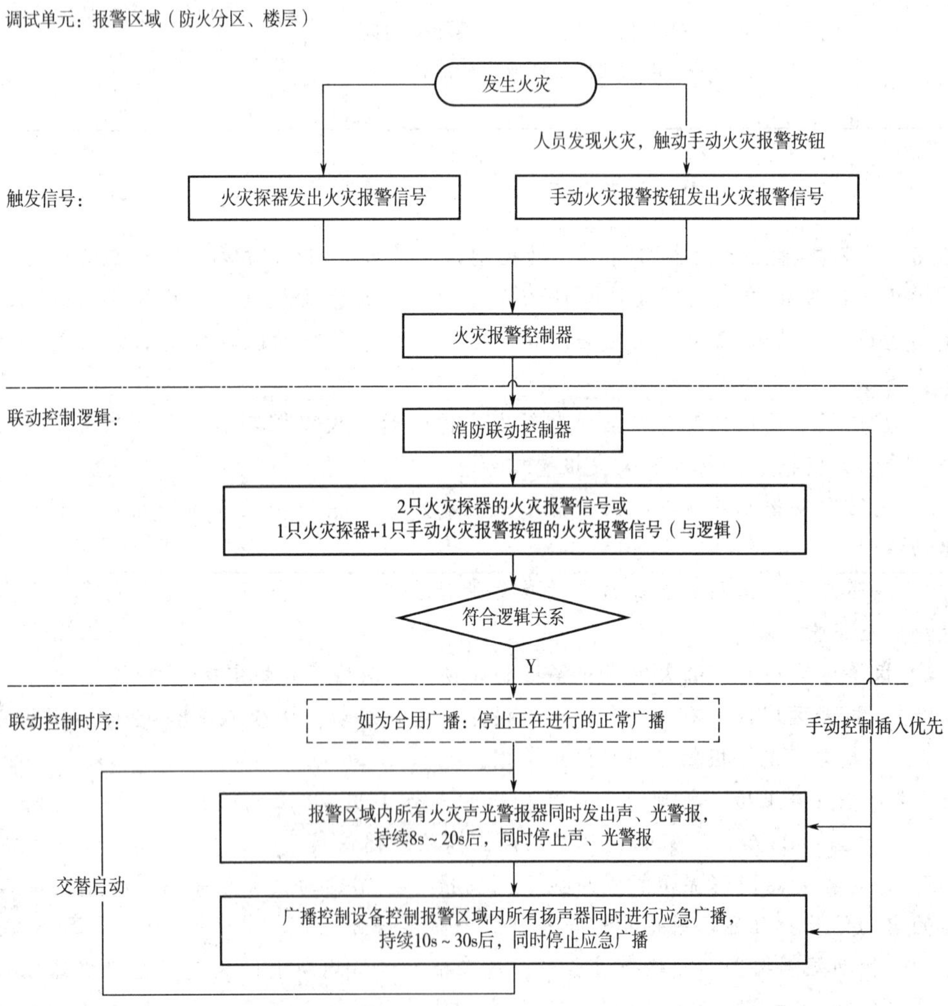

图 2-4-10 火灾警报和消防应急广播系统联动控制逻辑和时序示意图

3. 根据火灾警报和消防应急广播系统的消防功能，结合《火灾自动报警系统设计规范》GB 50116 的设计要求，本标准明确了火灾警报和消防应急广播系统的调试应以报警区域（建、构筑物的楼层或防火分区）为单元，逐一分别对每个报警区域的火灾警报和消防应急广播系统的控制功能进行调试。

【实施要点】

1. 调试人员在对火灾警报和消防应急广播系统的控制功能调试时，应按下述步骤检查每个报警区域火灾警报和消防应急广播系统的控制功能是否符合系统联动控制逻辑设计文件的规定：

（1）使报警区域内符合联动控制触发条件的两只火灾探测器或一只火灾探测器和手动火灾报警按钮发出火灾报警信号，检查火灾警报和消防应急广播系统的联动控制功能。

（2）火灾警报持续期间，手动操作消防联动控制器总线控制盘上火灾警报停止控制按钮、按键，检查消防联动控制器的手动插入操作优先功能。

（3）火灾警报和消防应急广播系统的联动控制功能不满足要求时，应检查、修正消防联动控制器的联动逻辑编程，并重新进行该报警区域火灾警报和消防应急广播系统控制功能的调试。

2. 火灾警报和消防应急广播系统的控制功能的调试要求和方法详见表 2-4-53。

表2-4-53　火灾警报和消防应急广播系统控制功能的调试要求和方法

项目	GB 50166条款	检查要求	检查方法
$n^{\#}$报警区域（楼层、防火分区）			
调试准备	4. 2. 3	1. 按照系统联动控制逻辑设计文件，进行报警区域火灾警报和消防应急广播系统联动控制逻辑编程，并录入消防联动控制器中	
	4. 12. 6	2. 将广播控制设备与消防联动控制器相连接，使消防联动控制器处于自动状态；消防应急广播系统与普通广播或背景音乐广播系统合用时，使广播系统处于正常广播状态；消防应急广播系统为专用广播系统时，使广播控制装置处于关闭状态	
1 联动控制功能	4. 12. 6	1. 消防联动控制器应发出控制火灾警报装置和应急广播控制装置动作的启动信号，点亮启动指示灯	使报警区域内符合联动控制触发条件的两只火灾探测器或一只火灾探测器和手动火灾报警按钮发出火灾报警信号，检查消防联动控制器的工作状态
		☆2. 应急广播系统与普通广播或背景音乐广播系统合用时，广播控制装置应停止正常广播	检查正常广播的停止情况

续表2-4-53

项目	GB 50166 条款	检查要求	检查方法
1 联动控制功能	4.12.6	3. 警报器和扬声器应按下列规定交替工作： 1）警报器应同时启动，持续工作8s～20s后，所有的警报器应同时停止警报； 2）警报器停止工作后，扬声器进行1次～2次应急广播，每次应急广播时间应为10s～30s；应急广播结束后，所有扬声器应停止播放广播信息	使火灾警报和应急广播系统持续工作300s，检查火灾警报器、扬声器的交替工作情况；用秒表分别测量火灾警报器、扬声器单次持续工作时间
		4. 消防控制器图形显示装置应显示火灾报警控制器的火灾报警信号、消防联动控制器的启动信号，且显示的信息应与控制器的显示一致	对照火灾报警控制器、消防联动控制器的显示信息，核查消防控制室图形显示装置信息显示情况
2 手动插入操作优先功能	4.12.7	1. 应能手动控制所有的火灾声光警报器和扬声器停止正在进行的警报和应急广播	火灾警报器持续警报期间，手动操作消防联动控制器总线控制盘上火灾警报停止控制按钮、按键，检查火灾警报器、扬声器的工作情况
		2. 应能手动控制所有的火灾声光警报器和扬声器恢复警报和应急广播	手动操作消防联动控制器总线控制盘上火灾警报和消防应急广播启动控制按钮、按键，检查火灾警报器、扬声器的工作情况
调试恢复	4.1.6	使火灾报警控制器、消防联动控制器、火灾探测器、火灾警报和消防应急广播系统等恢复正常工作状态	

4.13 防火卷帘系统调试

Ⅰ 防火卷帘控制器调试

4.13.1 应将防火卷帘控制器与防火卷帘卷门机、手动控制装置、火灾探测器相连接，接通电源，使防火卷帘控制器处于正常监视状态。应对防火卷帘控制器下列主要功能进行检查并记录，控制器的功能应符合现行公共安全行业标准《防火卷帘控制器》GA 386 的规定：

1 自检功能；

2 主、备电源的自动转换功能；

3 故障报警功能；
4 消音功能；
5 手动控制功能；
6 速放控制功能。

【条文解读】

1. 本条规定了防火卷帘控制器的调试要求。

2.《防火卷帘控制器》XF 386 对防火卷帘控制器的基本功能做出了明确的规定：

（1）自检功能。控制器应能对音响部件及其状态指示灯、显示器进行功能检查。控制器执行自检时，应不造成与其相连的外部设备动作。

（2）主、备电源的自动转换功能。

1）控制器应有主、备电源转换功能；主、备电源的工作状态应有指示，主电源应有过流保护措施。

2）主、备电源的转换不应使控制器发生误动作。

（3）故障报警功能。控制器发生下述故障时，应在 100s 内发出与防火卷帘动作指示信号有明显区别的声、光故障信号，并向消防联动控制设备发送故障信号：

1）控制器的主电源掉电。

2）当卷门机采用三相电源时，电源缺相、错相。

3）控制器与速放控制装置间连接线断线、短路。

4）火灾探测器组故障（如连接）。

5）备用电源与充电器之间的连接线断路、短路。

6）备用电源故障。

7）防火卷帘正卷或反卷时。

（4）消音功能。控制器应有消音功能，但当防火卷帘控制信号或火警及故障未消除时，光指示信号不能复位消除。

（5）手动控制功能。能通过手动控制装置控制防火卷帘执行上升、停止、下降动作，接收防火卷帘限位器的反馈信号、控制防火卷帘执行相应动作，并发出卷帘动作声、光指示信号。

（6）速放控制功能。控制器应能控制速放控制装置，产生足够的推（拉）力和行程，开启卷门机制动机构使卷帘能依靠自重下降，并可控制卷帘在某一预设位置停留。

【实施要点】

1. 调试人员在对防火卷帘控制器进行调试前，应将防火卷帘控制器与防火卷帘卷门机、手动控制装置、火灾探测器（配接时）相连接，接通电源，使防火卷帘控制器稳定运行 10min，期间防火卷帘控制器应无异响，且显示正常。防火卷帘控制器如有故障报警等异常情况，应进行故障排查，待故障处理后，按下列步骤检查防火卷帘控制器的基本功能是否符合《防火卷帘控制器》XF 386 的规定：

（1）操作控制器的自检机构，检查控制器的自检功能。

（2）切断主电源、恢复主电源，检查控制器主、备电源自动切换功能。

（3）分别使控制器与备用电源之间的连线断路、短路，与速放控制装置间的连线断路、短路，与探测器（配接时）之间的连线断路、短路；检查控制器的故障报警功能。

（4）手动操作控制器的消音键，检查控制器的消音功能。

（5）手动操作控制器的上升、停止和下降按钮、按键，检查控制器的手动控制功能。

（6）切断控制器、卷门机的主电源，手动操作控制器的速放按钮、按键，检查控制器速放控制功能。

（7）调试过程中，如防火卷帘控制器的功能不符合《防火卷帘控制器》XF 386 的规定，应对防火卷帘控制器的相关部件或整机进行更换。

2. 防火卷帘控制器的调试要求和方法详见表 2-4-54。

表2-4-54 防火卷帘控制器的调试要求和方法

项目	GB 50166 条款	检查要求	检查方法
调试准备	4.13.1	将防火卷帘控制器与防火卷帘卷门机、手动控制装置、火灾探测器（配接时）相连接，接通电源，使防火卷帘控制器稳定运行 10min	
1 自检功能		控制器应能对指示灯、显示器和音响器件进行功能自检	操作控制器的自检机构，检查设备指示灯、显示器和音响器的动作情况
2 主、备电源自动转换功能		控制器主电断电后，备用电源应能自动投入；主电源恢复后，应能自动投入；主、备电源工作指示灯应能正确指示控制器主、备电源的工作状态	切断主电源，检查备用电源自动投入情况，观察工作指示灯显示情况；恢复主电源，检查主电源自动投入情况，观察工作指示灯显示情况
3 故障报警功能		1. 控制器与备用电源之间的连线断路、短路时，控制器应在 100s 内发出故障声、光信号	分别使控制器与备用电源之间的连线断路、短路，用秒表测量控制器故障报警响应时间
		2. 控制器与速放控制装置间的连线断路、短路时，控制器应在 100s 内发出故障声、光信号	分别使控制器与速放控制装置间的连线断路、短路，用秒表测量控制器故障报警响应时间
		☆3. 控制器配接火灾探测器时，控制器与探测器之间的连线断路、短路时，控制器应在 100s 内发出故障声、光信号	分别使控制器与探测器之间的连线断路、短路，用秒表测量控制器故障报警响应时间
4 消音功能		控制器应能手动消除报警声信号	手动操作控制器的消音键，检查设备声信号消除情况
5 手动控制功能		卷帘控制器应能手动控制防火卷帘上升、停止和下降	手动操作控制器的上升、停止和下降按钮、按键，观察防火卷帘的动作情况
6 速放控制功能		卷帘控制器应能控制速放控制装置，使防火卷帘完全靠自重下降	切断控制器、卷门机的主电源，手动操作控制器的速放按钮、按键，观察防火卷帘的动作情况
调试恢复	4.1.6	恢复防火卷帘控制器的正常连接，使控制器处于正常监视状态	

Ⅱ 防火卷帘控制器现场部件调试

4.13.2 应对防火卷帘控制器配接的点型感烟、感温火灾探测器的火灾报警功能，卷帘控制器的控制功能进行检查并记录，探测器的火灾报警功能、卷帘控制器的控制功能应符合下列规定：

1 应采用专用的检测仪器或模拟火灾的方法，使探测器监测区域的烟雾浓度、温度达到探测器的报警设定阈值，探测器的火警确认灯应点亮并保持；

2 防火卷帘控制器应在3s内发出卷帘动作声、光信号，控制防火卷帘下降至距楼板面1.8m处或楼板面。

4.13.3 应对防火卷帘手动控制装置的控制功能进行检查并记录，手动控制装置的控制功能应符合下列规定：

1 应手动操作手动控制装置的防火卷帘下降、停止、上升控制按键（钮）；

2 防火卷帘控制器应发出卷帘动作声、光信号，并控制卷帘执行相应的动作。

【条文解读】

1. 第4.13.2条规定了防火卷帘控制器配接的点型感烟、感温火灾探测器火灾报警功能的调试要求，第4.13.3条规定了防火卷帘手动控制装置控制功能的调试要求。

2.《防火卷帘控制器》XF 386的第4.1.2条对手动控制装置的设置和功能做出了明确的规定：

（1）用于疏散通道上的控制器应设有具有同样优先级的两套手动控制装置，且分别设置。

（2）应能通过手动控制装置控制防火卷帘执行上升、停止、下降动作，接收防火卷帘限位器的反馈信号、控制防火卷帘执行相应动作，并发出卷帘动作声、光指示信号。

【实施要点】

1. 调试人员在对防火卷帘控制器配接的点型感烟、感温火灾探测器的火灾报警功能和防火卷帘控制器的自动控制功能进行调试时，应按下列步骤检查探测器的火灾报警功能、控制器的自动控制功能是否符合相关标准的规定：

（1）采用感烟探测器功能试验器向点型感烟火灾探测器施加试验烟雾、采用感温探测器功能试验器向点型感温火灾探测器加温，使点型感烟火灾探测器监测区域的烟雾浓度、点型感温火灾探测器监测区域的温度达到其报警设定阈值，检查探测器的火灾报警功能。

（2）检查防火卷帘控制器的火灾报警功能和自动控制功能。

2. 调试人员在对防火卷帘控制器配接的手动控制装置的控制功能进行调试时，应按下列步骤检查手动控制装置的控制功能是否符合《防火卷帘控制器》XF 386的规定：

（1）手动操作手动控制装置下降和停止按钮、按键，检查控制器的手动控制功能。

（2）手动操作手动控制装置上升按钮、按键，使防火卷帘复位。

3. 防火卷帘控制器现场部件的调试要求和方法详见表2-4-55。

表2-4-55　防火卷帘控制器现场部件的调试要求和方法

项目	GB 50166 条款	检查要求	检查方法
1 探测器火灾报警功能	4.13.2	探测器处于报警状态时，探测器的火警确认灯应点亮并保持	采用专用的检测仪器使探测器监测区域的烟雾浓度、温度达到探测器的报警设定阈值；观察探测器火警确认灯点亮情况
2 卷帘控制器控制功能	4.13.2	探测器发出火灾报警信号后，卷帘控制器应 3s 内发出卷帘动作声、光信号，按设计文件的规定控制防火卷帘下降至距楼板面 1.8m 处或楼板面	用秒表测量卷帘控制器的响应时间，对照设计文件检查防火卷帘的动作情况
3 手动控制装置的控制功能	4.13.3	通过操作手动控制装置应能控制防火卷帘上升、停止和下降，卷帘控制器应发出卷帘动作声、光信号	手动操作手动控制装置上升、停止和下降按钮、按键，检查控制器工作状态、卷帘动作情况
调试恢复	4.1.6	使防火卷帘控制器、防火卷帘、火灾探测器恢复正常工作状态	

Ⅲ　疏散通道上设置的防火卷帘系统联动控制调试

4.13.4　应使防火卷帘控制器与卷门机相连接，使防火卷帘控制器与消防联动控制器相连接，接通电源，使防火卷帘控制器处于正常监视状态，使消防联动控制器处于自动控制工作状态。

4.13.5　应根据系统联动控制逻辑设计文件的规定，对防火卷帘控制器不配接火灾探测器的防火卷帘系统的联动控制功能进行检查并记录，防火卷帘系统的联动控制功能应符合下列规定：

1　应使一只专门用于联动防火卷帘的感烟火灾探测器，或报警区域内符合联动控制触发条件的两只感烟火灾探测器发出火灾报警信号，系统设备的功能应符合下列规定：

1）消防联动控制器应发出控制防火卷帘下降至距楼板面 1.8m 处的启动信号，点亮启动指示灯；

2）防火卷帘控制器应控制防火卷帘下降至距楼板面 1.8m 处。

2　应使一只专门用于联动防火卷帘的感温火灾探测器发出火灾报警信号，系统设备的功能应符合下列规定：

1）消防联动控制器应发出控制防火卷帘下降至楼板面的启动信号；

2）防火卷帘控制器应控制防火卷帘下降至楼板面。

3　消防联动控制器应接收并显示防火卷帘下降至距楼板面 1.8m 处、楼板面的反馈信号。

4　消防控制器图形显示装置应显示火灾报警控制器的火灾报警信号、消防联动控制器的启动信号和设备动作的反馈信号，且显示的信息应与控制器的显示一致。

4.13.6　应根据系统联动控制逻辑设计文件的规定，对防火卷帘控制器配接火灾探测器的防火卷帘系统的联动控制功能进行检查并记录，防火卷帘系统的联动控制功能应符合下列规定：

1 应使一只专门用于联动防火卷帘的感烟火灾探测器发出火灾报警信号；防火卷帘控制器应控制防火卷帘下降至距楼板面1.8m处；

2 应使一只专门用于联动防火卷帘的感温火灾探测器发出火灾报警信号；防火卷帘控制器应控制防火卷帘下降至楼板面；

3 消防联动控制器应接收并显示防火卷控制器配接的火灾探测器的火灾报警信号、防火卷帘下降至距楼板面1.8m处、楼板面的反馈信号；

4 消防控制器图形显示装置应显示火灾探测器的火灾报警信号和设备动作的反馈信号，且显示的信息应与消防联动控制器的显示一致。

【条文解读】

1. 第4.13.4条规定了疏散通道上设置的防火卷帘系统控制功能的调试准备要求，第4.13.5条规定了疏散通道上设置的不配接火灾探测器的防火卷帘系统控制功能的调试要求，第4.13.6条规定了疏散通道上设置的配接火灾探测器的防火卷帘系统的控制功能的调试要求。

2. 本标准根据《火灾自动报警系统设计规范》GB 50116的设计要求，明确、细化了疏散通道上设置的防火卷帘系统联动控制的触发信号、控制逻辑和时序：

（1）不配接火灾探测器的防火卷帘系统联动控制逻辑和时序如图2-4-11所示。

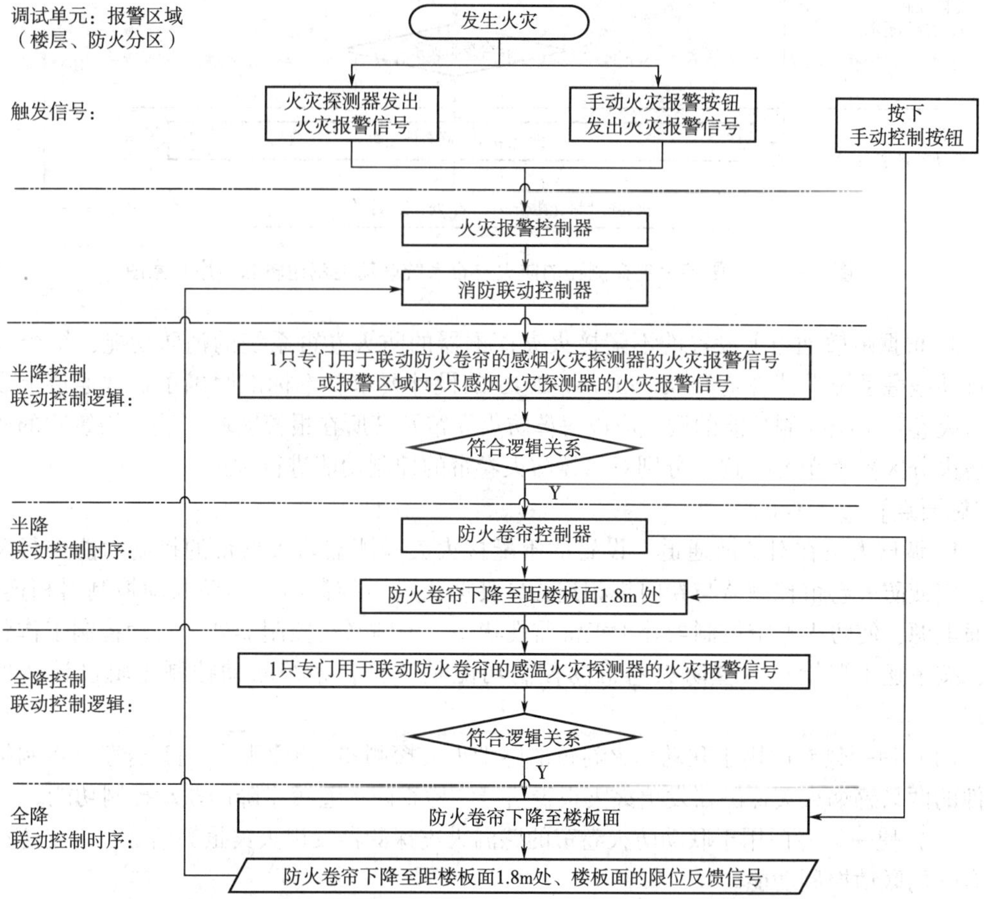

图2-4-11 不配接火灾探测器的防火卷帘系统联动控制逻辑和时序示意图

（2）配接火灾探测器的防火卷帘系统联动控制逻辑和时序如图 2-4-12 所示。

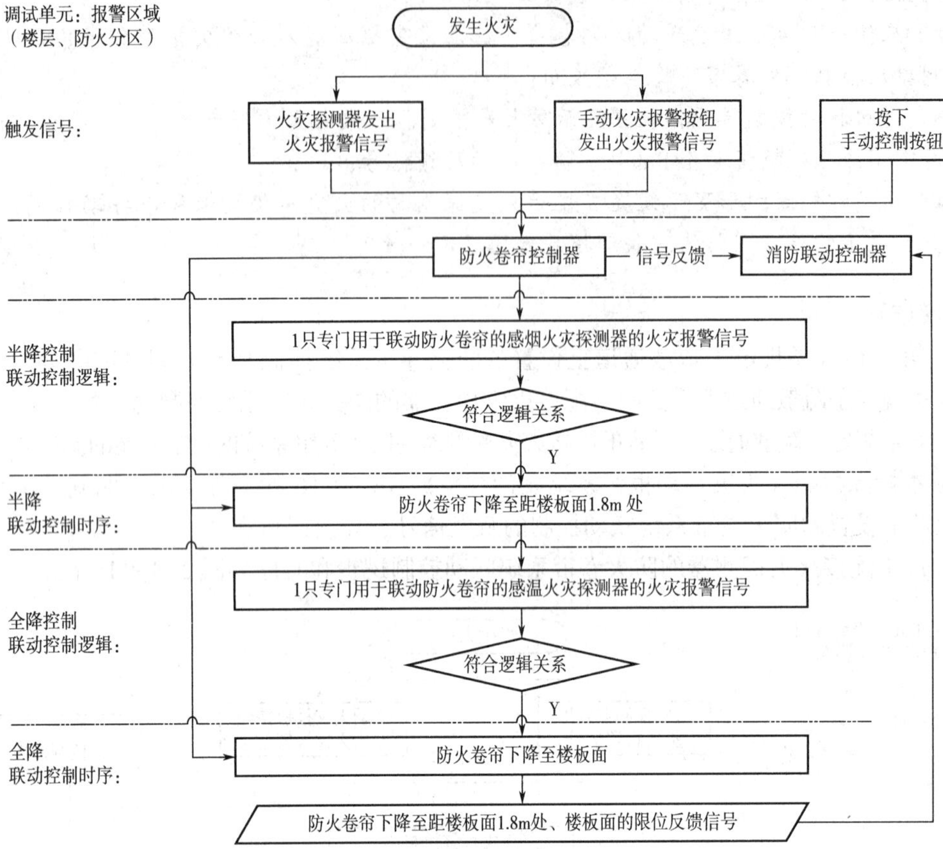

图 2-4-12 配接火灾探测器的防火卷帘系统联动控制逻辑和时序示意图

3. 根据疏散通道上设置的不配接火灾探测器的防火卷帘系统的消防功能，结合《火灾自动报警系统设计规范》GB 50116—2013 的设计要求，本标准明确了疏散通道上设置的防火卷帘系统控制功能的调试应以每樘防火卷帘及其所在报警区域（建、构筑物的楼层或防火分区）为单元，逐一分别对每樘防火卷帘的控制功能进行调试。

【实施要点】

1. 调试人员在对疏散通道上设置的不配接火灾探测器防火卷帘的控制功能进行调试时，应使防火卷帘控制器与卷门机相连接、使防火卷帘控制器与消防联动控制器相连接，接通电源，使防火卷帘控制器处于正常监视状态、消防联动控制器处于自动控制工作状态后，按下述步骤检查每樘防火卷帘的控制功能是否符合系统联动控制逻辑设计文件的规定：

（1）使一只专门用于联动防火卷帘的感烟火灾探测器或报警区域内符合联动控制触发条件的两只感烟火灾探测器发出火灾报警信号，检查防火卷帘半降的联动控制功能。

（2）使一只专门用于联动防火卷帘的感温火灾探测器发出火灾报警信号，检查防火卷帘全降的联动控制功能。

（3）防火卷帘的联动控制功能不满足要求时，应检查、修正消防联动控制器的联动逻辑编程，并重新进行该防火卷帘控制功能的调试。

2. 疏散通道上设置的不配接火灾探测器的防火卷帘系统控制功能的调试要求和方法详见表2-4-56。

表2-4-56 疏散通道上设置的不配接火灾探测器的防火卷帘系统控制功能的调试要求和方法

项目	GB 50166条款	检查要求	检查方法
$n^{\#}$报警区域（楼层、防火分区）			
调试准备	4.2.3	1. 按照系统联动控制逻辑设计文件，进行报警区域疏散通道上设置的不配接火灾探测器的防火卷帘系统联动控制逻辑编程，并录入消防联动控制器中	
	4.13.4	2. 使防火卷帘控制器与卷门机相连接、使防火卷帘控制器与消防联动控制器相连接，接通电源，使防火卷帘控制器处于正常监视状态，使消防联动控制器处于自动控制工作状态	
联动控制功能	4.13.5	1. 消防联动控制器应发出控制防火卷帘下降至距楼板面1.8m处的启动信号，点亮启动指示灯	使一只专门用于联动防火卷帘的感烟火灾探测器或报警区域内符合联动控制触发条件的两只感烟火灾探测器发出火灾报警信号，检查消防联动控制器的工作状态
		2. 防火卷帘控制器应控制防火卷帘下降至距楼板面1.8m处	检查防火卷帘的动作情况
		3. 消防联动控制器应发出控制防火卷帘下降至楼板面的启动信号	使一只专门用于联动防火卷帘的感温火灾探测器发出火灾报警信号，检查消防联动控制器的工作状态
		4. 防火卷帘控制器应控制防火卷帘下降至楼板面	检查防火卷帘的动作情况
		5. 消防联动控制器应接收并显示防火卷帘下降至距楼板面1.8m处、楼板面的反馈信号	检查消防联动控制器的显示情况
		6. 消防控制器图形显示装置应显示火灾报警控制器的火灾报警信号、消防联动控制器的启动信号和设备动作的反馈信号，且显示的信息应与控制器的显示一致	对照火灾报警控制器、消防联动控制器的显示信息，核查消防控制室图形显示装置信息显示情况
调试恢复	4.1.6	使火灾报警控制器、消防联动控制器、火灾探测器、防火卷帘系统等恢复正常工作状态	

3. 调试人员在对疏散通道上设置的配接火灾探测器防火卷帘的控制功能进行调试时，应使防火卷帘控制器与卷门机相连接、使防火卷帘控制器与消防联动控制器相连接，接通电源，使防火卷帘控制器处于正常监视状态、消防联动控制器处于自动控制工作状态后，按下述步骤检查每樘防火卷帘的控制功能是否符合系统联动控制逻辑设计文件的规定：

（1）使一只专门用于联动防火卷帘的感烟火灾探测器发出火灾报警信号，检查防火卷帘半降的联动控制功能。

（2）使一只专门用于联动防火卷帘的感温火灾探测器发出火灾报警信号，检查防火卷帘全降的联动控制功能。

4. 疏散通道上设置的配接火灾探测器的防火卷帘系统控制功能的调试要求和方法详见表 2-4-57。

表2-4-57 疏散通道上设置的配接火灾探测器的防火卷帘系统控制功能的调试要求和方法

项目	GB 50166条款	检查要求	检查方法
n#报警区域（楼层、防火分区）			
调试准备	4.13.4	使防火卷帘控制器与卷门机相连接、使防火卷帘控制器与消防联动控制器相连接，接通电源，使防火卷帘控制器处于正常监视状态	
联动控制功能	4.13.6	1. 感烟火灾探测器报警时，防火卷帘控制器应控制防火卷帘下降至距楼板面 1.8m 处	使一只专门用于联动防火卷帘的感烟火灾探测器发出火灾报警信号；检查卷帘的动作情况
		2. 感温火灾探测器报警时，防火卷帘控制器应控制防火卷帘下降至楼板面	使一只专门用于联动防火卷帘的感温火灾探测器发出火灾报警信号；检查卷帘的动作情况
		3. 消防联动控制器应接收并显示防火卷控制器配接的火灾探测器的火灾报警信号，防火卷帘下降至距楼板面 1.8m 处、楼板面的反馈信号	检查消防联动控制器的显示情况
		4. 消防控制器图形显示装置应显示火灾探测器的火灾报警信号和设备动作的反馈信号，且显示的信息应与控制器的显示一致	对照控制器的显示信息，核查消防控制室图形显示装置信息显示情况
调试恢复	4.1.6	使火灾报警控制器、消防联动控制器、火灾探测器、防火卷帘系统等恢复正常工作状态	

Ⅳ 非疏散通道上设置的防火卷帘系统控制调试

4.13.7 应使防火卷帘控制器与卷门机相连接，使防火卷帘控制器与消防联动控制器相连接，接通电源，使防火卷帘控制器处于正常监视状态，使消防联动控制器处于自动控制工作状态。

4.13.8 应根据系统联动控制逻辑设计文件的规定，对防火卷帘系统的联动控制功能进行检查并记录，防火卷帘系统的联动控制功能应符合下列规定：

1 应使报警区域内符合联动控制触发条件的两只火灾探测器发出火灾报警信号；

2 消防联动控制器应发出控制防火卷帘下降至楼板面的启动信号，点亮启动指示灯；

3 防火卷帘控制器应控制防火卷帘下降至楼板面；

4 消防联动控制器应接收并显示防火卷帘下降至楼板面的反馈信号；

5 消防控制器图形显示装置应显示火灾报警控制器的火灾报警信号、消防联动控制器的启动信号和设备动作的反馈信号，且显示的信息应与控制器的显示一致。

4.13.9 应使消防联动控制器处于手动控制工作状态，对防火卷帘的手动控制功能进行检查并记录，防火卷帘的手动控制功能应符合下列规定：

1 手动操作消防联动控制器总线控制盘上的防火卷帘下降控制按钮、按键，对应的防火卷帘控制器应控制防火卷帘下降；

2 消防联动控制器应接收并显示防火卷帘下降至楼板面的反馈信号。

【条文解读】

1. 第4.13.7条规定了非疏散通道上设置的防火卷帘系统控制功能的调试准备要求，第4.13.8条规定了非疏散通道上设置的防火卷帘系统的联动控制功能的调试要求，第4.13.9条规定了非疏散通道上设置的防火卷帘系统的手动控制功能的调试要求。

2. 本标准根据《火灾自动报警系统设计规范》GB 50116的设计要求，明确、细化了非疏散通道上设置的防火卷帘系统联动控制的触发信号、控制逻辑和时序，非疏散通道上设置的防火卷帘系统联动控制逻辑和时序如图2-4-13所示。

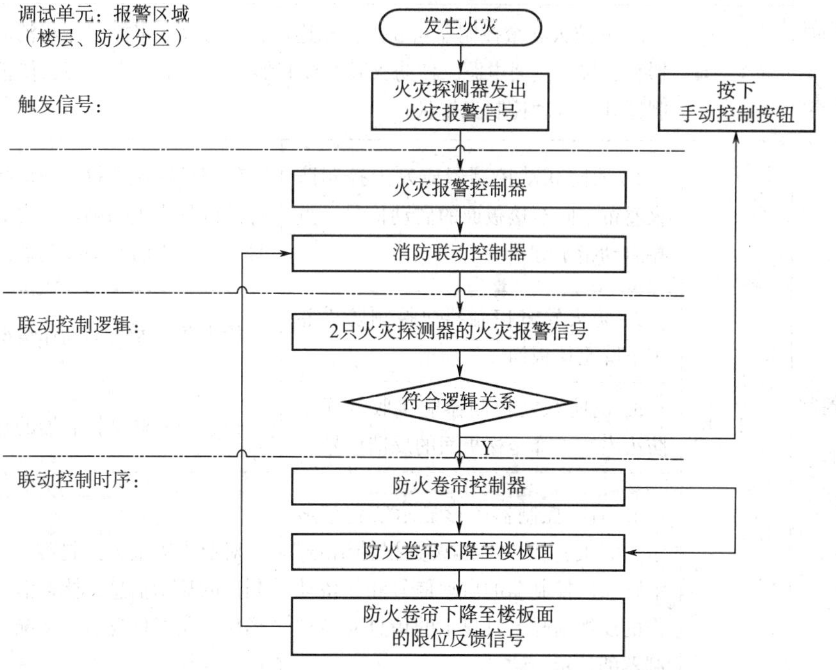

图2-4-13 非疏散通道上设置的防火卷帘系统联动控制逻辑和时序示意图

3. 根据非疏散通道上设置的防火卷帘系统的消防功能，结合《火灾自动报警系统设计规范》GB 50116—2013 的设计要求，本标准明确了非疏散通道上设置的防火卷帘系统的调试应以防火卷帘所在报警区域为单元，逐一分别对每个报警区域的防火卷帘的控制功能进行调试。

【实施要点】

1. 调试人员在对非疏散通道上设置的防火卷帘的控制功能进行调试时，应使防火卷帘控制器与卷门机相连接、使防火卷帘控制器与消防联动控制器相连接，接通电源，使防火卷帘控制器处于正常监视状态、消防联动控制器处于自动控制工作状态后，按下述步骤检查每个报警区域内每樘防火卷帘的控制功能是否符合系统联动控制逻辑设计文件的规定：

（1）使报警区域内符合联动控制触发条件的两只火灾探测器发出火灾报警信号，检查防火卷帘的联动控制功能。

（2）防火卷帘的联动控制功能不满足要求时，应检查、修正消防联动控制器的联动逻辑编程，并重新进行该报警区域防火卷帘控制功能的调试。

2. 非疏散通道上设置的防火卷帘系统控制功能的调试要求和方法详见表 2-4-58。

表2-4-58　非疏散通道上设置的防火卷帘系统控制功能的调试要求和方法

项目	GB 50166 条款	检查要求	检查方法
$n^{\#}$报警区域（楼层、防火分区）			
调试准备	4.2.3	1. 按照系统联动控制逻辑设计文件，进行报警区域非疏散通道上设置的防火卷帘系统联动控制逻辑编程，并录入消防联动控制器中	
	4.13.4	2. 使防火卷帘控制器与卷门机相连接、使防火卷帘控制器与消防联动控制器相连接，接通电源，使防火卷帘控制器处于正常监视状态，使消防联动控制器处于自动控制工作状态	
1 联动控制功能	4.13.8	1. 消防联动控制器应发出控制防火卷帘下降至楼板面的启动信号，点亮启动指示灯	使报警区域内符合联动控制触发条件的两只火灾探测器发出火灾报警信号，检查消防联动控制器的工作状态
		2. 防火卷帘控制器应控制防火卷帘下降至楼板面	检查防火卷帘的动作情况
		3. 消防联动控制器应接收并显示防火卷帘下降至楼板面的反馈信号	检查消防联动控制器的显示情况
		4. 消防控制器图形显示装置应显示火灾报警控制器的火灾报警信号、消防联动控制器的启动信号和设备动作的反馈信号，且显示的信息应与控制器的显示一致	对照火灾报警控制器、消防联动控制器的显示信息，核查消防控制室图形显示装置信息显示情况

续表2-4-58

项目	GB 50166条款	检查要求	检查方法
2 手动控制功能	4.13.9	1. 消防联动控制器应能手动控制防火卷帘的下降	手动操作控制器总线控制盘上卷帘下降控制按钮、按键，检查卷帘动作情况
		2. 消防联动控制器应接收并显示防火卷帘下降至楼板面的反馈信号	检查消防联动控制器的显示情况
调试恢复	4.1.6	使火灾报警控制器、消防联动控制器、火灾探测器、防火卷帘系统等恢复正常工作状态	

4.14 防火门监控系统调试

Ⅰ 防火门监控器调试

4.14.1 应将任一备调总线回路的监控模块与防火门监控器相连接，接通电源，使防火门监控器处于正常监视状态。

4.14.2 应对防火门监控器下列主要功能进行检查并记录，防火门监控器的功能应符合现行国家标准《防火门监控器》GB 29364 的规定：

1 自检功能。

2 主、备电源的自动转换功能。

3 故障报警功能：

1) 备用电源连线故障报警功能；

2) 配接部件连线故障报警功能。

4 消音功能。

5 启动、反馈功能。

6 防火门故障报警功能。

4.14.3 应依次将其他总线回路的监控模块与监控器相连接，使监控器处于正常监视状态，在备电工作状态下，按本标准第4.14.2条第3款第2项、第5款、第6款的规定，对监控器进行功能检查并记录，监控器的功能应符合现行国家标准《防火门监控器》GB 29364 的规定。

【条文解读】

1. 第4.14.1条~第4.14.3条规定了防火门监控器的调试要求。

2.《防火门监控器》GB 29364 对防火门监控器的基本功能做出了明确的规定：

(1) 自检功能。

1) 监控器应能对其音响部件及状态指示灯、显示器进行功能检查。

2) 监控器执行自检时，不应造成与其相连的外部设备动作。

（2）主、备电源的自动转换功能。

1）监控器应有主、备电源转换功能。

2）主、备电源的工作状态应有指示，主、备电源的转换不应使监控器发生误动作。

（3）故障报警和消音功能。有下述故障时，监控器应在 100s 内发出与报警信号有明显区别的声、光故障信号，故障声信号应能手动消除，再有故障信号输入时，应能再启动；故障光信号应保持至故障排除：

1）监控器的主电源断电；

2）监控器与电动闭门器、释放器、门磁开关间连接线断路、短路；

3）电动闭门器、释放器、门磁开关的供电电源故障；

4）备用电源与充电器之间的连接线断路、短路；

5）备用电源故障。

（4）启动、反馈功能。

1）监控器应能直接控制与其连接的每个电动闭门器和释放器的工作状态，并设启动总指示灯，启动信号发出时，应点亮该指示灯。

2）监控器应能接收来自火灾自动报警系统的火灾报警信号，并在 30s 内向电动闭门器或释放器发出启动信号，点亮启动总指示灯。

3）监控器应在电动闭门器、释放器或门磁开关动作后 10s 内收到反馈信号，并应有反馈光指示，指示名称或部位，反馈光指示应保持至受控设备恢复；发出启动信号后 10s 内未收到要求的反馈信号时，应使启动总指示灯闪亮，并显示相应电动闭门器、释放器或门磁开关的部位，保持至监控器收到反馈信号。

（5）防火门故障报警功能。

1）监控器应有防火门故障状态总指示灯，防火门处于故障状态时，该指示灯应点亮，并发出声光报警信号。

2）声信号的声压级（正前方 1m 处）应为 65dB～85dB；故障声信号每分钟至少提示 1 次，每次持续时间应为 1s～3s。

防火门监控器一般采用回路总线连接现场部件，防火门监控器的调试与火灾报警控制器的调试类似，需逐一检查、调整防火门监控器每一个回路的功能和性能，在对任一总线回路进行调试时，其余回路不应接入防火门监控器。

【实施要点】

1. 调试人员在对防火门监控器进行调试时，应先将任一备调回路（可先选择编号最小的回路）的现场部件与监控器连接，接通监控器的电源，使监控器稳定运行 10min，期间监控器应无异响，且显示正常。监控器如有故障报警等异常情况，应进行故障排查，待故障处理后，按下列步骤检查防火门监控器的基本功能是否符合《防火门监控器》GB 29364 的规定：

（1）手动操作监控器的自检机构，检查监控器的自检功能。

（2）切断主电源、恢复主电源，检查监控器主、备电源自动切换功能。

（3）分别使监控器与备用电源之间连线断路、短路，使监控器处于备电供电状态后使监控器与任一现场部件之间的连线断路，检查监控器的故障报警功能。

（4）手动操作监控器的消音键，检查监控器的消音功能。

（5）按照现场部件设置表的地址编号，操作防火门监控器启动监控模块，检查监控器的启动、反馈功能。

（6）使任一樘常闭防火门处于开启状态，检查监控器的防火门故障报警功能。

2. 防火门监控器首个回路调试合格后，关闭监控器电源，再次选取一个总线回路（可以按照回路编号的顺序进行），将其配接的现场部件与监控器相连接，接通监控器电源，使监控器稳定运行10min，监控器处于正常监视状态后，按下列步骤检查防火门监控器的基本功能是否符合《防火门监控器》GB 29364 的规定：

（1）分别使监控器与任一现场部件之间的连线断路、短路，检查监控器的故障报警功能。

（2）按照现场部件设置表的地址编号，操作防火门监控器启动监控模块，检查监控器的启动、反馈功能。

（3）使任一樘常闭防火门处于开启状态，检查监控器的防火门故障报警功能。

3. 依次选取剩余总线回路，并按 2. 的步骤检查防火门监控器的基本功能是否符合《防火门监控器》GB 29364 的规定。

4. 调试过程中，如防火门监控器的功能不符合《防火门监控器》GB 29364 的相关规定，应对监控器的相关部件或整机进行更换。

5. 防火门监控器的调试内容、要求和方法详见表 2-4-59。

表2-4-59 防火门监控器的调试内容、要求和方法

项目	GB 50166 条款	检查要求	检查方法
防火门监控器基本功能 + 1#回路基本功能			
调试准备	4.14.1	将任一备调总线回路的监控模块与监控器相连接，接通电源，使监控器稳定运行10min，并使监控器处于正常监视状态	
1 自检功能	4.14.2	监控器应能对指示灯、显示器和音响器件进行功能自检	操作监控器的自检机构，检查设备指示灯、显示器和音响器的动作情况
2 主、备电源自动转换功能	4.14.2	监控器主电源断电后，备用电源应能自动投入；主电源恢复后，应能自动投入；主、备电源工作指示灯应能正确指示监控器主、备电源的工作状态	切断主电源，检查备用电源自动投入情况，观察工作指示灯显示情况；恢复主电源，检查主电源自动投入情况，观察工作指示灯显示情况
3 故障报警功能	4.14.2	1. 监控器与备用电源之间的连线断路、短路时，监控器应在100s内发出故障声、光信号，显示故障类型	分别使监控器与备用电源之间的连线断路、短路，用秒表测量监控器故障报警响应时间
		2. 监控器与监控模块的连线断路、短路时，监控器应在100s内显示故障部件的地址注释信息，且显示的地址注释信息应与现场部件设置表一致	分别使监控器与任一监控模块的连线断路、短路；用秒表测量监控器故障报警响应时间，检查监控器故障信息显示情况

续表2-4-59

项目	GB 50166条款	检 查 要 求	检 查 方 法
4 消音功能	4.14.2	监控器应能手动消除报警声信号	手动操作监控器消音键，检查设备声信号消除情况
5 启动、反馈功能		监控器应能控制常开防火门关闭，接收并显示防火门关闭的反馈信息，显示防火门的地址注释信息，且显示的地址注释信息应与现场部件设置表一致	按照现场部件设置表的地址编号，操作防火门监控器启动监控模块，观察对应防火门关闭情况，检查监控器的显示情况
6 防火门故障报警功能		常闭防火门未完全关闭时，监控器应在 100s 内发出故障声报警信号，点亮故障指示灯，故障声报警信号每分钟至少提示一次，每次持续时间应为 1s～3s，显示防火门地址注释信息，且显示的地址注释信息应与现场部件设置表一致	使任一樘常闭防火门处于开启状态，用秒表测量监控器故障报警时间、故障提示音间隔时间；检查监控器显示情况
n #回路基本功能			
调试准备	4.14.3	切断监控器电源，依次选取另一个总线回路，将其配接的现场部件与监控器相连接，接通监控器电源，使监控器稳定运行 10min，并使监控器处于正常监视状态	
1 故障报警功能		监控器与监控模块的连线断路、短路时，监控器应在 100s 内发出故障声、光信号，显示故障部件的地址注释信息，且显示的地址注释信息应与现场部件设置表一致	分别使监控器与任一监控模块的连线断路、短路；用秒表测量监控器故障报警响应时间，检查监控器故障信息显示情况
2 启动、反馈功能		监控器应能控制常开防火门关闭，点亮启动指示灯；接收并显示防火门关闭的反馈信息，显示防火门的地址注释信息，且显示的地址注释信息应与附录 D 一致	按照现场部件设置表的地址编号，操作防火门监控器启动监控模块，观察监控器启动指示灯点亮情况、对应防火门关闭情况，检查监控器的显示情况
3 防火门故障报警功能		常闭防火门未完全关闭时，监控器应在 100s 内发出故障声报警信号，点亮故障指示灯，故障声报警信号每分钟至少提示一次，每次持续时间应为 1s～3s，显示防火门的地址注释信息，且显示的地址注释信息应与现场部件设置表一致	使任一樘常闭防火门处于开启状态，用秒表测量监控器故障报警时间、故障提示音间隔时间；检查监控器显示情况

Ⅱ 防火门监控器现场部件调试

4.14.4 应对防火门监控器配接的监控模块的离线故障报警功能进行检查并记录，现场部件的离线故障报警功能应符合下列规定：

1 应使监控模块处于离线状态；

2 监控器应发出故障声、光信号；

3 监控器应显示故障部件的类型和地址注释信息，且监控器显示的地址注释信息应符合本标准第4.2.2条的规定。

4.14.5 应对监控模块的连接部件断线故障报警功能进行检查并记录，监控模块的连接部件断线故障报警功能应符合下列规定：

1 应使监控模块与连接部件之间的连接线断路；

2 监控器应发出故障声、光信号；

3 监控器应显示故障部件的类型和地址注释信息，且监控器显示的地址注释信息应符合本标准第4.2.2条的规定。

4.14.6 应对常开防火门监控模块的启动功能、反馈功能进行检查并记录，常开防火门监控模块的启动功能、反馈功能应符合下列规定：

1 应操作防火门监控器，使监控模块动作；

2 监控模块应控制防火门定位装置和释放装置动作，常开防火门应完全闭合；

3 监控器应接收并显示常开防火门定位装置的闭合反馈信号、释放装置的动作反馈信号，显示发送反馈信号部件的类型和地址注释信息，且监控器显示的地址注释信息应符合本标准第4.2.2条的规定。

4.14.7 应对常闭防火门监控模块的防火门故障报警功能进行检查并记录，常闭防火门监控模块的防火门故障报警功能应符合下列规定：

1 应使常闭防火门处于开启状态；

2 监控器应发出防火门故障报警声、光信号，显示故障防火门的地址注释信息，且监控器显示的地址注释信息应符合本标准第4.2.2条的规定。

【条文解读】

1. 第4.14.4条~第4.14.7条规定了防火门监控模块的调试要求。

2. 目前，防火门监控系统大多数采用防火门监控模块连接电动闭门器、释放器和门磁开关，监控模块的功能与输入、输出模块类似，按照《防火门监控器》GB 29364规定的防火门监控器的功能要求，监控模块的调试应包括监控模块的离线故障报警、监控模块的连接部件断线故障报警功能、监控模块的启动功能和反馈功能、监控模块的防火门故障报警功能。

【实施要点】

1. 调试人员在对防火门监控器配接的监控模块进行调试前，应首先按照防火门监控器现场部件设置情况表核查模块的设置部位是否准确，并应按下述步骤检查模块的功能是否符合《防火门监控器》GB 29364的规定：

（1）使监控模块和监控器的通信总线处于离线状态，检查监控模块的离线故障报警功能。

（2）模块离线后，监控器未在 100s 内发出故障报警信号，应检查并处理模块的地址设置和监控器的地址注册环节存在的问题；如监控器显示的模块的地址注册信息有误，应对错误的地址注释予以修正，并重新对模块的离线故障报警功能进行调试。

（3）模块的离线故障报警功能调试结束后，应恢复模块的正常连接，观察模块的巡检指示灯正常闪亮后，断开模块与连接部件之间的连线，检查模块的连接部件断线故障报警功能。

（4）按照现场部件设置表的地址编号，操作监控器控制监控模块启动，检查模块的启动及反馈功能。

（5）使监控模块监视的常闭防火门处于未完全闭合状态，检查监控模块的防火门故障报警功能。

（6）监控模块的功能不满足要求时，应更换相同规格型号的模块，按原模块的地址编号进行地址设置和注册后，重新进行监控模块的离线故障报警、监控模块的连接部件断线故障报警功能、监控模块的启动功能和反馈功能、监控模块的防火门故障报警功能。

2. 防火门监控模块的调试要求和方法详见表 2-4-60。

表2-4-60 防火门监控模块的调试要求和方法

<table>
<tr><th>项目</th><th>GB 50166 条款</th><th>检 查 要 求</th><th>检 查 方 法</th></tr>
<tr><td>地址设置</td><td>4.2.2</td><td colspan="2">按照现场部件设置表对监控模块进行地址设置，在监控器上进行地址注册和地址注释</td></tr>
<tr><td>1 监控模块离线故障报警功能</td><td>4.14.4</td><td>监控模块离线时，监控器应发出故障声、光信号，显示故障部件的类型和地址注释信息，且监控器显示的地址注释信息应与现场部件设置表一致</td><td>使监控模块和监控器的通信总线处于离线状态，观察监控器故障报警情况，检查监控器显示情况</td></tr>
<tr><td>2 监控模块连接部件断线故障报警功能</td><td>4.14.5</td><td>监控模块与连接部件的连接线路断路时，监控器应发出故障声、光信号，显示故障部件的类型和地址注释信息，且监控器显示的地址注释信息应与现场部件设置表一致</td><td>使监控模块与连接部件之间的连接线断路，观察监控器故障报警情况，检查监控器显示情况</td></tr>
<tr><td>3 监控模块启动功能</td><td rowspan="2">4.14.6</td><td>常开防火门监控模块应能接收监控器的指令，控制常开防火门完全关闭</td><td>按照现场部件设置表的地址编号，操作监控器控制监控模块启动，检查对应防火门关闭情况</td></tr>
<tr><td>4 监控模块反馈功能</td><td>常开防火门监控模块应能接收并向监控器发送常开防火门闭合反馈信号，监控器应显示防火门的地址注释信息，且监控器显示的地址注释信息应与现场部件设置表一致</td><td>常开防火门闭合后，检查监控器的显示情况</td></tr>
</table>

续表2-4-60

项目	GB 50166条款	检查要求	检查方法
5 防火门故障报警功能	4.14.7	常闭防火门未完全闭合时，监控模块应向监控器发送常闭防火门故障报警信号，监控器应发出故障声、光信号，显示故障防火门的地址注释信息，且监控器显示的地址注释信息应与现场部件设置表一致	使监控模块监视的常闭防火门处于未完全闭合状态，观察监控器故障报警情况，检查监控器的显示情况

Ⅲ 防火门监控系统联动控制调试

4.14.8 应使防火门监控器与消防联动控制器相连接，使消防联动控制器处于自动控制工作状态。

4.14.9 应根据系统联动控制逻辑设计文件的规定，对防火门监控系统的联动控制功能进行检查并记录，防火门监控系统的联动控制功能应符合下列规定：

1 应使报警区域内符合联动控制触发条件的两只火灾探测器，或一只火灾探测器和一只手动火灾报警按钮发出火灾报警信号；

2 消防联动控制器应发出控制防火门闭合的启动信号，点亮启动指示灯；

3 防火门监控器应控制报警区域内所有常开防火门关闭；

4 防火门监控器应接收并显示每一樘常开防火门完全闭合的反馈信号；

5 消防控制器图形显示装置应显示火灾报警控制器的火灾报警信号、消防联动控制器的启动信号、受控设备的动作反馈信号，且显示的信息应与控制器的显示一致。

【条文解读】

1. 第4.14.8条、第4.14.9条规定了防火门监控系统联动控制功能的调试要求。

2. 本标准根据《火灾自动报警系统设计规范》GB 50116的设计要求，明确、细化了防火门监控系统联动控制的触发信号、控制逻辑和时序，防火门监控系统联动控制逻辑如图2-4-14所示。

3. 根据防火门监控系统的消防功能，结合《火灾自动报警系统设计规范》GB 50116的设计要求，本标准明确规定防火门监控系统的调试应以报警区域为单元，逐一分别对每个报警区域防火门监控系统的控制功能进行调试。

【实施要点】

1. 调试人员在对防火门监控系统的控制功能进行调试前，应先使防火门监控器与火灾报警控制器、消防联动控制器相连接，使消防联动控制器处于自动控制工作状态后，按下述步骤检查每个报警区域防火门监控系统的控制功能是否符合系统联动控制逻辑设计文件的规定：

（1）使报警区域内任两只火灾探测器，或一只火灾探测器和一只手动火灾报警按钮发出火灾报警信号，检查防火门监控系统的控制功能。

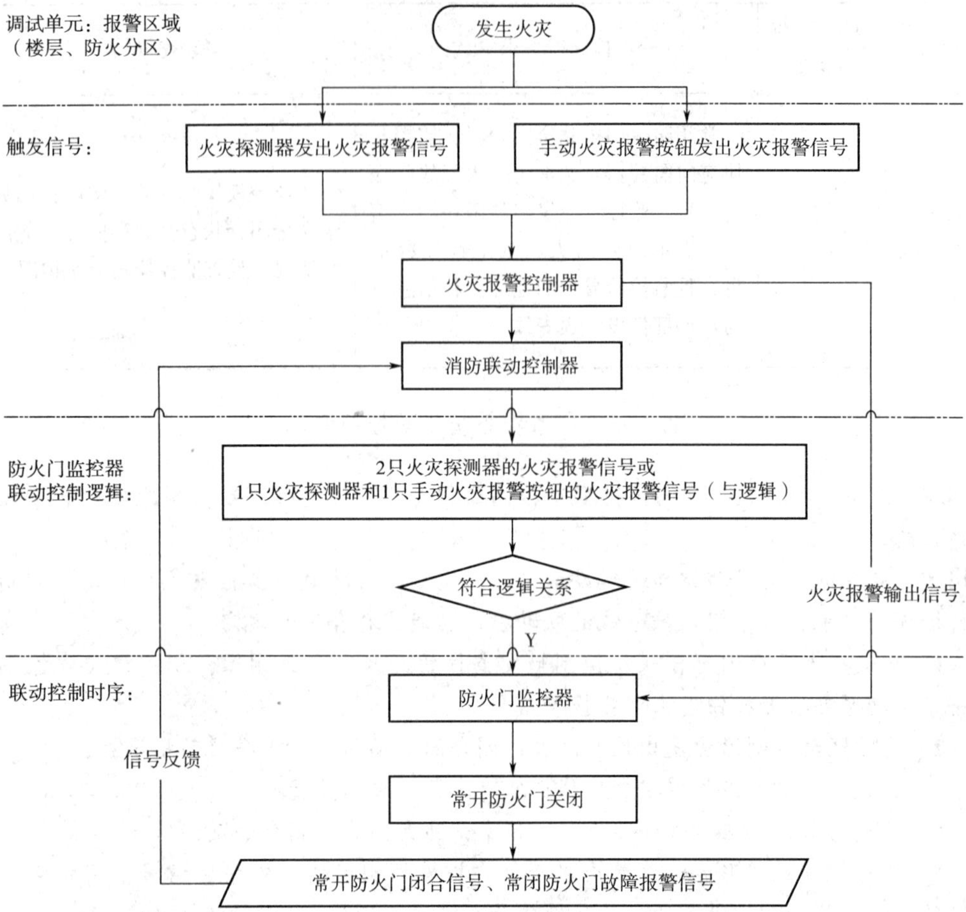

图 2-4-14 防火门监控系统联动控制逻辑示意图

（2）防火门监控系统的控制功能不满足要求时，应检查和处理火灾报警控制器和消防联动控制器间连接线路的问题、消防联动控制器的联动逻辑编程存在的问题，并重新进行该报警区域的防火门监控系统控制功能的调试。

2. 防火门监控系统的控制功能的调试要求和方法详见表 2-4-61。

表2-4-61 防火门监控系统控制功能的调试要求和方法

项目	GB 50166 条款	检 查 要 求	检 查 方 法
$n^{\#}$报警区域			
调试准备	4. 2. 3	1. 按照系统联动控制逻辑设计文件，进行报警区域防火监控系统联动控制逻辑编程，并录入消防联动控制器中	
	4. 14. 8	2. 使防火门监控器与火灾报警控制器、消防联动控制器相连接，使消防联动控制器处于自动控制工作状态	

续表2-4-61

项目	GB 50166条款	检查要求	检查方法
控制功能	4.14.9	1. 消防联动控制器应发出控制防火门关闭的启动信号，点亮启动指示灯	使报警区域内符合联动控制触发条件的两只火灾探测器或一只火灾探测器和手动报警按钮发出火灾报警信号，检查联动控制器的工作状态
		2. 监控器应控制报警区域内所有常开防火门关闭	检查防火门的动作情况
		3. 防火门监控器应接收并显示每一樘常开防火门完全闭合的反馈信号	检查防火门监控器的显示情况
		4. 消防控制器图形显示装置应显示火灾报警控制器火灾报警信号、消防联动控制器启动信号和受控设备动作反馈信号，且显示的信息应与控制器的显示一致	对照火灾报警控制器、消防联动控制器、防火门监控器的显示信息，核查消防控制室图形显示装置信息显示情况
调试恢复	4.1.6	使消防联动控制器、火灾探测器、手动火灾报警按钮、防火门监控系统部件等恢复正常工作状态	

4.15 气体、干粉灭火系统调试

I 气体、干粉灭火控制器调试

4.15.1 对不具有火灾报警功能的气体、干粉灭火控制器，应切断驱动部件与气体灭火装置间的连接，使气体、干粉灭火控制器和消防联动控制器相连接，接通电源，使气体、干粉灭火控制器处于正常监视状态。对气体、干粉灭火控制器下列主要功能进行检查并记录，控制器的功能应符合现行国家标准《消防联动控制系统》GB 16806的规定：

1 自检功能；

2 主、备电源的自动转换功能；

3 故障报警功能；

4 消音功能；

5 延时设置功能；

6 手、自动转换功能；

7 手动控制功能；

8 反馈信号接收和显示功能；

9 复位功能。

4.15.2 对具有火灾报警功能的气体、干粉灭火控制器，应切断驱动部件与气体灭火装置间的连接，使控制器与火灾探测器相连接，接通电源，使控制器处于正常监视状态。对控制器下列主要功能进行检查并记录，控制器的功能应符合现行国家标准《火灾报警控制器》GB 4717 和《消防联动控制系统》GB 16806 的规定：

1 自检功能；

2 操作级别；

3 屏蔽功能；

4 主、备电源的自动转换功能；

5 故障报警功能；

6 短路隔离保护功能；

7 火警优先功能；

8 消音功能；

9 二次报警功能；

10 延时设置功能；

11 手、自动转换功能；

12 手动控制功能；

13 反馈信号接收和显示功能；

14 复位功能。

【条文解读】

1. 第 4.15.1 条、第 4.15.2 条规定了气体灭火控制器的调试要求。

2.《消防联动控制系统》GB 16806 对气体灭火控制器的基本功能做出了明确的规定：

（1）自检功能。

1）气体灭火控制器应具有本机检查的功能（以下称自检），气体灭火控制器在执行自检功能期间，受控制的外接设备和输出接点均不应动作。

2）气体灭火控制器自检时间超过 1min 或不能自动停止自检功能时，气体灭火控制器的自检功能不应影响非自检部位和气体灭火控制器本身的灭火控制功能。

3）气体灭火控制器应具有手动检查其音响器件、面板所有指示灯和显示器的功能。

（2）主、备电源的自动转换功能。

1）气体灭火控制器应具有主电源和备用电源转换装置。

2）当主电源断电时，能自动转换到备用电源；主电源恢复时，能自动转换到主电源；主、备电源的工作状态应有指示，主电源应有过流保护措施。

3）主、备电源的转换不应使气体灭火控制器误动作。

（3）故障报警和消音功能。

1）气体灭火控制器应设故障指示灯，该故障指示灯在有故障存在时应点亮。

2）当发生下列故障时，气体灭火控制器应在 100s 内发出相应的故障声、光信号，故障声信号应能手动消除，再有故障信号输入时，应能再启动；故障光信号应保持至故障排除。①气体灭火控制器与声光警报器之间的连接线断路、短路和影响功能的接地；②气体灭火控制器与驱动部件、现场启动和停止按键（按钮）等之间的连接线断路、短路和影响功能的接地；③给备用电源充电的充电器与备用电源间连接线的断路、短路；④备用电源与其负载间连接线的断路、短路；⑤主电源欠压。

其中①②项故障应指示出部位，③④⑤项故障应指示出类型。

3）气体灭火控制器的故障信号在故障排除后，可以自动或手动复位。手动复位后，气体灭火控制器应在 100s 内重新显示存在的故障。

（4）延时设置功能。

1）延时时间应在 0~30s 内可调。

2）延时期间，应能手动停止后续动作。

（5）手、自动转换功能。气体灭火控制器应有手动和自动控制功能，并有控制状态指示，控制状态不应受复位操作的影响。

（6）手动控制功能。

1）气体灭火控制器在自动状态下，手动插入操作优先。

2）手动停止后，如再有启动控制信号，应按预置逻辑工作。

（7）反馈信号接收和显示功能。气体灭火控制器应能向消防联动控制器发送启动控制信号、延时信号、启动喷洒控制信号、气体喷洒信号、故障信号、选择阀和瓶头阀动作信息。

（8）复位功能。气体灭火控制器应设复位按键（按钮），操作复位按键（按钮）后，仍然存在的状态和信息均应保持或在 20s 内重新建立。

3. 具有火灾报警功能的气体灭火控制器，是将火灾报警控制器和气体灭火控制器集成在一个独立箱体内，控制器应同时符合《火灾报警控制器》GB 4717—2005 和《消防联动控制系统》GB 16806 的相关规定。具有火灾报警功能的气体灭火控制器的调试，应结合火灾报警控制器和气体灭火控制器的调试内容和要求进行，即在气体灭火控制器基本功能调试的基础上增加屏蔽功能、短路隔离保护功能、火警优先功能、二次报警功能等火灾报警控制器的调试内容。

【实施要点】

1. 调试单位在对气体灭火控制器调试时，应先切断驱动部件与气体灭火装置间的连接，将气体灭火控制器与消防联动控制器相连接后，接通气体灭火控制器的电源，使气体灭火控制器稳定运行 10min，期间控制器应无异响，且显示正常。控制器如有故障报警等异常情况，应进行故障排查，待故障处理后，按下列步骤检查气体灭火控制器的基本功能是否符合《消防联动控制系统》GB 16806 的规定：

（1）操作控制器的自检机构，检查控制器的自检功能。

（2）切断控制器的主电源、恢复控制器的主电源供电，检查控制器的主、备电源的自动转换功能。

（3）分别使控制器与备用电源之间的连线断路、短路，使控制器与声光报警器的连线断路、短路，使控制器与现场启动和停止按钮的连线断路、短路，检查控制器的故障报警功能。

（4）手动操作控制器的消音键，检查控制器的消音功能。

（5）操作控制器，检查控制器延时启动时间设置情况。

（6）手动操作控制器的手、自动控制转换控制按钮、按键，检查控制器的自动、手动工作状态转换功能。

（7）手动操作控制器任一防护区域启动按钮，检查控制器的手动控制功能。

（8）模拟输入驱动装置的反馈信号，检查控制器的反馈信号接收和显示功能。

（9）恢复主电源工作，恢复控制器与现场部件间的正常连线，手动操作控制器的复位键，检查控制器的复位功能。

（10）调试过程中，如气体灭火控制器的功能不符合《消防联动控制系统》GB 16806的相关规定，应对控制器的相关部件或整机进行更换。

2. 气体灭火控制器的调试要求和方法详见表2-4-62。

表2-4-62　气体灭火控制器的调试要求和方法

项目	GB 50166条款	检查要求	检查方法
调试准备	4.15.1	切断驱动部件与气体灭火装置间的连接，将气体灭火控制器与消防联动控制器相连接后，接通气体灭火控制器的电源，使气体灭火控制器稳定运行10min	
1 自检功能		控制器应能对指示灯、显示器和音响器件进行功能自检	操作控制器的自检机构，检查设备指示灯、显示器和音响器的动作情况
2 主、备电源自动转换功能		控制器主电源断电后，备用电源应能自动投入；主电源恢复后，应能自动投入；主、备电源工作指示灯应能正确指示控制器主、备电源的工作状态	切断主电源，检查备用电源自动投入情况，观察工作指示灯显示情况；恢复主电源，检查主电源自动投入情况，观察工作指示灯显示情况
3 故障报警功能		1. 控制器与备用电源之间的连线断路、短路时，控制器应在100s内发出故障声、光信号，显示故障类型	分别使控制器与备用电源之间的连线断路、短路，用秒表测量控制器故障报警响应时间
		2. 控制器与声光报警器的连线断路、短路时，控制器应在100s内显示故障部件的地址注释信息，且显示的地址注释信息应与现场部件设置表一致	分别使控制器与声光报警器的连线断路、短路；用秒表测量控制器故障报警响应时间，检查控制器故障信息显示情况
		3. 控制器与驱动部件的连线断路、短路时，控制器应在100s内显示故障部件的地址注释信息，且显示的地址注释信息应与现场部件设置表一致	分别使控制器与驱动部件的连线断路、短路；用秒表测量控制器故障报警响应时间，检查控制器故障信息显示情况
		4. 控制器与现场启动和停止按钮的连线断路、短路时，控制器应在100s内显示故障部件的地址注释信息，且显示的地址注释信息应与现场部件设置表一致	分别使控制器与现场启动和停止按钮的连线断路、短路；用秒表测量控制器故障报警响应时间，检查控制器故障信息显示情况

续表2-4-62

项目	GB 50166条款	检查要求	检查方法
4 消音功能	4.15.1	控制器应能手动消除报警声信号	手动操作控制器消音键，检查设备声信号消除情况
5 延时设置		控制器应能按设计文件的规定设置延时启动时间	检查控制器延时启动时间设置情况
6 手、自动转换功能		控制器应设有手、自动控制转换功能，且控制器应能准确显示手、自动控制工作状态	操作控制器的手、自动控制转换控制按钮、按键，检查控制器的显示情况
7 手动控制功能		控制器应能按设计文件的规定手动控制特定防护区域声光警报器启动，防护区的防火门、窗和防火阀等关闭，通风空调系统停止；并进入启动延时，延时结束后，控制驱动装置动作；控制器发出声、光信号，记录启动时间	手动操作控制器任一防护区域启动按钮、按键，检查控制器启动声光信号指示情况、启动时间记录情况、受控设备的动作情况，用秒表测量启动延时时间
8 反馈信号接收显示功能		控制器应接收并显示受控设备的动作反馈信号，显示受控设备的类型和地址注释信息，且显示的地址注释信息应与附录D一致	模拟输入驱动装置的反馈信号，检查控制器的显示情况
9 复位功能		恢复控制器的正常连接后，控制器应能对设备工作状态复位，恢复正常显示状态	恢复控制器的正常连接，手动操作控制器的复位按钮、按键，观察控制器的显示情况

Ⅱ 气体、干粉灭火控制器现场部件调试

4.15.3 应对具有火灾报警功能的气体、干粉灭火控制器配接的火灾探测器的主要功能和性能进行检查并记录，火灾探测器的主要功能和性能应符合本标准第4.3节的规定。

4.15.4 应对气体、干粉灭火控制器配接的火灾声光警报器的主要功能和性能进行检查并记录，火灾声光警报器的主要功能和性能应符合本标准第4.12节的规定。

4.15.5 应对现场启动和停止按钮的离线故障报警功能进行检查并记录，现场启动和停止按钮的离线故障报警功能应符合下列规定：

1 应使现场启动和停止按钮处于离线状态；

2 气体、干粉灭火控制器应发出故障声、光信号；

3 气体、干粉灭火控制器的报警信息显示功能应符合本标准第4.1.2条的规定。

4.15.6 应对手动与自动控制转换装置的转换功能、手动与自动控制状态显示装置的显示功能进行检查并记录，转换装置的转换功能、显示装置的显示功能应符合下列规定：

1 应手动操作手动与自动控制转换装置；

2 手动与自动控制状态显示装置应能准确显示系统的控制方式；

3 气体、干粉灭火控制器应能准确显示手动与自动控制转换装置的工作状态。

【条文解读】

1. 第 4.15.3 条规定了具有火灾报警功能的气体灭火控制器配接的点型感烟、感温火灾探测器火灾报警功能的调试要求，第 4.15.4 条规定了气体灭火控制器配接的火灾声光警报器火灾警报功能的调试要求，第 4.15.5 条规定了气体灭火控制器配接的现场启动和停止按钮离线故障报警功能的调试要求，第 4.15.6 条规定了气体灭火控制器配接的手动与自动控制转换装置转换功能、手动与自动控制状态显示装置显示功能的调试要求。

2.《消防联动控制系统》GB 16806 和《气体灭火系统设计规范》GB 50370 对气体灭火控制器及其配接现场部件的功能做出了明确的规定：

（1）气体灭火控制器接收启动控制信号后，应能按预置逻辑启动声光警报器，延时结束后，发出启动喷洒控制信号，并有光指示，启动保护区域的喷洒光警报器。

（2）气体灭火控制器与现场启动和停止按键（按钮）之间的连接线断路、短路时，气体灭火控制器应在 100s 内发出相应的故障声、光信号，并指示出故障部位。

（3）当人员进入防护区时，应能将灭火系统转换为手动控制方式；当人员离开时，应能恢复为自动控制方式；气体灭火控制器应有手动和自动控制功能，并有控制状态指示。

3. 气体灭火控制器配接的点型感烟、感温火灾探测器火灾报警功能的调试及气体灭火控制器配接的火灾声光警报器火灾警报功能的调试与火灾报警控制器配接的上述部件的调试一致。

【实施要点】

1. 调试人员在对气体灭火控制器配接的现场启动和停止按钮、手动自动控制转换装置、手动与自动控制状态显示装置进行调试时，应按下列步骤检查上述现场部件的功能是否符合《消防联动控制系统》GB 16806 的规定：

（1）使按钮的连接线路断开（将按钮从底座上摘除即可），检查按钮的离线故障报警功能。

（2）手动操作手动与自动控制转换装置，检查手动与自动控制转换装置转换功能、手动与自动控制状态显示装置显示功能。

（3）调试过程中，如现场部件的功能不符合《消防联动控制系统》GB 16806 的相关规定，应检查并处理现场部件与控制器间的线路问题，或更换同一规格型号的现场部件，重新进行调试。

2. 气体灭火控制器现场部件的调试要求和方法详见表 2-4-63。

表2-4-63 气体灭火控制器现场部件的调试要求和方法

项目	GB 50166条款	检查要求	检查方法
地址设置	4.2.2	按照现场部件设置表对现场部件进行地址设置，在控制器上进行地址注册和地址注释	
现场启动和停止按钮离线故障报警功能			
离线故障报警功能	4.15.5	1. 按钮离线时，控制器应发出故障声、光信号	使按钮处于离线状态；观察控制器的故障报警情况
		2. 控制器应显示故障部件的类型和地址注释信息，且显示的地址注释信息应与现场部件设置表一致	检查控制器故障信息显示情况
手动与自动控制转换装置转换功能、手动与自动控制状态显示装置显示功能			
转换与显示功能	4.15.6	1. 应能通过手动与自动控制转换装置控制系统的控制方式，手动与自动控制状态显示装置应能准确显示系统的手动、自动控制工作状态	手动操作手动与自动控制转换装置，进行系统手动、自动控制方式的转换，观察手动与自动控制状态显示装置的显示
		2. 控制器应准确显示系统的手动、自动控制工作状态	观察控制器手动、自动控制状态的显示

Ⅲ 气体、干粉灭火控制器不具有火灾报警功能的气体、干粉灭火系统控制调试

4.15.7 应切断驱动部件与气体、干粉灭火装置间的连接，使气体、干粉灭火控制器与火灾报警控制器、消防联动控制器相连接，使气体、干粉灭火控制器和消防联动控制器处于自动控制工作状态。

4.15.8 应根据系统联动控制逻辑设计文件的规定，对气体、干粉灭火系统的联动控制功能进行检查并记录，气体、干粉灭火系统的联动控制功能应符合下列规定：

1 应使防护区域内符合联动控制触发条件的一只火灾探测器或一只手动火灾报警按钮发出火灾报警信号，系统设备的功能应符合下列规定：

1） 消防联动控制器应发出控制灭火系统动作的首次启动信号，点亮启动指示灯；

2） 灭火控制器应控制启动防护区域内设置的声光警报器。

2 应使防护区域内符合联动控制触发条件的另一只火灾探测器或另一只手动火灾报警按钮发出火灾报警信号，系统设备的功能应符合下列规定：

1） 消防联动控制器应发出控制灭火系统动作的第二次启动信号；

2） 灭火控制器应进入启动延时，显示延时时间；

3） 灭火控制器应控制关闭该防护区域的电动送排风阀门、防火阀、门、窗；

4） 延时结束，灭火控制器应控制启动灭火装置和防护区域外设置的火灾声光警报器、喷洒光警报器；

5） 灭火控制器应接收并显示受控设备动作的反馈信号。

3 消防联动控制器应接收并显示灭火控制器的启动信号、受控设备动作的反馈信号。

4 消防控制器图形显示装置应显示灭火控制器的控制状态信息、火灾报警控制器的火灾报警信号、消防联动控制器的启动信号、灭火控制器的启动信号、受控设备的动

作反馈信号，且显示的信息应与控制器的显示一致。

4.15.9 在联动控制进入启动延时阶段，应对系统的手动插入操作优先功能进行检查并记录，系统的手动插入操作优先功能应符合下列规定：

1 应操作灭火控制器对应该防护区域的停止按钮、按键，灭火控制器应停止正在进行的操作；

2 消防联动控制器应接收并显示灭火控制器的手动停止控制信号；

3 消防控制室图形显示装置应显示灭火控制器的手动停止控制信号。

4.15.10 应对系统的现场紧急启动、停止功能进行检查并记录，系统的现场紧急启动、停止功能应符合下列规定：

1 应手动操作防护区域内设置的现场启动按钮；

2 灭火控制器应控制启动防护区域内设置的火灾声光警报器；

3 灭火控制器应进入启动延时，显示延时时间；

4 灭火控制器应控制关闭该防护区域的电动送排风阀门、防火阀、门、窗；

5 延时期间，手动操作防护区域内设置的现场停止按钮、灭火控制器应停止正在进行的操作；

6 消防联动控制器应接收并显示灭火控制器的启动信号、停止信号；

7 消防控制器图形显示装置应显示灭火控制器的启动信号、停止信号，且显示的信息应与控制器的显示一致。

【条文解读】

1. 第 4.15.7 条规定了气体、干粉灭火控制器不具有火灾报警功能的气体、干粉灭火系统控制功能调试的准备要求，第 4.15.8 条规定了气体、干粉灭火控制器不具有火灾报警功能的气体、干粉灭火系统联动控制功能的调试要求，第 4.15.9 条规定了气体、干粉灭火控制器不具有火灾报警功能的气体、干粉灭火系统手动插入操作优先功能的调试要求，第 4.15.10 条规定了气体、干粉灭火控制器不具有火灾报警功能的气体、干粉灭火系统现场紧急启动、停止功能的调试要求。

2. 本标准根据《火灾自动报警系统设计规范》GB 50116—2013 的设计要求，明确、细化了气体、干粉灭火控制器不具有火灾报警功能的气体、干粉灭火系统联动控制的触发信号、控制逻辑和时序，气体、干粉灭火控制器不具有火灾报警功能的气体、干粉灭火系统联动控制逻辑如图 2-4-15 所示。

3. 根据气体、干粉灭火系统的消防功能，结合《火灾自动报警系统设计规范》GB 50116—2013 的设计要求，本标准明确了气体、干粉灭火系统的调试应以灭火系统的防护区域为单元，逐一分别对每个防护区域的气体、干粉灭火系统的控制功能进行调试。

【实施要点】

1. 调试人员在对气体、干粉灭火控制器不具有火灾报警功能的气体、干粉灭火系统的控制功能进行调试前，应先切断驱动部件与气体、干粉灭火装置间的连接，使气体、干粉灭火控制器与火灾报警控制器、消防联动控制器相连接，使气体、干粉灭火控制器和消防联动控制器处于自动控制工作状态后，按下述步骤检查每个防护区域气体、干粉灭火系统的控制功能是否符合系统联动控制逻辑设计文件的规定：

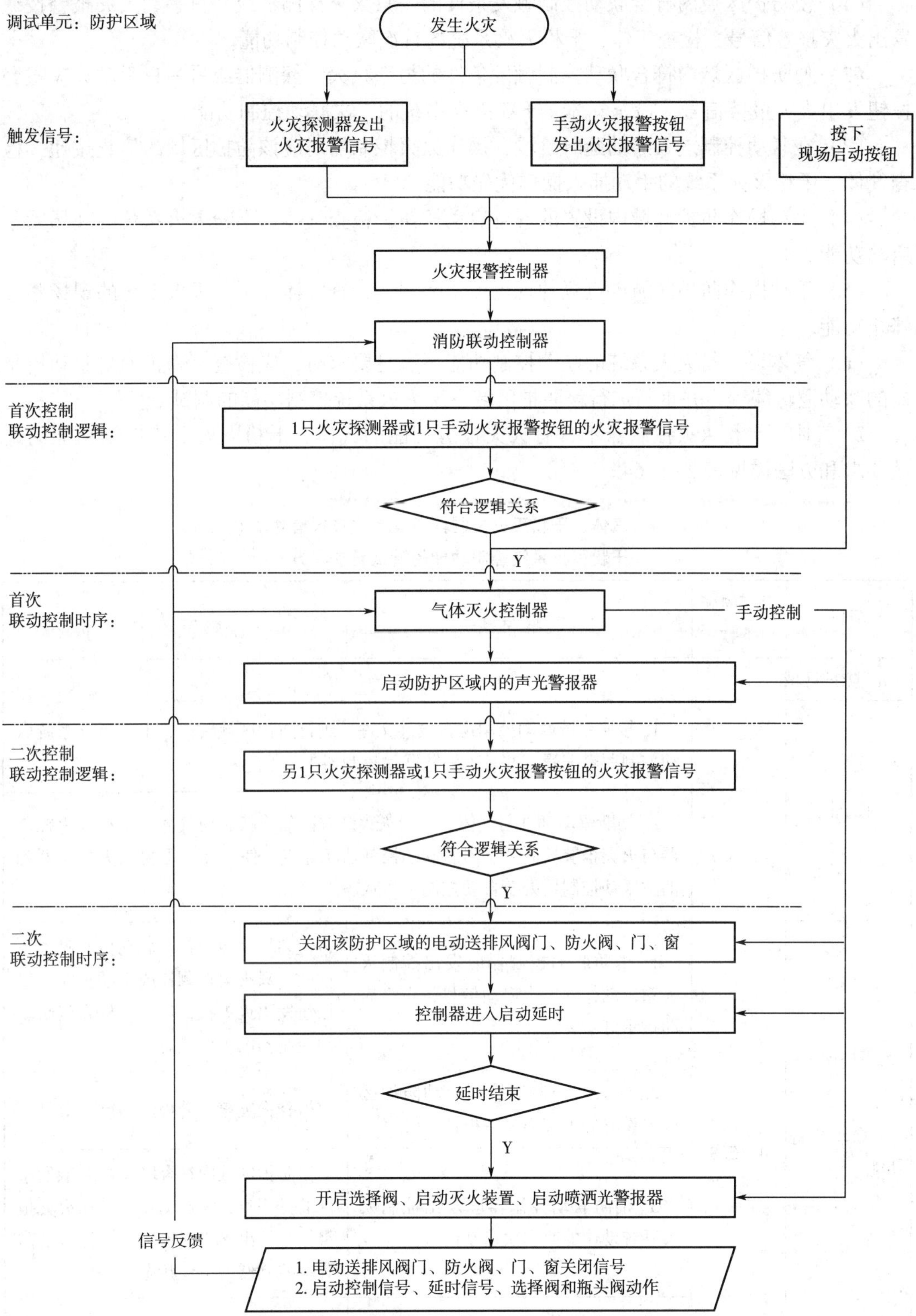

图 2-4-15 气体、干粉灭火控制器不具有火灾报警功能的气体、干粉灭火系统联动控制逻辑示意图

（1）使防护区域内符合联动控制触发条件的一只火灾探测器或一只手动火灾报警按钮发出火灾报警信号，检查气体、干粉灭火系统的首次联动控制功能。

（2）使防护区域内符合联动控制触发条件的另一只火灾探测器或另一只手动火灾报警按钮发出火灾报警信号，检查气体、干粉灭火系统的二次联动控制功能。

（3）在联动控制进入启动延时阶段，操作灭火控制器对应该防护区域的停止按钮，检查气体、干粉灭火系统的手动插入操作优先功能。

（4）手动操作防护区域内设置的现场启动按钮，检查气体、干粉灭火系统的现场紧急启动功能。

（5）手动操作防护区域内设置的现场停止按钮，检查气体、干粉灭火系统的现场紧急停止功能。

（6）气体、干粉灭火系统的联动控制功能不满足要求时，应检查、修正消防联动控制器的联动逻辑编程，并重新进行该防护区域系统灭火系统控制功能的调试。

2. 气体、干粉灭火控制器不具有火灾报警功能的气体、干粉灭火系统控制功能的调试要求和方法详见表 2-4-64。

表2-4-64　气体、干粉灭火控制器不具有火灾报警功能的气体、干粉灭火系统控制功能的调试要求和方法

项目	GB 50166 条款	检查要求	检查方法
n #防护区域			
调试准备	4.2.3	1. 按照系统联动控制逻辑设计文件，进行防护区域气体、干粉灭火系统联动控制逻辑编程，并录入消防联动控制器中	
	4.15.7	2. 切断驱动部件与气体、干粉灭火装置间的连接，使气体、干粉灭火控制器与火灾报警控制器、消防联动控制器相连接，使气体、干粉灭火控制器和消防联动控制器处于自动控制工作状态	
1 联动控制功能	4.15.8	1. 消防联动控制器应发出控制灭火系统动作的首次启动信号，点亮启动指示灯	使防护区域内符合联动控制触发条件的一只火灾探测器或手动火灾报警按钮发出火灾报警信号，检查消防联动控制器的工作状态
		2. 灭火控制器应控制启动防护区域内设置的火灾声光警报器	检查火灾声光警报器的启动情况
		3. 消防联动控制器应发出控制灭火系统动作的第二次启动信号	使防护区域内符合联动控制触发条件的另一只火灾探测器、手动火灾报警按钮发出火灾报警信号，检查消防联动控制器的工作状态
		4. 灭火控制器应进入启动延时，显示延时时间	检查控制器延时启动时间显示情况

续表2-4-64

项目	GB 50166条款	检查要求	检查方法
1联动控制功能	4.15.8	5. 灭火控制器应按设计文件规定，控制关闭该防护区域的电动送排风阀门、防火阀、门、窗	对照设计文件检查受控设备的动作情况
		6. 延时结束，灭火控制器应控制启动灭火装置和防护区域外设置的火灾声光警报器、喷洒光警报器	检查灭火装置和防护区域外设置的火灾声光警报器、喷洒光警报器的动作情况
		7. 灭火控制器应接收并显示灭火装置、防火阀、门等受控设备动作的反馈信号	模拟输入灭火装置的动作反馈信号，检查灭火控制器的显示情况
		8. 消防联动控制器应接收并显示灭火控制器的启动信号、受控设备动作的反馈信号	检查消防联动控制器的显示情况
		9. 消防控制器图形显示装置应显示灭火控制器控制状态信息、火灾报警控制器火灾报警信号、消防联动控制器启动信号、灭火控制器的启动信号、受控设备的动作反馈信号，且显示的信息应与控制器的显示一致	对照火灾报警控制器、消防联动控制器、灭火控制器的显示信息，核查消防控制室图形显示装置信息显示情况
2手动插入优先功能	4.15.9	1. 应能手动控制灭火控制器停止正在进行的联动控制操作	在联动控制进入启动延时阶段，操作灭火控制器对应该防护区域停止按钮、按键，检查系统工作状态
		2. 消防联动控制器应接收并显示灭火控制器的手动停止控制信号	检查消防联动控制器的显示情况
		3. 消防控制室图形显示装置应显示灭火控制器的手动停止控制信号	检查消防控制室图形显示装置的显示情况
3现场紧急启动、停止功能	4.15.10	1. 现场启动按钮动作后，灭火控制器应控制启动防护区域内设置的火灾声光警报器	使防护区域设置的现场启动按钮动作，检查火灾声光警报器的启动情况
		2. 灭火控制器应进入启动延时，显示延时时间	检查控制器延时启动时间显示情况

续表2-4-64

项目	GB 50166条款	检查要求	检查方法
3 现场紧急启动、停止功能	4.15.10	3. 灭火控制器应按设计文件规定，控制关闭该防护区域的电动送排风阀门、防火阀、门、窗	对照设计文件检查受控设备的动作情况
		4. 现场停止按钮动作后，灭火控制器应能停止正在进行的操作	使防护区域设置的现场停止按钮动作，检查系统的工作状态
		5. 联动控制器应接收并显示灭火控制器的启动信号、停止信号	检查消防联动控制器的显示情况
		6. 消防控制器图形显示装置应显示灭火控制器的启动信号、停止信号，显示的信息应与控制器的显示一致	对照消防联动控制器、灭火控制器的显示信息，核查消防控制室图形显示装置信息显示情况
调试恢复	4.1.6	使消防联动控制器、火灾探测器、手动火灾报警按钮、气体灭火系统部件等恢复正常工作状态	

Ⅳ 气体、干粉灭火控制器具有火灾报警功能的气体、干粉灭火系统控制调试

4.15.11 应切断驱动部件与气体、干粉灭火装置间的连接，使气体、干粉灭火控制器与火灾探测器、手动火灾报警按钮、消防控制室图形显示装置相连接，使气体、干粉灭火控制器处于自动控制工作状态。

4.15.12 应根据系统联动控制逻辑设计文件的规定，对气体、干粉灭火系统的联动控制功能进行检查并记录，气体、干粉灭火系统的联动控制功能应符合下列规定：

1 应使防护区域内符合联动控制触发条件的一只火灾探测器或一只手动火灾报警按钮发出火灾报警信号，系统设备的功能应符合下列规定：

1） 灭火控制器应发出火灾报警声、光信号，记录报警时间；

2） 灭火控制器的报警信息显示功能应符合本标准第4.1.2条的规定；

3） 灭火控制器应控制启动防护区域内设置的声光警报器。

2 应使防护区域内符合联动控制触发条件的另一只火灾探测器或另一只手动火灾报警按钮发出火灾报警信号，系统设备的功能应符合下列规定：

1） 灭火控制器应再次记录现场部件火灾报警时间；

2） 灭火控制器的报警信息显示功能应符合本标准第4.1.2条的规定；

3） 灭火控制器应进入启动延时，显示延时时间；

4） 灭火控制器应控制关闭该防护区域的电动送排风阀门、防火阀、门、窗；

5） 延时结束，灭火控制器应控制启动灭火装置和防护区域外设置的火灾声光警报器、喷洒光警报器；

6）灭火控制器应接收并显示受控设备动作的反馈信号。

3 消防控制器图形显示装置应显示灭火控制器的控制状态信息、火灾报警信号、启动信号和受控设备的动作反馈信号，显示的信息应与灭火控制器的显示一致。

4.15.13 在联动控制进入启动延时过程中，应对系统的手动插入操作优先功能进行检查并记录，系统的手动插入操作优先功能应符合下列规定：

1 操作灭火控制器对应该防护区域的停止按钮，灭火控制器应停止正在进行的操作；

2 消防控制室图形显示装置应显示灭火控制器的手动停止控制信号。

4.15.14 对系统的现场紧急启动、停止功能进行检查并记录，系统的现场紧急启动、停止功能应符合下列规定：

1 应手动操作防护区域内设置的现场启动按钮；

2 灭火控制器应控制启动防护区域内设置的火灾声光警报器；

3 灭火控制器应进入启动延时，显示延时时间；

4 灭火控制器应控制关闭该防护区域的电动送排风阀门、防火阀、门、窗；

5 延时期间，手动操作防护区域内设置的现场停止按钮，灭火控制器应停止正在进行的操作；

6 消防控制器图形显示装置应显示灭火控制器的启动信号、停止信号，且显示的信息应与控制器的显示一致。

【条文解读】

1. 第4.15.11条规定了气体、干粉灭火控制器具有火灾报警功能的气体、干粉灭火系统控制功能调试的准备要求，第4.15.12条规定了气体、干粉灭火控制器具有火灾报警功能的气体、干粉灭火系统联动控制功能的调试要求，第4.15.13条规定了气体、干粉灭火控制器具有火灾报警功能的气体、干粉灭火系统手动插入操作优先功能的调试要求，第4.15.14条规定了气体、干粉灭火控制器具有火灾报警功能的气体、干粉灭火系统现场紧急启动、停止功能的调试要求。

2. 《火灾自动报警系统设计规范》GB 50116明确规定：气体灭火控制器具有火灾报警功能时，灭火系统的联动控制均由气体灭火控制器完成，气体灭火控制器需将配接的火灾探测器的火灾报警信号反馈至消防联动控制器，其余的联动控制设计要求与气体灭火控制器不具有火灾报警功能的气体灭火系统相同。

3. 本标准根据《火灾自动报警系统设计规范》GB 50116的设计要求，明确、细化了气体、干粉灭火控制器具有火灾报警功能的气体、干粉灭火系统联动控制的触发信号、控制逻辑和时序，气体、干粉灭火控制器具有火灾报警功能的气体、干粉灭火系统联动控制逻辑如图2-4-16所示。

【实施要点】

1. 调试人员在对气体、干粉灭火控制器具有火灾报警功能的气体、干粉灭火系统的控制功能进行调试前，应先切断驱动部件与气体、干粉灭火装置间的连接，使气体、干粉灭火控制器与消防联动控制器相连接，使气体、干粉灭火控制器和消防联动控制器处于自动控制工作状态后，按下述步骤检查每个防护区域气体、干粉灭火系统的控制功能是否符

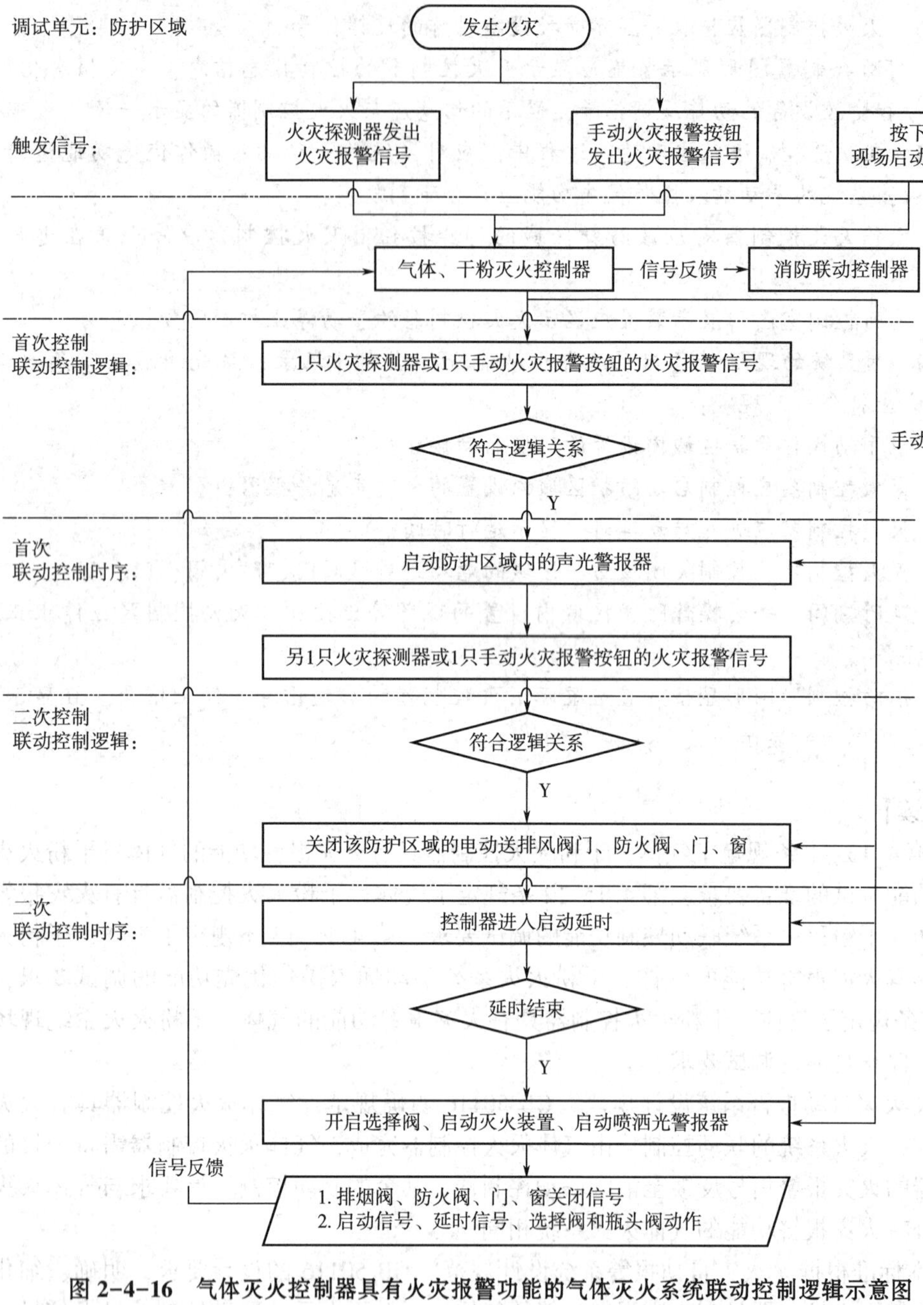

图 2-4-16　气体灭火控制器具有火灾报警功能的气体灭火系统联动控制逻辑示意图

合系统联动控制逻辑设计文件的规定：

（1）使防护区域内符合联动控制触发条件的一只火灾探测器或一只手动火灾报警按钮发出火灾报警信号，检查气体、干粉灭火系统的首次联动控制功能。

（2）使防护区域内符合联动控制触发条件的另一只火灾探测器或另一只手动火灾报警按钮发出火灾报警信号，检查气体、干粉灭火系统的二次联动控制功能。

（3）在联动控制进入启动延时阶段，操作灭火控制器对应该防护区域的停止按钮，检查气体、干粉灭火系统的手动插入操作优先功能。

（4）手动操作防护区域内设置的现场启动按钮，检查气体、干粉灭火系统的现场紧急启动功能。

（5）手动操作防护区域内设置的现场停止按钮，检查气体、干粉灭火系统的现场紧急停止功能。

2. 气体、干粉灭火控制器具有火灾报警功能的气体、干粉灭火系统控制功能的调试要求和方法详见表 2-4-65。

表2-4-65 气体、干粉灭火控制器具有火灾报警功能的气体、干粉灭火系统控制功能的调试要求和方法

项目	GB 50166 条款	检查要求	检查方法
$n^{\#}$防护区域			
调试准备	4.2.3	1. 按照系统联动控制逻辑设计文件，进行防护区域气体、干粉灭火系统联动控制逻辑编程，并录入气体、干粉灭火控制器中	
	4.15.11	2. 切断驱动部件与气体、干粉灭火装置间的连接，使气体、干粉灭火控制器与消防联动控制器相连接，使气体、干粉灭火控制器和消防联动控制器处于自动控制工作状态	
1 联动控制功能	4.15.12	1. 火灾探测器、手动火灾报警按钮处于报警状态时，灭火控制器应发出火灾报警声、光信号，记录报警时间	使防护区域内符合联动控制触发条件的一只火灾探测器或手动火灾报警按钮发出火灾报警信号，检查控制器的火灾报警、火警信息记录情况
		2. 控制器应显示发出报警信号部件的类型和地址注释信息，且显示的地址注释信息应与现场部件设置表一致	检查控制器火警信息显示情况
		3. 控制器应控制启动防护区域内的火灾声光警报器	检查火灾声光警报器的启动情况
		4. 火灾探测器、手动火灾报警按钮处于报警状态时，灭火控制器应记录现场部件火灾报警时间	使防护区域内符合联动控制触发条件的另一只火灾探测器或手动火灾报警按钮发出火灾报警信号，检查控制器火警信息记录情况
		5. 控制器应显示发出报警信号部件的类型和地址注释信息，且显示的地址注释信息应与现场部件设置表一致	检查控制器火警信息显示情况

续表2-4-65

项目	GB 50166 条款	检查要求	检查方法
1 联动控制功能	4. 15. 12	6. 灭火控制器应进入启动延时，显示延时时间	检查控制器延时启动时间显示情况
		7. 灭火控制器应按设计文件规定，控制关闭该防护区域的电动送排风阀门、防火阀、门、窗	对照设计文件检查受控设备的动作情况
		8. 延时结束，灭火控制器应控制启动灭火装置和防护区域外设置的火灾声光警报器、喷洒光警报器	检查灭火装置和防护区域外设置的火灾声光警报器、喷洒光警报器的动作情况
		9. 灭火控制器应接收并显示灭火装置、防火阀、门等受控设备动作的反馈信号	模拟输入灭火装置的动作反馈信号，检查灭火控制器的显示情况
		10. 消防控制器图形显示装置应显示气体灭火控制器的控制状态信息、火灾报警信号、启动信号和受控设备动作反馈信号，且显示的信息应与控制器的显示一致	对照灭火控制器的显示信息，核查消防控制室图形显示装置信息显示情况
2 手动插入优先功能	4. 15. 13	1. 应能手动控制灭火控制器停止正在进行的联动控制操作	在联动控制进入启动延时阶段，操作灭火控制器对应该防护区域停止按钮、按键，检查系统工作状态
		2. 消防控制室图形显示装置应显示灭火控制器的手动停止控制信号	检查消防控制室图形显示装置的显示情况
3 现场紧急启动、停止功能	4. 15. 14	1. 现场启动按钮动作后，灭火控制器应控制启动防护区域内设置的火灾声光警报器	使防护区域设置的现场启动按钮动作，检查火灾声光警报器的启动情况
		2. 灭火控制器应进入启动延时，显示延时时间	检查控制器延时启动时间显示情况
		3. 灭火控制器应按设计文件规定，控制关闭该防护区域的电动送排风阀门、防火阀、门、窗	对照设计文件检查受控设备的动作情况
		4. 现场停止按钮动作后，灭火控制器应能停止正在进行的操作	使防护区域设置的现场停止按钮动作，检查系统的工作状态

续表2-4-65

项目	GB 50166条款	检查要求	检查方法
3 现场紧急启动、停止功能	4.15.14	5. 消防控制器图形显示装置应显示灭火控制器的启动信号、停止信号，显示的信息应与控制器的显示一致	对照消防联动控制器、灭火控制器的显示信息，核查消防控制室图形显示装置信息显示情况
调试恢复	4.1.6	使消防联动控制器、火灾探测器、手动火灾报警按钮、气体、干粉灭火系统部件等恢复正常工作状态	

4.16 自动喷水灭火系统调试

Ⅰ 消防泵控制箱、柜调试

4.16.1 应使消防泵控制箱、柜与消防泵相连接，接通电源，使消防泵控制箱、柜处于正常监视状态。应对消防泵控制箱、柜下列主要功能进行检查并记录，消防泵控制箱、柜的功能应符合现行国家标准《消防联动控制系统》GB 16806的规定：

1 操作级别；

2 自动、手动工作状态转换功能；

3 手动控制功能；

4 自动启泵功能；

5 主、备泵自动切换功能；

6 手动控制插入优先功能。

【条文解读】

1. 本条规定了消防泵控制箱、柜的调试要求。

2. 消防泵控制箱、柜属于消防联动控制系统的电气控制装置范畴，《消防联动控制系统》GB 16806对消防泵控制箱、柜的基本功能做出了明确的规定：

(1) 操作级别。消防泵控制箱、柜的操作功能应符合表2-4-66规定的操作级别要求。

表2-4-66 消防泵控制箱、柜操作级别划分表

序号	操作项目	Ⅰ	Ⅱ	Ⅲ	Ⅳ
1	查询信息	M	M	M	M
2	消除声信号	O	M	M	M
3	复位	P	M	M	M

续表2-4-66

序号	操作项目	Ⅰ	Ⅱ	Ⅲ	Ⅳ
4	手动操作	P	M	M	M
5	进入自检、屏蔽和解除屏蔽等工作状态	P	M	M	M
6	调整计时装置	P	M	M	M
7	开、关电源	P	M	M	M
8	输入或更改数据	P	P	M	M
9	延时功能设置	P	P	M	M
10	报警区域编程	P	P	M	M
11	修改或改变软、硬件	P	P	P	M

注：1. P 为禁止本级操作；O 为可选择是否由本级操作；M 为可进行本级及本级以下操作。

2. 进入Ⅱ、Ⅲ级操作功能状态应采用钥匙、操作号码，用于进入Ⅲ级操作功能状态的钥匙或操作号码可用于进入Ⅱ级操作功能状态，但用于进入Ⅱ级操作功能状态的钥匙或操作号码不能用于进入Ⅲ级操作功能状态。

（2）自动、手动工作状态转换功能。

1）消防电气控制装置应具有手动和自动控制方式。

2）消防电气控制装置应设绿色自动/手动工作状态指示灯，在处于自动工作状态时，指示灯应点亮。

（3）手动控制功能。消防电气控制装置应能以手动方式控制受控设备进入预定的工作状态。

（4）自动启泵功能。

1）消防电气控制装置应能接收来自消防联动控制器的联动控制信号，在自动工作状态下，执行预定的动作，控制受控设备进入预定的工作状态；消防电气控制装置应设红色联动控制指示灯，当有联动信号输入或启动器件动作时，指示灯应点亮，并应发出与故障声有明显区别的声信号。

2）处于自动工作状态的消防电气控制装置在接收到启动器件的动作信号后，应执行预定的动作，控制受控设备进入预定的工作状态。

3）消防电气控制装置在接收到控制信号后，应在3s内执行预定的动作，控制受控设备进入预定的工作状态（有延时要求除外）；消防电气控制装置应设红色受控设备启动指示灯，受控设备启动后指示灯应点亮。

4）消防电气控制装置应能接收受控设备的工作状态信息，并在3s内将信息传送给消防联动控制器。

（5）主、备泵自动切换功能。如果受控设备为一用、一备相互切换设备，在用的受控设备发生故障时，消防电气控制装置应能在3s内自动切换至备用设备，同时发出相应的指示信号。

（6）手动控制插入优先功能。在自动工作状态下或延时启动期间，手动插入控制应优先。

【实施要点】

1. 调试人员在对消防泵控制箱、柜进行调试时，应先将消防泵控制箱、柜与消防泵相连接后，接通消防泵控制箱、柜的电源，使消防泵控制箱、柜稳定运行10min，期间消防泵控制箱、柜应无异响，且显示正常。消防泵控制箱、柜如有故障报警等异常情况，应进行故障排查，待故障处理后，按下列步骤检查消防泵控制箱、柜的基本功能是否符合《消防联动控制系统》GB 16806的规定：

（1）检查消防泵控制箱、柜操作级别划分情况。

（2）手动操作控制箱、柜的手动、自动控制转换控制按钮、按键，检查消防泵控制箱、柜的自动、手动工作状态转换功能。

（3）分别手动操作控制箱、柜各消防泵启动按钮、按键，检查消防泵控制箱、柜的手动控制功能。

（4）手动操作控制箱、柜的手动、自动控制转换控制按钮、按键，使控制箱、柜处于自动控制状态，模拟输入消防联动控制器的启动信号，检查消防泵控制箱、柜的自动启泵功能。

（5）切断主消防泵的电源，检查消防泵控制箱、柜的主、备泵自动切换功能。

（6）手动操作控制箱、柜备用消防泵停止按钮，检查消防泵控制箱、柜的手动控制插入优先功能。

（7）调试过程中，如消防泵控制箱、柜的功能不符合《消防联动控制系统》GB 16806的相关规定，应对消防泵控制箱、柜的相关部件或整机进行更换。

2. 消防泵控制箱、柜的调试要求和方法详见表2-4-67。

表2-4-67 消防泵控制箱、柜的调试要求和方法

项目	GB 50166条款	检查要求	检查方法
调试准备	4.16.1	将消防泵控制箱、柜与消防泵相连接后，接通消防泵控制箱、柜的电源，使消防泵控制箱、柜稳定运行10min	
1 操作级别		控制箱、柜应根据不同的使用对象设置不同的操作级别	检查控制箱、柜操作级别划分情况是否符合《消防联动控制系统》GB 16806的规定
2 手动、自动转换功能		控制箱、柜应设有手动、自动控制转换功能，且控制箱、柜应能准确显示手动、自动控制工作状态	手动操作控制箱、柜的手动、自动控制转换控制按钮、按键，检查控制箱、柜的显示情况
3 手动控制功能		控制箱、柜应能手动控制消防泵的启动、停止	分别手动操作控制箱、柜各消防泵启动按钮、按键，检查对应消防泵启动情况；手动操作消防泵停泵按钮、按键，检查对应消防泵停止运转情况

续表2-4-67

项目	GB 50166 条款	检查要求	检查方法
4 自动控制功能	4.16.1	控制箱、柜应能接收消防联动控制器的启动信号，控制主消防泵的启动	手动操作控制箱、柜的手动、自动控制转换控制按钮、按键，使控制箱、柜处于自动控制状态，模拟输入消防联动控制器的启动信号，观察主消防泵的启动情况
5 主、备泵自动切换功能		运转的消防水泵处于故障状态时，控制箱、柜应在3s内自动控制泵组的另一台水泵启动	切断主消防泵的电源，用秒表测量泵组备用消防泵的启动时间
6 手动控制插入优先功能		消防泵处于自动控制启动状态时，控制箱、柜应能手动控制消防泵的停止	手动操作控制箱、柜备用消防泵停止按钮、按键，观察备用消防泵停止运转情况
调试恢复	4.1.6	恢复消防泵控制箱、柜的正常连接，使消防泵控制箱、柜处于正常监视状态	

Ⅱ 系统联动部件调试

4.16.2 应对水流指示器、压力开关、信号阀的动作信号反馈功能进行检查并记录，水流指示器、压力开关、信号阀的动作信号反馈功能应符合下列规定：

1 应使水流指示器、压力开关、信号阀动作；

2 消防联动控制器应接收并显示设备的动作反馈信号，显示设备的名称和地址注释信息，且控制器显示的地址注释信息应符合本标准第4.2.2条的规定。

4.16.3 应对消防水箱、池液位探测器的低液位报警功能进行检查并记录，液位探测器的低液位报警功能应符合下列规定：

1 应调整消防水箱、池液位探测器的水位信号，模拟设计文件规定的水位，液位探测器应动作；

2 消防联动控制器应接收并显示设备的动作信号，显示设备的名称和地址注释信息，且控制器显示的地址注释信息应符合本标准第4.2.2条的规定。

【条文解读】

1. 第4.16.2条规定了水流指示器、压力开关、信号阀动作信号反馈功能的调试要求，第4.16.3条规定了消防水箱、池液位探测器低液位报警功能的调试要求。

2.《消防控制室通用技术要求》GB 25506规定：消防联动控制器应能显示自动喷水灭火系统中水流指示器、信号阀、报警阀、压力开关等设备的正常工作状态和动作状态、消防水箱（池）最低水位信息和管网最低压力报警信息。目前，大多数厂家的消防联动控制系统均采用输入模块采集自动喷水灭火系统上述现场部件的工作状态信息。

【实施要点】

1. 调试人员在对自动喷水灭火系统中水流指示器、信号阀、压力开关等设备进行调试时，应首先按照消防联动控制器现场部件设置情况表核查上述系统设备的设置部位是否准确，并按下列步骤检查现场部件的功能是否符合相关标准的规定：

（1）使水流指示器、压力开关、信号阀动作，检查水流指示器、压力开关、信号阀的动作信号反馈功能。

（2）调整消防水箱、池液位探测器的水位信号，模拟设计文件规定的水位，检查消防水箱、池液位探测器的低液位报警功能。

（3）调试过程中，如水流指示器、压力开关、信号阀、液位探测器的功能不符合相关标准的规定，应检查并处理上述现场部件与模块间的连接问题，或更换同一规格型号的现场部件，重新进行调试。

2. 自动喷水灭火系统现场部件的调试要求和方法详见表2-4-68。

表2-4-68 自动喷水灭火系统现场部件的调试要求和方法

项目	GB 50166条款	检查要求	检查方法
地址设置	4.2.2	按照现场地址设置表的规定进行地址设置，控制器地址注释信息录入	
水流指示器、压力开关、信号阀的动作信号反馈功能			
动作信号反馈功能	4.16.2	设备动作后，消防联动控制器应显示动作部件类型和地址注释信息，显示的地址注释信息应与现场部件设置表一致	使水流指示器、压力开关、信号阀动作，检查控制器的显示信息
液位探测的低液位报警功能			
低液位报警功能	4.16.3	设备动作后，消防联动控制器应显示动作部件类型和地址注释信息，显示的地址注释信息应与现场部件设置表一致	调整消防水箱、池液位探测器的水位信号，模拟设计文件规定的水位，检查控制器的显示
调试恢复	4.1.6	恢复消防联动控制器、自动喷水灭火系统现场部件的正常工作状态	

Ⅲ 湿式、干式喷水灭火系统控制调式

4.16.4 应使消防联动控制器与消防泵控制箱、柜等设备相连接，接通电源，使消防联动控制器处于自动控制工作状态。

4.16.5 应根据系统联动控制逻辑设计文件的规定，对湿式、干式喷水灭火系统的联动控制功能进行检查并记录，湿式、干式喷水灭火系统的联动控制功能应符合下列规定：

1 应使报警阀防护区域内符合联动控制触发条件的一只火灾探测器或一只手动火灾报警按钮发出火灾报警信号、使报警阀的压力开关动作；

2 消防联动控制器应发出控制消防水泵启动的启动信号，点亮启动指示灯；

3 消防泵控制箱、柜应控制启动消防泵；

4 消防联动控制器应接收并显示干管水流指示器的动作反馈信号，显示设备的名称和地址注释信息，且控制器显示的地址注释信息应符合本标准第4.2.2条的规定；

5 消防控制器图形显示装置应显示火灾报警控制器的火灾报警信号、消防联动控制器的启动信号、受控设备的动作反馈信号，且显示的信息应与控制器的显示一致。

4.16.6 应根据系统联动控制逻辑设计文件的规定，在消防控制室对消防泵的直接手动控制功能进行检查并记录，消防泵的直接手动控制功能应符合下列规定：

1 应手动操作消防联动控制器直接手动控制单元的消防泵启动控制按钮、按键，对应的消防泵控制箱、柜应控制消防泵启动；

2 应手动操作消防联动控制器直接手动控制单元的消防泵停止控制按钮、按键，对应的消防泵控制箱、柜应控制消防泵停止运转；

3 消防控制室图形显示装置应显示消防联动控制器的直接手动启动、停止控制信号。

【条文解读】

1. 第4.16.4条规定了湿式、干式喷水灭火系统控制功能调试的准备要求，第4.16.5条规定了湿式、干式喷水灭火系统联动控制功能的调试要求，第4.16.6条规定了湿式、干式喷水灭火系统直接手动控制功能的调试要求。

2. 本标准根据《火灾自动报警系统设计规范》GB 50116的设计要求，明确、细化了湿式、干式喷水灭火系统联动控制的触发信号、控制逻辑和时序，湿式、干式喷水灭火系统联动控制逻辑如图2-4-17所示。

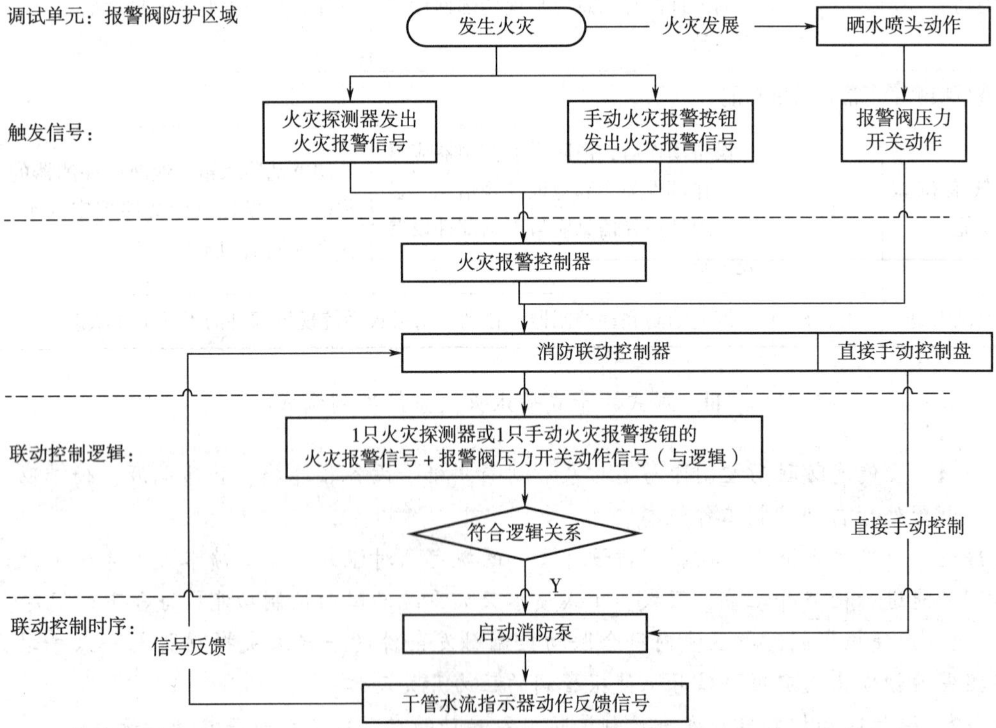

图2-4-17 湿式、干式喷水灭火系统联动控制逻辑示意图

3. 根据湿式、干式喷水灭火系统的消防功能，结合《火灾自动报警系统设计规范》GB 50116的设计要求，本标准明确规定湿式、干式喷水灭火系统的调试应以报警阀所在防护区域为单元，逐一分别对每个防护区域的湿式、干式喷水灭火系统的控制功能进行调试。

【实施要点】

1. 调试人员在对湿式、干式喷水灭火系统的控制功能调试时，应先使消防联动控制器与消防泵控制箱、柜等设备相连接，接通电源，使消防联动控制器处于自动控制工作状态后，按下述步骤检查每个防护区域湿式、干式喷水灭火系统的控制功能是否符合系统联动控制逻辑设计文件的规定：

（1）使报警阀防护区域内符合联动控制触发条件的一只火灾探测器或一只手动火灾报警按钮发出火灾报警信号、使报警阀的压力开关动作，检查湿式、干式喷水灭火系统的联动控制功能。

（2）手动操作消防联动控制器直接手动控制单元的消防泵停止、启动控制按钮，检查消防联动控制器对消防泵的直接手动控制功能。

（3）湿式、干式喷水灭火系统的联动控制功能不满足要求时，应检查、修正消防联动控制器的联动逻辑编程，并重新进行该防护区域湿式、干式喷水灭火系统控制功能的调试。

2. 湿式、干式喷水灭火系统控制功能的调试要求和方法详见表2-4-69。

表2-4-69 湿式、干式喷水灭火系统控制功能的调试要求和方法

项目	GB 50166条款	检查要求	检查方法
$n^{\#}$报警阀防护区域			
调试准备	4.2.3	1. 按照系统联动控制逻辑设计文件，进行防护区域湿式、干式喷水灭火系统联动控制逻辑编程，并录入消防联动控制器中	
		2. 应按照系统联动控制逻辑设计文件的规定，进行消防联动控制器手动控制单元控制按钮、按键的编码设置	
	4.16.4	3. 使消防联动控制器与消防泵控制箱、柜等设备相连接，接通电源，使消防联动控制器处于自动控制工作状态	
1 联动控制功能	4.16.5	1. 消防联动控制器应发出控制消防泵启动的启动信号，点亮启动指示灯	使报警阀防护区域内符合联动控制触发条件的一只火灾探测器或手动火灾报警按钮发出火灾报警信号、报警阀的压力开关动作，检查消防联动控制器的工作状态
		2. 消防泵控制箱、柜应控制启动消防泵	检查消防泵的启动情况

续表2-4-69

项目	GB 50166条款	检查要求	检查方法
1 联动控制功能	4.16.5	3. 消防联动控制器应接收并显示干管水流指示器的动作反馈信号，显示动作部件类型和地址注释信息，显示的地址注释信息应与现场部件设置表一致	检查消防联动控制器的显示情况
		4. 消防控制室图形显示装置应显示火灾报警控制器的火灾报警信号、消防联动控制器的启动信号、受控设备动作反馈信号，显示的信息应与控制器的显示一致	对照火灾报警控制器、消防联动控制器的显示信息，核查消防控制室图形显示装置信息显示情况
2 直接手动控制功能	4.16.6	1. 在消防控制室应能通过消防联动控制器的直接手动控制单元手动控制消防泵箱、柜启动消防泵	手动操作消防联动控制器直接手动控制单元的消防泵启动控制按钮、按键；检查消防泵的启动情况
		2. 应能通过消防联动控制器的直接手动控制单元手动控制消防泵箱、柜停止消防泵运转	手动操作消防联动控制器直接手动控制单元的消防泵停止控制按钮、按键；检查消防泵停止运转情况
		3. 消防控制室图形显示装置应显示消防联动控制器的直接手动启动、停止控制信号	检查消防控制室图形显示装置的显示情况
调试恢复	4.1.6	使消防联动控制器、火灾探测器、手动火灾报警按钮、自动喷水灭火系统部件等恢复正常工作状态	

Ⅳ 预作用式喷水灭火系统控制调试

4.16.7 应使消防联动控制器与消防泵控制箱、柜及预作用阀组等设备相连接，接通电源，使消防联动控制器处于自动控制工作状态。

4.16.8 应根据系统联动控制逻辑设计文件的规定，对预作用式灭火系统的联动控制功能进行检查并记录，预作用式喷水灭火系统的联动控制功能应符合下列规定：

1 应使报警阀防护区域内符合联动控制触发条件的两只火灾探测器，或一只火灾探测器和一只手动火灾报警按钮发出火灾报警信号；

2 消防联动控制器应发出控制预作用阀组开启的启动信号，系统设有快速排气装置时，消防联动控制器应同时发出控制排气阀前电动阀开启的启动信号，点亮启动指示灯；

3 预作用阀组、排气阀前的电动阀应开启；

4 消防联动控制器应接收并显示预作用阀组、排气阀前电动阀的动作反馈信号，显示设备的名称和地址注释信息，且控制器显示的地址注释信息应符合本标准第 4.2.2 条的规定；

5 开启预作用式灭火系统的末端试水装置，消防联动控制器应接收并显示干管水流指示器的动作反馈信号，显示设备的名称和地址注释信息，且控制器显示的地址注释信息应符合本标准第 4.2.2 条的规定；

6 消防控制器图形显示装置应显示火灾报警控制器的火灾报警信号、消防联动控制器的启动信号、受控设备的动作反馈信号，且显示的信息应与控制器的显示一致。

4.16.9 应根据系统联动控制逻辑设计文件的规定，在消防控制室对预作用阀组、排气阀前电动阀的直接手动控制功能进行检查并记录，预作用阀组、排气阀前电动阀的直接手动控制功能应符合下列规定：

1 应手动操作消防联动控制器直接手动控制单元的预作用阀组、排气阀前电动阀的开启控制按钮、按键，对应的预作用阀组、排气阀前电动阀应开启；

2 应手动操作消防联动控制器直接手动控制单元的预作用阀组、排气阀前电动阀的关闭控制按钮、按键，对应的预作用阀组、排气阀前电动阀应关闭；

3 消防控制室图形显示装置应显示消防联动控制器的直接手动启动、停止控制信号。

4.16.10 应根据系统联动控制逻辑设计文件的规定，在消防控制室对消防泵的直接手动控制功能进行检查并记录，消防泵的直接手动控制功能应符合本标准第 4.16.6 条的规定。

【条文解读】

1. 第 4.16.7 条规定了预作用式喷水灭火系统控制功能调试准备的要求，第 4.16.8 条规定了预作用式喷水灭火系统联动控制功能的调试要求，第 4.16.9 条规定了预作用式阀组、排气阀前电动阀直接手动控制功能的调试要求，第 4.16.10 条规定了预作用式喷水灭火系统消防泵直接手动控制功能的调试要求。

2. 本标准根据《火灾自动报警系统设计规范》GB 50116 的设计要求，明确、细化了预作用式喷水灭火系统联动控制的触发信号、控制逻辑和时序，预作用式喷水灭火系统联动控制逻辑如图 2-4-18 所示。

3. 根据预作用式喷水灭火系统的消防功能，结合《火灾自动报警系统设计规范》GB 50116 的设计要求，本标准明确规定了预作用式喷水灭火系统的调试应以预作用阀组的防护区域为单元，逐一分别对每个防护区域的预作用式喷水灭火系统的控制功能进行调试。

【实施要点】

1. 调试人员在对预作用式喷水灭火系统的控制功能调试时，应先使消防联动控制器与消防泵控制柜（箱）等设备相连接，接通电源，使消防联动控制器处于自动控制工作状态后，按下述步骤检查每个防护区域预作用式喷水灭火系统的控制功能是否符合系统联动控制逻辑设计文件的规定：

（1）使报警阀防护区域内符合联动控制触发条件的两只火灾探测器，或一只火灾探测器和一只手动火灾报警按钮发出火灾报警信号，检查预作用阀组、排气阀前的电动阀的联动控制功能。

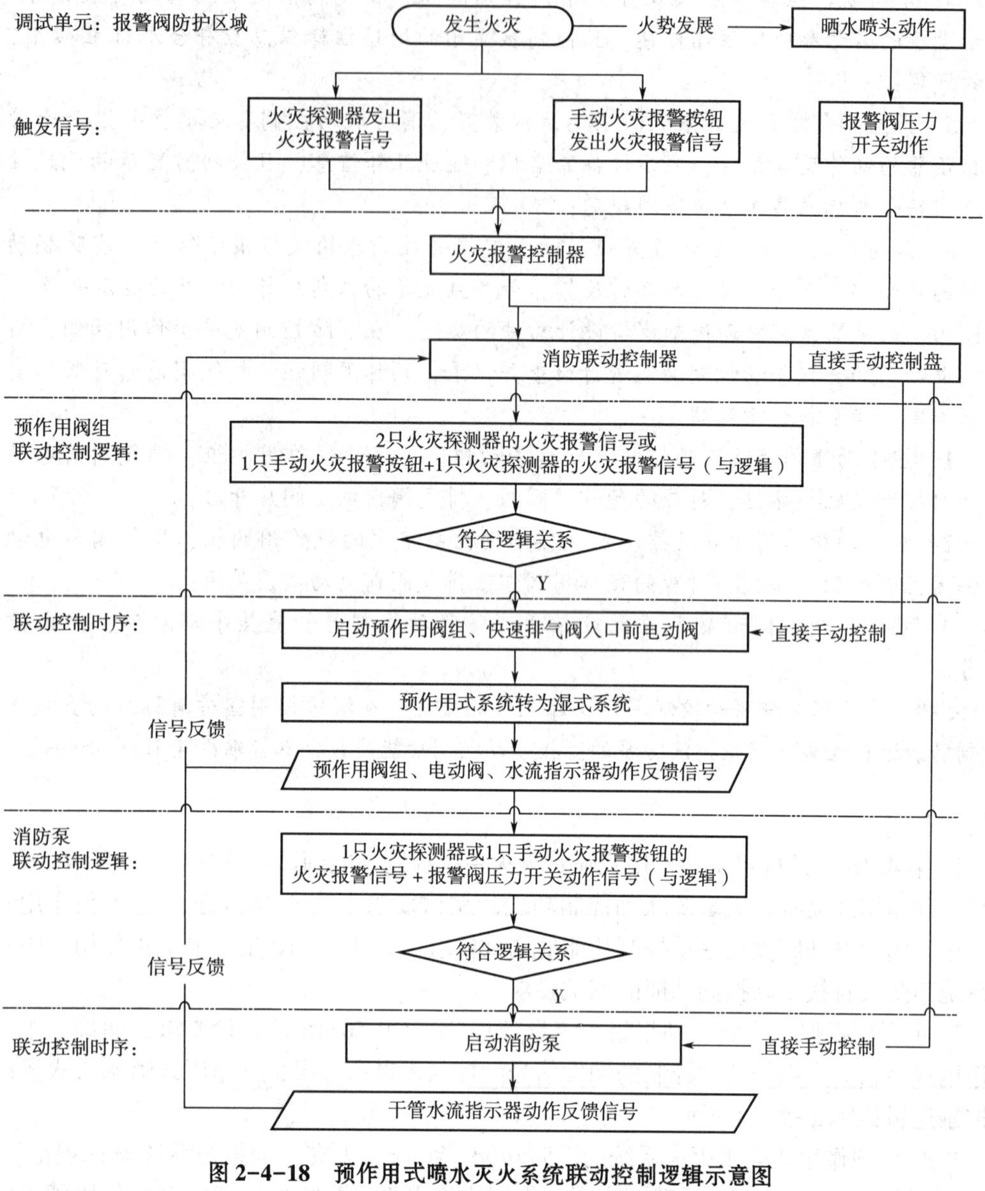

图 2-4-18　预作用式喷水灭火系统联动控制逻辑示意图

（2）开启预作用式灭火系统的末端试水装置，检查消防泵的联动控制功能。

（3）手动操作消防联动控制器直接手动控制单元的预作用阀组、排气阀前电动阀的开启控制按钮，检查消防联动控制器对预作用阀组、排气阀前电动阀的直接手动控制功能。

（4）手动操作消防联动控制器直接手动控制单元的消防泵停止、启动控制按钮，检查消防联动控制器对消防泵的直接手动控制功能。

（5）预作用式喷水灭火系统的联动控制功能不满足要求时，应检查、修正消防联动控制器的联动逻辑编程，并重新进行该防护区域预作用式喷水灭火系统控制功能的调试。

2. 预作用式喷水灭火系统控制功能调试要求和方法详见表 2-4-70。

表2-4-70 预作用式喷水灭火系统控制功能的调试要求和方法

项目	GB 50166条款	检查要求	检查方法
$n^{\#}$报警阀防护区域			
调试准备	4.2.3	1. 按照系统联动控制逻辑设计文件，进行防护区域预作用喷水灭火系统联动控制逻辑编程，并录入消防联动控制器中	
		2. 应按照系统联动控制逻辑设计文件的规定，进行消防联动控制器手动控制单元控制按钮、按键的编码设置	
	4.16.7	3. 使消防联动控制器与消防泵控制箱、柜等设备相连接，接通电源，使消防联动控制器处于自动控制工作状态	
1 预作用阀组和消防泵联动控制功能	4.16.8	1. 消防联动控制器应发出控制预作用阀组开启的启动信号；系统设有快速排气装置时，消防联动控制器应同时发出控制排气阀前电动阀开启的启动信号，点亮启动指示灯	使报警阀防护区域内符合联动控制触发条件的两只火灾探测器或一只火灾探测器和手动火灾报警按钮发出火灾报警信号；检查消防联动控制器的工作状态
		2. 预作用阀组、排气阀前电动阀应开启	检查预作用阀组、排气阀前电动阀的启动情况
		3. 消防联动控制器应接收并显示预作用阀组、排气阀前电动阀的动作反馈信号，显示动作部件类型和地址注释信息，显示的地址注释信息应与现场部件设置表一致	检查消防联动控制器的显示情况
		4. 末端试水装置开启后，消防联动控制器应接收并显示干管水流指示器的动作反馈信号，显示动作部件类型和地址注释信息，显示的地址注释信息应与现场部件设置表一致	开启喷水灭火系统的末端试水装置，检查消防联动控制器的显示情况
		5. 消防控制器图形显示装置应显示火灾报警控制器的火灾报警信号、消防联动控制器的启动信号、受控设备动作反馈信号，显示的信息应与控制器的显示一致	对照火灾报警控制器、消防联动控制器的显示信息，核查消防控制室图形显示装置信息显示情况

续表2-4-70

项目	GB 50166条款	检查要求	检查方法
2 预作用阀组和排气阀前电动阀直接手动控制功能	4.16.9	1. 在消防控制室应能通过消防联动控制器的直接手动控制单元手动控制预作用阀组、排气阀前电动阀的开启	手动操作消防联动控制器直接手动控制单元的预作用阀组、排气阀前电动阀启动控制按钮、按键；检查受控设备的启动情况
		2. 应能通过消防联动控制器的直接手动控制单元手动控制预作用阀组、排气阀前电动阀关闭	手动操作消防联动控制器直接手动控制单元的预作用阀组、排气阀前电动阀关闭控制按钮、按键；检查受控设备的关闭情况
		3. 消防控制室图形显示装置应显示消防联动控制器的直接手动启动、停止控制信号	检查消防控制室图形显示装置的显示情况
3 消防泵直接手动控制功能	4.16.6	1. 在消防控制室应能通过消防联动控制器的直接手动控制单元手动控制消防泵箱、柜启动消防泵	手动操作消防联动控制器直接手动控制单元的消防泵启动控制按钮、按键；检查消防泵的启动情况
		2. 应能通过消防联动控制器的直接手动控制单元手动控制消防泵箱、柜停止消防泵运转	手动操作消防联动控制器直接手动控制单元的消防泵停止控制按钮、按键；检查消防泵停止运转情况
		3. 消防控制室图形显示装置应显示消防联动控制器的直接手动启动、停止控制信号	检查消防控制室图形显示装置的显示情况
调试恢复	4.1.6	使消防联动控制器、火灾探测器、手动火灾报警按钮、自动喷水灭火系统部件等恢复正常工作状态	

V 雨淋系统控制调试

4.16.11 应使消防联动控制器与消防泵控制箱、柜及雨淋阀组等设备相连接，接通电源，使消防联动控制器处于自动控制工作状态。

4.16.12 应根据系统联动控制逻辑设计文件的规定，对雨淋系统的联动控制功能进行检查并记录，雨淋系统的联动控制功能应符合下列规定：

1 应使雨淋阀组防护区域内符合联动控制触发条件的两只感温火灾探测器，或一只感温火灾探测器和一只手动火灾报警按钮发出火灾报警信号；

2 消防联动控制器应发出控制雨淋阀组开启的启动信号，点亮启动指示灯；

3 雨淋阀组应开启；

4 消防联动控制器应接收并显示雨淋阀组、干管水流指示器的动作反馈信号，显示设备的名称和地址注释信息，且控制器显示的地址注释信息应符合本标准第4.2.2条的规定；

5 消防控制器图形显示装置应显示火灾报警控制器的火灾报警信号、消防联动控制器的启动信号、受控设备的动作反馈信号，且显示的信息应与控制器的显示一致。

4.16.13 应根据系统联动控制逻辑设计文件的规定，在消防控制室对雨淋阀组的直接手动控制功能进行检查并记录，雨淋阀组的直接手动控制功能应符合下列规定：

1 应手动操作消防联动控制器直接手动控制单元的雨淋阀组的开启控制按钮、按键，对应的雨淋阀组应开启；

2 应手动操作消防联动控制器直接手动控制单元的雨淋阀组的关闭控制按钮、按键，对应的雨淋阀组应关闭；

3 消防控制室图形显示装置应显示消防联动控制器的直接手动启动、停止控制信号。

4.16.14 应根据系统联动控制逻辑设计文件的规定，在消防控制室对消防泵的直接手动控制功能进行检查并记录，消防泵的直接手动控制功能应符合本标准第4.16.6条的规定。

【条文解读】

1. 第4.16.11条规定了雨淋系统控制功能调试的准备要求，第4.16.12条规定了雨淋系统联动控制功能的调试要求，第4.16.13条规定了雨淋阀组直接手动控制功能的调试要求，第4.16.14条规定了雨淋系统消防泵直接手动控制功能的调试要求。

2. 本标准根据《火灾自动报警系统设计规范》GB 50116的设计要求，明确、细化了雨淋系统联动控制的触发信号、控制逻辑和时序，雨淋系统联动控制逻辑如图2-4-19所示。

3. 根据雨淋系统的消防功能，结合《火灾自动报警系统设计规范》GB 50116的设计要求，本标准明确了雨淋系统的调试应以雨淋阀组的防护区域为单元，逐一分别对每个防护区域的雨淋系统的控制功能进行调试。

【实施要点】

1. 调试人员在对雨淋系统的控制功能调试时，应先使消防联动控制器与消防泵控制箱、柜及雨淋阀组等设备相连接，接通电源，使消防联动控制器处于自动控制工作状态后，按下述步骤检查每个防护区域雨淋系统的控制功能是否符合系统联动控制逻辑设计文件的规定：

（1）使报警阀防护区域内符合联动控制触发条件的两只感温火灾探测器，或一只感温火灾探测器和一只手动火灾报警按钮发出火灾报警信号，检查雨淋阀组、消防泵的联动控制功能。

（2）手动操作消防联动控制器直接手动控制单元的雨淋阀组的开启控制按钮，检查雨淋阀组的直接手动控制功能。

（3）手动操作消防联动控制器直接手动控制单元的消防泵停止、启动控制按钮，检查消防联动控制器对消防泵的直接手动控制功能。

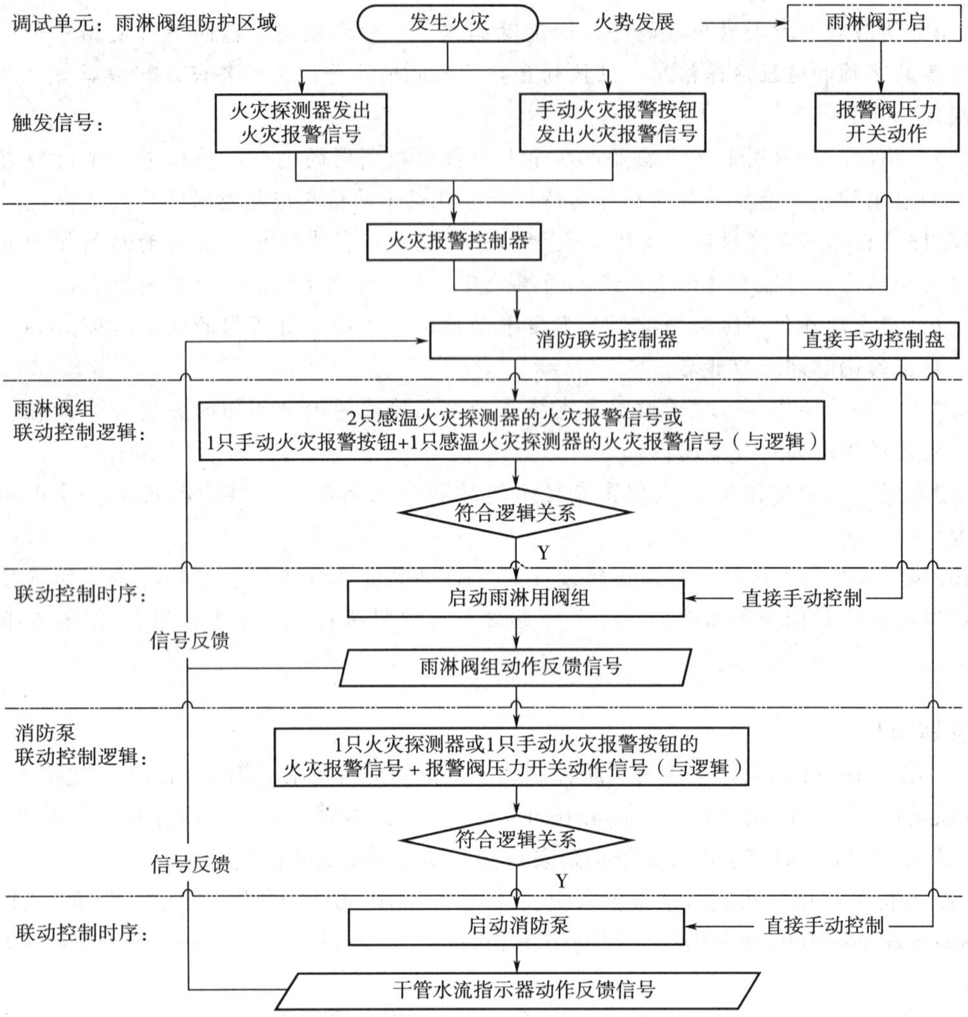

图 2-4-19　雨淋系统联动控制逻辑示意图

（4）雨淋系统的联动控制功能不满足要求时，应检查、修正消防联动控制器的联动逻辑编程，并重新进行该防护区域雨淋系统控制功能的调试。

2. 雨淋系统控制功能的调试要求和方法详见表 2-4-71。

表2-4-71　雨淋系统控制功能的调试要求和方法

项目	GB 50166条款	检查要求	检查方法
n #雨淋阀组防护区域			
调试准备	4.2.3	1. 按照系统联动控制逻辑设计文件，进行防护区域雨淋系统联动控制逻辑编程，并录入消防联动控制器中	
		2. 应按照系统联动控制逻辑设计文件的规定，进行消防联动控制器手动控制单元控制按钮、按键的编码设置	

续表2-4-71

项目	GB 50166 条款	检查要求	检查方法
调试准备	4.16.11	3. 使消防联动控制器与消防泵控制箱、柜等设备相连接，接通电源，使消防联动控制器处于自动控制工作状态	
1 雨淋阀组、消防泵联动控制功能	4.16.12	1. 消防联动控制器应发出控制雨淋阀组启动的启动信号，点亮启动指示灯	使雨淋阀组防护区域内符合联动控制触发条件的两只感温火灾探测器或一只感温火灾探测器和手动火灾报警按钮发出火灾报警信号，检查消防联动控制器的工作状态
		2. 雨淋阀组应开启	检查雨淋阀组的启动情况
		3. 消防联动控制器应接收并显示雨淋阀组、干管水流指示器的动作反馈信号，显示动作部件类型和地址注释信息，显示的地址注释信息应与现场部件设置表一致	检查消防联动控制器的显示情况
		4. 消防控制器图形显示装置应显示火灾报警控制器的火灾报警信号、消防联动控制器的启动信号、受控设备动作反馈信号，显示的信息应与控制器的显示一致	对照火灾报警控制器、消防联动控制器的显示信息，核查消防控制室图形显示装置信息显示情况
2 雨淋阀组直接手动控制功能	4.16.13	1. 在消防控制室应能通过消防联动控制器的直接手动控制单元手动控制雨淋阀组的开启	手动操作消防联动控制器直接手动控制单元的雨淋阀组启动控制按钮、按键；检查受控设备的启动情况
		2. 应能通过消防联动控制器的直接手动控制单元手动控制雨淋阀组关闭	手动操作消防联动控制器直接手动控制单元的雨淋阀组关闭控制按钮、按键；检查受控设备的关闭情况
		3. 消防控制室图形显示装置应显示消防联动控制器的直接手动启动、停止控制信号	检查消防控制室图形显示装置的显示情况
3 消防泵直接手动控制功能	4.16.6	1. 在消防控制室应能通过消防联动控制器的直接手动控制单元手动控制消防泵箱、柜启动消防泵	手动操作消防联动控制器直接手动控制单元的消防泵启动控制按钮、按键；检查消防泵的启动情况
		2. 应能通过消防联动控制器的直接手动控制单元手动控制消防泵箱、柜停止消防泵运转	手动操作消防联动控制器直接手动控制单元的消防泵停止控制按钮、按键；检查消防泵停止运转情况

续表2-4-71

项目	GB 50166 条款	检查要求	检查方法
3 消防泵直接手动控制功能	4.16.6	3. 消防控制室图形显示装置应显示消防联动控制器的直接手动启动、停止控制信号	检查消防控制室图形显示装置的显示情况
调试恢复	4.1.6	使消防联动控制器、火灾探测器、手动火灾报警按钮、自动喷水灭火系统部件等恢复正常工作状态	

Ⅵ 自动控制的水幕系统控制调试

4.16.15 应使消防联动控制器与消防泵控制箱、柜及雨淋阀组等设备相连接，接通电源，使消防联动控制器处于自动控制工作状态。

4.16.16 自动控制的水幕系统用于防火卷帘保护时，应根据系统联动控制逻辑设计文件的规定，对水幕系统的联动控制功能进行检查并记录，水幕系统的联动控制功能应符合下列规定：

1 应使防火卷帘所在报警区域内符合联动控制触发条件的一只火灾探测器或一只手动火灾报警按钮发出火灾报警信号，使防火卷帘下降至楼板面；

2 消防联动控制器应发出控制雨淋阀组开启的启动信号，点亮启动指示灯；

3 雨淋阀组应开启；

4 消防联动控制器应接收并显示防火卷帘下降至楼板面的限位反馈信号和雨淋阀组、干管水流指示器的动作反馈信号，显示设备的名称和地址注释信息，且控制器显示的地址注释信息应符合本标准第4.2.2条的规定；

5 消防控制器图形显示装置应显示火灾报警控制器的火灾报警信号、防火卷帘下降至楼板面的限位反馈信号、消防联动控制器的启动信号、受控设备的动作反馈信号，且显示的信息应与控制器的显示一致。

4.16.17 自动控制的水幕系统用于防火分隔时，应根据系统联动控制逻辑设计文件的规定，对水幕系统的联动控制功能进行检查并记录，水幕系统的联动控制功能应符合下列规定：

1 应使报警区域内符合联动控制触发条件的两只感温火灾探测器发出火灾报警信号；

2 消防联动控制器应发出控制雨淋阀组开启的启动信号，点亮启动指示灯；

3 雨淋阀组应开启；

4 消防联动控制器应接收并显示雨淋阀组、干管水流指示器的动作反馈信号，显示设备的名称和地址注释信息，且控制器显示的地址注释信息应符合本标准第4.2.2条的规定；

5 消防控制器图形显示装置应显示火灾报警控制器的火灾报警信号、消防联动控制器的启动信号、受控设备的动作反馈信号，且显示的信息应与控制器的显示一致。

4.16.18 应根据系统联动控制逻辑设计文件的规定，在消防控制室对雨淋阀组的直接手动控制功能进行检查并记录，雨淋阀组的直接手动控制功能应符合本标准第4.16.13条的规定。

4.16.19 应根据系统联动控制逻辑设计文件的规定，在消防控制室对消防泵的直接手动控制功能进行检查并记录，消防泵的直接手动控制功能应符合本标准第4.16.6条的规定。

【条文解读】

1. 第4.16.15条规定了自动控制的水幕系统控制功能调试的准备要求，第4.16.16条规定了用于防火卷帘保护的水幕系统联动控制功能的调试要求，第4.16.17条规定了防火分隔水幕系统联动控制功能的调试要求，第4.16.18条规定了水幕系统雨淋阀组直接手动控制功能的调试要求，第4.16.19条规定了水幕系统消防泵直接手动控制功能的调试要求。

2. 本标准根据《火灾自动报警系统设计规范》GB 50116的设计要求，明确、细化了水幕系统联动控制的触发信号、控制逻辑和时序。

(1) 用于防火卷帘保护的水幕系统的联动控制逻辑如图2-4-20所示。

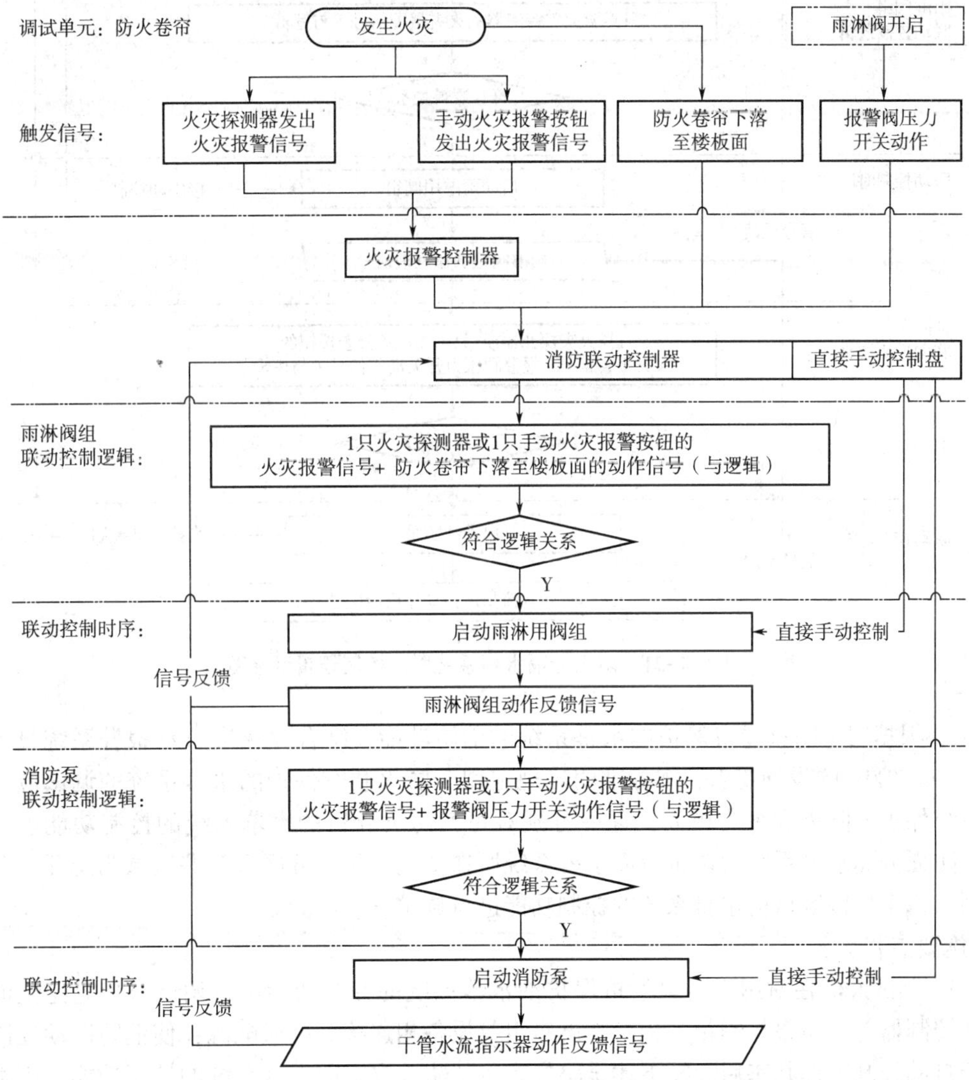

图2-4-20 用于防火卷帘保护的水幕系统联动控制逻辑示意图

(2) 防火分隔水幕系统的联动控制逻辑如图 2-4-21 所示。

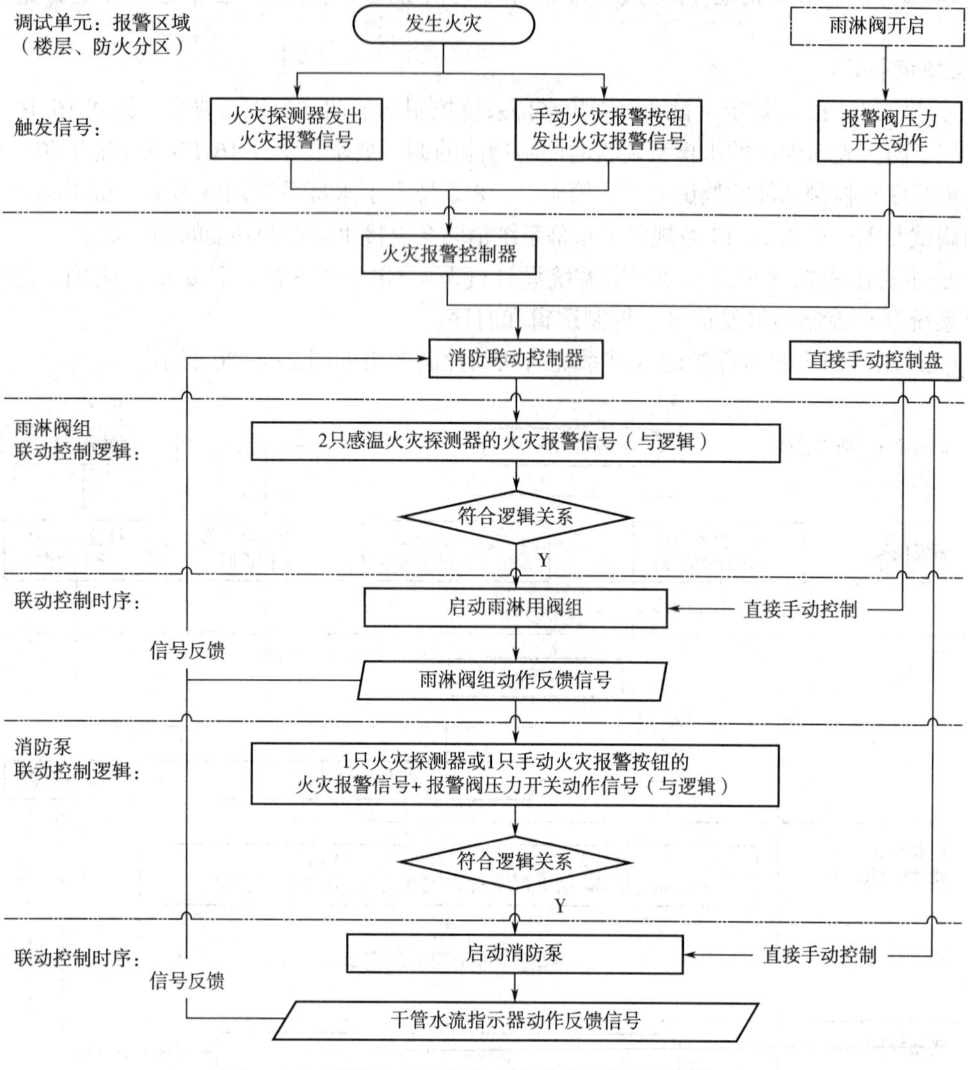

图 2-4-21 防火分隔水幕系统联动控制逻辑示意图

3. 根据用于防火卷帘保护的水幕系统的消防功能，结合《火灾自动报警系统设计规范》GB 50116 的设计要求，本标准明确规定用于防火卷帘保护的水幕系统的调试应以水幕系统保护的防火卷帘为单元，逐一分别对每樘防火卷帘的水幕系统的控制功能进行调试；防火分隔水幕系统的调试应以水幕系统所在楼层、防火分区等报警区域为单元，逐一分别对每个报警区域的水幕系统的控制功能进行调试。

【实施要点】

1. 调试人员在对用于防火卷帘保护的水幕系统的控制功能进行调试时，应先使消防联动控制器与消防泵控制箱、柜及雨淋阀组等设备相连接，接通电源；使消防联动控制器处于自动控制工作状态后，按下述步骤检查每樘防火卷帘的水幕系统的控制功能是否符合系统联动控制逻辑设计文件的规定：

（1）使防火卷帘所在报警区域内符合联动控制触发条件的一只火灾探测器或一只手动火灾报警按钮发出火灾报警信号，使防火卷帘下降至楼板面；检查雨淋阀组、消防泵的联动控制功能。

（2）手动操作消防联动控制器直接手动控制单元的雨淋阀组的开启控制按钮，检查雨淋阀组的直接手动控制功能。

（3）手动操作消防联动控制器直接手动控制单元的消防泵停止、启动控制按钮，检查消防联动控制器对消防泵的直接手动控制功能。

（4）防火卷帘保护的水幕系统的联动控制功能不满足要求时，应检查、修正消防联动控制器的联动逻辑编程，并重新进行该樘防火卷帘的水幕系统控制功能的调试。

2. 调试人员在对防火分隔水幕系统的控制功能进行调试时，应先使消防联动控制器与消防泵控制箱、柜及雨淋阀组等设备相连接，接通电源；使消防联动控制器处于自动控制工作状态后，按下述步骤检查每个报警区域防火分隔水幕系统的控制功能是否符合系统联动控制逻辑设计文件的规定：

（1）使报警区域内符合联动控制触发条件的两只感温火灾探测器发出火灾报警信号，检查雨淋阀组、消防泵的联动控制功能。

（2）手动操作消防联动控制器直接手动控制单元的雨淋阀组的开启控制按钮，检查雨淋阀组的直接手动控制功能。

（3）手动操作消防联动控制器直接手动控制单元的消防泵停止、启动控制按钮，检查消防联动控制器对消防泵的直接手动控制功能。

（4）防火分隔水幕系统的联动控制功能不满足要求时，应检查、修正消防联动控制器的联动逻辑编程，并重新进行该报警区域防火分隔水幕系统控制功能的调试。

3. 水幕系统控制功能的调试要求和方法详见表2-4-72。

表2-4-72 水幕系统控制功能的调试要求和方法

<table>
<tr><th>项目</th><th>GB 50166条款</th><th>检查要求</th><th>检查方法</th></tr>
<tr><td rowspan="3">调试准备</td><td rowspan="2">4.2.3</td><td colspan="2">1. 按照系统联动控制逻辑设计文件，进行水幕系统联动控制逻辑编程，并录入消防联动控制器中</td></tr>
<tr><td colspan="2">2. 应按照系统联动控制逻辑设计文件的规定，进行消防联动控制器手动控制单元控制按钮、按键的编码设置</td></tr>
<tr><td>4.16.15</td><td colspan="2">3. 使消防联动控制器与消防泵控制箱、柜及雨淋阀组等设备相连接，接通电源，使消防联动控制器处于自动控制工作状态</td></tr>
<tr><td colspan="4">$n^{\#}$防火卷帘的水幕系统</td></tr>
<tr><td>1 用于防火卷帘保护的水幕系统雨淋阀组、消防泵联动控制功能</td><td>4.16.16</td><td>1. 消防联动控制器应发出控制雨淋阀组启动的启动信号，点亮启动指示灯</td><td>使防火卷帘所在报警区域内符合联动控制触发条件的一只火灾探测器或手动火灾报警按钮发出火灾报警信号，使防火卷帘下降至楼板面，检查消防联动控制器的工作状态</td></tr>
</table>

续表2-4-72

项目	GB 50166条款	检查要求	检查方法
1 用于防火卷帘保护的水幕系统雨淋阀组、消防泵联动控制功能	4.16.16	2. 雨淋阀组应开启	检查雨淋阀组的启动情况
		3. 消防联动控制器应接收并显示防火卷帘下降至楼板面的限位反馈信号和雨淋阀组、干管水流指示器的动作反馈信号，显示动作部件类型和地址注释信息，显示的地址注释信息应与现场部件设置表一致	检查消防联动控制器的显示情况
		4. 消防控制器图形显示装置应显示火灾报警控制器的火灾报警信号、防火卷帘下降至楼板面的限位反馈信号、消防联动控制器的启动信号、受控设备动作反馈信号，显示的信息应与控制器的显示一致	对照火灾报警控制器、消防联动控制器的显示信息，核查消防控制室图形显示装置信息显示情况
$n^{\#}$报警区域			
2 防火分隔水幕系统雨淋阀组、消防泵联动控制功能	4.16.17	1. 消防联动控制器应发出控制雨淋阀组启动的启动信号，点亮启动指示灯	使报警区域内符合联动控制触发条件的两只感温火灾探测器发出火灾报警信号，检查消防联动控制器的工作状态
		2. 雨淋阀组应开启	检查雨淋阀组的启动情况
		3. 消防联动控制器应接收并显示雨淋阀组、干管水流指示器的动作反馈信号，显示动作部件类型和地址注释信息，显示的地址注释信息应与现场部件设置表一致	检查消防联动控制器的显示情况
		4. 消防控制器图形显示装置应显示火灾报警控制器的火灾报警信号、消防联动控制器的启动信号、受控设备动作反馈信号，显示的信息应与控制器的显示一致	对照火灾报警控制器、消防联动控制器的显示信息，核查消防控制室图形显示装置信息显示情况
3 雨淋阀组直接手动控制功能	4.16.13	1. 在消防控制室应能通过消防联动控制器的直接手动控制单元手动控制雨淋阀组的开启	手动操作消防联动控制器直接手动控制单元的雨淋阀组启动控制按钮、按键；检查受控设备的启动情况

续表2-4-72

项目	GB 50166条款	检查要求	检查方法
3 雨淋阀组直接手动控制功能	4.16.13	2. 应能通过消防联动控制器的直接手动控制单元手动控制雨淋阀组关闭	手动操作消防联动控制器直接手动控制单元的雨淋阀组关闭控制按钮、按键；检查受控设备的关闭情况
		3. 消防控制室图形显示装置应显示消防联动控制器的直接手动启动、停止控制信号	检查消防控制室图形显示装置的显示情况
4 消防泵直接手动控制功能	4.16.6	1. 在消防控制室应能通过消防联动控制器的直接手动控制单元手动控制消防泵箱、柜启动消防泵	手动操作消防联动控制器直接手动控制单元的消防泵启动控制按钮、按键；检查消防泵的启动情况
		2. 应能通过消防联动控制器的直接手动控制单元手动控制消防泵箱、柜停止消防泵运转	手动操作消防联动控制器直接手动控制单元的消防泵停止控制按钮、按键；检查消防泵停止运转情况
		3. 消防控制室图形显示装置应显示消防联动控制器的直接手动启动、停止控制信号	检查消防控制室图形显示装置的显示情况
调试恢复	4.1.6	使消防联动控制器、火灾探测器、手动火灾报警按钮、自动喷水灭火系统部件等恢复正常工作状态	

4.17 消火栓系统调试

Ⅰ 系统联动部件调试

4.17.1 应对消防泵控制箱、柜的主要功能和性能进行检查并记录，消防泵控制箱、柜的主要功能和性能应符合本标准第4.16.1条的规定。

4.17.2 应对水流指示器，压力开关，信号阀，消防水箱、池液位探测器的主要功能和性能进行检查并记录，设备的主要功能和性能应符合本标准第4.16.2条和第4.16.3条的规定。

4.17.3 应对消火栓按钮的离线故障报警功能进行检查并记录，消火栓按钮的离线故障报警功能应符合下列规定：

1 使消火栓按钮处于离线状态，消防联动控制器应发出故障声、光信号；

2 消防联动控制器的报警信息显示功能应符合本标准第4.1.2条的规定。

4.17.4 对消火栓按钮的启动、反馈功能进行检查并记录，消火栓按钮的启动、反馈功能应符合下列规定：

1 使消火栓按钮动作，消火栓按钮启动确认灯应点亮并保持，消防联动控制器应发出声、光报警信号，记录启动时间；

2 消防联动控制器应显示启动设备名称和地址注释信息，且控制器显示的地址注释信息应符合本标准第 4.2.2 条的规定；

3 消防泵启动后，消火栓按钮回答确认灯应点亮并保持。

【条文解读】

1. 第 4.17.1 条规定了消防泵控制箱、柜基本功能的调试要求，第 4.17.2 条规定了水流指示器、压力开关、信号阀、液位探测器的调试要求，第 4.17.3 条、第 4.17.4 条规定了消火栓按钮的调试要求。

2. 消火栓系统的消防泵控制箱、水流指示器、压力开关、信号阀、液位探测器等系统设备和部件与自动喷水灭火系统相同，上述系统设备和部件的调试内容和要求参见自动喷水灭火系统章节。

3.《消防联动控制系统》GB 16806 对消火栓按钮的基本功能做出了明确的规定：

（1）消火栓按钮应具有向消火栓水泵控制器或消防联动控制器发送启动控制信号，并接收水泵启动回答信号的功能。

（2）消火栓按钮从正常监视状态进入启动状态，可以通过击碎启动零件或使启动零件移位完成。

（3）消火栓按钮应设红色启动确认灯，消火栓按钮启动零件动作后，启动确认灯应点亮，并保持至启动状态被复位。

（4）消火栓按钮应设绿色回答确认灯，水泵启动并给出回答信号后，回答确认灯应点亮，并保持至水泵停止工作。

【实施要点】

1. 调试人员在对消火栓按钮进行调试时，应首先按照消防联动控制器现场部件设置情况表核查消火栓按钮的设置部位是否准确，并按下述步骤检查消火栓按钮的离线故障报警功能是否符合《消防联动控制系统》GB 16806 的规定：

（1）使消火栓按钮与总线的连接线路断开，检查控制器能否在 100s 内发出故障报警信号，并准确显示故障按钮的类型和地址注释信息。

（2）消火栓按钮离线后，控制器未在 100s 内发出故障报警信号，应检查并处理消火栓按钮的地址设置和控制器的地址注册环节存在的问题。

（3）如控制器显示的消火栓按钮的地址注册信息有误，应对错误的地址注释予以修正，并重新对消火栓按钮的故障报警功能进行调试。

2. 消火栓按钮的离线故障报警功能调试结束后，调试人员应恢复按钮的正常连接，观察按钮的巡检指示灯正常闪亮后，按下述步骤检查消火栓按钮的启动、反馈功能是否符合相关标准的规定：

（1）手动操作按钮的启动零件移位，检查按钮的启动、反馈功能。

（2）消火栓按钮的启动、反馈功能不满足要求时，应更换相同规格型号的按钮，按原按钮的地址编号进行地址设置和注册后，重新进行按钮的离线故障报警及启动、反馈功能调试。

3. 消火栓按钮的调试要求和方法详见表2-4-73。

表2-4-73 消火栓按钮的调试要求和方法

项目	GB 50166条款	检查要求	检查方法
地址设置	4.2.2	按照现场部件设置表对消火栓按钮进行地址设置，在控制器上进行地址注册和地址注释	
1 消火栓按钮离线故障报警功能	4.17.3	1. 按钮离线时，控制器应发出故障声、光信号	使按钮处于离线状态；观察控制器的故障报警情况
		2. 控制器应显示故障部件的类型和地址注释信息，且显示的地址注释信息应与现场部件设置表一致	检查控制器故障信息显示情况
2 启动功能	4.17.4	1. 按钮启动后，启动确认灯应点亮并保持，控制器应发出声、光报警信号，记录启动时间	手动操作按钮动作，检查按钮启动确认灯点亮情况、控制器报警情况、启动时间记录情况
		2. 控制器应显示启动部件的类型和地址注释信息，且显示的地址注释信息应与现场部件设置表一致	检查控制器启动信息显示情况
3 反馈功能		消防泵启动后，按钮回答确认灯应点亮并保持	模拟输入消防泵启动反馈信号，观察按钮回答确认灯点亮情况

Ⅱ 消火栓系统控制调试

4.17.5 应使消防联动控制器与消防泵控制箱、柜等设备相连接，接通电源，使消防联动控制器处于自动控制工作状态。

4.17.6 应根据系统联动控制逻辑设计文件的规定，对消火栓系统的联动控制功能进行检查并记录，消火栓系统的联动控制功能应符合下列规定：

1 应使任一报警区域的两只火灾探测器，或一只火灾探测器和一只手动火灾报警按钮发出火灾报警信号，同时使消火栓按钮动作；

2 消防联动控制器应发出控制消防泵启动的启动信号，点亮启动指示灯；

3 消防泵控制箱、柜应控制消防泵启动；

4 消防联动控制器应接收并显示干管水流指示器的动作反馈信号，显示设备的名称和地址注释信息，且控制器显示的地址注释信息应符合本标准第4.2.2条的规定；

5 消防控制器图形显示装置应显示火灾报警控制器的火灾报警信号、消火栓按钮的启动信号、消防联动控制器的启动信号、受控设备的动作反馈信号，且显示的信息应与控制器的显示一致。

4.17.7 应根据系统联动控制逻辑设计文件的规定，在消防控制室对消防泵的直接手动控制功能进行检查并记录，消防泵的直接手动控制功能应符合本标准第4.16.6条的规定。

【条文解读】

1. 第 4.17.5 条规定了消火栓系统控制功能调试的准备要求，第 4.17.6 条规定了消火栓系统联动控制功能的调试要求，第 4.17.7 条规定了消火栓系统消防泵直接手动控制功能的调试要求。

2. 本标准根据《火灾自动报警系统设计规范》GB 50116 的设计要求，明确、细化了消火栓系统联动控制的触发信号、控制逻辑和时序，消火栓系统联动控制逻辑如图 2-4-22 所示。

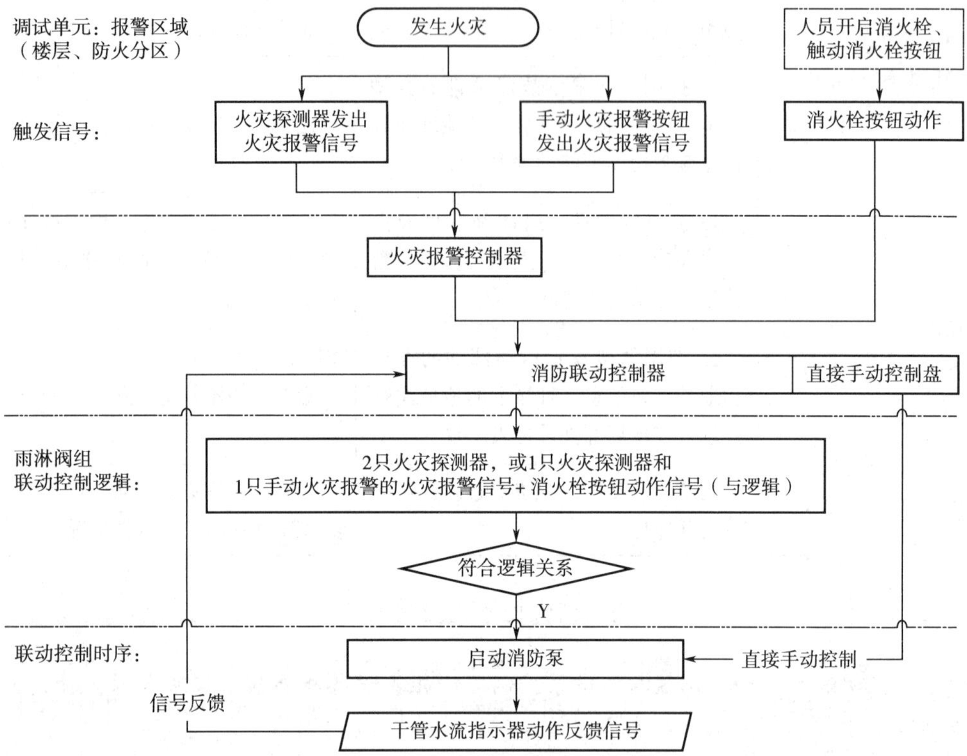

图 2-4-22 消火栓系统联动控制逻辑示意图

3. 根据消火栓系统的消防功能，结合《火灾自动报警系统设计规范》GB 50116 的设计要求，本标准明确规定消火栓系统的调试应以消火栓所在报警区域为单元，逐一分别对每个报警区域的消火栓系统的控制功能进行调试。

【实施要点】

1. 调试人员在对消火栓系统的控制功能调试时，应先使消防联动控制器与消防泵控制箱、柜等设备相连接，接通电源，使消防联动控制器处于自动控制工作状态后，按下述步骤检查每个报警区域的消火栓系统的控制功能是否符合系统联动控制逻辑设计文件的规定：

（1）使报警区域的两只火灾探测器，或一只火灾探测器和一只手动火灾报警按钮发出火灾报警信号，同时使消火栓按钮动作；检查消火栓系统的联动控制功能。

（2）手动操作消防联动控制器直接手动控制单元的消防泵停止、启动控制按钮，检查消防联动控制器对消防泵的直接手动控制功能。

(3) 消火栓系统的联动控制功能不满足要求时，应检查、修正消防联动控制器的联动逻辑编程，并重新进行该报警区域消火栓系统控制功能的调试。

2. 消火栓系统的控制功能的调试要求和方法详见表2-4-74。

表2-4-74 消火栓系统控制功能的调试要求和方法

项目	GB 50166 条款	检查要求	检查方法
n #报警区域			
调试准备	4.2.3	1. 按照系统联动控制逻辑设计文件，进行报警区域消火栓系统联动控制逻辑编程，并录入消防联动控制器中	
		2. 应按照系统联动控制逻辑设计文件的规定，进行消防联动控制器手动控制单元控制按钮、按键的编码设置	
	4.17.5	3. 使消防联动控制器与消防泵控制箱、柜等设备相连接，接通电源，使消防联动控制器处于自动控制工作状态	
1 联动控制功能	4.17.6	1. 消防联动控制器应发出控制消防泵启动的启动信号，点亮启动指示灯	使任一报警区域的两只火灾探测器或一只火灾探测器和手动火灾报警按钮发出火灾报警信号、使消火栓按钮动作，检查消防联动控制器的工作状态
		2. 消防泵控制箱、柜应控制启动消防泵	检查消防泵的启动情况
		3. 消防联动控制器应接收并显示干管水流指示器的动作反馈信号，显示动作部件类型和地址注释信息，显示的地址注释信息应与现场部件设置表一致	检查消防联动控制器的显示情况
		4. 消防控制器图形显示装置应显示火灾报警控制器的火灾报警信号、消火栓按钮的启动信号、消防联动控制器的启动信号、受控设备动作反馈信号，显示的信息应与控制器的显示一致	对照火灾报警控制器、消防联动控制器的显示信息，核查消防控制室图形显示装置信息显示情况
2 直接手动控制功能	4.16.6	1. 在消防控制室应能通过消防联动控制器的直接手动控制单元手动控制消防泵箱、柜启动消防泵	手动操作消防联动控制器直接手动控制单元的消防泵启动控制按钮、按键；检查消防泵的启动情况

续表2-4-74

项目	GB 50166 条款	检查要求	检查方法
2 直接手动控制功能	4.16.6	2. 应能通过消防联动控制器的直接手动控制单元手动控制消防泵箱、柜停止消防泵运转	手动操作消防联动控制器直接手动控制单元的消防泵停止控制按钮、按键；检查消防泵停止运转情况
		3. 消防控制室图形显示装置应显示消防联动控制器的直接手动启动、停止控制信号	检查消防控制室图形显示装置的显示情况
调试恢复	4.1.6	使消防联动控制器、火灾探测器、手动火灾报警按钮、消火栓系统部件等恢复正常工作状态	

4.18 防排烟系统调试

Ⅰ 风机控制箱、柜调试

4.18.1 应使风机控制箱、柜与加压送风机或排烟风机相连接，接通电源，使风机控制箱、柜处于正常监视状态。对风机控制箱、柜下列主要功能进行检查并记录，风机控制箱、柜的功能应符合现行国家标准《消防联动控制系统》GB 16806 的规定：

1 操作级别；

2 自动、手动工作状态转换功能；

3 手动控制功能；

4 自动启动功能；

5 手动控制插入优先功能。

【条文解读】

1. 本条规定了风机控制箱、柜的调试要求。

2. 防烟、排烟风机控制箱、柜属于消防联动控制系统的电气控制装置范畴，《消防联动控制系统》GB 16806 对风机控制箱、柜的基本功能做出了明确的规定：

（1）操作级别。风机控制箱、柜的操作功能应符合表 2-4-75 规定的操作级别要求。

表2-4-75 风机控制箱、柜的操作级别划分表

序号	操作项目	Ⅰ	Ⅱ	Ⅲ	Ⅳ
1	查询信息	M	M	M	M
2	消除声信号	O	M	M	M
3	复位	P	M	M	M

续表2-4-75

序号	操作项目	Ⅰ	Ⅱ	Ⅲ	Ⅳ
4	手动操作	P	M	M	M
5	进入自检、屏蔽和解除屏蔽等工作状态	P	M	M	M
6	调整计时装置	P	M	M	M
7	开、关电源	P	M	M	M
8	输入或更改数据	P	P	M	M
9	延时功能设置	P	P	M	M
10	报警区域编程	P	P	M	M
11	修改或改变软、硬件	P	P	P	M

注：1. P为禁止本级操作；O为可选择是否由本级操作；M为可进行本级及本级以下操作。

2. 进入Ⅱ、Ⅲ级操作功能状态应采用钥匙、操作号码，用于进入Ⅲ级操作功能状态的钥匙或操作号码可用于进入Ⅱ级操作功能状态，但用于进入Ⅱ级操作功能状态的钥匙或操作号码不能用于进入Ⅲ级操作功能状态。

（2）手动、自动工作状态转换功能。

1）消防电气控制装置应具有手动和自动控制方式。

2）消防电气控制装置应设绿色自动/手动工作状态指示灯，在处于自动工作状态时，指示灯应点亮。

（3）手动控制功能。消防电气控制装置应能以手动方式控制受控设备进入预定的工作状态。

（4）自动启动功能。

1）消防电气控制装置应能接收来自消防联动控制器的联动控制信号，在自动工作状态下，执行预定的动作，控制受控设备进入预定的工作状态；消防电气控制装置应设红色联动控制指示灯，当有联动信号输入或启动器件动作时，指示灯应点亮，并应发出与故障声有明显区别的声信号。

2）处于自动工作状态的消防电气控制装置在接收到启动器件的动作信号后，应执行预定的动作，控制受控设备进入预定的工作状态。

3）消防电气控制装置在接收到控制信号后，应在3s内执行预定的动作，控制受控设备进入预定的工作状态（有延时要求除外）；消防电气控制装置应设红色受控设备启动指示灯，受控设备启动后指示灯应点亮。

4）消防电气控制装置应能接收受控设备的工作状态信息，并在3s内将信息传送给消防联动控制器。

（5）手动控制插入优先功能。在自动工作状态下或延时启动期间，手动插入控制应优先。

【实施要点】

1. 调试人员在对风机控制箱、柜进行调试时，应先将风机控制箱、柜与防烟、排烟风机相连接后，接通风机控制箱、柜的电源，使风机控制箱、柜稳定运行10min，期间风机控制箱、柜应无异响，且显示正常。风机控制箱、柜如有故障报警等异常情况，应进行故障排查，待故障处理后，按下列步骤检查风机控制箱、柜的基本功能是否符合《消防联动控制系统》GB 16806 的规定：

（1）检查风机控制箱、柜操作级别划分情况。

（2）手动操作控制箱、柜的手动、自动控制转换控制按钮、按键，检查风机控制箱、柜的自动、手动工作状态转换功能。

（3）分别手动操作控制箱的风机启动、停止按钮，检查风机控制箱、柜的手动控制功能。

（4）手动操作控制箱、柜的手动、自动控制转换控制按钮，使控制箱、柜处于自动控制状态，模拟输入消防联动控制器的启动信号，检查消防泵控制箱、柜的自动启动功能。

（5）手动操作控制箱风机停止按钮，检查风机控制箱、柜的手动控制插入优先功能。

（6）调试过程中，如风机控制箱、柜的功能不符合《消防联动控制系统》GB 16806 的相关规定，应对风机控制箱、柜的相关部件或整机进行更换。

2. 风机控制箱、柜的调试要求和方法详见表 2-4-76。

表2-4-76　风机控制箱、柜的调试要求和方法

项目	GB 50166 条款	检查要求	检查方法
调试准备	4. 18. 1	使风机控制箱、柜与加压送风机或排烟风机相连接，接通电源，使风机控制箱、柜处于正常监视状态	
1 操作级别		控制箱、柜应根据不同的使用对象设置不同的操作级别	检查控制箱、柜操作级别划分情况是否符合《消防联动控制系统》GB 16806 的规定
2 手动、自动转换功能		控制箱、柜应设有手动、自动控制转换功能，且控制箱应能准确显示手动、自动控制工作状态	手动操作控制箱、柜的手动、自动控制转换控制按钮、按键，检查控制箱、柜的显示情况
3 手动控制功能		控制箱、柜应能手动控制风机的启动、停止	分别手动操作控制箱、柜风机启动按钮、按键，检查对应风机启动情况；手动操作风机停止按钮，检查对应风机停止运转情况
4 自动控制功能		控制箱、柜应能接收消防联动控制器的启动信号，控制风机的启动	手动操作控制箱、柜的手动、自动控制转换控制按钮、按键，使控制箱、柜处于自动控制状态，模拟输入消防联动控制器的启动信号，观察风机的启动情况

续表2-4-76

项目	GB 50166 条款	检查要求	检查方法
5 手动控制插入优先功能	4.18.1	风机处于自动控制启动状态时，控制箱、柜应能手动控制风机停止	手动操作控制箱、柜风机停止按钮，观察风机停止运转情况
调试恢复	4.1.6	恢复风机控制箱、柜的正常连接，使风机控制箱、柜处于正常监视状态	

Ⅱ 系统联动部件调试

4.18.2 应对电动送风口、电动挡烟垂壁、排烟口、排烟阀、排烟窗、电动防火阀的动作功能、动作信号反馈功能进行检查并记录，设备的动作功能、动作信号反馈功能应符合下列规定：

1 手动操作消防联动控制器总线控制单元电动送风口、电动挡烟垂壁、排烟口、排烟阀、排烟窗、电动防火阀的控制按钮、按键，对应的受控设备应灵活启动；

2 消防联动控制器应接收并显示受控设备的动作反馈信号，显示动作设备的名称和地址注释信息，且控制器显示的地址注释信息应符合本标准第4.2.2条的规定。

4.18.3 应对排烟风机入口处的总管上设置的280℃排烟防火阀的动作信号反馈功能进行检查并记录，排烟防火阀的动作信号反馈功能应符合下列规定：

1 排烟风机处于运行状态时，使排烟防火阀关闭，风机应停止运转；

2 消防联动控制器应接收排烟防火阀关闭、风机停止的动作反馈信号，显示动作设备的名称和地址注释信息，且控制器显示的地址注释信息应符合本标准第4.2.2条的规定。

【条文解读】

1. 第4.18.2条规定了电动送风口、电动挡烟垂壁、排烟口、排烟阀、排烟窗、电动防火阀的动作功能、动作信号反馈功能的调试要求，第4.18.3条规定了排烟防火阀的动作信号反馈功能的调试要求。

2. 《消防控制室通用技术要求》GB 25506规定：消防联动控制器应能控制防烟排烟系统及通风空调系统的风机和电动排烟防火阀、电控挡烟垂壁、电动防火阀、常闭送风口、排烟阀（口）、电动排烟窗的动作，并显示其反馈信号。

【实施要点】

1. 调试人员在对防排烟系统的电动送风口、电动挡烟垂壁、排烟口、排烟阀、排烟窗、电动防火阀等现场部件调试时，应按下列步骤检查现场部件的功能是否符合相关标准的规定：

（1）手动操作消防联动控制器总线控制单元电动送风口、电动挡烟垂壁、排烟口、排烟阀、排烟窗、电动防火阀的启动控制按钮、按键，检查上述现场部件的动作和动作信号反馈功能。

（2）使排烟风机处于运行状态，关闭排烟防火阀，检查排烟防火阀的动作信号反馈功能。

（3）调试过程中，如电动送风口、电动挡烟垂壁、排烟口、排烟阀、排烟窗、电动防火阀、排烟防火阀的功能不符合相关标准的规定，应检查并处理上述现场部件与模块间的连接问题，或更换同一规格型号的现场部件，重新进行调试。

2. 防排烟系统现场部件的调试要求和方法详见表2-4-77。

表2-4-77 防排烟系统现场部件的调试要求和方法

项目	GB 50166条款	检查要求	检查方法
地址设置	4.2.2	按照现场地址设置表的规定进行地址设置，控制器地址注释信息录入	
电动送风口、电动挡烟垂壁、排烟口、排烟阀、排烟窗、电动防火阀的动作和动作信号反馈功能			
1 动作功能	4.18.2	消防联动控制器应能控制电动挡烟垂壁下降，排烟口、排烟阀、排烟窗开启，电动防火阀关闭	手动操作消防联动控制器总线控制单元相应设备的动作控制按钮、按键，检查受控设备的动作情况
2 动作信号反馈功能		设备动作后，消防联动控制器应接收并显示受控部件的动作反馈信息，显示动作部件类型和地址注释信息，显示的地址注释信息应与现场部件设置表一致	检查控制器受控设备动作反馈信息显示情况
排烟防火阀动作信号反馈功能			
动作信号反馈功能	4.18.3	1. 排烟防火阀关闭后，风机应停止运转	使排烟风机处于运行状态，关闭排烟防火阀，检查风机停止运转情况
		2. 消防联动控制器应接收并显示排烟防火阀关闭、风机停止的动作反馈信息，显示动作部件类型和地址注释信息，显示的地址注释信息应与现场部件设置表一致	检查控制器受控设备动作反馈信息显示情况
调试恢复	4.1.6	恢复消防联动控制器、防排烟系统现场部件的正常工作状态	

Ⅲ 加压送风系统控制调试

4.18.4 应使消防联动控制器与风机控制箱（柜）等设备相连接，接通电源，使消防联动控制器处于自动控制工作状态。

4.18.5 应根据系统联动控制逻辑设计文件的规定，对加压送风系统的联动控制功能进行检查并记录，加压送风系统的联动控制功能应符合下列规定：

1 应使报警区域内符合联动控制触发条件的两只火灾探测器，或一只火灾探测器和一只手动火灾报警按钮发出火灾报警信号；

2 消防联动控制器应按设计文件的规定发出控制电动送风口开启、加压送风机启动的启动信号，点亮启动指示灯；

3 相应的电动送风口应开启，风机控制箱、柜应控制加压送风机启动；

4 消防联动控制器应接收并显示电动送风口、加压送风机的动作反馈信号，显示设备的名称和地址注释信息，且控制器显示的地址注释信息应符合本标准第4.2.2条的规定；

5 消防控制器图形显示装置应显示火灾报警控制器的火灾报警信号、消防联动控制器的启动信号、受控设备的动作反馈信号，且显示的信息应与控制器的显示一致。

4.18.6 应根据系统联动控制逻辑设计文件的规定，在消防控制室对加压送风机的直接手动控制功能进行检查并记录，加压送风机的直接手动控制功能应符合下列规定：

1 手动操作消防联动控制器直接手动控制单元的加压送风机开启控制按钮、按键，对应的风机控制箱、柜应控制加压送风机启动；

2 手动操作消防联动控制器直接手动控制单元的加压送风机停止控制按钮、按键，对应的风机控制箱、柜应控制加压送风机停止运转；

3 消防控制室图形显示装置应显示消防联动控制器的直接手动启动、停止控制信号。

【条文解读】

1. 第4.18.4条规定了加压送风系统控制功能调试的准备要求，第4.18.5条规定了加压送风系统联动控制功能的调试要求，第4.18.6条规定了加压送风机直接手动控制功能的调试要求。

2. 本标准根据《火灾自动报警系统设计规范》GB 50116的设计要求，明确、细化了加压送风系统联动控制的触发信号、控制逻辑和时序，加压送风系统联动控制逻辑如图2-4-23所示。

3. 根据加压送风系统的消防功能，结合《火灾自动报警系统设计规范》GB 50116的设计要求，本标准明确规定加压送风系统的调试应以报警区域为单元，逐一分别对每个报警区域的加压送风系统的控制功能进行调试。

【实施要点】

1. 调试人员在对加压送风系统的控制功能进行调试时，应先使消防联动控制器与风机控制箱、柜等设备相连接，接通电源，使消防联动控制器处于自动控制工作状态后，按下述步骤检查每个报警区域加压送风系统的控制功能是否符合系统联动控制逻辑设计文件的规定：

（1）使报警区域的两只火灾探测器，或一只火灾探测器和一只手动火灾报警按钮发出火灾报警信号；检查加压送风系统的联动控制功能。

（2）手动操作消防联动控制器直接手动控制单元的加压送风机停止、启动控制按钮，检查消防联动控制器对加压送风机的直接手动控制功能。

（3）加压送风系统的联动控制功能不满足要求时，应检查、修正消防联动控制器的联动逻辑编程，并重新进行该报警区域加压送风系统控制功能的调试。

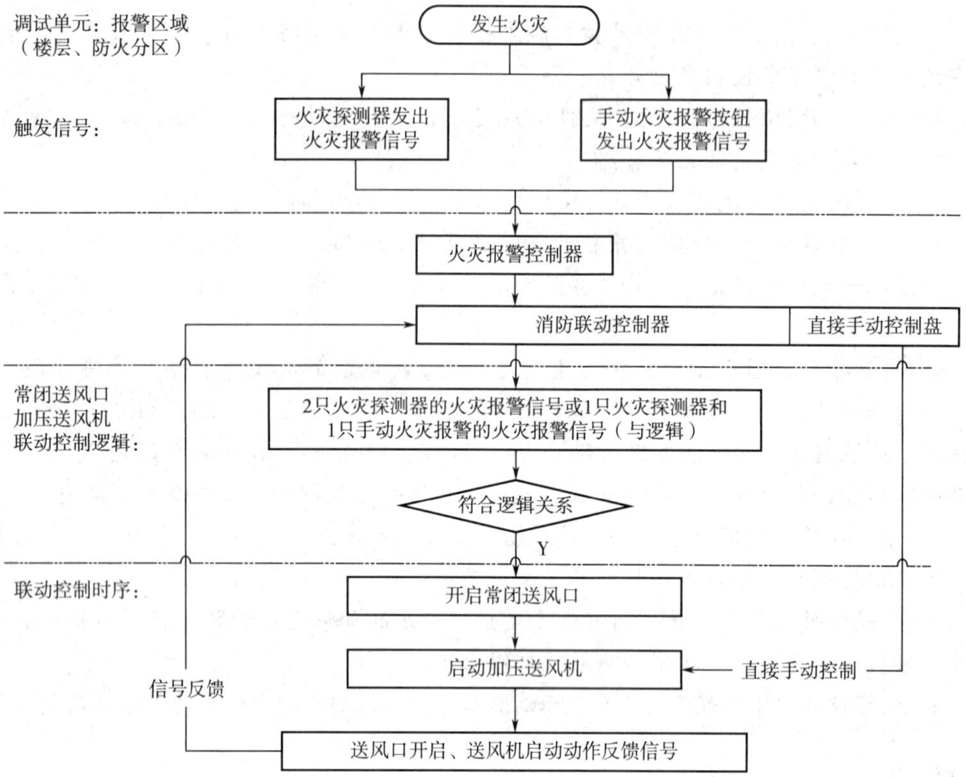

图 2-4-23　加压送风系统联动控制逻辑示意图

2. 加压送风系统的控制功能的调试要求和方法详见表 2-4-78。

表2-4-78　加压送风系统控制功能的调试要求和方法

项目	GB 50166 条款	检查要求	检查方法
n # 报警区域			
调试准备	4. 2. 3	1. 按照系统联动控制逻辑设计文件，进行报警区域加压送风系统联动控制逻辑编程，并录入消防联动控制器中	
		2. 应按照系统联动控制逻辑设计文件的规定，进行消防联动控制器手动控制单元控制按钮、按键的编码设置	
	4. 18. 4	3. 使消防联动控制器与风机控制箱、柜等设备相连接，接通电源，使消防联动控制器处于自动控制工作状态	
1 联动控制功能	4. 18. 5	1. 消防联动控制器应按设计文件的规定发出控制相应电动送风口开启、加压送风机启动的启动信号，点亮启动指示灯	使报警区域内符合联动控制触发条件的两只火灾探测器或一只火灾探测器和手动火灾报警按钮发出火灾报警信号，检查消防联动控制器的工作状态

续表2-4-78

项目	GB 50166条款	检查要求	检查方法
1 联动控制功能	4.18.5	2. 相应的电动送风口应开启，风机控制箱应控制加压送风机启动	对照设计文件，检查受控设备的启动情况
		3. 消防联动控制器应接收并显示电动送风口、加压送风机的动作反馈信号，显示动作部件类型和地址注释信息，显示的地址注释信息应与现场部件设置表一致	检查消防联动控制器的显示情况
		4. 消防控制器图形显示装置应显示火灾报警控制器的火灾报警信号、消防联动控制器的启动信号、受控设备动作反馈信号，显示的信息应与控制器的显示一致	对照火灾报警控制器、消防联动控制器的显示信息，核查消防控制室图形显示装置信息显示情况
2 直接手动控制功能	4.18.6	1. 在消防控制室应能通过消防联动控制器的直接手动控制单元手动控制风机箱启动加压送风机	手动操作消防联动控制器直接手动控制单元的加压送风机启动控制按钮、按键；检查加压送风机的启动情况
		2. 应能通过消防联动控制器的直接手动控制单元手动控制风机箱停止加压送风机运转	手动操作消防联动控制器直接手动控制单元的加压送风机停止控制按钮、按键；检查加压送风机停止运转情况
		3. 消防控制室图形显示装置应显示消防联动控制器的直接手动启动、停止控制信号	检查消防控制室图形显示装置的显示情况
调试恢复	4.1.6	使消防联动控制器、火灾探测器、手动火灾报警按钮、加压送风系统部件等恢复正常工作状态	

Ⅳ 电动挡烟垂壁、排烟系统控制调试

4.18.7 应使消防联动控制器与风机控制箱、柜等设备相连接，接通电源，使消防联动控制器处于自动控制工作状态。

4.18.8 应根据系统联动控制逻辑设计文件的规定，对电动挡烟垂壁、排烟系统的联动控制功能进行检查并记录，电动挡烟垂壁、排烟系统的联动控制功能应符合下列规定：

1 应使防烟分区内符合联动控制触发条件的两只感烟火灾探测器发出火灾报警信号；

2 消防联动控制器应按设计文件的规定发出控制电动挡烟垂壁下降，控制排烟口、

排烟阀、排烟窗开启，控制空气调节系统的电动防火阀关闭的启动信号，点亮启动指示灯；

3 电动挡烟垂壁、排烟口、排烟阀、排烟窗、空气调节系统的电动防火阀应动作；

4 消防联动控制器应接收并显示电动挡烟垂壁、排烟口、排烟阀、排烟窗、空气调节系统电动防火阀的动作反馈信号，显示设备的名称和地址注释信息，且控制器显示的地址注释信息应符合本标准第4.2.2条的规定；

5 消防联动控制器接收到排烟口、排烟阀的动作反馈信号后，应发出控制排烟风机启动的启动信号；

6 风机控制箱、柜应控制排烟风机启动；

7 消防联动控制器应接收并显示排烟分机启动的动作反馈信号，显示设备的名称和地址注释信息，且控制器显示的地址注释信息应符合本标准第4.2.2条的规定；

8 消防控制器图形显示装置应显示火灾报警控制器的火灾报警信号、消防联动控制器的启动信号、受控设备的动作反馈信号，且显示的信息应与控制器的显示一致。

4.18.9 应根据系统联动控制逻辑设计文件的规定，在消防控制室对排烟风机的直接手动控制功能进行检查并记录，排烟风机的直接手动控制功能应符合下列规定：

1 手动操作消防联动控制器直接手动控制单元的排烟风机开启控制按钮、按键，对应的风机控制箱、柜应控制排烟风机启动；

2 手动操作消防联动控制器直接手动控制单元的排烟风机停止控制按钮、按键，对应的风机控制箱、柜应控制排烟风机停止运转；

3 消防控制室图形显示装置应显示消防联动控制器的直接手动启动、停止控制信号。

【条文解读】

1. 第4.18.7条规定了电动挡烟垂壁、排烟系统的控制功能调试的准备要求，第4.18.8条规定了电动挡烟垂壁、排烟系统的联动控制功能的调试要求，第4.18.9条规定了排烟风机直接手动控制功能的调试要求。

2. 本标准根据《火灾自动报警系统设计规范》GB 50116的设计要求，明确、细化了电动挡烟垂壁、排烟系统联动控制的触发信号、控制逻辑和时序，电动挡烟垂壁、排烟系统联动控制逻辑如图2-4-24所示。

3. 根据电动挡烟垂壁、排烟系统的消防功能，结合《火灾自动报警系统设计规范》GB 50116的设计要求，本标准明确规定电动挡烟垂壁、排烟系统的调试应以防烟分区为单元，逐一分别对每个防烟分区的电动挡烟垂壁、排烟系统的控制功能进行调试。

【实施要点】

1. 调试人员在对电动挡烟垂壁、排烟系统的控制功能进行调试时，应先使消防联动控制器与风机控制箱、柜等设备相连接，接通电源，使消防联动控制器处于自动控制工作状态后，按下述步骤检查每个防烟分区的电动挡烟垂壁、排烟系统的控制功能是否符合系统联动控制逻辑设计文件的规定：

（1）使防烟分区内符合联动控制触发条件的两只感烟火灾探测器发出火灾报警信号，检查电动挡烟垂壁、排烟系统的联动控制功能。

（2）手动操作消防联动控制器直接手动控制单元的排烟送风机停止、启动控制按钮，检查消防联动控制器对排烟送风机的直接手动控制功能。

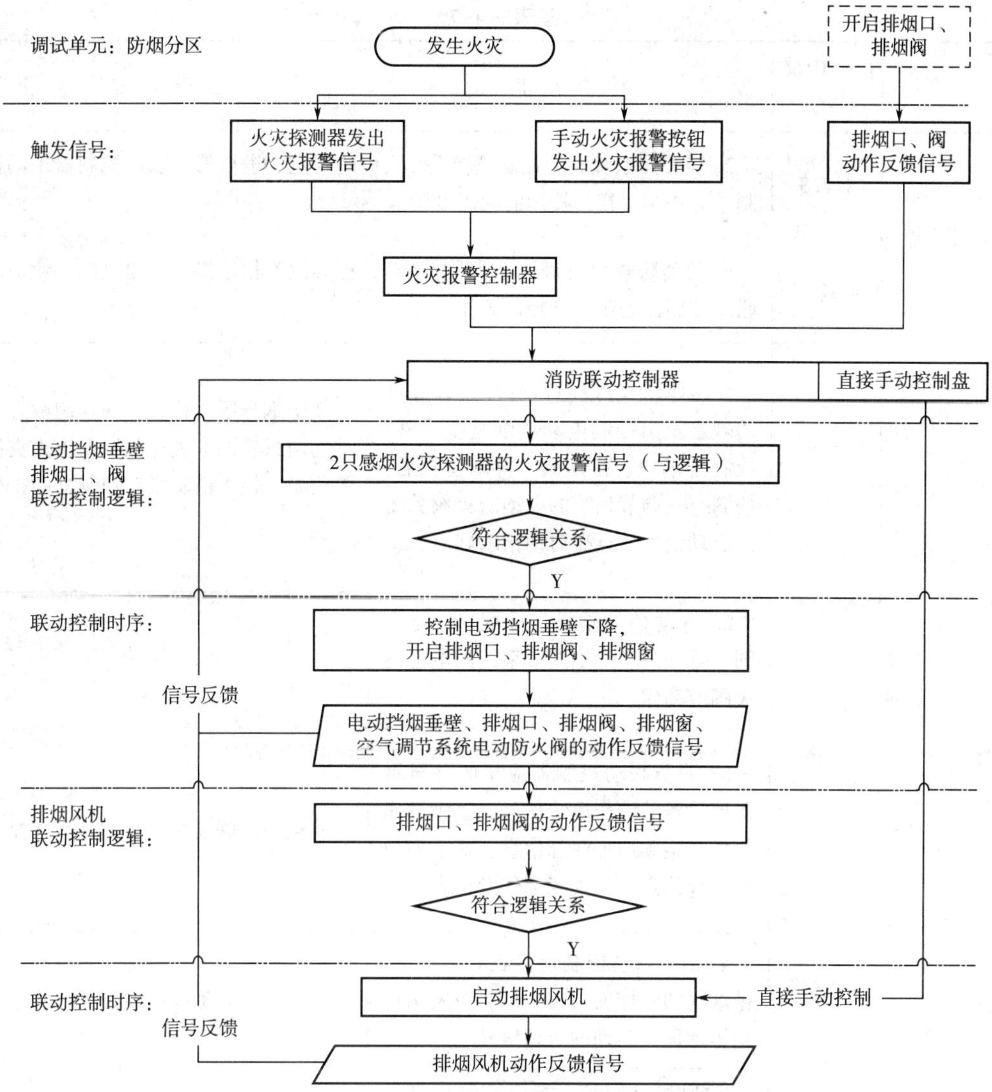

图 2-4-24 电动挡烟垂壁、排烟系统联动控制逻辑示意图

（3）电动挡烟垂壁、排烟系统的联动控制功能不满足要求时，应检查、修正消防联动控制器的联动逻辑编程，并重新进行该防烟分区排烟系统控制功能的调试。

2. 电动挡烟垂壁、排烟系统控制功能的调试要求和方法详见表 2-4-79。

表2-4-79 电动挡烟垂壁、排烟系统控制功能的调试要求和方法

项目	GB 50166 条款	检查要求	检查方法
$n^{\#}$ 防烟分区			
调试准备	4.2.3	1. 按照系统联动控制逻辑设计文件，进行防烟分区电动挡烟垂壁、排烟系统联动控制逻辑编程，并录入消防联动控制器中	

续表2-4-79

项目	GB 50166条款	检查要求	检查方法
调试准备	4.2.3	2. 应按照系统联动控制逻辑设计文件的规定，进行消防联动控制器手动控制单元控制按钮、按键的编码设置	
	4.18.7	3. 使消防联动控制器与风机控制箱、柜等设备相连接，接通电源，使消防联动控制器处于自动控制工作状态	
1 联动控制功能	4.18.8	1. 消防联动控制器应按设计文件的规定发出控制电动挡烟垂壁下降，控制排烟口、排烟阀、排烟窗开启，控制空气调节系统的电动防火阀关闭的启动信号，点亮启动指示灯	使防烟分区内符合联动控制触发条件的两只感烟火灾探测器发出火灾报警信号，检查消防联动控制器的工作状态
		2. 电动挡烟垂壁、排烟口、排烟阀、排烟窗、空气调节系统的电动防火阀应动作	对照设计文件，检查受控设备的动作情况
		3. 消防联动控制器应接收并显示受控设备的动作反馈信号，显示动作部件类型和地址注释信息，显示的地址注释信息应与现场部件设置表一致	检查消防联动控制器的显示情况
		4. 消防联动控制器接收到排烟口、排烟阀的动作反馈信号后，应发出控制排烟风机启动的启动信号	检查消防联动控制器的工作状态
		5. 风机控制箱、柜应控制排烟风机启动	检查排烟风机的启动情况
		6. 消防联动控制器应接收并显示排烟风机启动的动作反馈信号，显示动作部件类型和地址注释信息，显示的地址注释信息应与现场部件设置表一致	检查消防联动控制器的显示情况
		7. 消防控制器图形显示装置应显示火灾报警控制器的火灾报警信号、消防联动控制器的启动信号、受控设备动作反馈信号，显示的信息应与控制器的显示一致	对照火灾报警控制器、消防联动控制器的显示信息，核查消防控制室图形显示装置信息显示情况

续表2-4-79

项目	GB 50166条款	检查要求	检查方法
2 直接手动控制功能	4.18.9	1. 在消防控制室应能通过消防联动控制器的直接手动控制单元手动控制风机箱、柜启动加压送风机、排烟风机	手动操作消防联动控制器直接手动控制单元的加压送风机、排烟风机启动控制按钮、按键；检查加压送风机、排烟风机的启动情况
		2. 应能通过消防联动控制器的直接手动控制单元手动控制风机箱、柜停止加压送风机、排烟风机运转	手动操作消防联动控制器直接手动控制单元的加压送风机、排烟风机停止控制按钮、按键；检查加压送风机、排烟风机停止运转情况
		3. 消防控制室图形显示装置应显示消防联动控制器的直接手动启动、停止控制信号	检查消防控制室图形显示装置的显示情况
调试恢复	4.1.6	使消防联动控制器、火灾探测器、手动火灾报警按钮、加压送风系统和排烟系统部件等恢复正常工作状态	

4.19 消防应急照明和疏散指示系统控制调试

Ⅰ 集中控制型消防应急照明和疏散指示系统控制调试

4.19.1 应使消防联动控制器与应急照明控制器等设备相连接，接通电源，使消防联动控制器处于自动控制工作状态。应根据系统设计文件的规定，对消防应急照明和疏散指示系统的控制功能进行检查并记录，系统的控制功能应符合下列规定：

1 应使报警区域内任两只火灾探测器，或一只火灾探测器和一只手动火灾报警按钮发出火灾报警信号；

2 火灾报警控制器的火警控制输出触点应动作，或消防联动控制器应发出相应联动控制信号，点亮启动指示灯；

3 应急照明控制器应按预设逻辑控制配接的消防应急灯具光源的应急点亮、系统蓄电池电源的转换；

4 消防联动控制器应接收并显示应急照明控制器应急启动的动作反馈信号，显示设备的名称和地址注释信息，且控制器显示的地址注释信息应符合本标准第4.2.2条的规定；

5 消防控制器图形显示装置应显示火灾报警控制器的火灾报警信号、消防联动控制器的启动信号、受控设备的动作反馈信号，且显示的信息应与控制器的显示一致。

【条文解读】

1. 本条规定了集中控制型消防应急照明和疏散指示系统的控制功能的调试要求。

2. 本标准根据《消防应急照明和疏散指示系统技术标准》GB 51309 的设计要求，明确、细化了集中控制型消防应急照明和疏散指示系统联动控制的触发信号、控制逻辑和时序，集中控制型消防应急照明和疏散指示系统联动控制逻辑如图 2-4-25 所示。

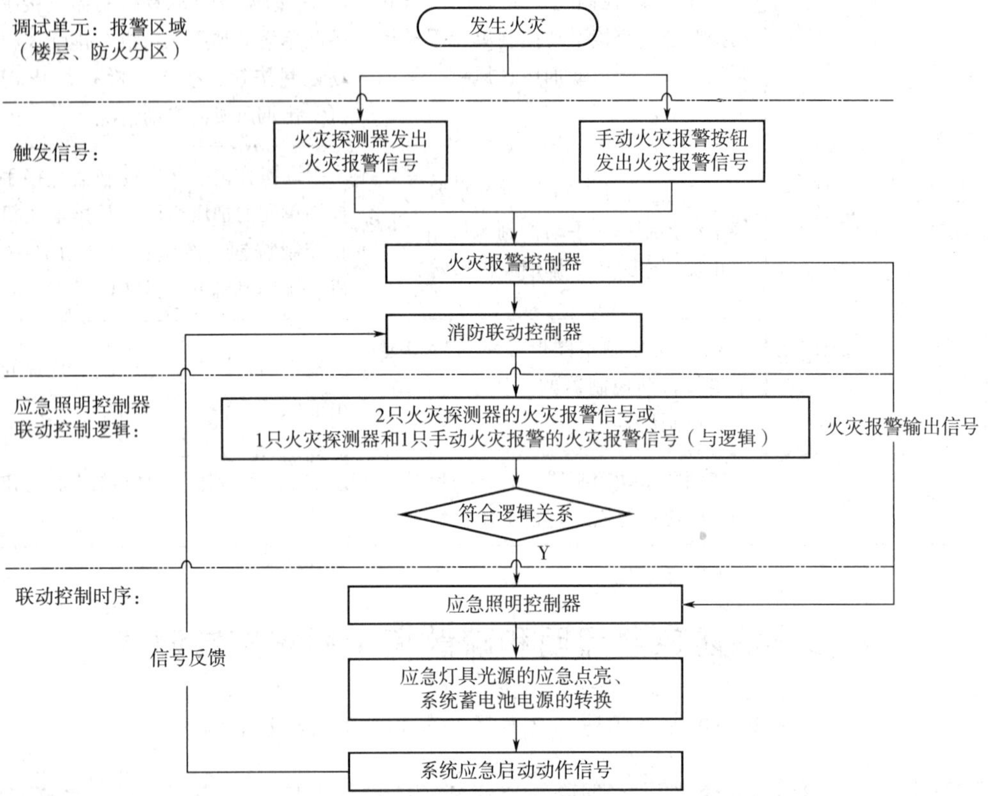

图 2-4-25 集中控制型消防应急照明和疏散指示系统联动控制逻辑示意图

3. 根据集中控制型消防应急照明和疏散指示系统的消防功能，结合《消防应急照明和疏散指示系统技术标准》GB 51309 的设计要求，本标准明确了集中控制型消防应急照明和疏散指示系统的调试应以报警区域为单元，逐一分别对每个报警区域的应急照明和疏散指示系统的控制功能进行调试。

【实施要点】

1. 调试人员在对集中控制型消防应急照明和疏散指示系统的控制功能进行调试时，应先使消防联动控制器与应急照明控制器等设备相连接，接通电源，使消防联动控制器处于自动控制工作状态后，按下述步骤检查每个报警区域应急照明和疏散指示系统的控制功能是否符合系统联动控制逻辑设计文件的规定：

（1）使报警区域内任两只火灾探测器，或一只火灾探测器和一只手动火灾报警按钮发出火灾报警信号，检查应急照明和疏散指示系统的控制功能。

（2）应急照明和疏散指示系统的控制功能不满足要求时，应检查和处理火灾报警控制器、消防联动控制器和应急照明控制器间连接线路的问题、消防联动控制器的联动逻辑编程存在的问题，并重新进行该报警区域的应急照明和疏散指示系统控制功能的调试。

2. 集中控制型消防应急照明和疏散指示系统的控制功能的调试要求和方法详见表2-4-80。

表2-4-80 集中控制型消防应急照明和疏散指示系统控制功能的调试要求和方法

项目	GB 50166条款	检查要求	检查方法
$n^{\#}$报警区域			
调试准备	4.2.3	1. 按照系统联动控制逻辑设计文件，进行报警区域集中控制型消防应急照明和疏散指示系统联动控制逻辑编程，并录入消防联动控制器中	
	4.19.1	2. 使消防联动控制器与应急照明控制器等设备相连接，接通电源，使消防联动控制器处于自动控制工作状态	
控制功能	4.19.1	1. 火灾报警控制器火警控制输出触点应动作，或消防联动控制器应发出控制消防应急照明和疏散指示系统启动的启动信号，点亮启动指示灯	使报警区域内符合联动控制触发条件的两只火灾探测器或一只火灾探测器和手动火灾报警按钮发出火灾报警信号，检查控制输出触点动作情况或检查消防联动控制器的工作状态
		2. 应急照明控制器应按预设逻辑控制配接的消防应急灯具点亮、熄灭，控制系统蓄电池电源的转换	检查应急照明集中电源或应急照明配电箱工作状态、应急照明灯具光源点亮情况
		3. 消防联动控制器应接收并显示应急照明控制器应急启动的动作反馈信号，显示动作部件类型和地址注释信息，显示的地址注释信息应与现场部件设置表一致	检查消防联动控制器的显示情况
		4. 消防控制器图形显示装置应显示火灾报警控制器的火灾报警信号、消防联动控制器的启动信号、受控设备动作反馈信号，显示的信息应与控制器的显示一致	对照火灾报警控制器、消防联动控制器的显示信息，核查消防控制室图形显示装置信息显示情况
调试恢复	4.1.6	使消防联动控制器、火灾探测器、手动火灾报警按钮、应急照明和疏散指示系统部件等恢复正常工作状态	

Ⅱ 非集中控制型消防应急照明和疏散指示系统控制调试

4.19.2 应使火灾报警控制器与应急照明集中电源、应急照明配电箱等设备相连接，接通电源。应根据设计文件的规定，对消防应急照明和疏散指示系统的应急启动控制功能进行检查并记录，系统的应急启动控制功能应符合下列规定：

1 应使报警区域内任两只火灾探测器，或一只火灾探测器和一只手动火灾报警按钮发出火灾报警信号；

2 火灾报警控制器的火警控制输出触点应动作，控制系统蓄电池电源的转换、消防应急灯具光源的应急点亮。

【条文解读】

1. 本条规定了非集中控制型消防应急照明和疏散指示系统的控制功能的调试要求。

2.《消防应急照明和疏散指示系统技术标准》GB 51309 规定：非集中控制型消防应急照明和疏散指示系统，应由火灾报警控制器的火灾报警输出信号控制集中电源或应急照明配电箱及其配接的灯具的应急启动。

3. 与集中控制型相同，本标准规定非集中控制型消防应急照明和疏散指示系统的调试也应以报警区域为单元，逐一分别对每个报警区域的应急照明和疏散指示系统的控制功能进行调试。

【实施要点】

1. 调试人员在对非集中控制型消防应急照明和疏散指示系统的控制功能调试时，应先使火灾报警控制器与应急照明集中电源、应急照明配电箱等设备相连接，接通电源后，按下列步骤检查每个报警区域应急照明和疏散指示系统的控制功能是否符合相关标准的规定：

（1）使报警区域内任两只火灾探测器，或一只火灾探测器和一只手动火灾报警按钮发出火灾报警信号，检查非集中控制型消防应急照明和疏散指示系统的控制功能。

（2）非集中控制型消防应急照明和疏散指示系统的控制功能不满足要求时，应检查和处理火灾报警控制器和应急照明集中电源、应急照明配电箱间连接线路的问题，并重新进行该报警区域的非集中控制型消防应急照明和疏散指示系统控制功能的调试。

2. 非集中控制型消防应急照明和疏散指示系统控制功能的调试要求和方法详见表2-4-81。

表2-4-81 非集中控制型消防应急照明和疏散指示系统控制功能的调试要求和方法

项目	GB 50166 条款	检查要求	检查方法
$n^{\#}$报警区域			
调试准备	4.19.2	使火灾报警控制器与应急照明集中电源、应急照明配电箱等设备相连接，接通电源	
应急启动控制功能		火灾报警控制器的火警控制输出触点应动作，控制应急照明集中电源转入蓄电池电源输出、应急照明配电箱切断主电源输出，并控制其所配接灯具的光源应急点亮	使报警区域内任两只火灾探测器或任一只火灾探测器和手动火灾报警按钮发出火灾报警信号，检查控制器输出触点动作情况、应急照明集中电源或应急照明配电箱工作状态、应急照明灯具光源点亮情况

续表2-4-81

项目	GB 50166条款	检查要求	检查方法
调试恢复	4.1.6	使火灾报警控制器、火灾探测器、手动火灾报警按钮、应急照明和疏散指示系统部件等恢复正常工作状态	

4.20 电梯、非消防电源等相关系统联动控制调试

4.20.1 应使消防联动控制器与电梯、非消防电源等相关系统的控制设备相连接，接通电源，使消防联动控制器处于自动控制工作状态。

4.20.2 应根据系统联动控制逻辑设计文件的规定，对电梯、非消防电源等相关系统的联动控制功能进行检查并记录，电梯、非消防电源等相关系统的联动控制功能应符合下列规定：

1 应使报警区域符合电梯、非消防电源等相关系统联动控制触发条件的火灾探测器、手动火灾报警按钮发出火灾报警信号；

2 消防联动控制器应按设计文件的规定发出控制电梯停于首层或转换层，切断相关非消防电源、控制其他相关系统设备动作的启动信号，点亮启动指示灯；

3 电梯应停于首层或转换层，相关非消防电源应切断，其他相关系统设备应动作；

4 消防联动控制器应接收并显示电梯停于首层或转换层、相关非消防电源切断、其他相关系统设备动作的动作反馈信号，显示设备的名称和地址注释信息，且控制器显示的地址注释信息应符合本标准第4.2.2条的规定；

5 消防控制器图形显示装置应显示火灾报警控制器的火灾报警信号、消防联动控制器的启动信号、受控设备的动作反馈信号，且显示的信息应与控制器的显示一致。

【条文解读】

1. 第4.20.1条规定了电梯、非消防电源等相关系统控制功能调试的准备要求，第4.20.2条规定了电梯、非消防电源等相关系统联动控制功能的调试要求。

2. 根据电梯、非消防电源等相关系统的消防功能，结合《火灾自动报警系统设计规范》GB 50116的设计要求，本标准明确规定电梯、非消防电源等相关系统的调试应以报警区域为单元，逐一分别对每个报警区域的电梯、非消防电源等相关系统的控制功能进行调试。

【实施要点】

1. 调试人员在对电梯、非消防电源等相关系统的控制功能进行调试时，应先使消防联动控制器与电梯、非消防电源等相关系统的控制设备相连接，接通电源，使消防联动控制器处于自动控制工作状态后，按下述步骤检查每个报警区域的电梯、非消防电源等相关系统的控制功能是否符合系统联动控制逻辑设计文件的规定：

（1）使报警区域符合电梯、非消防电源等相关系统联动控制触发条件的火灾探测器、

手动火灾报警按钮发出火灾报警信号，检查电梯、非消防电源等相关系统的联动控制功能。

（2）电梯、非消防电源等相关系统的联动控制功能不满足要求时，应检查、修正消防联动控制器的联动逻辑编程，并重新进行该报警区域的电梯、非消防电源等相关系统控制功能的调试。

2. 报警区域的电梯、非消防电源等相关系统控制功能的调试要求和方法详见表 2-4-82。

表2-4-82 报警区域的电梯、非消防电源等相关系统控制功能的调试要求和方法

项目	GB 50166 条款	检 查 要 求	检 查 方 法
$n^{\#}$ 报警区域			
调试准备	4.2.3	1. 按照系统联动控制逻辑设计文件，进行报警区域的电梯、非消防电源等相关系统联动控制逻辑编程，并录入消防联动控制器中	
		2. 应按照系统联动控制逻辑设计文件的规定，进行消防联动控制器手动控制单元控制按钮、按键的编码设置	
	4.20.1	3. 使消防联动控制器与电梯、非消防电源等相关系统的控制设备相连接，接通电源，使消防联动控制器处于自动控制工作状态	
联动控制功能	4.20.2	1. 消防联动控制器应按设计文件的规定发出控制电梯停于首层或转换层、切断相关非消防电源、控制其他相关系统设备动作的启动信号，点亮启动指示灯	使报警区域符合电梯、非消防电源等相关系统联动控制触发条件的火灾探测器、手动火灾报警按钮发出火灾报警信号，检查消防联动控制器的工作状态
		2. 电梯应停于首层或转换层、相关非消防电源应切断、其他相关系统设备应动作	检查电梯、非消防电源等相关系统的动作情况
		3. 消防联动控制器应接收并显示受控设备动作的动作反馈信号，显示动作部件类型和地址注释信息，显示的地址注释信息应与现场部件设置表一致	检查消防联动控制器的显示情况
		4. 消防控制器图形显示装置应显示火灾报警控制器的火灾报警信号、消防联动控制器的启动信号、受控设备动作反馈信号，显示的信息应与控制器的显示一致	对照火灾报警控制器、消防联动控制器的显示信息，核查消防控制室图形显示装置信息显示情况
调试恢复	4.1.6	使消防联动控制器、火灾探测器、手动火灾报警按钮、电梯、非消防电源等相关系统部件等恢复正常工作状态	

4.21 系统整体联动控制功能调试

4.21.1 应按设计文件的规定将所有分部调试合格的系统部件、受控设备或系统相连接并通电运行，在连续运行120h无故障后，使消防联动控制器处于自动控制工作状态。

4.21.2 应根据系统联动控制逻辑设计文件的规定，对火灾警报、消防应急广播系统、用于防火分隔的防火卷帘系统、防火门监控系统、防烟排烟系统、消防应急照明和疏散指示系统、电梯和非消防电源等自动消防系统的整体联动控制功能进行检查并记录，系统整体联动控制功能应符合下列规定：

1 应使报警区域内符合火灾警报、消防应急广播系统，防火卷帘系统，防火门监控系统，防烟排烟系统，消防应急照明和疏散指示系统，电梯和非消防电源等相关系统联动触发条件的火灾探测器、手动火灾报警按钮发出火灾报警信号；

2 消防联动控制器应发出控制火灾警报、消防应急广播系统，防火卷帘系统，防火门监控系统，防烟排烟系统，消防应急照明和疏散指示系统，电梯和非消防电源等相关系统动作的启动信号，点亮启动指示灯；

3 火灾警报和消防应急广播的联动控制功能应符合本标准第4.12.5条的规定；

4 防火卷帘系统的联动控制功能应符合第4.13.8条的规定；

5 防火门监控系统的联动控制功能应符合本标准第4.14.9条的规定；

6 加压送风系统的联动控制功能应符合本标准第4.18.5条的规定；

7 电动挡烟垂壁、排烟系统的联动控制功能应符合本标准第4.18.8条的规定；

8 消防应急照明和疏散指示系统的联动控制功能应符合本标准第4.19.1条的规定；

9 电梯、非消防电源等相关系统的联动控制功能应符合本标准第4.20.2条的规定。

【条文解读】

1. 第4.21.1条规定了消防联动控制系统整体联动控制功能调试的准备要求，第4.21.2条规定了消防联动控制系统整体联动控制功能的调试要求。

2. 在建（构）筑物发生火灾时，为了全面检验除自动灭火系统外，消防联动控制系统联动控制的火灾警报、消防应急广播系统、用于防火分隔的防火卷帘系统、防火门监控系统、防烟排烟系统、消防应急照明和疏散指示系统、电梯和非消防电源等与人员疏散和防火分隔相关的自动消防系统协同动作的可靠性，在上述系统的控制功能调试合格后，应以报警区域为单元，逐一检验每个报警区域所涉及的所有受控自动消防系统协同动作的联动控制功能。

【实施要点】

1. 调试人员在对火灾警报、消防应急广播系统、用于防火分隔的防火卷帘系统、防火门监控系统、防烟排烟系统、消防应急照明和疏散指示系统、电梯和非消防电源等自动消防系统的整体控制功能进行调试时，应先按设计文件的规定将所有分部调试合格的系统部件、受控设备或系统相连接并通电运行，在连续运行120h无故障后，使消防联动控制器处于自动控制工作状态后，按下述步骤检查每个报警区域自动消防系统的整体控制功能是否符合系统联动控制逻辑设计文件的规定：

（1）使报警区域内符合火灾警报、消防应急广播系统、防火卷帘系统、防火门监控系统、防烟排烟系统、消防应急照明和疏散指示系统、电梯和非消防电源等相关系统联动触发条件的火灾探测器、手动火灾报警按钮发出火灾报警信号，检查报警区域内设置的所有自动消防系统的整体联动控制功能。

（2）报警区域内自动消防系统的整体联动控制功能不满足要求时，应核算报警区域内各消防系统的启动电流和配电回路荷载的匹配性，必要时应调整自动消防系统的配电方案，或调整消防联动控制器的联动控制时序，并重新进行该报警区域自动消防系统的整体控制功能的调试。

2. 报警区域设置的所有自动消防系统的整体联动控制功能的调试要求和方法详见表2-4-83。

表2-4-83　报警区域设置的所有自动消防系统的整体联动控制功能的调试要求和方法

<table>
<tr><th>项目</th><th>GB 50166条款</th><th>检查要求</th><th>检查方法</th></tr>
<tr><td colspan="4">n #报警区域</td></tr>
<tr><td>调试准备</td><td>4.21.1</td><td colspan="2">按设计文件的规定将所有分部调试合格的系统部件、受控设备或系统相连接并通电运行，在连续运行120h无故障后，使消防联动控制器处于自动控制工作状态</td></tr>
<tr><td rowspan="2">自动消防系统整体联动控制功能</td><td rowspan="2">4.21.2</td><td>1. 消防联动控制器应发出控制火灾警报、消防应急广播系统、防火卷帘系统、防火门监控系统、防烟排烟系统、消防应急照明和疏散指示系统、电梯和非消防电源等相关系统动作的启动信号，点亮启动指示灯</td><td>使报警区域内符合火灾警报、消防应急广播系统、防火卷帘系统、防火门监控系统、防烟排烟系统、消防应急照明和疏散指示系统、电梯和非消防电源等相关系统联动触发条件的火灾探测器、手动火灾报警按钮发出火灾报警信号，检查消防联动控制器的工作状态</td></tr>
<tr><td>2. 警报器和扬声器应按下列规定交替工作：
1）警报器应同时启动，持续工作8s～20s后，所有警报器应同时停止警报；
2）警报器停止工作后，扬声器进行1次～2次消防应急广播，每次应急广播的时间应为10s～30s；应急广播结束后，所有扬声器应停止播放广播信息</td><td>检查火灾警报器、扬声器的交替工作情况；用秒表分别测量火灾警报器、扬声器单次持续工作时间</td></tr>
</table>

续表2-4-83

项目	GB 50166条款	检查要求	检查方法
自动消防系统整体联动控制功能	4.21.2	3. 防火卷帘控制器应控制防火卷帘下降至楼板面	检查防火卷帘的动作情况
		4. 防火门监控器应控制报警区域内所有常开防火门关闭	检查防火门的动作情况
		5. 相应的电动送风口应开启，风机控制箱、柜应控制加压送风机启动	对照设计文件，检查受控设备的启动情况
		6. 电动挡烟垂壁、排烟口、排烟阀、排烟窗、空气调节系统的电动防火阀应动作	对照设计文件，检查受控设备的动作情况
		7. 风机控制箱、柜应控制排烟风机启动	检查排烟风机的启动情况
		8. 应急照明控制器应控制配接的消防应急灯具、应急照明集中电源、应急照明配电箱应急启动	检查应急照明集中电源或应急照明配电箱工作状态、应急照明灯具光源点亮情况
		9. 电梯应停于首层或转换层、相关非消防电源应切断、其他相关系统设备应动作	检查电梯、非消防电源等相关系统的动作情况
调试恢复	4.1.6	使消防联动控制器、火灾探测器、手动火灾报警按钮、所有自动消防系统部件等恢复正常工作状态	

5 系统检测与验收

5.0.1 系统竣工后，建设单位应组织施工、设计、监理等单位进行系统验收，验收不合格不得投入使用。

【条文解读】

1. 本条规定了系统验收的一般要求。

2. 系统竣工验收是对系统设计和施工质量的全面检查，在系统开通运行前应进行竣工验收。

3. 本条为强制性条文，建设单位必须严格执行。

【实施要点】

1. 在系统开通运行前，建设单位应组织设计、施工、调试等相关单位对系统进行竣工验收。

2. 系统的竣工验收前，应委托符合相应从业条件的消防技术服务机构按本标准的要求对系统进行技术检测，系统的施工质量以及系统的功能、性能符合本标准相关要求时，由消防技术服务机构出具系统检测报告。

5.0.2 系统的检测、验收应按表 5.0.2 所列的检测和验收对象、项目及数量，按本标准第 3 章、第 4 章的规定和附录 E 中规定的检查内容和方法进行，按本标准附录 E 的规定填写记录。

【条文解读】

本条规定了系统检测、验收的对象、项目及数量，以及系统检测、验收内容和方法的一般要求。

【实施要点】

1. 系统的检测验收主要包括以下对象和项目：

（1）消防控制室的设计、设置和资料。

（2）系统布线的选型和施工。

（3）火灾自动报警系统设备的选型、设置、安装和基本功能。

（4）自动消防系统设备的选型、设置、安装和基本功能以及系统的控制功能。

2. 系统技术检测的内容与系统验收的内容相同，但不同对象的检测和验收项目数量不同，系统检测应对各检测对象的所有项目进行全数量检测，系统验收则对部分验收对象的检测项目进行抽样验收。系统各对象的检测、验收项目和数量应符合下述要求：

（1）消防控制室。当工程项目中设置有消防控制室时，消防控制室的检测、验收项目和数量应满足表 2-5-1 的要求。

表2-5-1 消防控制室的检测、验收项目和数量

<table>
<tr><th>检测、验收对象</th><th>检测、验收项目</th><th>检测数量</th><th>验收数量</th></tr>
<tr><td rowspan="9">消防控制室</td><td>1. 消防控制室设计</td><td rowspan="9">全部</td><td rowspan="9">全部</td></tr>
<tr><td>2. 消防控制室设置</td></tr>
<tr><td>3. 设备的配置</td></tr>
<tr><td>4. 起集中控制功能的火灾报警控制器的设置</td></tr>
<tr><td>5. 消防控制室图形显示装置预留接口</td></tr>
<tr><td>6. 外线电话</td></tr>
<tr><td>7. 设备的布置</td></tr>
<tr><td>8. 系统接地</td></tr>
<tr><td>9. 存档文件资料</td></tr>
</table>

（2）系统布线。系统布线的检测、验收项目和数量应满足表 2-5-2 的要求。

表2-5-2 系统布线的检测、验收项目和数量

<table>
<tr><th>检测、验收对象</th><th>检测、验收项目</th><th>检测数量</th><th>验收数量</th></tr>
<tr><td rowspan="4">系统布线</td><td>1. 管路和槽盒的选型</td><td rowspan="4">全部报警区域</td><td rowspan="4">建筑中含有 5 个及以下报警区域的，应全部检验，超过 5 个报警区域的应按实际报警区域数量 20% 的比例抽验，但抽验总数不应小于 5 个</td></tr>
<tr><td>2. 系统线路的选型</td></tr>
<tr><td>3. 槽盒、管路安装质量</td></tr>
<tr><td>4. 电线电缆的敷设质量</td></tr>
</table>

（3）系统设备。各系统设备的检测、验收项目和数量应满足表 2-5-3 的要求。

表2-5-3 系统设备的检测、验收项目和数量

<table>
<tr><th>检测、验收对象</th><th>检测、验收项目</th><th>检测数量</th><th>验收数量</th></tr>
<tr><td colspan="4">1 火灾探测报警系统设备</td></tr>
<tr><td>Ⅰ 火灾报警控制器</td><td rowspan="3">1. 设备选型；
2. 设备设置；
3. 产品准入制度；
4. 安装质量；
5. 基本功能</td><td rowspan="3">实际数量</td><td>实际数量</td></tr>
<tr><td>Ⅱ 火灾探测器</td><td rowspan="2">1. 每个回路都应抽验；
2. 回路实际安装数量在 20 只及以下者，全部检验；安装数量在 100 只及以下者，抽验 20 只；安装数量超过 100 只，按实际安装数量 10% ~ 20% 的比例抽验，但抽验总数不应少于 20 只</td></tr>
<tr><td>Ⅲ 手动火灾报警按钮、火灾声光警报器、火灾显示盘</td></tr>
</table>

续表2-5-3

检测、验收对象	检测、验收项目	检测数量	验收数量
2 家用火灾安全系统设备			
Ⅰ控制中心监控设备	1. 设备选型； 2. 设备设置； 3. 产品准入制度； 4. 安装质量； 5. 基本功能	实际数量	实际数量
Ⅱ家用火灾报警控制器			实际数量
Ⅲ点型家用感烟火灾探测器、点型家用感温火灾探测器、☆独立式感烟火灾探测报警器、☆独立式感温火灾探测报警器			1. 家用火灾探测器：每个回路都应抽验；回路实际安装数量在 20 只及以下者，全部检验；安装数量在 100 只及以下者，抽验 20 只；安装数量超过 100 只，按实际安装数量 10%～20% 的比例抽验，但抽验总数不应少于 20 只； 2. 独立式火灾探测报警器：实际安装数量
3 消防联动控制系统设备			
Ⅰ消防联动控制器	1. 设备选型； 2. 设备设置； 3. 产品准入制度； 4. 安装质量； 5. 基本功能	实际数量	实际安装数量
Ⅱ模块			1. 每个回路都应抽验； 2. 回路实际安装数量在 20 只及以下者，全部检验；安装数量在 100 只及以下者，抽验 20 只；安装数量超过 100 只，按实际安装数量 10%～20% 的比例抽验，但抽验总数不应少于 20 只
4 消防电话系统设备			
Ⅰ消防电话总机	1. 设备选型； 2. 设备设置； 3. 产品准入制度； 4. 安装质量； 5. 基本功能	实际数量	实际数量
Ⅱ电话分机			实际数量
Ⅲ电话插孔			实际安装数量在 5 只及以下者，全部检验；安装数量在 5 只以上时，按实际数量的 10%～20% 的比例抽检，但抽验总数不应少于 5 只
5 可燃气体探测报警系统设备			
Ⅰ可燃气体报警控制器	1. 设备选型； 2. 设备设置； 3. 产品准入制度； 4. 安装质量； 5. 基本功能	实际数量	实际数量
Ⅱ可燃气体探测器			1. 总线制控制器：每个回路都应抽验；回路实际安装数量在 20 只及以下者，全部检验；安装数量在 100 只及以下者，抽验 20 只；安装数量超过 100 只，按实际安装数量 10%～20% 的比例抽验，但抽验总数不应少于 20 只； 2. 多线制控制器：探测器的实际安装数量

续表2-5-3

检测、验收对象	检测、验收项目	检测数量	验收数量
6 电气火灾监控系统设备			
Ⅰ电气火灾监控设备	1. 设备选型； 2. 设备设置； 3. 产品准入制度； 4. 安装质量； 5. 基本功能	实际数量	实际数量
Ⅱ电气火灾监控探测器、☆线型感温火灾探测器			1. 每个回路都应抽验； 2. 回路实际安装数量在 20 只及以下者，全部检验；安装数量在 100 只及以下者，抽验 20 只；安装数量超过 100 只，按实际安装数量 10%～20%的比例抽验，但抽验总数不应少于 20 只
7 消防设备电源监控系统设备			
Ⅰ消防设备电源状态监控器	1. 设备选型； 2. 设备设置； 3. 产品准入制度； 4. 安装质量； 5. 基本功能	实际数量	实际数量
Ⅱ传感器			1. 每个回路都应抽验； 2. 回路实际安装数量在 20 只及以下者，全部检验；安装数量在 100 只及以下者，抽验 20 只；安装数量超过 100 只，按实际安装数量 10%～20%的比例抽验，但抽验总数不应少于 20 只
8 其他系统设备			
Ⅰ消防设备应急电源	1. 设备选型； 2. 设备设置； 3. 产品准入制度； 4. 安装质量； 5. 基本功能	实际数量	1. 实际安装数量在 5 台及以下者，全部检验； 2. 实际安装数量在 5 台以上时，按实际数量的 10%～20% 的比例抽检，但抽验总数不应少于 5 台
Ⅱ消防控制室图形显示装置			实际数量
Ⅲ传输设备			实际数量

（4）自动消防系统。自动消防系统的检测、验收项目和数量应满足表 2-5-4 的要求：

表2-5-4 自动消防系统的检测、验收项目和数量

检测、验收对象	检测、验收项目	检测数量	验收数量
1 火灾警报和消防应急广播系统			
Ⅰ火灾警报器	1. 设备选型； 2. 设备设置； 3. 产品准入制度； 4. 安装质量； 5. 基本功能	实际数量	抽查报警区域的实际安装数量
Ⅱ应急广播控制设备		实际数量	实际数量
Ⅲ扬声器		实际数量	抽查报警区域的实际安装数量
Ⅳ火灾警报和消防应急广播系统控制	1. 联动控制功能； 2. 手动插入优先功能	全部报警区域	建筑中含有5个及以下报警区域的，应全部检验，超过5个报警区域的应按实际报警区域数量20%的比例抽验，但抽验总数不应小于5个
2 防火卷帘系统			
Ⅰ防火卷帘控制器	1. 设备选型； 2. 设备设置； 3. 产品准入制度； 4. 安装质量； 5. 基本功能	实际数量	实际安装数量在5台及以下者，全部检验；实际安装数量在5台以上时，按实际数量的10%~20%的比例抽检；但抽验总数不应少于5台
Ⅱ手动控制装置、☆火灾探测器		实际数量	抽查防火卷帘控制器配接现场部件的实际安装数量
Ⅲ疏散通道上设置防火卷帘联动控制	1. 联动控制功能； 2. 手动控制功能	全部防火卷帘	实际安装数量在5樘及以下者，全部检验；实际安装数量在5樘以上时，按实际数量的10%~20%的比例抽检；但抽验总数不应少于5樘
Ⅳ非疏散通道上设置防火卷帘控制	1. 联动控制功能； 2. 手动控制功能	全部报警区域	建筑中含有5个及以下报警区域的，应全部检验，超过5个报警区域的应按实际报警区域数量20%的比例抽验，但抽验总数不应小于5个
3 防火门监控系统			
Ⅰ防火门监控器	1. 设备选型； 2. 设备设置； 3. 产品准入制度； 4. 安装质量； 5. 基本功能	实际数量	实际安装数量在5台及以下者，全部检验；实际安装数量在5台以上时，按实际数量的10%~20%的比例抽检，但抽验总数不应少于5台
Ⅱ监控模块、电动闭门器和释放装置等现场部件		实际数量	按抽检监控器配接现场部件实际安装数量的30%~50%的比例抽验

续表2-5-4

检测、验收对象	检测、验收项目	检测数量	验收数量
Ⅲ防火门监控系统联动控制	联动控制功能	全部报警区域	建筑中含有5个及以下报警区域的，应全部检验，超过5个报警区域的应按实际报警区域数量20%的比例抽验，但抽验总数不应小于5个
4 气体灭火系统			
Ⅰ气体、干粉灭火控制器	1. 设备选型； 2. 设备设置； 3. 产品准入制度； 4. 安装质量； 5. 基本功能	实际数量	实际数量
Ⅱ☆火灾探测器、☆手动火灾报警按钮、声光警报器、手动与自动控制转换装置、手动与自动控制状态显示装置、现场启动和停止按钮		实际数量	实际数量
Ⅲ气体、干粉灭火系统控制	1. 联动控制功能； 2. 手动插入优先功能； 3. 现场手动启动、停止功能	全部防护区域	全部防护区域
5 自动喷水灭火系统			
Ⅰ消防泵控制箱、柜	1. 设备选型； 2. 设备设置； 3. 产品准入制度； 4. 安装质量； 5. 基本功能	实际数量	实际数量
Ⅱ水流指示器、压力开关、信号阀、液位探测器	基本功能	实际数量	1. 水流指示器、信号阀：按实际安装数量30%~50%的比例抽验； 2. 压力开关、液位探测器：实际安装数量
Ⅲ湿式、干式喷水灭火系统控制	1. 联动控制功能	全部防护区域	建筑中含有5个及以下防护区域的，应全部检验，超过5个防护区域的应按实际防护区域数量20%的比例抽验，但抽验总数不应小于5个
	2. 消防泵直接手动控制功能	实际数量	实际数量

续表2-5-4

检测、验收对象	检测、验收项目	检测数量	验收数量
Ⅳ预作用式喷水灭火系统控制	1. 联动控制功能	全部防护区域	建筑中含有5个及以下防护区域的，应全部检验，超过5个防护区域的应按实际防护区域数量20%的比例抽验，但抽验总数不应小于5个
	2. 消防泵、预作用阀组、排气阀前电动阀直接手动控制功能	实际数量	实际数量
Ⅴ雨淋系统控制	1. 联动控制功能	所有防护区域	建筑中含有5个及以下防护区域的，应全部检验，超过5个防护区域的应按实际防护区域数量20%的比例抽验，但抽验总数不应小于5个
	2. 消防泵、雨淋阀组直接手动控制功能	实际数量	实际数量
Ⅵ自动控制的水幕系统控制	1. 用于保护防火卷帘的水幕系统的联动控制功能	防火卷帘实际安装数量	防火卷帘实际安装数量在5樘及以下者，全部检验；实际安装数量在5樘以上时，按实际数量的10%~20%的比例抽检，但抽验总数不应少于5樘
	2. 用于防火分隔的水幕系统的联动控制功能	全部防护区域	建筑中含有5个及以下防护区域的，应全部检验，超过5个防护区域的应按实际防护区域数量20%的比例抽验，但抽验总数不应小于5个
	3. 消防泵、水幕阀组直接手动控制功能	实际数量	实际数量
6 防排烟系统			
Ⅰ风机控制箱、柜	1. 设备选型； 2. 设备设置； 3. 产品准入制度； 4. 安装质量； 5. 基本功能	实际数量	实际数量

续表2-5-4

检测、验收对象	检测、验收项目	检测数量	验收数量
Ⅱ电动送风口、电动挡烟垂壁、排烟口、排烟阀、排烟窗、电动防火阀、排烟风机入口处的总管上设置的280℃排烟防火阀	基本功能	实际数量	1. 电动送风口、电动挡烟垂壁、排烟口、排烟阀、排烟窗、电动防火阀：实际安装数量30%～50%的比例抽验； 2. 排烟风机入口处的总管上设置的280℃排烟防火阀：实际安装数量
Ⅲ加压送风系统控制	1. 联动控制功能	全部报警区域	建筑中含有5个及以下报警区域的，应全部检验，超过5个报警区域的应按实际报警区域数量20%的比例抽验，但抽验总数不应小于5个
	2. 送风机直接手动控制功能	实际数量	实际数量
Ⅳ电动挡烟垂壁、排烟系统控制	1. 联动控制功能	所有防烟分区	建筑中含有5个及以下防烟分区的，应全部检验，超过5个防烟分区的应按实际防烟分区数量20%的比例抽验，但抽验总数不应小于5个
	2. 排烟风机直接手动控制功能	实际数量	实际数量
7 其他自动消防系统			
Ⅰ消防应急照明和疏散指示系统控制	联动控制功能	全部报警区域	建筑中含有5个及以下报警区域的，应全部检验，超过5个报警区域的应按实际报警区域数量20%的比例抽验，但抽验总数不应小于5个
Ⅱ电梯、非消防电源等相关系统联动控制	联动控制功能	全部报警区域	建筑中含有5个及以下报警区域的，应全部检验，超过5个报警区域的应按实际报警区域数量20%的比例抽验，但抽验总数不应小于5个
8 工程项目设置的所有自动消防系统			
整体联动控制功能	联动控制功能	全部报警区域	建筑中含有5个及以下报警区域的，应全部检验，超过5个报警区域的应按实际报警区域数量20%的比例抽验，但抽验总数不应小于5个

3. 消防控制室的检测、验收内容、要求和方法详见表2-5-5。

表2-5-5 消防控制室的检测与验收

项目	标准及条款	检测、验收要求	检测、验收方法
1 消防控制室设计	GB 50116	具有消防联动功能火灾自动报警系统的保护对象中应设置消防控制室	核查设计文件，检查是否按《火灾自动报警系统设计规范》GB 50116—2013 的规定设置消防控制室
2 消防控制室设置		1. 消防控制室送、回风管的穿墙处应设防火阀	控制室设有送、回风管时，检查防火阀的设置情况
		2. 单独设置时，消防控制室内严禁穿过与消防设施无关电气线路及管路	对照设计文件检查消防控制室电气线路及管路设置情况
		3. 不应设置在电磁场干扰较强及其他影响控制室设备工作的设备用房附近	核查设计文件，检查消防控制室周边房间的设置情况
3 基本设备的配置		消防控制室内的基本设备配置应包括：火灾报警控制器、消防联动控制器、消防控制室图形显示装置、消防专用电话总机、消防应急广播控制装置或具有相应功能的组合设备，上述设备应符合消防产品准入制度的规定	对照设计文件、检验报告、认证证书，对控制室设置的设备的规格、型号进行逐一核查
4 起集中控制功能报警控制器的设置		设置多台火灾报警控制器时，应设置一台起集中控制功能的火灾报警控制器（联动型），应由该控制器配置的直接手动控制单元控制现场消防设备	对照设计文件核查起集中控制功能的火灾报警控制器（联动型）的设置情况、直接手动控制单元的设置情况
5 显示装置接口		消防控制室内设置的消防控制室图形显示装置应为远程监控系统预留接口	检查消防控制室图形显示装置的接口情况
6 外线电话		消防控制室应设有用于火灾报警的外线电话，与报警中心的呼叫应畅通，与报警中心的通话语音应清晰	检查外线电话设置情况，用外线电话呼叫另外一部外线电话，检查外线电话呼叫和通话情况

续表2-5-5

项目	标准及条款	检测、验收要求	检测、验收方法
7 设备布置	GB 50116	1. 设备面盘前操作距离，单列布置时不应小于1.5m；双列布置时不应小于2m	用尺测量设备面盘前的操作距离、设备面盘至墙的距离、设备面盘后的维修距离、设备的排列长度和设备两端通道的宽度
		2. 在值班人员经常工作的一面，设备面盘至墙的距离不应小于3m	
		3. 设备面盘后的维修距离不宜小于1m	
		4. 设备面盘的排列长度大于4m时，其两端应设置宽度不小于1m的通道	
		☆5. 与建筑其他弱电系统合用时，消防设备应集中设置，并应与其他设备有明显间隔	检查消防设备的布置情况
8 系统接地	3.4.1	系统接地及专用接地线的安装应满足设计要求	核查系统接地及专用接地线的验收记录
	3.4.2	交流供电和36V以上直流供电的消防用电设备的金属外壳应有接地保护，其接地线应与电气保护接地干线（PE）相连接	逐一检查交流供电和36V以上直流供电的消防用电设备接地线的设置情况
9 存档的文件资料	6.0.1	1. 建（构）筑物竣工后的总平面图、建筑消防系统平面布置图、建筑消防设施系统图及安全出口布置图、重点部位位置图、危化品位置图	逐一核查各项文件资料是否完善
		2. 消防安全管理规章制度、应急灭火预案、应急疏散预案	
		3. 消防组织机构图，包括消防安全责任人、管理人、专职、义务消防人员	
		4. 消防安全培训记录、灭火和应急疏散预案的演练记录	
		5. 值班情况、消防安全检查情况及巡查情况的记录	

续表2-5-5

项目	标准及条款	检测、验收要求	检测、验收方法
9 存档的文件资料	6.0.1	6. 火灾自动系统设备现场设置情况记录	逐一核查各项文件资料是否完善
		7. 消防系统联动控制逻辑关系说明、联动编程记录、消防联动控制器手动控制单元编码设置记录	
		8. 系统设备使用说明书、系统操作规程、系统和设备维护保养制度	

4. 系统布线的检测、验收内容、要求和方法与系统布线施工的检查内容、要求和方法一致；系统设备及自动消防系统的检测、验收内容、要求和方法与系统施工和调试的检查内容、要求和方法一致。

5.0.3 系统检测、验收时，应对施工单位提供的下列资料进行齐全性和符合性检查，并按附录E的规定填写记录：

1 竣工验收申请报告、设计变更通知书、竣工图；

2 工程质量事故处理报告；

3 施工现场质量管理检查记录；

4 系统安装过程质量检查记录；

5 系统部件的现场设置情况记录；

6 系统联动编程设计记录；

7 系统调试记录；

8 系统设备的检验报告、合格证及相关材料。

【条文解读】

1. 本条规定了系统检测、验收时，对施工单位应提供的系统施工环节相关资料的检查要求。

2. 为了全面掌握系统的施工情况，也为了便于系统日后的维护管理，施工单位应提供相关技术文件、资料。

【实施要点】

系统检测、验收时，施工单位应按本标准的要求提供与本系统施工环节相关的文件、记录，检测、验收单位应查验施工单位提供资料的齐全性和符合性。

5.0.4 气体灭火系统、防火卷帘系统、自动喷水灭火系统、消火栓系统、防烟排烟系统、消防应急照明和疏散指示系统及其他相关系统的联动控制功能检测、验收应在各系统功能满足现行相关国家技术标准和系统设计文件规定的前提下进行。

【条文解读】

1. 本条规定了气体灭火系统、防火卷帘系统、自动喷水灭火系统、消火栓系统、防烟排烟系统、消防应急照明和疏散指示系统及其他相关系统，检测、验收的前置条件。

2. 发生火灾时，按照预设逻辑和时序控制气体灭火系统、防火卷帘系统、自动喷水灭火系统、消火栓系统、防烟排烟系统、消防应急照明和疏散指示系统及其他相关系统启动，从而发挥其预设的消防功能是火灾自动报警系统最基本的功能之一，而火灾自动报警系统实现这一功能的前提是各消防系统的功能和性能均应满足相关工程技术标准的要求。

【实施要点】

在进行火灾自动报警系统的检测、验收前，检测、验收单位应核查上述自动消防系统是否已检测、验收合格。

5.0.5 根据各项目对系统工程质量影响严重程度的不同，应将检测、验收的项目划分为A、B、C三个类别：

1 A类项目应符合下列规定：

1) 消防控制室设计符合现行国家标准《火灾自动报警系统设计规范》GB 50116的规定；

2) 消防控制室内消防设备的基本配置与设计文件和现行国家标准《火灾自动报警系统设计规范》GB 50116的符合性；

3) 系统部件的选型与设计文件的符合性；

4) 系统部件消防产品准入制度的符合性；

5) 系统内的任一火灾报警控制器和火灾探测器的火灾报警功能；

6) 系统内的任一消防联动控制器、输出模块和消火栓按钮的启动功能；

7) 参与联动编程的输入模块的动作信号反馈功能；

8) 系统内的任一火灾警报器的火灾警报功能；

9) 系统内的任一消防应急广播控制设备和广播扬声器的应急广播功能；

10) 消防设备应急电源的转换功能；

11) 防火卷帘控制器的控制功能；

12) 防火门监控器的启动功能；

13) 气体灭火控制器的启动控制功能；

14) 自动喷水灭火系统的联动控制功能，消防水泵、预作用阀组、雨淋阀组的消防控制室直接手动控制功能；

15) 加压送风系统、排烟系统、电动挡烟垂壁的联动控制功能，送风机、排烟风机的消防控制室直接手动控制功能；

16) 消防应急照明及疏散指示系统的联动控制功能；

17) 电梯、非消防电源等相关系统的联动控制功能；

18) 系统整体联动控制功能。

2 B类项目应符合下列规定：

1) 消防控制室存档文件资料的符合性；

2) 本标准第5.0.3条规定资料的齐全性、符合性；

3）系统内的任一消防电话总机和电话分机的呼叫功能；

4）系统内的任一可燃气体报警控制器和可燃气体探测器的可燃气体报警功能；

5）系统内的任一电气火灾监控设备（器）和探测器的监控报警功能；

6）消防设备电源监控器和传感器的监控报警功能。

3 其余项目均应为C类项目。

【条文解读】

1. 本条规定了系统检测、验收项目权重类别划分的一般要求。

2. 本标准根据检测、验收项目对系统的主要功能和性能影响程度的不同，将各检测项目按照权重类别进行了划分：

（1）A类项目。A类项目为严重影响火灾自动报警系统功能的检测、验收项目，且该类项目的不合格会直接导致系统的主要功能失效，主要包括：

1）与系统的设计符合性和消防产品准入制度的符合性相关的项目。

2）与系统的火灾报警功能相关的项目。

3）与系统的联动控制功能相关的项目。

（2）B类项目。B类项目为严重影响火灾自动报警系统功能的检测、验收项目，且该类项目的不合格会影响系统的日常维护管理、或直接导致系统的主要功能出现缺陷，主要包括：

1）系统主要技术文件、资料的齐全性、符合性。

2）与消防通信功能相关的项目。

3）与系统的火灾预警功能相关的项目。

（3）C类项目。C类项目为除A类和B类外的检测、验收项目，该类项目的不合格会影响系统的功能。

【实施要点】

检测、验收单位应严格按照本标准规定的项目分类原则，对所涉及检测、验收的项目进行分类。

5.0.6 系统检测、验收结果判定准则应符合下列规定：

1 A类项目不合格数量为0、B类项目不合格数量小于或等于2、B类项目不合格数量与C类项目不合格数量之和小于或等于检查项目数量5%的，系统检测、验收结果应为合格；

2 不符合本条第1款合格判定准则的，系统检测、验收结果应为不合格。

【条文解读】

1. 本条规定了系统检测、验收结果的判定准则。

2. 本标准对系统检测、验收结果判定的准则做出了明确的规定：

（1）系统检测、验收合格判定准则。系统检测、验收结果满足下述所有要求时，系统检测、验收结果为合格：

1）A类项目不合格数量为0。

2）B类项目不合格数量小于或等于2。

3）B类项目不合格数量与C类项目不合格数量之和小于或等于检查项目数量的5%。

（2）系统检测、验收不合格判定准则。不符合系统检测、验收合格判定准则的，系统检测、验收结果应为不合格。

3. 本条为强制性条文，检测、验收单位必须严格执行。

【实施要点】

检测、验收单位应根据检测、验收的情况，严格按照本条规定的判定原则，对检测、验收结果进行判定。

5.0.7 各项检测、验收项目中有不合格的，应修复或更换，并应进行复验。复验时，对有抽验比例要求的，应加倍检验。

【条文解读】

本条规定了系统检测、验收过程不合格项目的处置要求。

【实施要点】

在系统检测验收过程中，对于出现的不合格项目，建设单位应责成施工单位、调试单位进行整改：

（1）施工单位应按本标准的相关规定，排查并处理系统施工环节存在的质量问题。

（2）施工单位、调试单位应按相关标准的规定，排查并处理系统设备功能、系统功能出现的问题，对故障设备予以更换或重新调整系统设置，施工单位、调试单位应对与整改项目相关的项目重新进行检查、调试。

（3）不合格项整改完成后，检测、验收单位应对与整改项目相关的项目重新进行检测、验收，复验时，对有抽验比例要求的项目，项目的验收数量应加倍。

6 系统运行维护

6.0.1 系统投入使用前，消防控制室应具有下列文件资料：

1 检测、验收合格资料；

2 建（构）筑物竣工后的总平面图、建筑消防系统平面布置图、建筑消防设施系统图及安全出口布置图、重点部位位置图、危化品位置图；

3 消防安全管理规章制度、灭火预案、应急疏散预案；

4 消防安全组织机构图，包括消防安全责任人、管理人，专职、义务消防人员；

5 消防安全培训记录、灭火和应急疏散预案的演练记录；

6 值班情况、消防安全检查情况及巡查情况的记录；

7 火灾自动系统设备现场设置情况记录；

8 消防系统联动控制逻辑关系说明、联动编程记录、消防联动控制器手动控制单元编码设置记录；

9 系统设备使用说明书、系统操作规程、系统和设备维护保养制度。

6.0.2 系统的使用单位应建立本标准第 6.0.1 条规定的文件档案，并应有电子备份档案。

【条文解读】

1. 第 6.0.1 条、第 6.0.2 条规定了系统投入使用前，消防控制室应具备文件资料的范围和存档要求。

2. 设置有消防控制室的建、构筑物，其建筑规模和使用性质较为复杂，消防设施的种类较多，为了便于消防系统的日常维护管理，消防控制室应存放与系统运行和维护管理相关的文件、资料和记录档案，且文件档案应有电子文档备份。

【实施要点】

1. 设置消防控制的建、构筑物，系统投入使用前，系统的使用单位应按本条规定的文件资料的范围，在消防控制室存档上述文件、记录，并应留有电子备份档案。

2. 消防控制室检测、验收时，检测、验收单位应核查本标准要求资料的齐全性和符合性。

6.0.3 系统应保持连续正常运行，不得随意中断。

【条文解读】

1. 本条规定了系统投入使用后，系统运行的一般要求。

2. 火灾自动报警系统是重要的消防设施，为有效保障建、构筑物的消防安全，系统开通运行后，应保持系统处于完好、有效的连续运行状态。

【实施要点】

1. 系统开通运行后，系统的管理使用单位应保持系统处于连续运行状态，并应确保系统的完好有效性。

2. 管理使用单位应对系统设备的故障及时维修，如因控制器类设备损坏、系统总线干线故障等原因需要停用系统时，应按照相关消防管理规定的要求向消防监督管理部门报告，并应采取相应的加强消防安全管理措施，必要时，系统保护区域应暂停营业。

6.0.4 系统应按本标准附录F规定的巡查项目和内容进行日常巡查，巡查的部位、频次应符合现行国家标准《建筑消防设施的维护管理》GB 25201的规定，并按本标准附录F的规定填写记录。巡查过程中发现设备外观破损、设备运行异常时应立即报修。

【条文解读】

本条规定了系统日常巡查的一般要求。

【实施要点】

火灾自动报警系统的管理使用单位，应组织消防安全管理人员对系统进行日常巡查，且应按照现行国家标准《建筑消防设施的维护管理》GB 25201的规定，结合本单位的使用性质和建筑布局等情况确定日常巡查的部位和巡查频次。火灾自动报警系统日常巡查的项目和内容详见表2-6-1。

表2-6-1 火灾自动报警系统日常巡查的项目和内容

巡查对象	巡查项目	巡查内容
1. 控制类设备	1. 设备外观	设备外观应完好，无明显的机械损伤
	2. 运行状况	设备应处于正常监视状态，无报警现象，指示灯、显示器无异常显示
2. 现场部件	1. 运行环境	探测器等现场部件应无遮挡，设置部位应无漏水、渗水现象
	2. 设备外观	现场部件的外观应完好，无明显的机械损伤
	3. 运行状况	现场部件的工作指示灯应正常，无报警现象

6.0.5 每年应按表6.0.5规定的检查项目、数量对系统设备的功能、各分系统的联动控制功能进行检查，并应符合下列规定：

1 系统的年度检查可根据检查计划，按月度、季度逐步进行；

2 月度、季度的检查数量应符合表6.0.5的规定；

3 系统设备的功能、各分系统的控制功能应符合本标准第4章的规定。

【条文解读】

本条规定了系统月度、季度检查的一般要求。

【实施要点】

1. 为了确保火灾自动报警系统的完好有效性，系统的管理使用单位应组织具有相应执业资格的人员对系统的功能进行定期检查，也可以委托具有相应从业条件的消防技术服务机构对系统的功能进行定期检查。

2. 系统的管理使用单位可根据本单位消防安全管理的需求和系统的设置情况，按月、季度确定系统的维护保养周期，制订维保计划，并按表 2-6-2 的要求检查系统的各项功能是否符合相关标准的规定，系统各项功能的检查要求同系统的检测、验收的要求一致。

表2-6-2 火灾自动报警系统设备定期检查的对象、项目和数量

序号	检查对象	检查项目	检查数量
1	Ⅰ火灾报警控制器	火灾报警功能	实际安装数量
	Ⅱ火灾探测器、手动火灾报警按钮		应保证每年对每一只探测器、报警按钮至少进行一次火灾报警功能检查
	Ⅲ火灾显示盘	火灾报警显示功能	月、季检查数量应保证每年对每一台区域显示器至少进行一次火灾报警显示功能检查
2	Ⅰ消防联动控制器	输出模块启动功能	应保证每年对每一只模块至少进行一次启动功能检查
	Ⅱ输出模块		
3	Ⅰ消防电话总机	呼叫功能	实际安装数量
	Ⅱ电话分机、电话插孔		应保证每年对每一个分机、插孔至少进行一次呼叫功能检查
4	Ⅰ可燃气体报警控制器	可燃气体报警功能	实际安装数量
	Ⅱ可燃气体探测器		应保证每年对每一只探测器至少进行一次可燃气体报警功能检查
5	Ⅰ电气火灾监控设备	监控报警功能	实际安装数量
	Ⅱ电气火灾监控探测器、线型感温火灾探测器		应保证每年对每一只探测器至少进行一次监控报警功能检查
6	Ⅰ消防设备电源状态监控器	消防设备电源故障报警功能	实际安装数量
	Ⅱ传感器		应保证每年对每一只传感器至少进行一次消防设备电源故障报警功能检查
7	消防设备应急电源	转换功能	实际安装数量
8	Ⅰ消防控制室图形显示装置	接收和显示火灾报警、联动控制、反馈信号功能	实际安装数量
	Ⅱ传输设备		
9	Ⅰ火灾警报器	火灾警报功能	应保证每年对每一只火灾警报器至少进行一次火灾警报功能检查

续表2-6-2

<table>
<tr><th>序号</th><th>检查对象</th><th>检查项目</th><th>检查数量</th></tr>
<tr><td rowspan="3">9</td><td>Ⅱ消防应急广播控制设备</td><td rowspan="2">应急广播功能</td><td>实际安装数量</td></tr>
<tr><td>Ⅲ扬声器</td><td>应保证每年对每一只扬声器至少进行一次应急广播功能检查</td></tr>
<tr><td>Ⅳ火灾警报和消防应急广播系统</td><td>联动控制功能</td><td>应保证每年对每一个报警区域至少进行一次联动控制功能检查</td></tr>
<tr><td rowspan="4">10</td><td>Ⅰ防火卷帘控制器</td><td rowspan="2">控制功能</td><td rowspan="2">应保证每年对每一个手动控制装置至少进行一次控制功能检查</td></tr>
<tr><td>Ⅱ手动控制装置</td></tr>
<tr><td>Ⅲ疏散通道上设置防火卷帘</td><td>联动控制功能</td><td>应保证每年对每一樘防火卷帘至少进行一次联动控制功能检查</td></tr>
<tr><td>Ⅳ非疏散通道上设置防火卷帘</td><td>联动控制功能</td><td>应保证每年对每一个报警区域至少进行一次联动控制功能检查</td></tr>
<tr><td rowspan="3">11</td><td>Ⅰ防火门监控器</td><td rowspan="2">启动、反馈功能，常闭防火门故障报警功能</td><td rowspan="2">应保证每年对每一台防火门监控器及其配接的现场部件至少进行一次启动、反馈功能，常闭防火门故障报警功能检查</td></tr>
<tr><td>Ⅱ监控模块、防火门定位装置和释放装置等现场部件</td></tr>
<tr><td>Ⅲ防火门监控系统</td><td>联动控制功能</td><td>应保证每年对每一个报警区域至少进行一次联动控制功能检查</td></tr>
<tr><td rowspan="3">12</td><td>Ⅰ气体、干粉灭火控制器</td><td rowspan="2">现场紧急启动、停止功能</td><td rowspan="2">应保证每年对每一个现场启动和停止按钮至少进行一次启动、停止功能检查</td></tr>
<tr><td>Ⅱ现场启动和停止按钮</td></tr>
<tr><td>Ⅲ气体、干粉灭火系统</td><td>联动控制功能</td><td>应保证每年对每一个防护区域至少进行一次联动控制功能检查</td></tr>
<tr><td rowspan="2">13</td><td>Ⅰ消防泵控制箱、柜</td><td>手动控制功能</td><td>应保证每月、季对消防水泵进行一次手动控制功能检查</td></tr>
<tr><td>Ⅱ水流指示器、压力开关、信号阀、液位探测器</td><td>动作信号反馈功能</td><td>应保证每年对每一个部件至少进行一次动作信号反馈功能检查</td></tr>
</table>

续表2-6-2

序号	检查对象	检查项目	检查数量
13	Ⅲ湿式、干式喷水灭火系统	联动控制功能	应保证每年对每一个防护区域至少进行一次联动控制功能检查
		消防泵直接手动控制功能	应保证每月、季对消防水泵进行一次直接手动控制功能检查
	Ⅳ预作用式喷水灭火系统	联动控制功能	应保证每年对每一个防护区域至少进行一次联动控制功能检查
		消防泵、预作用阀组、排气阀前电动阀直接手动控制功能	应保证每月、季对消防水泵、预作用阀组、排气阀前电动阀进行一次直接手动控制功能检查
	Ⅴ雨淋系统	联动控制功能	应保证每年对每一个防护区域至少进行一次联动控制功能检查
		消防泵、雨淋阀组直接手动控制功能	应保证每月、季对消防水泵、雨淋阀组进行一次直接手动控制功能检查
	Ⅵ自动控制的水幕系统	用于保护防火卷帘的水幕系统的联动控制功能	应保证每年对每一樘防火卷帘至少进行一次联动控制功能检查
		用于防火分隔的水幕系统的联动控制功能	应保证每年对每一个报警区域至少进行一次联动控制功能检查
		消防泵、水幕阀组直接手动控制功能	应保证每月、季对消防水泵、水幕阀组进行一次直接手动控制功能检查
14	Ⅰ消防泵控制箱、柜	手动控制功能	应保证每月、季对消防水泵进行一次手动控制功能检查
	Ⅱ消火栓按钮	报警功能	应保证每年对每一个消防栓按钮至少进行一次报警功能检查
	Ⅲ水流指示器、压力开关、信号阀、液位探测器	动作信号反馈功能	应保证每年对每一个部件至少进行一次动作信号反馈功能检查
	Ⅳ消火栓系统的联动控制	联动控制功能	应保证每年对每一个消火栓至少进行一次联动控制功能检查
		消防泵直接手动控制功能	应保证每月、季对消防水泵进行一次直接手动控制功能检查

续表2-6-2

序号	检查对象	检查项目	检 查 数 量
15	Ⅰ风机控制箱、柜	手动控制功能	应保证每月、季对风机进行一次手动控制功能检查
	Ⅱ电动送风口、电动挡烟垂壁、排烟口、排烟阀、排烟窗、电动防火阀、排烟风机入口处的总管上设置的280℃排烟防火阀	启动、反馈功能，动作信号反馈功能	应保证每年对每一个部件至少进行一次启动、反馈功能，动作信号反馈功能检查
	Ⅲ加压送风系统	联动控制功能	应保证每年对每一个报警区域至少进行一次联动控制功能检查
		风机直接手动控制功能	应保证每月、季对风机进行一次直接手动控制功能检查
	Ⅳ电动挡烟垂壁、排烟系统	联动控制功能	应保证每年对每一个防烟区域至少进行一次联动控制功能检查
		风机直接手动控制功能	应保证每月、季对风机进行一次直接手动控制功能检查
16	消防应急照明和疏散指示系统	控制功能	应保证每年对每一个报警区域至少进行一次联动控制功能检查
17	电梯、非消防电源等相关系统	联动控制功能	应保证每年对每一个报警区域至少进行一次联动控制功能检查
18	自动消防系统	整体联动控制功能	应保证每年对每一个报警区域至少进行一次联动控制功能检查

6.0.6 不同类型的探测器、手报、模块等现场部件应有不少于设备总数1%的备品。

6.0.7 系统设备的维修、保养及系统产品的寿命应符合现行国家标准《火灾探测报警产品的维修保养与报废》GB 29837的规定，达到寿命极限的产品应及时更换。

【条文解读】

1. 第6.0.6条、第6.0.7条规定了系统维护保养和报废的一般要求。

2. 在火灾自动报警系统的实际运行过程中，系统的现场部件很容易因装修、设备自身故障等原因损坏，系统的管理使用单位应存有一定数量现场部件的备件，以确保在现场部件损坏时能够及时予以更换，从而不影响系统的完好有效性。

3. 火灾自动报警系统开通运行后，应委托专业机构或系统产品生产制造企业对火灾探测器进行定期保养，探测器的保养应符合下列要求：

（1）具有报脏功能的探测器，在报脏时应及时清洗保养。

（2）没有报脏功能的探测器，应按产品说明书的要求进行清洗保养。

（3）产品说明书没有明确要求的，应每 2 年清洗或标定一次。

（4）可燃气体探测器的气敏元件达到生产企业规定的寿命年限后应及时更换。

4. 火灾自动报警系统开通运行后，系统产品在达到一定使用寿命后，系统的管理使用单位应视系统的使用情况对系统产品进行检测或报废，系统产品的报废管理应符合下列要求：

（1）火灾探测报警产品使用寿命一般不超过 12 年，可燃气体探测器中气敏元件、光纤产品中激光器件的使用寿命不超过 5 年。

（2）产品达到使用寿命时一般应报废。若继续使用，应对所有达到使用寿命的产品每年逐一按本标准维修检测要求和接入复检要求进行检测，并进行系统性能测试，所有检测结果均应合格。

（3）产品的报废处理参见《废弃电器电子产品回收处理管理条例》［中华人民共和国国务院令（第 551 号）］。

（4）离子感烟火灾探测器应按要求进行报废。使用单位及个人不得任意弃置离子型感烟火灾探测器，应将报废的离子感烟火灾探测器按进货渠道退回产品生产厂商、进口厂商或者他们的委托回收单位。

（5）电池的报废应符合国家有关规定。

【实施要点】

1. 系统的使用单位应定期核查探测器、手报、模块等现场部件的备品数量，备品数量不满足本标准规定的基数要求时，应及时采购。

2. 系统的使用单位应定期对系统设备进行维护保养，对到达使用寿命的系统设备予以更换，系统设备的报废应符合《废弃电器电子产品回收处理管理条例》［中华人民共和国国务院令（第 551 号）］等相关法律、法规的规定。

免费兑换增值服务说明

为了给广大读者用户提供更优质、更专业的服务，凡购买正版《〈火灾自动报警系统施工及验收标准〉实施指南》的读者，可登录中国工程建设标准知识服务库——“工标库”，免费获取本库资源。

1. “工标库” 简介：

“工标库”由中国计划出版社权威推出。本库聚焦工程建设领域，全面收录业内标准规范、服务资讯、工程术语、视频音频等资源，倾力打造内容丰富、专业可靠、更新及时、便捷实用的标准资源数据体系，旨在为我国工程从业人员提供优质、专业的服务。本库主要特色有标准随用随查、标准关联查询、全（条）文检索、强制性条文聚合、条文说明整合、标准资源对比、术语查询、知识库管理、标准定制追踪。

2. 如何兑换增值服务：

第 1 步： 扫描封面或下方二维码，关注“工标库”微信公众号。

第 2 步： 点击菜单栏“我的服务”—“开通会员”—“邀请码兑换”，刮开封面防伪涂层，输入 20 位数字进行兑换。

表面效果

刮开效果

注： 用户可免费获取“工标库”（含官网 www. gongbiaoku. com 和微信小程序）资源。兑换过程中如有问题，请及时与我社联系。

客服电话：010-63906432（周一至周五 9:00—17:00）

客服 QQ：1799386205

网上增值服务如有不完善之处，敬请广大读者谅解。欢迎提出宝贵意见和建议，感谢关注“工标库”！